普通高等教育“十一五”国家级规划教材（修订版）
高等职业教育机电类专业“互联网+”创新教材

# 液压与气动技术

第 4 版

主　编　左健民
主　审　韩屋谷

机械工业出版社

本书共分十五章，主要讲述液压与气压传动的基础知识、液压元件、液压基本回路和系统、气源装置、气动元件、气动基本回路及典型应用等。

本书在编写过程中，强调以应用能力培养为主线，基础理论以“必需，够用”为度，同时力求反映我国液压与气压传动发展的最新情况。本书在内容选取上尽量贴近工程实践，编写了液压系统的故障诊断、使用维护和排除故障方面的内容，切实做到用理论指导实践，用理论知识分析问题和解决问题。

本书可供高等职业院校机械工程类专业的学生使用，也可供职业技术大学、成人高校、自学考试和工程技术人员参考。

本书配有电子课件，凡使用本书作为教材的教师可登录机械工业出版社教育服务网 www.cmpedu.com 注册后免费下载。咨询电话：010-88379375。

**图书在版编目（CIP）数据**

液压与气动技术/左健民主编. —4 版 .—北京：机械工业出版社，2023.7

高等职业教育机电类专业“互联网+”创新教材

ISBN 978-7-111-72925-9

Ⅰ.①液… Ⅱ.①左… Ⅲ.①液压传动-高等职业教育-教材②气压传动-高等职业教育-教材 Ⅳ.①TH137②TH138

中国国家版本馆 CIP 数据核字（2023）第 056863 号

机械工业出版社（北京市百万庄大街 22 号　邮政编码 100037）

策划编辑：刘良超　　责任编辑：刘良超

责任校对：张爱妮　葛晓慧　　责任印制：任维东

北京中兴印刷有限公司印刷

2023 年 7 月第 4 版第 1 次印刷

184mm×260mm · 15.25 印张 · 378 千字

标准书号：ISBN 978-7-111-72925-9

定价：49.80 元

电话服务　　网络服务

客服电话：010-88361066　　机　工　官　网：www.cmpbook.com

010-88379833　　机　工　官　博：weibo.com/cmp1952

010-68326294　　金　书　网：www.golden-book.com



机工教育服务网：www.cmpedu.com

# 前 言

我国要从制造大国向制造强国迈进，突破关键技术和复杂工艺是前提，制造业急需大批有一定理论基础和较高实践技能的人才。我国的高等职业教育肩负着为经济社会发展培养高素质技能型人才的重要使命，而且已经形成了独具特色的人才培养模式，其基本特征是：

1）以培养适应生产、建设、管理、服务和运行第一线需要的高素质技能型人才为根本任务。

2）以社会需求为目标、以技术应用能力培养为主线，设计人才培养方案和理论教学与实践教学体系。

3）以“应用”为主旨和特征构建课程和教学内容体系，基础理论教学以应用为目的，以“必需、够用”为度；专业课以适应就业和发展为目的，加强针对性和应用性。

4）实践教学的主要目的是培养学生适应社会需求的技术应用和技能能力。

5）确立了“以就业为导向”的高等职业教育发展策略，为社会发展和经济建设培养高素质技能型人才。

党的二十大报告提出，“教育、科技、人才是全面建设社会主义现代化国家的基础性、战略性支撑”。高等职业教育为提高我国劳动者的素质、为经济建设和社会发展做出了重要贡献。教材是人才培养过程中传播知识的重要载体，应充分体现人才培养的特点，编者结合多年一线教学经验和企业实际项目实践体会，修订了本书。

本书主要从应用层面讲述液压与气压传动的基础知识、液压元件、液压基本回路和典型应用、气源装置、气动元件、气动基本回路及其典型应用等。在修订过程中，强调以应用能力培养为主线，同时力求反映我国液压与气压传动行业的最新发展。在内容选取上尽量贴近工程实际，力求把握好“必需、够用”，使学生不仅学到本门课程的基本知识，掌握好基本技能，而且具备一定分析问题和解决问题的能力。根据实际情况，本书没有过多地介绍液压与气压系统的设计内容，而是增加了液压系统的安装调试和故障诊断与排除的内容。本书采用双色印刷，重点突出，并配有二维码资源，学生用手机扫码即可观看微课视频，有利于知识的巩固。

本书由左健民任主编，孔凡新任副主编，王保升参加编写。燕山大学韩屋谷教授主审。本书在修订过程中得到了许多专家学者的指点和帮助，在此表示衷心感谢。

由于编者水平有限，书中不足之处在所难免，敬请广大读者批评指正。

编 者

# 二维码索引

（续）

| 资源名称 | 二维码 | 页码 | 资源名称 | 二维码 | 页码 |
|---|---|---|---|---|---|
| 15 换向阀 | | 64 | 23 多缸同步回路 | | 122 |
| 16 认识压力控制阀 | | 72 | 24 组合机床动力滑台液压系统 | | 131 |
| 17 减压阀和顺序阀 | | 76 | 25 液压压力机液压系统 | | 134 |
| 18 流量控制阀 | | 79 | 26 气源装置 | | 181 |
| 19 液压辅助元件 | | 94 | 27 其他辅助元件 | | 186 |
| 20 油箱总成 | | 96 | 28 气缸 | | 193 |
| 21 压力控制回路 | | 107 | 29 气动马达 | | 201 |
| 22 多缸顺序动作回路 | | 121 | 30 气动单向型控制阀 | | 203 |

（续）

| 资源名称 | 二维码 | 页码 | 资源名称 | 二维码 | 页码 |
|---|---|---|---|---|---|
| 31 气动换向型控制阀 | | 205 | 33 气动流量控制阀 | | 210 |
| 32 气动压力控制阀 | | 209 | 34 气动逻辑元件 | | 211 |

# 目录

# 绪　论

## 一、液压与气压传动的研究对象

液压与气压传动是以有压流体（液压油或压缩空气）为工作介质，来实现各种机械的传动和自动控制的传动形式。液压传动与气压传动实现传动和控制的方法是基本相同的，它们都是利用各种元件组成所需要的各种控制回路，再由若干回路有机组合成能完成一定控制功能的传动系统来进行能量的传递、转换与控制。因此，要学习液压与气压传动及其控制技术，就首先要了解传动介质的基本物理性能；要了解组成系统的各类液压与气动元件的结构、工作原理以及由这些元件所组成的各种控制回路的作用和特点。

液压传动所用的工作介质为液压油或其他合成液体，气压传动所用的工作介质为空气，由于这两种流体的性质不同，所以液压传动和气压传动又各有其特点。液压传动传递动力大，运动平稳，但由于液体黏性大，在流动过程中阻力损失大，因此不宜作远距离传动和控制；而气压传动由于空气的可压缩性大，且工作压力低（通常在 1.0MPa 以下），所以传递动力不大，运动也不如液压传动平稳，但空气黏性小，传递过程中阻力小、速度快、反应灵敏，因此气压传动能用于远距离的传动和控制。

## 二、液压与气压传动的工作原理

液压与气压传动的基本工作原理是相似的，现以图 0-1 所示的液压千斤顶来简述液压传动的工作原理。由图 0-1a 可知，大缸体 9 和大活塞 8 组成举升液压缸。杠杆手柄 1、小缸体 2、小活塞 3、单向阀 4 和 7 组成手动液压泵。如提起手柄使小活塞向上移动，小活塞下端油腔容积增大，形成局部真空，这时单向阀 4 打开，通过吸油管 5 从油箱 12 中吸油；用力压下手柄，小活塞下移，小活塞下腔压力升高，单向阀 4 关闭，单向阀 7 打开，下腔的油液经管道 6 输入大缸体 9 的下腔，迫使大活塞 8 向上移动，顶起重物。再次提起手柄吸油时，举升缸下腔的液压油将力图倒流入手动泵内，但此时单向阀 7 自动关闭，使油液不能倒流，从而保证了重物不会自行下落。不断地往复扳动手柄，就能不断地把油液压入举升缸下腔，使重物逐渐地升起。如果打开截止阀 11，举升缸下腔的油液通过管道 10、阀 11 流回油箱，大活塞在重物和自重作用下向下移动，回到原始位置。

图 0-1b 所示为液压千斤顶的简化模型，据此可分析两活塞之间的力比例关系、运动关系和功率关系。

1. 力比例关系

当大活塞上有重物负载 $W$ 时，大活塞下腔的油液就产生一定的压力 $p$，$p=W/A_2$，根据帕斯卡原理“在密闭容器内，施加于静止液体上的压力将以等值同时传到液体各点”，因此要顶起大活塞及其重物负载 $W$，在小活塞下腔就必须要产生一个等值的压力 $p$，也就是说小活塞上必须施加力 $F_1$，$F_1=pA_1$，因而有

$$p = \frac{F_1}{A_1} = \frac{W}{A_2}$$

或

$$\frac{W}{F_1} = \frac{A_2}{A_1} \tag{0-1}$$

式中，$A_1$、$A_2$ 分别为小活塞和大活塞的作用面积；$F_1$ 为杠杆手柄作用在小活塞上的力。

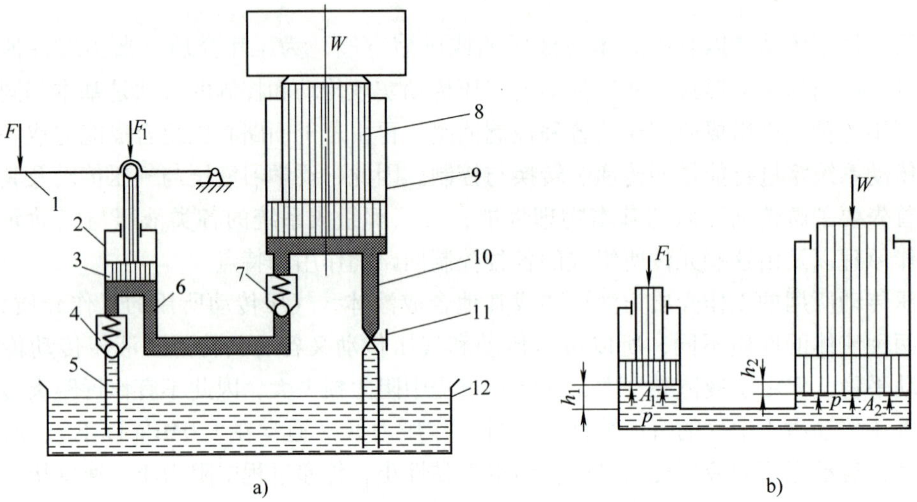


图 0-1 液压千斤顶

a）液压千斤顶原理图 b）液压千斤顶简化模型

1—杠杆手柄 2—小缸体 3—小活塞 4、7—单向阀 5—吸油管 6、10—管道 8—大活塞 9—大缸体 11—截止阀 12—通大气式油箱

式（0-1）是液压传动和气压传动中力传递的基本公式，由于 $p=W/A_2$，因此，当负载 $W$ 增大时，流体工作压力 $p$ 也要随之增大，即 $F_1$ 要随之增大；反之，若负载 $W$ 很小，流体压力就很低，$F_1$ 也就很小。由此建立了一个很重要的基本概念，即在液压和气压传动中，工作压力取决于负载，而与流入的流体多少无关。

2. 运动关系

如果不考虑液体的可压缩性、漏损和缸体、油管的变形，则从图 0-1b 可以看出，被小活塞压出的油液的体积必然等于大活塞向上升起后大缸扩大的体积。即

$$A_1 h_1 = A_2 h_2$$

或

$$\frac{h_2}{h_1} = \frac{A_1}{A_2} \tag{0-2}$$

式中，$h_1$、$h_2$ 分别为小活塞和大活塞的位移。

从式（0-2）可知，两活塞的位移和两活塞的面积成反比，将 $A_1 h_1 = A_2 h_2$ 两端同除以活塞移动的时间 $t$ 得

$$A_1 \frac{h_1}{t} = A_2 \frac{h_2}{t}$$

即

$$\frac{v_2}{v_1} = \frac{A_1}{A_2} \tag{0-3}$$

式中，$v_1$、$v_2$ 分别为小活塞和大活塞的运动速度。

从式（0-3）可以看出，活塞的运动速度和活塞的作用面积成反比。

$Ah/t$ 的物理意义是单位时间内液体流过截面积为 $A$ 的某一截面的体积，称为流量 $q$[⊖]，即

$$q = Av$$

因此

$$A_1 v_1 = A_2 v_2 \tag{0-4}$$

如果已知进入缸体的流量 $q$，则活塞的运动速度为

$$v = \frac{q}{A} \tag{0-5}$$

调节进入缸体的流量 $q$，即可调节活塞的运动速度 $v$，这就是液压传动与气压传动能实现无级调速的基本原理。从式（0-5）可得到另一个重要的基本概念，即活塞的运动速度取决于进入液压（气压）缸（马达）的流量，而与流体压力大小无关。

3. 功率关系

由式（0-1）和式（0-3）可得

$$F_1 v_1 = W v_2 \tag{0-6}$$

式（0-6）左端为输入功率，右端为输出功率。这说明在不计损失的情况下，输入功率等于输出功率。由式（0-6）还可得出

$$P = pA_1 v_1 = pA_2 v_2 = pq \tag{0-7}$$

由式（0-7）可以看出，液压与气压传动中的功率 $P$ 可以用压力 $p$ 和流量 $q$ 的乘积来表示，压力 $p$ 和流量 $q$ 是流体传动中最基本、最重要的两个参数，它们相当于机械传动中的力和速度，它们的乘积即为功率。

从以上分析可知，液压传动和气压传动是以流体的压力能来传递动力的。

## 三、液压与气压传动系统的组成

图 0-2 所示为一驱动机床工作台的液压传动系统，它由油箱 1、过滤器 2、液压泵 3、溢流阀 4、换向阀 5、节流阀 6、换向阀 7、液压缸 8 以及连接这些元件的油管、管接头等组成。该系统的工作原理是：液压泵由电动机带动旋转后，从油箱中吸油，油液经过滤器进入液压泵的吸油腔，当它从液压泵中输出进入液压油路后，在图 0-2a 所示状态下，通过换向阀 5、节流阀 6，经换向阀 7 进入液压缸左腔，此时液压缸右腔的油液经换向阀 7 和回油管排回油箱，液压缸中的活塞推动工作台 9 向右移动。

如果将换向阀 7 的手柄移动成图 0-2b 所示的状态，则经节流阀的液压油将由换向阀 7 进入液压缸的右腔，此时液压缸左腔的油经换向阀 7 和回油管排回油箱，液压缸中的活塞将

---

⊖ 流量 $q$——全书中涉及的流量主要为体积流量，而非质量流量。因此体积流量在书中简称为流量，符号为 $q$；而质量流量的符号为 $q_m$，名称不变。

推动工作台向左移动。因而换向阀 7 的主要功用就是控制液压缸及工作台的运动方向。系统中换向阀 5 若处于图 0-2c 的位置，则液压泵输出的液压油将经换向阀 5 直接回油箱，系统处于卸荷状态，液压油不能进入液压缸，所以换向阀 5 又称为开停阀。

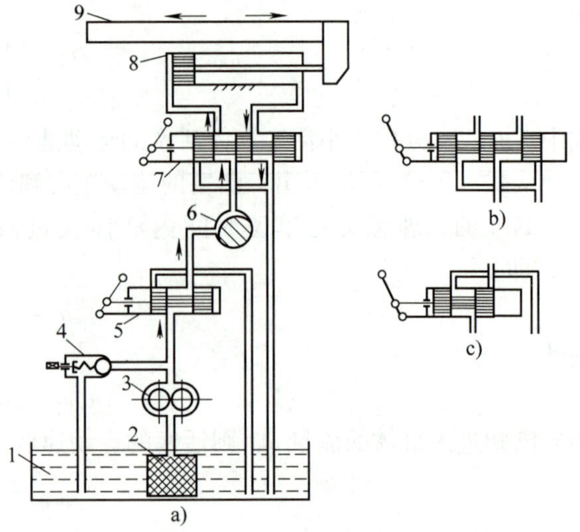

图 0-2 机床工作台液压系统的工作原理图

1—油箱 2—过滤器 3—液压泵 4—溢流阀 5、7—换向阀 6—节流阀 8—液压缸 9—工作台

工作台的移动速度是通过节流阀来调节的，当节流阀的开口大时，进入液压缸的油液流量就大，工作台移动速度就快；反之，工作台移动速度将减小。因而节流阀 6 的主要功用是控制进入液压缸的流量，从而控制液压缸活塞的运动速度。

液压缸推动工作台移动时必须克服液压缸所受到的各种阻力，因而液压缸必须产生一个足够大的推力，这个推力是由液压缸中的油液压力产生的。要克服的阻力越大，液压缸中的油液压力越高；反之压力就越低。系统中输入液压缸的油液由节流阀调节，液压泵所输出的多余的油液须经溢流阀和回油管排回油箱，这只有在压力管路中的油液压力对溢流阀的阀芯（图中为钢球）的作用力等于或略大于溢流阀中弹簧的预压力时，油液才能顶开溢流阀中的钢球流回油箱。所以在图示系统中，液压泵出口处的油液压力是由溢流阀决定的，它和液压缸中的压力（由负载决定的）不一样大，一般情况下，液压泵出口处的压力值大于液压缸中的压力值，因而溢流阀 4 在液压系统中的主要功用是控制系统的工作压力。

图 0-3 为一可完成某程序动作的气动系统的组成原理图，其中的控制装置是由若干气动元件组成的气动逻辑回路。它可以根据气缸活塞杆的始末位置，由行程开关等传递信号，在做出逻辑判断后指示气缸下一步的动作，从而实现规定的自动工作循环。

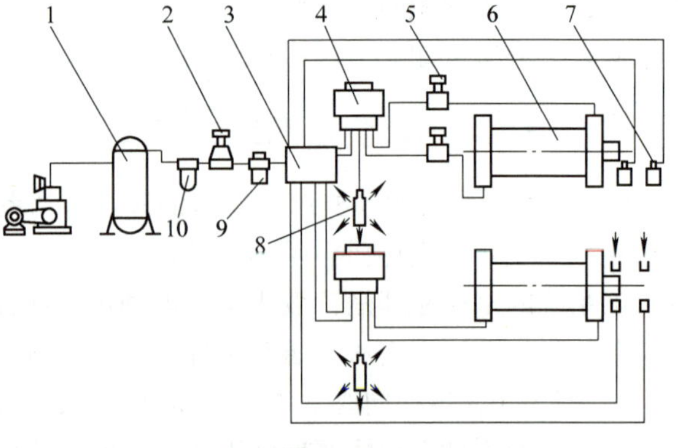

图 0-3 气压传动系统的组成

1—气压发生装置 2—压力控制器 3—逻辑元件 4—方向控制阀 5—流量控制阀 6—气缸 7—行程开关 8—消声器 9—油雾器 10—过滤器

由上面的例子可以看出，液压与气压传动系统主要由以下几个部分组成：

（1）能源装置 把机械能转换成流体的压力能的装置，常见的是液压泵或空气压缩机。

（2）执行装置 把流体的压力能转换成机械能的装置，一般指做直线运动的液（气）压缸、做回转运动的液（气）压马达等。

（3）控制调节装置 对液（气）压系统中流体的压力、流量和流动方向进行控制和调节的装置。例如溢流阀、节流阀、换向阀等。这些元件组合成了能完成不同功能的液（气）压系统。

（4）辅助装置　指除以上三种以外的其他装置，如油箱、过滤器、分水过滤器、油雾器、蓄能器等，它们对保证液（气）压系统可靠和稳定地工作起重大作用。

（5）传动介质　传递能量的流体，即液压油或压缩空气。

## 四、液压与气压传动的优缺点

液压与气压传动同电力拖动系统、机械系统相比有许多优点，下面从拖动能力和控制方式性能两个方面进行比较。

1. 拖动能力

由于气压传动系统的使用压力一般在0.2~1.0MPa范围之内，因此它不能作为功率大的动力系统。在此只对液压传动系统与电力拖动系统做比较。从所能达到的最大功率看，液压系统远不如电力拖动系统，但液压传动最突出的优点是输出力大、重量轻、惯性小以及输出刚度大，可用以下指标来表示：

（1）功率-质量比　这意味着同样功率的控制系统，液压系统体积小、重量轻，这是因为机电元件，例如电动机由于受到磁性材料饱和作用的限制，单位质量的设备所能输出的功率比较小，而液压系统可以通过提高系统的压力来提高输出功率，这时仅受到机械强度和密封技术的限制。在典型情况下，发电机和电动机的功率-质量比仅为165W/kg左右，而液压泵和液压马达可达1650W/kg，是机电元件的10倍。在航空、航天技术领域应用的液压马达可达6600W/kg；做直线运动的动力装置将更加悬殊，从单位面积输出力来看，液压缸的输出力一般可达到$(7.0\sim30)\times10^6\text{N/m}^2$，而直流直线式电动机的输出力仅为$0.3\times10^6\text{N/m}^2$左右。

（2）力-质量比　液压缸的力-质量比一般为13000N/kg，而直流直线式电动机仅为130N/kg。一般回转式液压马达的转矩-惯量比是同容量电动机的10~20倍，一般液压马达为$61\times10^3\text{N}\cdot\text{m}/(\text{kg}\cdot\text{m}^2)$（近年来发展的无槽电动机具有很高的转矩-惯量比，同液压马达相当）。转矩-惯量比大，意味着液压系统能够产生大的加速度，也就是说时间常数小，响应速度快，具有优良的动态品质。

2. 控制方式性能

液压及气压传动在组成控制系统时，与机械装置相比，其主要优点是操作方便、省力，系统结构空间的自由度大，易于实现自动化，且能在很大的范围内实现无级调速，传动比可达100∶1至2000∶1。如与电气控制相配合，可较方便地实现复杂的程序动作和远程控制。此外，流体传动还具有传递运动均匀平稳，反应速度快，冲击小，能高速起动、制动和换向；易于实现过载保护；流体控制元件标准化、系列化和通用化程度高，有利于缩短机器的设计、制造周期和降低制造成本。

当然，液压和气压传动也有一定的缺点，例如传动介质易泄漏和可压缩性会使传动比不能严格保证；由于能量传递过程中压力损失和泄漏的存在，使传动效率低；流体传动装置不能在高温下工作；流体控制元件制造精度高以及系统工作过程中发生故障不易诊断等。

气压传动与液压传动相比，有如下优点：

1）空气取自周围大气，无介质费用和供应上的困难，将用过的气体排入大气，处理方便。泄漏不会严重影响工作，不会污染环境。

2）空气的黏性很小，在管路中的阻力损失远远小于液压传动系统，适用于远程传输及控制。

3）工作压力低，元件的材料和制造精度低。

4）维护简单，使用安全，无油的气动控制系统特别适用于无线电元器件的生产过程，也适用于食品及医药的生产过程。

5）气动元件可以根据不同场合，采用相应材料，使元件能够在恶劣的环境（强振动、强冲击、强腐蚀和强辐射等）下进行正常工作。

气压传动与电气、液压传动相比有以下缺点：

1）气压传动装置的信号传递速度限制在声速（约 340m/s）范围内，所以它的工作频率和响应速度远不如电子装置，并且信号会产生较大的失真和延滞，也不便于构成较复杂的回路，但这个缺点对工业生产过程不会造成困难。

2）空气的压缩性远大于液压油的压缩性，因此在动作的响应能力、工作速度的平稳性方面不如液压传动。

3）气压传动系统输出力较小，且传动效率低。

## 五、液压与气压传动的应用及发展

不同的工业生产部门应用液压与气压传动技术的出发点是不尽相同的。例如，工程机械、矿山机械、压力机械和航空工业中采用液压传动的主要原因是取其结构简单、体积小、重量轻、输出力大；机床上采用液压传动是取其能在工作过程中方便地实现无级调速，易于实现频繁的换向，易于实现自动化；在电子工业、包装机械、印染机械、食品机械等方面应用气压传动主要是取其操作方便，且无油、无污染的特点。表 0-1 是液压与气压传动在各类机械行业中的应用举例。

**表 0-1 液压与气压传动在各类机械行业中的应用举例**

| 行业名称 | 应用举例 | 行业名称 | 应用举例 |
|---|---|---|---|
| 工程机械 | 挖掘机，装载机、推土机 | 轻工机械 | 打包机、注塑机 |
| 矿山机械 | 凿石机、开掘机、提升机、液压支架 | 灌装机械 | 食品包装机、真空镀膜机、化肥包装机 |
| 建筑机械 | 打桩机、液压千斤顶、平地机 | 汽车工业 | 智能生产线、自卸式汽车、汽车超重机 |
| 冶金机械 | 轧钢机、压力机、步进加热炉 | 铸造机械 | 砂型压实机、加料机、抛砂机、压铸机 |
| 锻压机械 | 压力机、模锻机、空气锤 | 纺织机械 | 织布机、印染机 |
| 机械制造 | 数控机床、加工中心、组合机床、压力机、自动线 | | |

液压与气压传动发展到目前的水平主要是由于液压与气压传动本身的特点所致，随着工业的发展，液压与气压传动技术必将更加广泛地应用于各个工业领域。

液压技术自 18 世纪末英国制成世界上第一台水压机算起，已有 200 多年的历史了，但其真正的发展是在第二次世界大战后的几十年，战后液压技术迅速转向民用工业，在机床、工程机械、农业机械、汽车等行业中逐步推广。20 世纪 60 年代以来，随着原子能、空间技术、计算机技术的发展，液压技术得到了很大的发展，并渗透到各个工业领域中。当前液压技术正向高压、高速、大功率、高效、低噪声、高可靠性、高度集成化的方向发展。同时，新型液压元件和液压系统的计算机辅助设计（CAD）、计算机辅助测试（CAT）、计算机直接控制（CDC）、计算机实时控制技术、机电一体化技术、计算机仿真和优化设计技术、可靠性技术，以及污染控制技术等方面，也是当前液压传动及控制技术发展和研究的方向。

气压传动技术在科技飞速发展的当今世界，发展将更加迅速。随着工业的发展，气动技术的应用领域已从汽车、采矿、钢铁、机械工业等行业迅速扩展到化工、轻工、食品、军事工业等各行各业。气动技术已发展成包含传动、控制与检测在内的自动化技术。由于工业自动化技术的发展，气动控制技术以提高系统可靠性，降低总成本为目标，研究和开发系统控制技术和机、电、液、气综合技术。显然，气动元件当前发展的特点和研究方向主要是节能化、小型化、轻量化、位置控制的高精度化，以及与电子学相结合的综合控制技术。

随着智能制造技术的发展，液压与气压传动技术在精益生产、智能生产线、无人化车间等制造领域的应用也日益广泛，伴随中国制造业向更加智能化、现代化方向发展，液压与气压传动技术必将发挥越来越重要的作用。

# 第一章

# 液压传动基础知识

本章主要讲述液压油的物理性质、液压油的使用与污染控制、液体静力学的基本特性、液体流动的运动特性等液压传动的基础知识。

**本章重点**

1. 液压油的物理性质。
2. 液体静力学和运动学的基础知识。

**本章难点**

液压油黏性的概念。

流体传动包括液体传动和气体传动，以液体的静压能传递动力的液压传动是以油液作为工作介质的，为此必须了解油液的种类及物理性质、油液的静力学和运动学规律。

从微观的观点来看，油液与其他流体相同，也是由一个一个的、不断做不规则运动的分子组成的。分子之间存在着间隙，它们是不连续的。但是由于分子之间的间隙是极其微小的，因此在研究宏观的机械运动时，可以认为它是一种连续介质。在稳态工作时，也不考虑其可压缩性。另一方面，由于油液分子与分子间的内聚力极小，几乎不能抵抗任何拉力而只能承受较大的压应力；不能抵抗剪切变形而只能对变形速度呈现阻力。不管作用的剪切力怎样微小，油液总会发生连续的变形，这就是油液的易流性，它使得油液本身不能保持一定的形状，只能呈现所处容器的形状。

## 第一节　液压传动工作介质

液体是液压传动的工作介质。最常用的工作介质是液压油。此外，还有乳化型传动液和合成型传动液。

### 一、液压传动工作介质的性质

1. 密度

单位体积液体的质量称为液体的密度。体积为 $V$，质量为 $m$ 的液体的密度 $\rho$ 为

$$\rho = \frac{m}{V} \tag{1-1}$$

矿物油型液压油的密度随温度的上升而有所减小，随压力的提高而稍有增加，但变动值很小，可以认为是常值。我国采用20℃时的密度作为油液的标准密度，以$\rho_{20}$表示。常用液压油和传动液的密度见表1-1。

**表 1-1　常用工作介质的密度**　　（单位：$kg/m^3$）

| 种　类 | $\rho_{20}$ | 种　类 | $\rho_{20}$ |
|---|---|---|---|
| 石油基液压油 | 850~900 | 增黏高水基液 | 1003 |
| 水包油乳化液 | 998 | 水-乙二醇液 | 1060 |
| 油包水乳化液 | 932 | 磷酸酯液 | 1150 |

2. 黏性

液体在外力作用下流动（或有流动趋势）时，分子间的内聚力要阻止分子相对运动而产生的一种内摩擦力，这种现象称为液体的黏性。液体只有在流动（或有流动趋势）时才会呈现出黏性，静止液体是不呈现黏性的。

黏性使流动液体内部各处的速度不相等，以图1-1为例，若两平行平板间充满液体，下平板不动，而上平板以速度$u_0$向右平动。由于液体的黏性，紧靠下平板和上平板的液体层速度分别为零和$u_0$，而中间各液层的速度则视它距下平板的距离按曲线规律或线性规律变化。

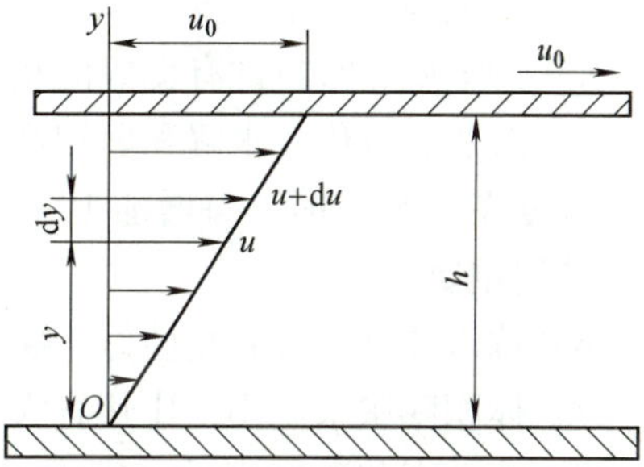

图 1-1　液体的黏性示意图

液体的黏度是指它在单位速度梯度下流动时单位面积上产生的内摩擦力。黏度是衡量液体黏性的指标。黏度$\mu$称为动力黏度，单位为Pa·s（帕·秒），以前沿用的单位为P（泊，dyne·s/$cm^2$），$1Pa\cdot s=10P=10^3cP$（厘泊）。

液体的动力黏度与其密度的比值，称为液体的运动黏度$\nu$，即$\nu=\mu/\rho$，单位为$m^2/s$。以前沿用的单位为St（斯），$1m^2/s=10^4St=10^6cSt$（厘斯）$=10^6mm^2/s$。就物理意义来说，$\nu$不是一个黏度的量，但习惯上常用它来标志液体黏度。液压传动工作介质的黏度等级是以40℃时运动黏度（以$mm^2/s$计）的中心值来划分的，如某一种牌号L—HL22普通液压油在40℃时运动黏度的中心值为$22mm^2/s$。

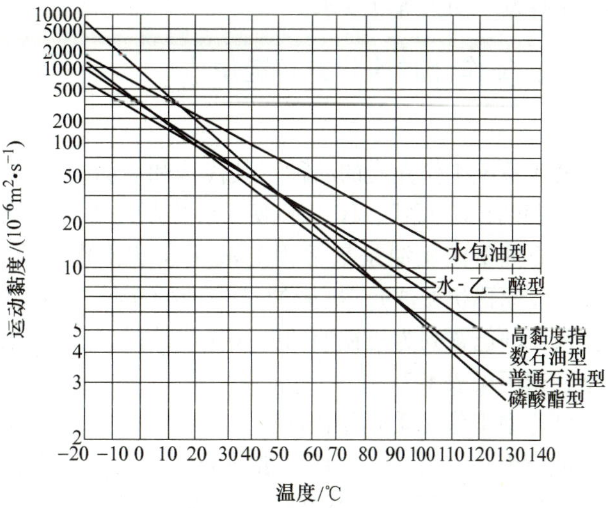

图 1-2　黏度和温度间的关系

液体的黏度随液体的压力和温度而变化。对液压传动工作介质来说，压力增大时，黏度增大。在一般液压系统使用的压力范围内，增大的数值很小，可以忽略不计。但液压传动工作介质的黏度对温度的变化十分敏感，如图1-2所示，温度升高，黏度下降，这个变化率的大小直接影响液压传动工作介质的使用，其重要性不亚于黏度本身。

3. 其他性质

液压传动工作介质还有其他一些性质，如稳定性（热稳定性、氧化稳定性、水解稳定性、剪切稳定性等）、抗泡沫性、抗乳化性、防锈性、润滑性以及相容性（对所接触的金属、密封材料、涂料等作用程度）等，都对它的选择和使用有重要影响。这些性质需要在精炼的矿物油中加入各种添加剂来获得，其含义较为明显，不多做解释，可参阅有关资料。

## 二、对液压传动工作介质的要求

不同的工作机械、不同的使用情况对液压传动工作介质的要求有很大的不同。为了很好地传递运动和动力，液压传动工作介质应具备如下性能：

1）合适的黏度，$\nu_{40}=(15\sim68)\times10^{-6}\mathrm{m^2/s}$，较好的黏温特性。

2）润滑性能好。

3）质地纯净，杂质少。

4）对金属和密封件有良好的相容性。

5）对热、氧化、水解和剪切都有良好的稳定性。温度低于57℃时，油液的氧化进程缓慢，温度高于57℃时，每增加10℃，氧化的速度增加一倍，所以控制液压传动工作介质的温度特别重要。

6）抗泡沫好，抗乳化性好，腐蚀性小，防锈性好。

7）体积膨胀系数小，比热容大。

8）流动点和凝固点低，闪点（明火能使油面上油蒸气闪燃，但油本身不燃烧时的温度）和燃点高。

9）对人体无害，成本低。

对轧钢机、压铸机、挤压机和飞机等液压系统则须突出耐高温、热稳定、不腐蚀、无毒、不挥发、防火等项要求。

## 三、工作介质的分类和选用

1. 分类

液压系统工作介质的品种以其代号和后面的数字组成，代号中L是石油产品的总分类号“润滑剂和有关产品”，H表示液压系统用的工作介质，数字表示为该工作介质的某个黏度等级。石油型液压油是最常用的液压系统工作介质，其各项性能都优于全损耗系统用油L—AN（原称机械油）。机械油是一种低品位、浪费资源的产品，现已不再生产，HL抗氧防锈液压油已被列为机械油的升级换代产品。石油型液压油黏度等级有自15至150等多种规格，选用见表1-2。

乳化型工作介质简称乳化液，它由两种互不相溶的液体（如水和油）构成。液压系统乳化液分为两大类，一类是少量油分散在大量水中，称为水包油乳化液（O/W，也称为高水基液）；另一类是水分散在油中，称为油包水乳化液（W/O）。

水包油乳化液中油占5%~10%（体积分数）。油的作用是作为各种添加剂的载体，和添加剂一起形成极微小的油滴，分散悬浮在水中，有L—HFAE7、10、15、22、32五个品种。

表 1-2 液压系统工作介质分类（摘自 GB/T 7631.2—2003）

| 分类 | 名称 | 代号 | 组成和特性 | 应用 |
|---|---|---|---|---|
| 石油型 | 精制矿物油 | L—HH | 无抗氧剂 | 循环润滑油，低压液压系统 |
| | 普通液压油 | L—HL | HH 油，并改善其防锈和抗氧性 | 一般液压系统 |
| | 抗磨液压油 | L—HM | HL 油，并改善其抗磨性 | 低、中、高液压系统，特别适合于有防磨要求带叶片泵的液压系统 |
| | 低温液压油 | L—HV | HM 油，并改善其黏温特性 | 能在-40～-20℃的低温环境中工作，用于户外工作的工程机械和船用设备的液压系统 |
| | 高黏度指数液压油 | L—HR | HL 油，并改善其黏温特性 | 黏温特性优于 L—HV 油，用于数控机床液压系统和伺服系统 |
| | 液压导轨油 | L—HG | HM 油，并具有黏—滑特性 | 适用于导轨和液压系统共用一种油品的机床，对导轨有良好的润滑性和防爬性 |
| | 其他液压油 | | 加入多种添加剂 | 用于专用液压系统 |
| 乳化型 | 水包油乳化液 | L—HFAE | | 需要难燃液的场合 |
| | 油包水乳化液 | L—HFB | | |
| 合成型 | 水-乙二醇液 | L—HFC | | |
| | 磷酸酯液 | L—HFDR | | |

使用温度为 5～50℃。其特点是黏度低、泄漏大，系统压力不宜高于 7MPa，增黏型高水基液的工作压力不宜高于 14MPa；水的饱和蒸气压高，易汽化，易气蚀，泵的吸油口应保持正压，泵的转速不应超过 1200r/min；而且，其润滑性远低于油，高水基泵的寿命只有液压泵的一半。水包油乳化液多用于液压支架及用液量特别大的液压系统。

油包水乳化液含油 60%（积分分数），水滴直径小于 1.5μm，其性能接近液压油，抗燃性高于液压油，使用油温不得高于 65℃，以免汽化。油包水乳化液有 L—HFB22、32、46、68、100 五个品种。

水-乙二醇传动液有 L—HFC15、22、32、46、68、100 六个品种。乙二醇占 20%～40%（体积分数，后同），水占 35%～55%，增黏剂占 10%～15%，其余为添加剂。抗燃性优于液压油，使用温度为-18～65℃，低温性能好，适合于飞机液压系统。润滑性不如液压油，泵的磨损比用液压油的泵高 3～4 倍，系统压力应低于 14MPa。

磷酸酯传动液有 L—HFDR15、20、32、46、68 五个品种。使用温度为-20～100℃。它是以各种无水的磷酸酯为基础，再加入各种添加剂而制成的。它的难燃性好，自燃点高，挥发性低，氧化稳定性好，润滑性好。但黏温性和低温性能较差，和丁腈橡胶不相容。有微毒，应避免和皮肤直接接触。适用于冶金设备、汽轮机等高温、高压系统，也常用于大型民航客机的液压系统。

2. 工作介质的选用原则

（1）液压系统的工作条件　按系统中液压元件，主要是液压泵来确定工作介质的黏度，见表 1-3。同时，要考虑工作压力范围、油膜承载能力、润滑性、系统温升程度、工作介质与密封材料和涂料是否相容等要求。

（2）液压系统的工作环境　主要是环境温度的变化范围、有无明火和高温热源、抗燃性等要求。还要考虑环境污染、毒性和气味等因素。

（3）综合经济分析　选择工作介质时要通盘考虑价格和使用寿命，高质量的液压油从一次购置的角度来看花费较大，但从使用寿命、元件更换、运行维护、生产效率的提高上讲，总的经济效益是非常合算的。

**表 1-3　按液压泵类型推荐用工作介质的黏度**

| 液压泵类型 | | 工作介质黏度 $\nu_{40}/(\mathrm{mm^2 \cdot s^{-1}})$ | |
|---|---|---|---|
| | | 液压系统温度 5~40℃ | 液压系统温度 40~80℃ |
| 齿轮泵 | | 30~70 | 65~165 |
| 叶片泵 | $p<7.0\mathrm{MPa}$ | 30~50 | 40~75 |
| | $p\geq7.0\mathrm{MPa}$ | 50~70 | 55~90 |
| 径向柱塞泵 | | 30~80 | 65~240 |
| 轴向柱塞泵 | | 40~75 | 70~150 |

## 四、液压系统的污染控制

工作介质的污染是液压系统发生故障的主要原因。它严重影响液压系统的可靠性及液压元件的寿命，因此工作介质的正确使用、管理以及污染控制，是提高液压系统的可靠性及延长液压元件使用寿命的重要手段。

1. 污染的根源

进入工作介质的固体污染物有四个主要根源，它们是：已被污染的新油、残留污染、侵入污染和内部生成污染。了解每一个根源，都是液压系统的污染控制措施和过滤器设置的主要考虑因素。

（1）已被污染的新油　虽然液压油和润滑油是在比较清洁的条件下精炼和调合的，但油液在运输和储存过程中会受到管道、油桶和储油罐的污染。其污染物为灰尘、砂土、锈垢、水分和其他液体等。

（2）残留污染　液压系统和液压元件在装配和冲洗中的残留物。如毛刺、切屑、型砂、涂料、橡胶、焊渣和棉纱纤维等。

（3）侵入污染　液压系统运行过程中，由于油箱密封不完善以及元件密封装置损坏而由系统外部侵入的污染物。如灰尘、砂土、切屑以及水分等。

（4）内部生成污染　液压系统运行中系统本身所生成的污染物。其中既有元件磨损剥离、被冲刷和腐蚀的金属颗粒或橡胶末，又有油液老化产生的污染物等，这一类污染物最具有危险性。

2. 污染引起的危害

液压系统的故障有 75%以上是由工作介质污染物所引起的。污染物颗粒具有各种形状和尺寸，并由各种材料构成，大多数是磨粒性的。它们与元件表面相互作用时，产生磨粒磨损和表面疲劳，从元件表面犁削和切削出碎片，加速元件磨损，使内泄漏增加，降低泵、阀等元件的效率和精度，这些变化一开始很难觉察，尤其对泵来说，最终会引起失效。这种失效是不能恢复的退化失效。最容易引起磨损的颗粒是处于间隙尺寸的颗粒。

当一个大颗粒进入泵或阀时，可能使泵或阀卡死，或者堵塞阀的控制节流孔，引起突发失效。细小颗粒淤积也能引起突发失效，有时，颗粒或污染物妨碍阀的归位，使阀不能完全关闭，当阀再次打开时，该颗粒或污染物可能被冲走，于是，出现一种间歇失效，导致液压系统不能正常工作。

颗粒、污染物和油液氧化变质生成的黏性胶质会堵塞过滤器，使液压泵运转困难，产生噪声。水分和空气的混入使工作介质的润滑性能降低，并使它加速氧化变质，产生气蚀，使液压元件加速腐蚀，液压系统出现振动和爬行等现象。

这些故障轻则影响液压系统的性能和使用寿命，重则损坏元件使元件失效，导致液压系统不能工作，危害是非常严重的。

3. 污染的测定

工作介质的污染度是指单位容积工作介质中固体颗粒污染物的含量。含量可用重量或颗粒数表示，因而相应的污染度测定方法有称重法和颗粒计数法两种。

（1）称重法　把 100mL 的工作介质样品进行真空过滤并烘干后，在精密天平上称出颗粒的重量，然后依标准定出污染等级。这种方法只能表示工作介质中污染物的总量，不能反映颗粒尺寸的大小及其分布情况。这种方法设备简单，操作方便，重复精度高，适用于工作介质日常性的质量管理场合。

（2）颗粒计数法　颗粒计数法是测定工作介质样品单位容积中不同尺寸范围内颗粒污染物的颗粒数，借以查明其区间颗粒浓度（单位容积油液中含有某给定尺寸范围的颗粒数）或累计颗粒浓度（单位容积油液中含有大于某给定尺寸的颗粒数）。目前，用得较普遍的有显微镜颗粒计数法和自动颗粒计数法。

显微镜颗粒计数法也是将 100mL 工作介质样品进行真空过滤，并把得到的颗粒经溶剂处理后，放在显微镜下，找出其尺寸大小及数量，然后依标准确定工作介质的污染度。这种方法的优点是能够直接看到颗粒的种类、大小及数量，从而可推测污染原因，但要求有熟练的操作技术，操作时间长，精度低。

自动颗粒计数法是利用光源照射工作介质样品时，工作介质中颗粒在光电传感器上投射所发出的脉冲信号来测定工作介质的污染度的。由于信号的强弱和多少分别与颗粒的大小和数量有关，将测得的信号与标准颗粒产生的信号相比较，就可以算出工作介质样品中颗粒的大小与数量。这种方法能自动计数，测定简便、迅速、精确，可以及时从高压管道中抽样测定，因此得到了广泛的应用，但是此法不能直接观察到污染颗粒本身。

4. 污染度的等级

为了描述和评定工作介质污染的程度，以便对它进行控制，有必要规定出工作介质的污染度等级。下面介绍我国制定的国家标准 GB/T 14039—2002《液压系统工作介质固体颗粒污染等级代号》和目前仍被采用的美国 NAS1638 油液污染度等级。

我国制定的 GB/T 14039—2002《液压系统工作介质固体颗粒污染等级代号》等效采用国际标准 ISO 4406—1987。

在 GB/T 14039—1993 中，油液污染等级用>5μm 和>15μm 两个尺寸范围的颗粒浓度代码表示。现在，考虑到自动颗粒计数器采用不同的校准标准，所以在 GB/T 14039—2002 标准中已将以上颗粒尺寸作了改变，改变后的报告尺寸为4μm(c)、6μm(c) 和14μm(c)，后两个尺寸相当于原来采用ISO 4402：1991 自动颗粒计数器校准方法的报告颗粒尺寸5μm 和15μm。ISO 4402：1991 已被 ISO 11171：1999 所代替。μm(c) 的意思是指按照 GB/T 18854—2002 校准的自动颗粒计数器测量的颗粒尺寸。

按 ISO 4407：1991 用光学显微镜测得的颗粒大小是颗粒的最大尺寸，而自动颗粒计数器测得的尺寸是由颗粒的投影面积换算而来的等效尺寸，在大多数情况下它与采用显微镜法测得的值是不同的。用显微镜测量时报告的颗粒尺寸（≥5μm 和≥15μm）与 GB/T 14039—1993 规定的相同。

使用自动颗粒计数器计数所报告的污染等级代号由三个代码组成，该代码分别代表如下的颗粒尺寸及其分布：

第一个代码代表每毫升油液中颗粒尺寸≥4μm(c) 的颗粒数：第二个代码代表每毫升油液中颗粒尺寸≥6μm(c) 的颗粒数：第三个代码代表每毫升油液中颗粒尺寸≥14μm(c) 的颗粒数。具体见表 1-4。

**表 1-4　颗粒数与其标号的对应关系（GB/T 14039—2002）**

| 每毫升的颗粒数 | | 代码 |
|---|---|---|
| > | ≤ | |
| 2500000 | | >28 |
| 1300000 | 2500000 | 28 |
| 640000 | 1300000 | 27 |
| 320000 | 640000 | 26 |
| 160000 | 320000 | 25 |
| 80000 | 160000 | 24 |
| 40000 | 80000 | 23 |
| 20000 | 40000 | 22 |
| 10000 | 20000 | 21 |
| 5000 | 10000 | 20 |
| 2500 | 5000 | 19 |
| 1300 | 2500 | 18 |
| 640 | 1300 | 17 |
| 320 | 640 | 16 |
| 160 | 320 | 15 |
| 80 | 160 | 14 |
| 40 | 80 | 13 |
| 20 | 40 | 12 |
| 10 | 20 | 11 |
| 5 | 10 | 10 |
| 2. 5 | 5 | 9 |
| 1. 3 | 2. 5 | 8 |

（续）

| 每毫升的颗粒数 | | 代码 |
|---|---|---|
| > | ≤ | |
| 0.64 | 1.3 | 7 |
| 0.32 | 0.64 | 6 |
| 0.16 | 0.32 | 5 |
| 0.08 | 0.16 | 4 |
| 0.04 | 0.08 | 3 |
| 0.02 | 0.04 | 2 |
| 0.01 | 0.02 | 1 |
| 0.00 | 0.01 | 0 |

例如：代号22/18/13，其中第一个代码22表示每毫升油液中≥4μm(c)的颗粒数在20000~40000（包括40000在内）；第二个代码18表示≥6μm(c)的颗粒数在1300~2500（包括2500在内）；第三个代码13表示≥14μm(c)的颗粒数在40~80（包括80在内）。另外，在实际应用时，可用“*”（表示颗粒数太多而无法计数）或“—”（表示不需要计数）两个符号来表示代码。

例如：*/19/14表示油液中≥4μm(c)的颗粒数太多而无法计数；—/19/14表示油液中≥4μm(c)的颗粒不需要计数。

当其中一个尺寸范围（代码小于8时）的原始颗粒计数值小于20时，该尺寸范围的代码前应标注“≥”符号。如：代号14/12/≥7表示在每毫升油液中，≥4μm(c)的颗粒数在80~160（包括160在内）；≥6μm(c)的颗粒数在20~40（包括40在内）；第三个代码≥7表示每毫升油液中≥14μm(c)的颗粒数在0.64~1.3（包括1.3在内），但计数值小于20。这时，统计的可信度降低。由于可信度较低，14μm(c)部分的代码实际上可能高于7，即表示每毫升油液中的颗粒数可能大于1.3个。

美国NAS1638污染度等级见表1-5。按100mL工作介质中在给定的颗粒尺寸区间内的最大允许颗粒数划分为14个等级，最清洁的为00级，污染最高的为12级。表1-6是典型液压系统的污染等级。

**表1-5　美国NAS1638污染度等级分级标准**（100mL工作介质中颗粒数）

| 尺寸范围/μm | 污染等级 | | | | | | | | | | | | | |
|---|---|---|---|---|---|---|---|---|---|---|---|---|---|---|
| | 00 | 0 | 1 | 2 | 3 | 4 | 5 | 6 | 7 | 8 | 9 | 10 | 11 | 12 |
| | 100mL工作介质中所含颗粒的数目 | | | | | | | | | | | | | |
| 5~15 | 125 | 250 | 500 | 1000 | 2000 | 4000 | 8000 | 16000 | 32000 | 64000 | 128000 | 256000 | 512000 | 1024000 |
| 15~25 | 22 | 44 | 89 | 178 | 356 | 712 | 1425 | 2850 | 5700 | 11400 | 22800 | 45600 | 91200 | 182400 |
| 25~50 | 4 | 8 | 16 | 32 | 63 | 126 | 253 | 506 | 1012 | 2025 | 4050 | 8100 | 16200 | 32400 |
| 50~100 | 1 | 2 | 3 | 6 | 11 | 22 | 45 | 90 | 180 | 360 | 720 | 1440 | 2800 | 5760 |
| >100 | 0 | 0 | 1 | 1 | 2 | 4 | 8 | 16 | 32 | 64 | 128 | 256 | 512 | 1024 |

表 1-6　典型液压系统污染度等级

| | 级别① | 4 | 5 | 6 | 7 | 8 | 9 | 10 | 11 | 12 | 13 | 14 |
|---|---|---|---|---|---|---|---|---|---|---|---|---|
| | 污染度等级② | 13/10 | 14/11 | 15/12 | 16/13 | 17/14 | 18/15 | 19/16 | 20/17 | 21/18 | 22/19 | 23/20 |
| 系统类型 | 污染极敏感的系统 | ━ | ━ | ━ | ━ | ━ | | | | | | |
| | 伺服系统 | | ━ | ━ | ━ | ━ | ━ | | | | | |
| | 高压系统 | | | ━ | ━ | ━ | ━ | ━ | | | | |
| | 中压系统 | | | | | ━ | ━ | ━ | ━ | ━ | | |
| | 低压系统 | | | | | | ━ | ━ | ━ | ━ | ━ | |
| | 低敏感系统 | | | | | | | ━ | ━ | ━ | ━ | ━ |
| | 数控机床液压系统 | | ━ | ━ | ━ | ━ | ━ | | | | | |
| | 机床液压系统 | | | | | ━ | ━ | ━ | ━ | ━ | | |
| | 一般机器液压系统 | | | | | | ━ | ━ | ━ | ━ | ━ | |
| | 行走机械液压系统 | | | | ━ | ━ | ━ | ━ | ━ | | | |
| | 重型设备液压系统 | | | | | ━ | ━ | ━ | ━ | ━ | | |
| | 重型和行走设备传动系统 | | | | | | ━ | ━ | ━ | ━ | ━ | |
| | 冶金轧钢设备液压系统 | | | | ━ | ━ | ━ | ━ | ━ | | | |

① 这里的级别指 NAS1638。

② 相当于 ISO 4406。

5. 工作介质的污染控制

工作介质污染的原因很复杂，工作介质自身又在不断产生污染物，因此要彻底解决工作介质的污染问题是很困难的。为了延长液压元件的寿命，保证液压系统可靠地工作，将工作介质的污染度控制在某一限度内是较为切实可行的办法。

为了减少工作介质的污染，应采取如下一些措施：

1）对元件和系统进行清洗。清除在加工和组装过程中残留的污染物，液压元件在加工的每道工序后都应净化，装配后应经严格的清洗。最后用系统工作时使用的工作介质对系统进行彻底冲洗，达到系统要求的污染度后，将冲洗液放掉，注入新的工作介质后，才能正式运转。

2）防止污染物从外界侵入。油箱呼吸孔上应装设高效的空气过滤器或采用密封油箱，工作介质应通过过滤器注入系统。活塞杆端应装防尘密封。

3）在液压系统合适部位设置合适的过滤器，并定期检查、清洗或更换。具体内容详见第五章。

4）控制工作介质的温度。工作介质温度过高会加速其氧化变质，产生各种生成物，缩短它的使用期限。

5）定期检查和更换工作介质。定期对液压系统的工作介质进行抽样检查，分析其污染度，如已不符合要求，必须立即更换。更换新的工作介质前，必须对整个液压系统彻底清洗一遍。

## 第二节　液体静力学

液体静力学主要是讨论液体静止时的平衡规律以及这些规律的应用。所谓“液体静止”指的是液体内部质点间没有相对运动，不呈现黏性而言，至于盛装液体的容器，与它是静止的或是匀速、匀加速运动都没有关系。

### 一、液体静压力及其特性

作用在液体上的力有两种，即质量力和表面力。单位质量液体受到的质量力称为单位质量力，在数值上就等于加速度。表面力是由与流体相接触的其他物体（如容器或其他液体）作用在液体上的力，这是外力；也可以是一部分液体作用在另一部分液体上的力，这是内力。单位面积上作用的表面力称为应力，它有法向应力和切向应力之分。当液体静止时，液体质点间没有相对运动，不存在摩擦力，所以静止液体的表面力只有法向力。液体内某点处单位面积 $\Delta A$ 上所受到的法向力 $\Delta F$ 之比，称为压力 $p$（静压力），即

$$p=\lim_{\Delta A\to 0}\frac{\Delta F}{\Delta A} \tag{1-2}$$

如法向力 $F$ 均匀地作用于面积 $A$ 上，则压力可表示为

$$p=\frac{F}{A} \tag{1-3}$$

由于液体质点间的凝聚力很小，不能受拉，只能受压，所以液体的静压力具有两个重要特性：

1）液体静压力的方向总是作用面的内法线方向。

2）静止液体内任一点的液体静压力在各个方向上都相等。

### 二、液体静压力基本方程

在重力作用下的静止液体，其受力情况如图 1-3a 所示，除了液体的重力、液面上的压力 $p_0$ 以外，还有容器壁面对液体的压力。现要求得液体内离液面深度为 $h$ 的 $A$ 点处压力，可以在液体内取出一个底面通过该点的，底面积为 $\Delta A$ 的垂直小液柱，如图 1-3b 所示。小液柱的上顶与液面重合，这个小液柱在重力及周围液体的压力作用下，处于平衡状态，于是有

$$p\Delta A=p_0\Delta A+F_G$$

这里的 $F_G$ 即为液柱的重量，$F_G=\rho gh\Delta A$，所以有

$$p=p_0+\rho gh \tag{1-4}$$

式中，$g$ 为重力加速度。

式（1-4）即为液体静压力的基本方程。由此式可知：

1）静止液体内任一点处的压力由两部分组成，一部分是液面上的压力 $p_0$，另一部分是 $\rho g$ 与该点离液面深度 $h$ 的乘积。当液面上只受大气压力 $p_a$ 作用时，点 $A$ 处的静压力则为

$$p=p_a+\rho gh \tag{1-5}$$

2）同一容器中同一液体内的静压力随液体深度 $h$ 的增加而线性地增加。

3）连通器内同一液体中深度相同的各点压力都相等。由压力相等的点组成的面称为等压面。在重力作用下，静止液体中的等压面是一个水平面。

## 三、压力的表示方法及单位

压力的表示方法有两种，一种是以绝对真空作为基准所表示的压力，称为绝对压力；另一种是以大气压力作为基准所表示的压力，称为相对压力。由于大多数测压仪表所测得的压力都是相对压力，故相对压力也称为表压力。绝对压力与相对压力的关系为

绝对压力=相对压力+大气压力

如果液体中某点处的绝对压力小于大气压力，这时在这个点上的绝对压力比大气压力小的那部分数值称为真空度。即

真空度=大气压力-绝对压力

由此可知，当以大气压力为基准计算压力时，基准以上的正值是表压力，基准以下的负值就是真空度。绝对压力、相对压力和真空度的相互关系如图 1-4 所示。

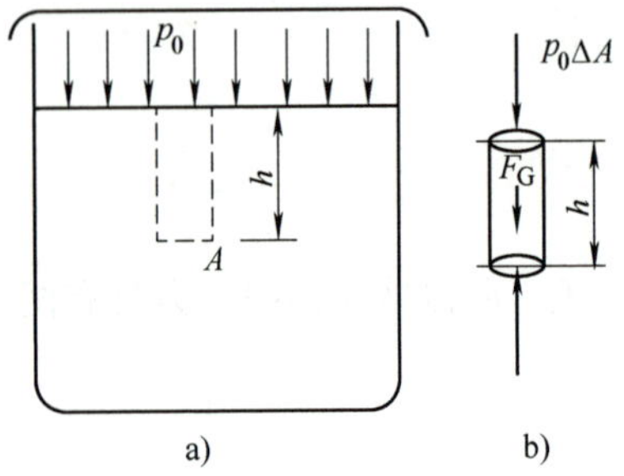

图 1-3　重力作用下的静止液体

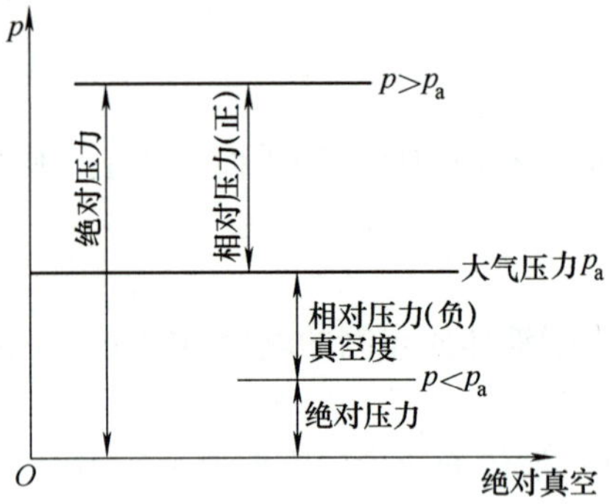

图 1-4　绝对压力、相对压力和真空度

我国法定的压力单位称为帕［斯卡］，简称帕，符号为 Pa，$1Pa=1N/m^2$。由于此单位很小，工程上使用不便，因此常采用它的倍数单位兆帕，符号 MPa，其关系为

$$1MPa=10^6Pa$$

我国过去在工程上采用工程大气压力，也采用水柱高度或汞柱高度等，这是因为液体内某一点处的表压力与它所在位置的高度 $h$ 成正比，因此也可用液柱高度来表示表压力的大小。压力的单位及其他非法定计量单位的换算关系为

$$1at（工程大气压力）=1kgf/cm^2=9.8\times10^4N/m^2$$

$$1mH_2O（米水柱）=9.8\times10^3N/m^2$$

$$1mmHg（毫米汞柱）=1.33\times10^2N/m^2$$

在液压技术中，目前还采用的压力单位有巴，符号为 bar，即

$$1bar=10^5N/m^2=10N/cm^2\approx1.02kgf/cm^2$$

**例 1-1**　如图 1-5 所示，容器内充满油液，活塞上作用力 $F=1000N$，活塞的面积 $A=1\times10^{-3}m^2$，问活塞下方深度为 $h=0.5m$ 处的压力等于多少？油液的密度 $\rho=900kg/m^3$。

**解**　根据式（1-4）$p=p_0+\rho gh$，活塞和液面接触处的压力 $p_0=F/A=1000/(1\times10^{-3})N/m^2=10^6N/m^2$，因此深度为 $h$ 处的液体压力为

$$p = p_0 + \rho gh = (10^6 + 900 \times 9.8 \times 0.5)\,\text{N/m}^2$$
$$= 1.0044 \times 10^6\,\text{N/m}^2 \approx 10^6\,\text{N/m}^2 = 1.0\text{MPa}$$

由此可见，液体在受压的情况下，其液柱高度所引起的那部分压力 $\rho gh$ 与其相比，可以忽略不计，并认为整个液体内部的压力是近似相等的。因而对液压传动来说，一般不考虑液体位置高度对于压力的影响，可以认为静止液体内各处的压力都是相等的。

## 四、帕斯卡原理

盛放在密闭容器内的液体，其外加压力 $p_0$ 发生变化时，只要液体仍保持其原来的静止状态不变，液体中任一点的压力将发生同样大小的变化。这就是说，在密闭容器内，施加于静止液体上的压力将以等值同时传到各点。这就是静压传递原理或称帕斯卡原理。

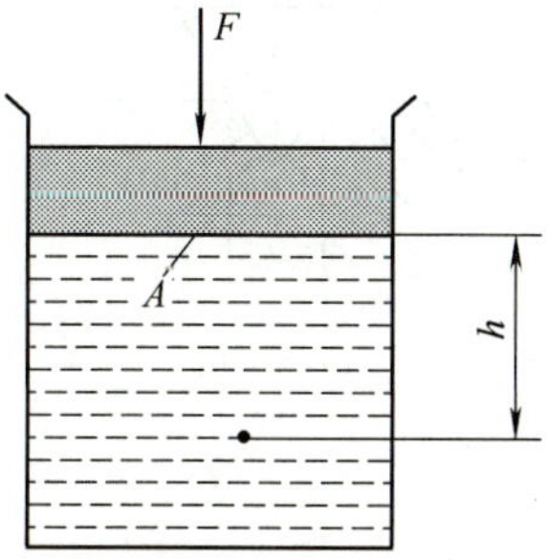


图 1-5　液体内压力计算图

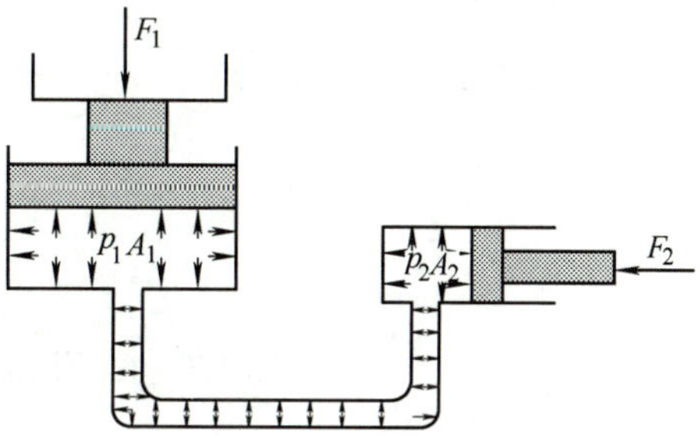


图 1-6　帕斯卡原理应用

下面以图 1-6 为例来说明液体的静压传递原理，图中垂直液压缸、水平液压缸的截面积为 $A_1$、$A_2$，活塞上作用的负载为 $F_1$、$F_2$。由于两缸互相连通，构成一个密闭容器，因此按帕斯卡原理，缸内压力到处相等，$p_1 \approx p_2$，于是

$$F_2 = \frac{A_2}{A_1} F_1 \tag{1-6}$$

如果垂直液压缸的活塞上没有负载，则当略去活塞重量及其他阻力时，不论怎样推动水平液压缸的活塞，也不能在液体中形成压力，这说明液压系统中的压力是由外界负载决定的。

## 五、液体静压力对固体壁面的作用力

静止液体和固体壁面相接触时，固体壁面上各点在某一方向上所受静压作用力的总和便是液体在该方向上作用于固体壁面上的力。在液压传动计算中质量力（$\rho gh$）可以忽略，静压力处处相等，所以可认为作用于固体壁面上的压力是均匀分布的。

当固体壁面是一个平面时，如图 1-7a 所示，则压力 $p$ 作用在活塞（活塞盘径为 $d$、面积为 $A$）上的力 $F$ 即为

$$F = pA = \frac{\pi D^2}{4} p$$

当固体壁面是一个曲面时，作用在曲面各点的液体静压力是不平行的，但是静压力的大小是相等的，因而作用在曲面上的总作用力在不同的方向也就不一样，因此必须首先明确要

计算的是曲面上哪一个方向的力。

如图 1-7b、c 所示的球面和圆锥体面，要求液体静压力 $p$ 沿垂直方向作用在球面和圆锥面上的力 $F$，就等于压力作用于该部分曲面在垂直方向的投影面积 $A$ 与压力 $p$ 的乘积，其作用点通过投影圆的圆心，其方向向上，即

$$F=pA=p\frac{\pi}{4}d^2$$

式中，$d$ 为承压部分曲面投影圆的直径。

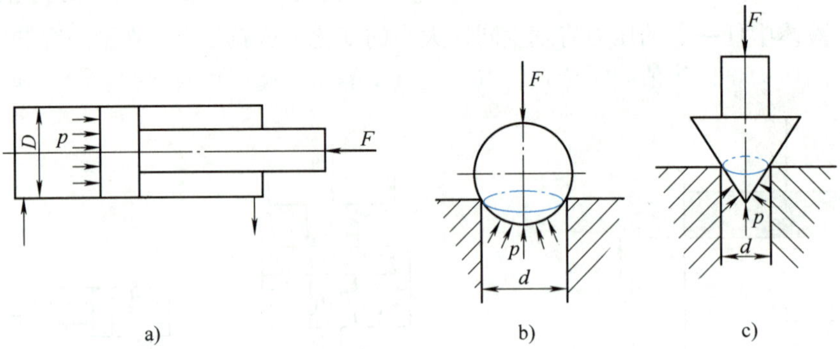


图 1-7　液压作用在固体壁面上的力

由此可见，曲面上液压作用力在某一方向上的分力等于液体静压力和曲面在该方向的垂直面内投影面积的乘积。

## 第三节　液体动力学

### 一、基本概念

1. 理想液体、定常流动

研究液体流动时的运动规律必须考虑液体黏性的影响，当压力发生变化时，液体的体积会发生变化，但由于这个问题比较复杂，所以在开始分析时可以先假定液体为无黏性、不可压缩的理想液体，然后再根据实验结果，对理想液体的基本方程加以修正，使之比较符合实际情况。我们把既无黏性又不可压缩的液体称为理想液体。

液体流动时，若液体中任何一点的压力、速度和密度都不随时间而变化，则这种流动就称为定常流动（恒定流动或非时变流动）；反之，只要压力、速度和密度中有一个随时间而变化，液体就是做非定常流动（非恒定流动或时变流动）。

2. 流量和平均流速

单位时间内通过某通流截面的液体的体积称为流量。在法定计量单位制（或 SI 单位制）中流量的单位为 $m^3/s$（米$^3$/秒），在实际使用中，常用单位为 L/min（升/分）或 mL/s（毫升/秒）。

对于微小流束，由于通流截面积很小，可以认为通流截面上各点的流速 $v$ 是相等的，所

以通过该截面积 d$A$ 的流量为 d$q=v$d$A$，对此式进行积分，可得到整个通流截面面积 $A$ 上的流量为

$$q=Av \tag{1-7}$$

## 二、连续性方程

连续性方程是质量守恒定律在流体力学中的一种表达形式，设液体在如图 1-8a 所示的管道中做定常流动，若任取两个通流截面面积为 $A_1$ 和 $A_2$，平均流速为 $v_1$ 和 $v_2$，液体的密度为 $\rho_1$ 和 $\rho_2$，则根据质量守恒定律，在 $\Delta t$ 内流过两个通流截面的液体质量相等，即

（质量相等）　$\rho v_1A_1\Delta t=\rho v_2A_2\Delta t$

↓ $\rho$ 不变

（体积不变）　$v_1A_1\Delta t=v_2A_2\Delta t$

↓ $\Delta t=\Delta t$ 不变

（流量不变）　$v_1A_1=v_2A_2$

$$v_1A_1=v_2A_2 \tag{1-8}$$

即为液流的连续性方程，它表明在定常流动条件下，流过各个通流截面上的流量是相等的（即流量是连续的），它是质量守恒定律的具体体现。

式（1-8）表明，速度不仅可以传递，而且可以放大（在 $A_1>A_2$ 时）和缩小（在 $A_1<A_2$ 时），并且方向可以根据实际需要而改变。如图 1-8b 所示，面积为 $A_1$ 的活塞以速度 $v_1$ 输送液体，而面积为 $A_2$ 的活塞必将产生速度 $v_2$，且 $v_2=v_1(A_1/A_2)$，此时若 $v_1$ 发生变化，$v_2$ 必将随之变化；若在两缸之间增加一个可以调节的支路，如图 1-8c 所示，根据连续性方程

$$v_1A_1=v_2A_2+q_3$$

有

$$v_2=\frac{v_1A_1-q_3}{A_2} \tag{1-9}$$

由此可见，当速度 $v_1$（流量 $q_1$）不可调节时，只要调节 $q_3$ 也能使 $v_2$ 获得相应的调节，这就是液压传动中速度调节的基本原理。

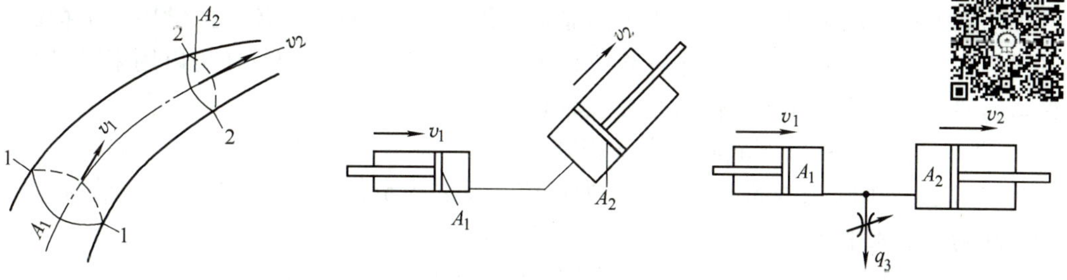


a)　　b)　　c)

图 1-8　流体的连续性原理及应用示意图

## 三、伯努利方程

伯努利方程就是能量守恒定律在流动液体中的具体体现。如图 1-9 所示，在定常流动的管道中任取一段液流 1、2 为研究对象，设 1、2 两截面中心到基准面 0-0 的高度分别 $z_1$ 和 $z_2$，流通截面上的平均流速为 $v_1$ 和 $v_2$，面积为 $A_1$ 和 $A_2$，压力为 $p_1$ 和 $p_2$。当液体为理想液

体且做定常流动时，有

$$p_1+\rho g z_1+\frac{1}{2}\rho v_1^2=p_2+\rho g z_2+\frac{1}{2}\rho v_2^2 \tag{1-10}$$

也可写成

$$p+\rho g z+\frac{1}{2}\rho v^2=\text{常数} \tag{1-11}$$

式（1-11）各项分别为单位液体的压力能、位能和动能。因此，上述伯努利方程的物理意义是：在密闭的管道内作定常流动的液体具有三种形式的能量，即压力能、位能和动能。在流动过程中，三种能量可以相互转化，但各个通流截面上三种能量之和为定值。

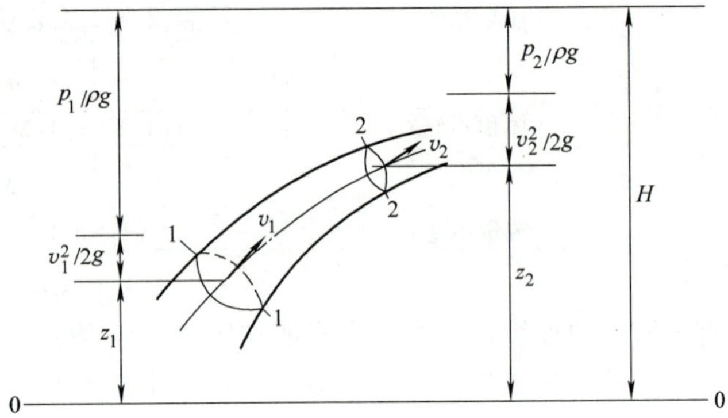

图 1-9　伯努利方程各参量示意图

实际液体在管道内流动时，由于液体存在黏性，会产生内摩擦力，消耗能量；同时，管道局部形状和尺寸的突然变化，也会使液流产生扰动，消耗能量。因此，实际液体流动有能量损失存在，设单位体积液体在两截面间流动的能量损失为 $\Delta p_w$。

另一方面，由于实际液体在管道通流截面上的流速分布是不均匀的，在用平均流速代替实际流速计算动能时，必然会产生误差，为了修正这个误差，需引入动能修正系数 $\alpha$。

因此，实际液体的伯努利方程为

$$p_1+\rho g z_1+\frac{\alpha_1}{2}\rho v_1^2=p_2+\rho g z_2+\frac{\alpha_2}{2}\rho v_2^2+\Delta p_w \tag{1-12}$$

式中，动能修正系数 $\alpha_1$、$\alpha_2$ 的值与流速分布有关，流速分布越不均匀，$\alpha$ 值越大，流速分布较均匀时 $\alpha$ 接近于 1（层流时取 $\alpha\approx 2$，湍流时 $\alpha\approx 1$）。

伯努利方程揭示了液体流动过程中的能量变化规律，因此它是流体力学中一个特别重要的基本方程，伯努利方程不仅是进行液压系统分析的理论基础，而且还可以用来对多种液体问题进行研究和计算。在应用伯努利方程时必须注意：

1）通流截面 1、2 需顺流向选取（否则 $\Delta p_w$ 为负值），且应选在缓流变动的截面上。

2）通流截面中心在基准面上时，$z$ 为正值，反之为负值，通常选其中较低的通流截面的中心作为基准水平面。

**例 1-2**　计算液压泵吸油腔的真空度或液压泵允许的最大吸油高度。

**解**　如图 1-10 所示，设液压泵的吸油口比油箱液面高 $h$，取油箱液面 1-1 和液压泵进口处截面 2-2 列伯努利方程，并取截面 1-1 为基准平面，则有

$$\frac{p_1}{\rho}+\frac{\alpha_1 v_1^2}{2}=\frac{p_2}{\rho}+hg+\frac{\alpha_2 v_2^2}{2}+h_w g$$

式中，$p_1$ 为油箱液面压力，由于一般油箱液面与大气接触，故 $p_1=p_a$；$v_2$ 为液压泵的吸油口速度，一般取吸油管流速；$v_1$ 为油箱液面流速，由于 $v_1\ll v_2$ 故可以将 $v_1$ 忽略不计；$p_2$ 为吸油口

的绝对压力；$h_w g$ 为单位质量液体的能量损失。据此，上式可简化为

$$\frac{p_a}{\rho}=\frac{p_2}{\rho}+hg+\frac{\alpha_2 v_2^2}{2}+h_w g$$

液压泵吸油口的真空度为

$$p_a-p_2=\rho gh+\rho\frac{\alpha_2 v_2^2}{2}+\rho gh_w$$

$$=\rho gh+\rho\frac{\alpha_2 v_2^2}{2}+\Delta p \qquad (1\text{-}13)$$

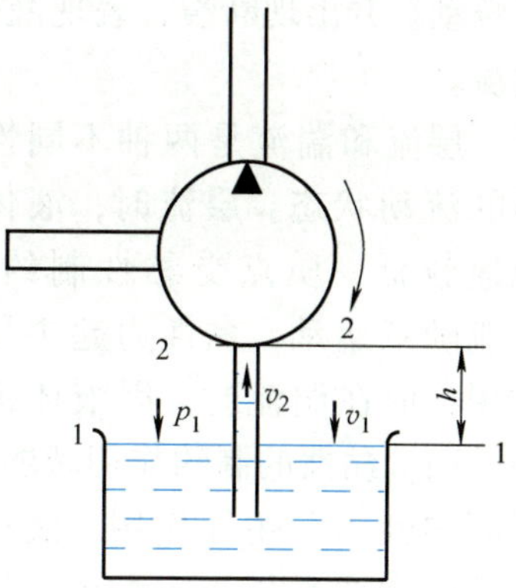

图 1-10　液压泵从油箱吸油示意图

由式（1-13）可知：液压泵吸油口的真空度由三部分组成：①把油液提升到一定高度所需的压力；②产生一定的流速所需的压力；③吸油管内压力损失。液压泵吸油口真空度不能太大，即泵吸油口处的绝对压力不能太低，否则就会产生气穴现象，导致液压泵噪声过大，因而在实际使用中 $h$ 一般应小于 500mm，有时为使吸油条件得以改善，采用浸入式或倒灌式安装，即使液压泵的吸油高度小于零。

## 第四节　定常管流的压力损失计算

实际液体具有黏性，在流动时就有阻力，为了克服阻力，就必然要消耗能量，这样就有能量损失。在液压传动中，能量损失主要表现为压力损失，这就是实际液体流动的伯努利方程式（1-12）中 $\Delta p_w$ 项的含义。液压系统中的压力损失分为两类，一类是油液沿等直径直管流动时所产生的压力损失，称为沿程压力损失。这类压力损失是由液体流动时的内、外摩擦力所引起的。另一类是油液流经局部障碍（如弯管、接头、管道截面突然扩大或收缩）时，由于液流的方向和速度的突然变化，在局部形成旋涡，引起油液质点间以及质点与固体壁面间相互碰撞和剧烈摩擦而产生的压力损失称为局部压力损失。

压力损失过大也就是液压系统中功率损耗的增加，这将导致油液发热加剧，泄漏量增加，效率下降和液压系统性能变坏。因此在液压技术中正确估算压力损失的大小，从而寻求减少压力损失的途径是有其实际意义的。液体在管道中的流动状态将直接影响液流的压力损失，所以先要介绍液流的两种流动状态，再分别叙述两种压力损失。

### 一、流态、雷诺数

1. 层流和湍流

19 世纪末，雷诺（Reynolds）首先通过实验观察了水在圆管内的流动情况，发现液体当流速变化时，流动状态也变化。在低速流动时，着色液流的线条在注入点下游很长距离都能清楚看到；当流动受到干扰时，在扰动衰减后流动还能保持稳定；当流速大时，由于流动是不规则的，故使着色液体迅速扩散和混合。前一种状态称为层流，在层流时，液体质点互不干扰，液体的流动呈线性或层状，且平行于管道轴线；后一种状态为湍流，在湍流时，液体质点的运动杂乱无章，除了平行于管道轴线的运动外，还存在着剧烈的横向运动。如图 1-11 所示，图 1-11a 为层流；图 1-11b 中色线开始折断，表明层流开始破坏；图 1-11c 中色线上

下波动。并出现断裂，表现液体流动已趋于湍流，图 1-11d 中色线消失，表明液体流动是湍流。

层流和湍流是两种不同性质的流动状态。层流时，液体流速较低，质点受黏性制约，不能随意运动，黏性力起主导作用；但在湍流时，因液体流速较高，黏性的制约作用减弱，因而惯性力起主导作用。液体流动时究竟是层流还湍流，须用雷诺数来判别。

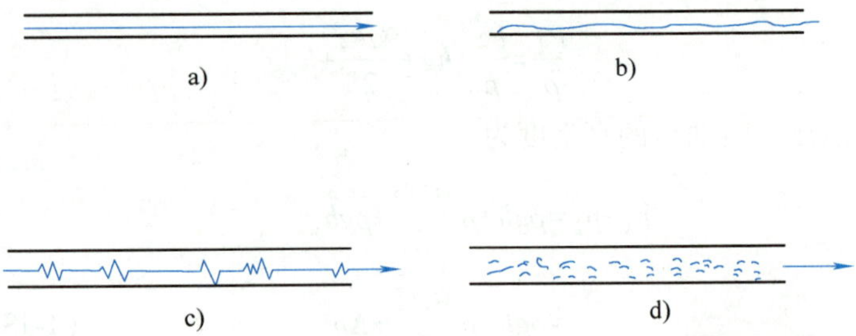

图 1-11　液流状态

2. 雷诺数

实验表明，液体在圆管中的流动状态不仅与管内的平均流速有关，还和管径 $d$、液体的运动黏度有关，但是真正决定液流流动状态的是用这三个数所组成的一个称为雷诺数 $Re$ 的无量纲数，即

$$Re=\frac{vd}{\nu} \tag{1-14}$$

这就是说，液体流动时的雷诺数若相同，则它的流动状态也相同。另一方面液流由层流转变为湍流时的雷诺数和由湍流转变为层流的雷诺数是不同的，前者称为上临界雷诺数，后者为下临界雷诺数，后者数值小，所以一般都用后者作为判别液流状态的依据，简称临界雷诺数。当液流实际流动时的雷诺数小于临界雷诺数时，液流为层流；反之液流则为湍流，常见的液流管道的临界雷诺数可由实验求得，见表 1-7。

**表 1-7　常见液流管道的临界雷诺数**

| 管道的形状 | 临界雷诺数 | 管道的形状 | 临界雷诺数 |
|---|---|---|---|
| 光滑的金属圆管 | 2000～2300 | 有环槽的同心环状缝隙 | 700 |
| 橡胶软管 | 1600～2000 | 有环槽的偏心环状缝隙 | 400 |
| 光滑的同心环状缝隙 | 1100 | 圆柱形滑阀阀口 | 260 |
| 光滑的偏心环状缝隙 | 1000 | 锥阀阀口 | 20～100 |

对于非圆截面管道来说，$Re$ 可用下式来计算

$$Re=\frac{4vR}{\nu} \tag{1-15}$$

式中，$R$ 为通流截面的水力半径。它等于液流的有效截面积 $A$ 和它的湿周（通流截面上与液体接触的固体壁面的周长）$\chi$ 之比，即

$$R=\frac{A}{\chi} \tag{1-16}$$

例如液体流经直径为 $d$ 的圆截面管道时的水力半径为

$$R=\frac{A}{\chi}=\frac{\frac{1}{4}\pi d^2}{\pi d}=\frac{d}{4}$$

将 $R=d/4$ 代入式（1-15）即可得到式（1-16）。

又如正方形的管道每边长为 $b$，则湿周为 $4b$，因而水力半径 $R=b^2/(4b)=b/4$。水力半径大小对管道通流能力影响很大。水力半径大，表明液流与管壁接触少，通流能力大；水力半径小，表明液流与管壁接触多，通流能力小，容易堵塞。

## 二、液体在直管中流动时的压力损失

液体在直管中流动时的压力损失称为沿程压力损失。它除与管道的长度、内径和液体的流速、黏度等有关外，还与液体的流动状态有关。液体在圆管中的层流流动是液压传动中最常见的现象，在设计和使用液压系统时就希望管道中的液流保持这种状态。

1. 层流时的压力损失

当液体在等直径直管中做层流流动时，其沿程压力损失可以用理论计算求得。

$$\Delta p_f=\frac{64}{Re}\frac{l}{d}\rho g\frac{v^2}{2g}=\lambda\frac{l}{d}\rho\frac{v^2}{2} \tag{1-17}$$

式中，$\lambda$ 称为沿程阻力系数，$\lambda$ 的理论值为 $64/Re$，水在做层流流动时的实际阻力系数和理论值是很接近的，液压油在金属圆管中做层流流动时，常取 $\lambda=75/Re$，在橡胶管中 $\lambda=80/Re$。

2. 湍流时的压力损失

湍流流动现象是很复杂的，完全用理论方法加以研究至今未获得令人满意的成果，故仍用实验的方法加以研究，再辅以理论解释，因而湍流状态下液体流动的压力损失仍用式(1-17)来计算，式中的 $\lambda$ 值不仅与雷诺数 $Re$ 有关，而且与管壁表面粗糙度 $\Delta$ 有关，具体的 $\lambda$ 值见表 1-8。

**表 1-8　圆管湍流时的 λ 值**

| 雷诺数 $Re$ | | $\lambda$ 值计算公式 |
|---|---|---|
| $Re<22\left(\frac{d}{\Delta}\right)^{\frac{8}{7}}$ | $3000<Re<10^5$ | $\lambda=0.3164/Re^{0.25}$ |
| | $10^5\leqslant Re\leqslant 10^8$ | $\lambda=0.308/(0.842-\lg Re)^2$ |
| $22\left(\frac{d}{\Delta}\right)^{\frac{8}{7}}<Re<597\left(\frac{d}{\Delta}\right)^{\frac{9}{8}}$ | | $\lambda=\left[1.14-2\lg\left(\frac{\Delta}{d}+\frac{21.25}{Re^{0.9}}\right)\right]^{-2}$ |
| $Re>597\left(\frac{d}{\Delta}\right)^{\frac{9}{8}}$ | | $\lambda=0.11\left(\frac{\Delta}{d}\right)^{0.25}$ |

注：钢管 $\Delta=0.004$mm，铜管 $\Delta=0.0015\sim0.01$mm，橡胶软管 $\Delta=0.03$mm。

## 三、局部压力损失

局部压力损失是液体流经如阀口、弯管、通流截面变化等局部阻力处所引起的压力损失。液流通过这些局部阻力处时，由于液流方向和流速均发生变化，在这些地方形成旋涡，使液体的质点间相互撞击，从而产生了能量损耗。

局部压力损失的计算公式为

$$\Delta p_r = \zeta \frac{\rho v^2}{2} \tag{1-18}$$

式中，$\zeta$ 为局部阻力系数，一般由实验确定，也可查阅有关液压传动设计手册；$v$ 为液体的平均流速，一般情况下均指局部阻力后部的流速。

对于液流通过各种标准液压元件的局部损失，一般可从产品技术规格中查得，但所查到的数据是在额定流量 $q_n$ 时的压力损失 $\Delta p_n$，若实际通过流量 $q$ 与其不一致时，可按下式计算

$$\Delta p = \left(\frac{q}{q_n}\right)^2 \Delta p_n \tag{1-19}$$

## 四、管路系统中的总压力损失与压力效率

管路系统中的总的压力损失等于所有直管中的沿程压力损失和局部压力损失之和，即

$$\sum \Delta p = \sum \lambda \frac{l}{d} \frac{\rho v^2}{2} + \sum \zeta \frac{\rho v^2}{2} \tag{1-20}$$

必须指出，应用式（1-20）计算总压力损失时，只有在两相邻局部损失之间的距离大于直径 10~20 倍时才成立，否则液流受前一个局部阻力的干扰还没稳定下来，就经历下一个局部阻力，它所受的扰动将更为严重，因而会使式（1-20）算出的压力损失值比实际数值小得多。

考虑到存在着压力损失，一般液压系统中液压泵的工作压力 $p_p$ 应比执行元件的工作压 $p_1$ 高 $\sum \Delta p$，即

$$p_p = p_1 + \sum \Delta p$$

所以管路系统的压力效率为

$$\eta_{Lp} = \frac{p_1}{p_p} = \frac{p_p - \sum \Delta p}{p_p} = 1 - \frac{\sum \Delta p}{p_p} \tag{1-21}$$

# 第五节　孔口和缝隙流动

## 一、孔口液流特性

在液压系统的管路中，装有截面突然收缩的装置，称为节流装置（如节流阀）。突然收缩处的流动称为节流，一般采用各种形式的孔口来实现节流。节流孔分为薄壁小孔和细长小孔，当小孔的通流长度 $l$ 与孔径 $d$ 之比 $l/d \leqslant 0.5$ 时，称为薄壁小孔，小孔的长径比 $l/d > 4$ 时，称为细长小孔，流经小孔的流量可用下式表示：

$$q = KA\Delta p^m \tag{1-22}$$

式中，$A$ 为孔口截面面积（$m^2$）；$\Delta p$ 为孔口前后的压差（$N/m^2$）；$m$ 为由孔口形状决定的指数，$0.5 \leqslant m \leqslant 1$，当孔口为薄壁小孔时，$m = 0.5$；当孔口为细长孔时，$m = 1$；$K$ 为孔口的形状系数，当孔口为薄壁孔时，$K = C_d\sqrt{2/\rho}$（$C_d$ 为流量系数）；当孔口为细长孔时，$K = d^2/32\mu l$。式（1-22）在分析不同孔口的流量及其特性时经常用到。

## 二、缝隙液流特性

液压系统是由一些元件、管接头和管道组成的，每一部分都是由一些零件组成的，在这些零件之间，通常需要有一定的配合间隙，由此带来了泄漏现象，同时液压油也总是从压力较高处流向系统中压力较低处或大气中，前者称为内泄漏，后者称为外泄漏。

泄漏主要是由压差与间隙造成的。泄漏量过大会影响液压元件和系统的正常工作，另一方面泄漏也将使系统的效率降低，功率损耗加大，因此研究液体流经间隙的泄漏规律，对提高液压元件的性能和保证液压系统正常工作是十分重要的。

由于液压元件中相对运动的零件之间的间隙很小，一般在几微米到几十微米之间，水力半径也小，又由于液压油具有一定的黏度，因此油液在间隙中的流动状态通常为层流。

如图 1-12 所示为同心环形间隙，液压元件中的液压缸缸体与活塞之间的间隙、阀体与滑阀阀芯之间的间隙均为同心环形间隙流动，当间隙两端压差为 $\Delta p$，间隙之间相对运动为 $v$ 时的泄漏流量为

$$q=\frac{\pi dh^3}{12\mu l}\Delta p\pm\frac{\pi dh}{2}v \tag{1-23}$$

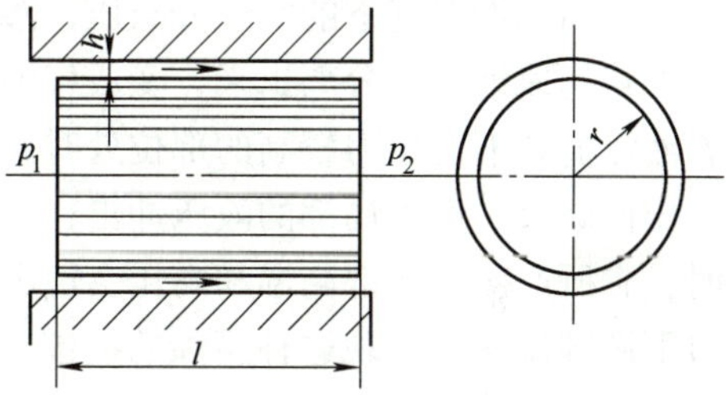

图 1-12 同心环形间隙的液流

式中，$d$ 为活塞直径（m）；$l$ 为间隙的长度（m）；$h$ 为间隙（m）；$\mu$ 液压油动力黏度（Pa·s）；式中的正负号视压差引起的泄漏量和由运动引起的泄漏量的泄漏方向而定，两者相同时取正值，反之取负值。

当两个圆柱表面不同心时，其泄漏量为

$$q=\frac{\pi dh_0^3}{12\mu l}\Delta p(1+1.5\varepsilon^2)\pm\frac{\pi dh_0}{2}v \tag{1-24}$$

式中，$h_0=R-r$(m)；$\varepsilon$ 为相对偏心量，$\varepsilon=e/h_0$；$e$ 为偏心量（m），当 $\varepsilon=0$ 时，两圆柱同心；当 $\varepsilon=1$ 时，处于完全偏心。由式（1-24）可知，当 $v=0$ 时，完全偏心时的泄漏量为同心时泄漏量的 2.5 倍。

# 第六节 空 穴 现 象

在流动的液体中，因某点处的压力低于空气分离压而产生气泡的现象，称之为空穴现象。空穴现象使液压装置产生噪声和振动，使金属表面受到腐蚀，为了了解空穴现象产生的机理，先介绍一下液压油的空气分离压和饱和蒸气压。

## 一、油液的空气分离压和饱和蒸气压

油液中都溶解有一定量的空气，一般溶解 5%~6%体积的空气，油液能溶解的空气量与绝对压力成正比，在大气压下正常溶解于油液中的空气，当压力低于大气压时，就成为过饱和状态，在一定的温度下，如压力降低到某一值时，过饱和的空气将从油液中分离出来形成气泡，这一压力值称为该温度下的空气分离压。含有气泡的液压油的体积弹性模量将减小，所含的气泡越多，液压油的体积弹性模量将越低。

当液压油在某温度下的压力低于某一数值时，油液本身迅速汽化，产生大量蒸气气泡，这时的压力称为液压油在该温度下的饱和蒸气压。一般来说，液压油的饱和蒸气压相当小，比空气分离压小得多，因此，要使液压油不产生大量气泡，它的压力最低不得低于液压油所在温度下的空气分离压。

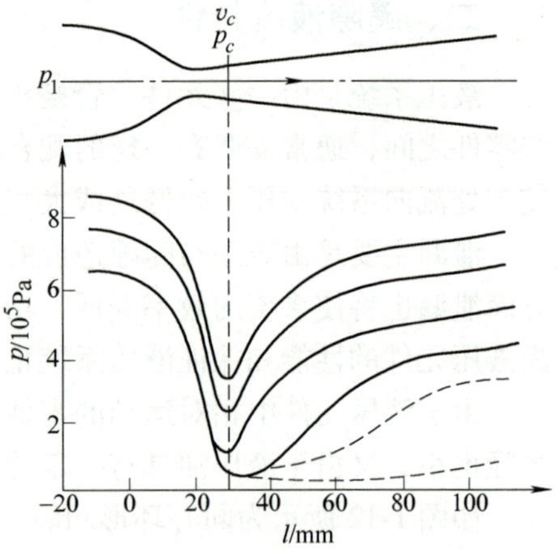

图 1-13 节流口处的空穴现象

## 二、节流口处的空穴现象

当液流流经如图 1-13 所示的节流口的喉部位置时，根据伯努利方程，该处的压力要降低。如压力低于液压油工作温度下的空气分离压，溶解在油液中的空气将迅速地大量分离出来，变成气泡。这些气泡随着液流流到下游压力较高的部位处时，会因承受不了高压而破灭，产生局部的液压冲击，发出噪声并引起振动，当附着在金属表面上的气泡破灭时，它所产生的局部高温和高压会使金属剥落，使表面粗糙，或出现海绵状的小洞穴，节流口下游部位常可发现这种腐蚀的痕迹，这种现象称为气蚀。

在液压元件中，只要某点处的压力低于液压油所在温度的空气分离压，就会产生空穴现象。如液压泵中，当液压泵吸油管直径太小，吸油管阻力太大，滤网堵塞，或液压泵转速过高，因而使其吸油腔的压力低于液压油工作温度下的空气分离压时，液压泵便产生空穴现象，使液压泵吸油不足，流量下降，噪声激增，输出流量和压力剧烈波动，系统无法稳定地工作，严重时使泵的机件腐蚀，出现气蚀现象。

## 三、减小空穴现象的措施

在液压系统中的任何地方，只要压力低于空气分离压，就会发生气穴现象。为了防止空穴现象的产生，就是要防止液压系统中的压力过度降低，具体措施有：

1）减小流经节流小孔前后的压差，一般希望小孔前后的压力比 $p_1/p_2<3.5$。

2）正确设计液压泵的结构参数，适当加大吸油管内径，使吸油管中液流速度不致太高，尽量避免急剧转弯或存在局部狭窄处，接头应有良好密封，过滤器要及时清洗或更换滤芯以防堵塞，对高压泵宜设置辅助泵向液压泵的吸油口供应足够的低压油。

3）提高零件的抗气蚀能力——增加零件的机械强度，采用耐蚀能力强的金属材料，提高零件的表面加工质量等。

# 第七节 液 压 冲 击

在液压系统中，由于某种原因，液体压力在一瞬间会突然升高，产生很高的压力峰值，这种现象称为液压冲击。液压冲击的压力峰值往往比正常工作压力高好几倍，且常伴有巨大的振动和噪声，使液压系统产生温升，有时会使一些液压元件或管件损坏，并使某些液压元件（如压力继电器、液压控制阀等）产生误动作，导致设备损坏，因此，搞清液压冲击的本质，估算出它的压力峰值并研究抑制措施，是十分必要的。

## 一、液压冲击产生的原因

如图 1-14 所示，有一较大的容腔（如液压缸或蓄能器）和在另一端装有阀门的管道相连，容腔的体积较大，认为其中的压力值是恒定的，阀门开启时，管道内的液体以流速 $v$ 流过，当不考虑管中的压力损失时，即均等于 $p$。

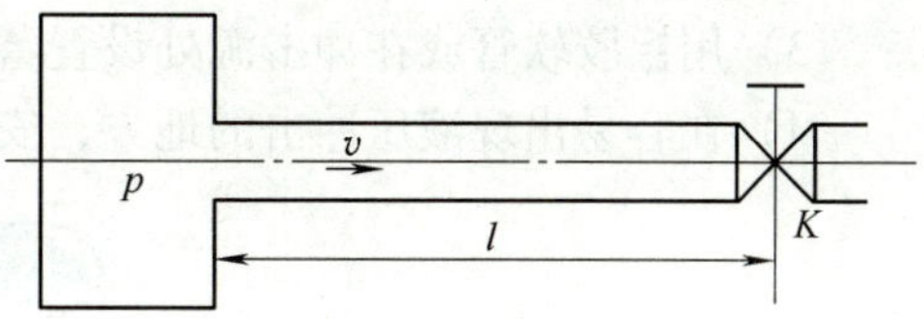

图 1-14　液压冲击

当阀门 $K$ 瞬间关闭时，管道中便产生液压冲击，其过程见表 1-9，液压冲击的实质主要是管道中的液体因突然停止运动而导致动能向压力能的瞬时转变。

另外液压系统中运动着的工作部件突然制动或换向时，工作部件的动能将引起液压执行元件的回油腔和管路内的油液产生液压激振，导致液压冲击。

液压系统中某些元件的动作不够灵敏，也会产生液压冲击，如系统压力突然升高，但溢流阀反应迟钝，不能迅速打开时，便产生压力超调，也称为压力冲击。

**表 1-9　液压冲击过程**

| 时　间 | 过　程 |
| --- | --- |
| $t=0$ | 阀门瞬间闭死 |
| $t=0\to l/c$ | 管中液体自阀门开始向容腔方向依次停下，动能变为压力能，认为有一高压波以波速 $c$ 由阀门向容腔推进 |
| $t=l/c$ | 整个管内液体 $v=0$，处在冲击压力作用下，容腔和管道交界面处压力不平衡，管道中的压力大于容腔中的压力 |
| $t=l/c\to 2l/c$ | 由交界面开始，管中液体依次向容腔方向松动，以流速 $v$ 向左运动，压力依次恢复正常压力 $p$，认为有一正常压力波由容腔向阀门推进 |
| $t=2l/c$ | 管中液体恢复正常压力 $p$，但以流速 $v$ 向左运动，液体有脱离阀门的趋势 |
| $t=2l/c\to 3l/c$ | 从阀门开始管中液体依次停下，压力也依次下降为低压，认为有一低压波由阀门向容腔推进 |
| $t=3l/c$ | 整个管中液体 $v=0$，处在低压作用下，容腔和管道的交界面处压力又不平衡，容腔中的压力大于管道中的压力 |
| $t=3l/c\to 4l/c$ | 由容腔开始，液体依次向阀门方向流动，恢复正常压力 $p$ 和正常流速 $v$，认为有一正常压力波由容腔向阀门推进 |
| $t=4l/c$ | 管中液体以流速 $v$ 向右运动，压力为正常压力 $p$，和液压冲击未发生前情况一样，如此结束液压冲击一个循环 |
| $t>4l/c$ | 以后的过程周而复始地继续下去。但由于液体有黏性，液体和管道有弹性，所以在液压冲击过程中要消耗能量，实际上，液压冲击时管道中的压力变化是一个围绕正常压力 $p$ 的逐渐衰减的振荡过程 |

## 二、减小液压冲击的措施

由以上分析可知，采取以下措施可减小液压冲击：

1）使直接冲击改变为间接冲击，用减慢阀的关闭速度和减小冲击波传递距离来实现。

2）限制管中油液的流速 $v$。

3）用橡胶软管或在冲击源处设置蓄能器，以吸收液压冲击的能量。

4）在容易出现液压冲击的地方，安装限制压力升高的溢流阀。

## 习　题

1-1　液压油的体积为 $18\times10^{-3}$m，质量为 16.1kg，求此液压油的密度。

1-2　图 1-15 所示为一黏度计，若 $D=100$mm，$d=98$mm，$z=200$mm，外筒转速 $n=8$r/s 时，测得的转矩 $T=70$N·cm，试求其油液的动力黏度。

1-3　如图 1-16 所示，一具有一定真空度的容器用一根管子倒置于一液面与大气相通的水槽中，液体在管中上升的高度 $h=1$m，设液体的密度为 $\rho=1000\text{kg/m}^3$，试求容器内的真空度。

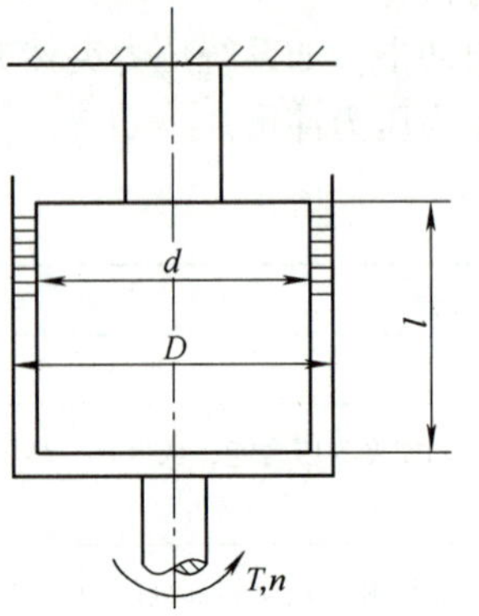


图 1-15　习题 1-2 图

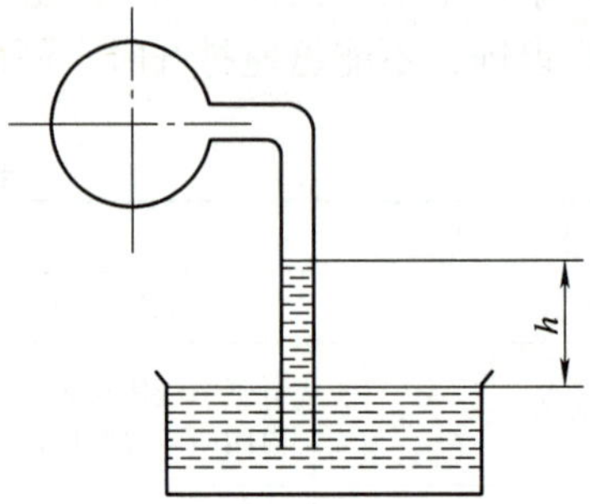


图 1-16　习题 1-3 图

1-4　如图 1-17 所示，有一直径为 $d$，质量为 $G$ 的活塞浸在液体中，并在力 $F$ 的作用下处于静止状态。若液体的密度为 $\rho$，活塞浸入深度为 $h$，试确定液体在测压管内的上升高度 $x$。

1-5　图 1-18 所示容器 $A$ 中的液体的密度 $\rho_A=900\text{kg/m}^3$，$B$ 中液体的密度为 $\rho_B=1200\text{kg/m}^3$，$z_A=200$mm，$z_B=180$mm，$h=60$mm，U 形管中的测压介质为汞，试求 $A$、$B$ 之间的压差。

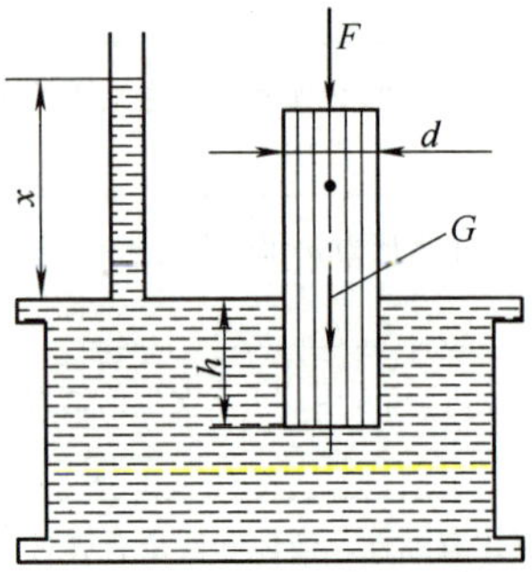


图 1-17　习题 1-4 图

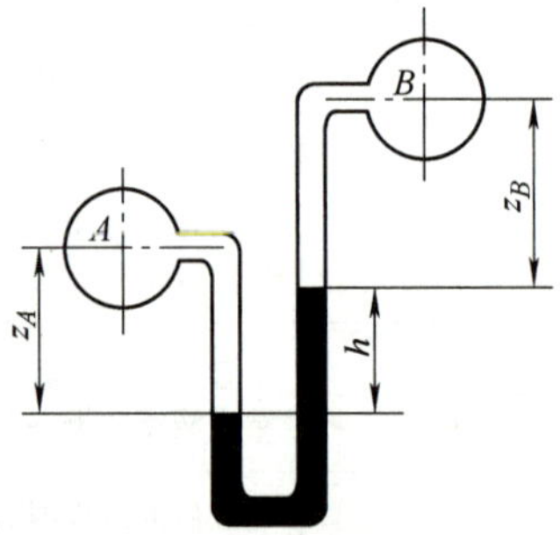


图 1-18　习题 1-5 图

1-6　图 1-19 所示为水平截面是圆形的容器，上端开口。求作用在容器底面的作用力。若在开口端加一活塞，连活塞重量在内，作用力为 30kN，问容器底面的总作用力为多少？

1-7　如图 1-20 所示，已知水深 $H=10$m，截面 $A_1=0.02\text{m}^2$，截面 $A_2=0.04\text{m}^2$，求孔口的出流流量以及点 2 处的表压力（取 $a=1$，$\rho=1000\text{kg/m}^2$，不计损失）。

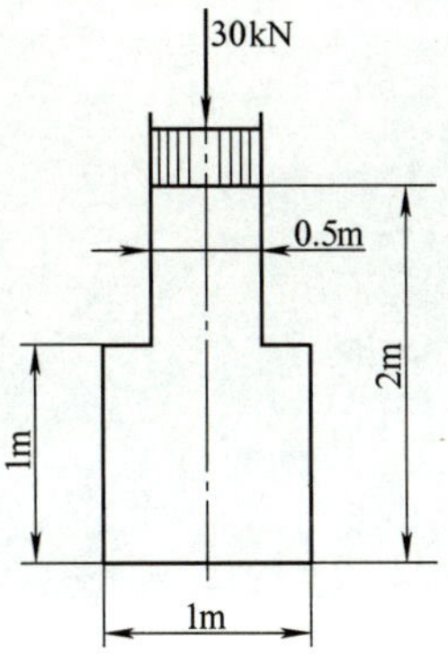


图 1-19　习题 1-6 图

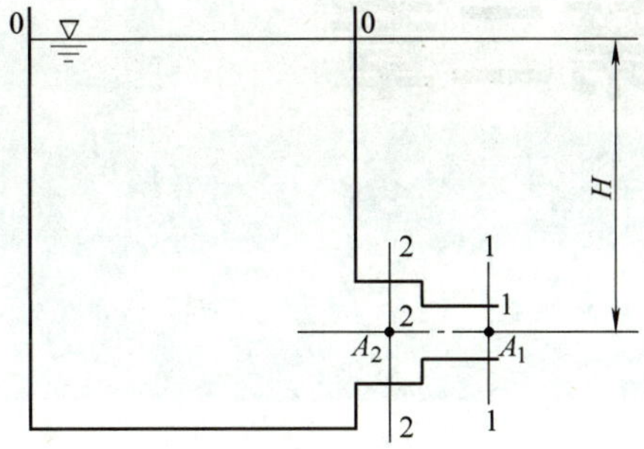


图 1-20　习题 1-7 图

1-8　液体在管中的流速 $v=4\mathrm{m/s}$，管道内径 $d=60\mathrm{mm}$，油液的运动黏度 $\nu=30\times10^{-6}\mathrm{m^2/s}$，试确定流态，若要保证其为层流，其流速应为多少？

1-9　有一薄壁节流小孔，通过的流量 $q=25\mathrm{L/min}$ 时，压力损失为 0.3MPa，试求节流孔的通流面积，设流量系数 $C_d=0.61$，油液的密度 $\rho=900\mathrm{kg/m^3}$。

# 第二章

# 液压动力元件

在液压传动系统中，液压动力元件是把原动机输入的机械能转变成液压能输出的装置。液压传动系统中使用的液压泵都是容积式液压泵，它是依靠周期性变化的密闭容积和配流装置来工作的，其主要形式有齿轮泵、叶片泵和柱塞泵。

**本章重点**

1. 容积式液压泵的工作原理、工作压力、排量和流量的概念。
2. 液压泵机械效率和容积效率的物理意义。
3. 限压式变量叶片泵的工作原理及压力流量特性曲线。

**本章难点**

1. 液压泵的功率和效率及其计算方法。
2. 齿轮泵、叶片泵和柱塞泵的困油现象、原因以及消除方法。

## 第一节　液压泵概述

### 一、液压泵的工作原理及特点

1. 液压泵的工作原理

液压泵都是依靠密封容积变化的原理来进行工作的，故一般称为容积式液压泵。图 2-1 所示的是单柱塞液压泵的工作原理图，图中柱塞 2 装在缸体 3 中形成一个密封容积 $a$，柱塞在弹簧 4 的作用下始终压紧在偏心轮 1 上。原动机驱动偏心轮 1 旋转使柱塞 2 做往复运动，使密封容积 $a$ 的大小发生周期性的交替变化。当 $a$ 由小变大时就形成部分真空，使油箱中油液在大气压作用下，经吸油管顶开单向阀 6 进入油腔 $a$ 而实现吸油；反之，当 $a$ 由大变小时，$a$ 腔中吸满的油液将顶开单向阀 5 流入系统而实现压油。这样液压泵就将原动机输入的机械能转换成液体的压力能，原动机驱动偏心轮不断旋转，液压泵就不断地吸油和压油。

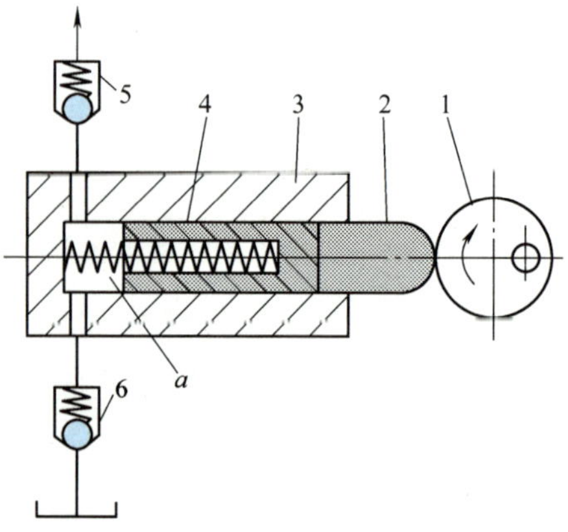


图 2-1　液压泵工作原理图
1—偏心轮　2—柱塞　3—缸体
4—弹簧　5、6—单向阀

2. 液压泵的特点

单柱塞液压泵具有一切容积式液压泵的基本特点：

（1）具有若干个密封且又可以周期性变化的空间　液压泵的输出流量与此空间的容积变化量和单位时间内的变化次数成正比，与其他因素无关。这是容积式液压泵的一个重要特性。

（2）油箱内液体的绝对压力必须恒等于或大于大气压力　这是容积式液压泵能够吸入油液的外部条件。因此，为保证液压泵正常吸油，油箱必须与大气相通，或采用密闭式油箱。

（3）具有相应的配流机构　将吸液腔和排液腔隔开，保证液压泵有规律地连续吸、排液体。液压泵的结构原理不同，其配流机构也不相同。图 2-1 所示的单柱塞泵的配流机构就是单向阀 5、6。

容积式液压泵中的油腔处于吸油时称为吸油腔，处于压油时称为压油腔。吸油腔的压力决定于吸油高度和吸油管路的阻力。吸油高度过高或吸油管路阻力太大，会使吸油腔真空度过高而影响液压泵的自吸性能。压油腔的压力则取决于外负载和排油管路的压力损失，从理论上讲排油压力与液压泵的流量无关。

容积式液压泵排油的理论流量取决于液压泵的有关几何尺寸和转速，而与排油压力无关，但排油压力要影响泵的内泄漏和油液的压缩量，从而影响泵的实际输出流量，所以液压泵的实际输出流量随排油压力的升高而降低。

液压泵按其在单位时间内所能输出的油液的体积是否可调节而分为定量泵和变量泵两类；按结构形式可分为齿轮式、叶片式和柱塞式三大类。

## 二、液压泵的主要性能参数

1. 压力

（1）工作压力　液压泵实际工作时的输出压力称为工作压力。工作压力取决于外负载的大小和排油管路上的压力损失，而与液压泵的流量无关。

（2）额定压力　液压泵在正常工作条件下，按试验标准规定连续运转的最高压力称为液压泵的额定压力。

（3）最高允许压力　在超过额定压力的条件下，根据试验标准规定，允许液压泵短暂运行的最高压力值，称为液压泵的最高允许压力。

2. 排量和流量

（1）排量 $V$　液压泵每转一周，由其密封容积几何尺寸变化计算而得的排出液体的体积称为液压泵的排量。排量可以调节的液压泵称为变量泵；排量不可以调节的液压泵则称为定量泵。

（2）理论流量 $q_t$　理论流量是指在不考虑液压泵的泄漏流量的条件下，在单位时间内所排出的液体体积。显然，如果液压泵的排量为 $V$，其主轴转速为 $n$，则该液压泵的理论流量 $q_t$ 为

$$q_t = Vn \tag{2-1}$$

式中，$V$ 为液压泵的排量（$m^3/s$）；$n$ 为主轴转速（r/s）。

（3）实际流量 $q$　液压泵在某一具体工况下，单位时间内所排出的液体体积称为实际流

量，它等于理论流量 $q_t$ 减去泄漏和压缩损失后的流量 $q_1$，即

$$q = q_t - q_1 \tag{2-2}$$

（4）额定流量 $q_n$ 液压泵在正常工作条件下，按试验标准规定（如在额定压力和额定转速下）必须保证的流量。

3. 功率和效率

（1）液压泵的功率损失 液压泵的功率损失有容积损失和机械损失两部分。

1）容积损失。容积损失是指液压泵在流量上的损失，液压泵的实际输出流量总是小于其理论流量，其主要原因是由于液压泵内部高压腔的泄漏、油液的压缩以及在吸油过程中由于吸油阻力太大、油液黏度大以及液压泵转速高等原因而导致油液不能全部充满密封工作腔。液压泵的容积损失用容积效率来表示，它等于液压泵的实际输出流量 $q$ 与其理论流量 $q_t$ 之比，即

$$\eta_v = \frac{q}{q_t} = \frac{q_t - q_1}{q_t} = 1 - \frac{q_1}{q_t} \tag{2-3}$$

因此液压泵的实际输出流量 $q$ 为

$$q = q_t \eta_v = Vn\eta_v \tag{2-4}$$

液压泵的容积效率随着液压泵工作压力的增大而减小，且随液压泵的结构类型不同而异。

2）机械损失。机械损失是指液压泵在转矩上的损失。液压泵的实际输入转矩 $T_i$ 总是大于理论上所需要的转矩 $T_t$，其主要原因是由于液压泵泵体内相对运动部件之间因机械摩擦而引起的摩擦转矩损失以及因液体的黏性而引起的摩擦损失。液压泵的机械损失用机械效率表示，它等于液压泵的理论转矩 $T_t$ 与实际输入转矩 $T_i$ 之比，设转矩损失为 $T_1$，则液压泵的机械效率为

$$\eta_m = \frac{T_t}{T_i} = \frac{1}{1 + \frac{T_1}{T_t}} \tag{2-5}$$

（2）液压泵的功率

1）输入功率 $P_i$。液压泵的输入功率 $P_i$ 是指作用在液压泵主轴上的机械功率，当输入转矩为 $T_i$、角速度为 $\omega$ 时，有

$$P_i = T_i \omega \tag{2-6}$$

2）输出功率 $P$。液压泵的输出功率是指液压泵在工作过程中的实际吸、压油口间的压差 $\Delta p$ 和输出流量 $q$ 的乘积，即

$$P = \Delta p q \tag{2-7}$$

式中，$\Delta p$ 为液压泵吸、压油口之间的压差（$N/m^2$）；$q$ 为液压泵的输出流量（$m^3/s$）；$P$ 为液压泵的输出功率（W）。

在工程实际中，若液压泵吸、压油口的压差 $\Delta p$ 的计量单位用 MPa 表示，输出流量 $q$ 用 L/min 表示，则液压泵的输出功率 $P$ 可表示为

$$P = \frac{\Delta p q}{60} \tag{2-8}$$

式中，$P$ 为输出功率（kW）。

在实际的计算中，若油箱通大气，液压泵吸、压油口的压差 $\Delta p$ 往往用液压泵出口压力 $p$ 代入。

（3）液压泵的总效率　液压泵的总效率是指液压泵的实际输出功率与其输入功率的比值，即

$$\eta=\frac{P}{P_i}=\frac{\Delta pq}{T_i\omega}=\frac{\Delta pq_t\eta_v}{\dfrac{T_t\omega}{\eta_m}}=\eta_v\eta_m \tag{2-9}$$

由式（2-9）可知，液压泵的总效率等于其容积效率与机械效率的乘积，所以液压泵的输入功率也可写成

$$P_i=\frac{\Delta pq}{\eta} \tag{2-10}$$

图 2-2a 所示为液压泵的功率流程图，液压泵的各个参数和压力之间的关系如图 2-2b 所示。

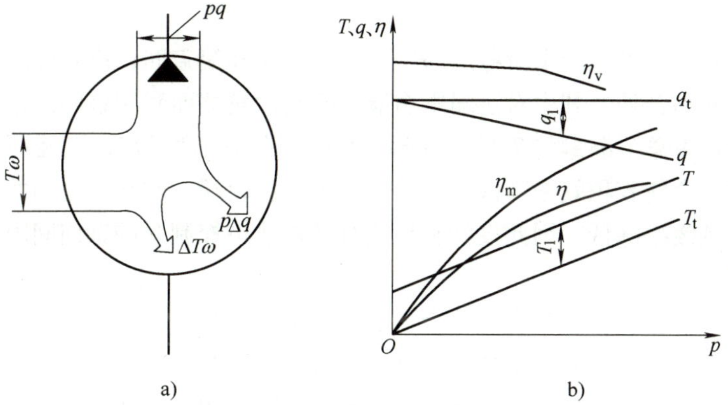


图 2-2　液压泵的功率流程图及特性曲线

## 第二节　齿　轮　泵

齿轮泵是液压系统中广泛采用的一种液压泵，它一般做成定量泵，按结构不同，齿轮泵分为外啮合齿轮泵和内啮合齿轮泵，以外啮合齿轮泵应用最广。

### 一、外啮合齿轮泵

#### （一）外啮合齿轮泵的工作原理

图 2-3 所示为外啮合齿轮泵的工作原理图，它由装在壳体内的一对齿轮所组成，齿轮两侧有端盖（图中未示出），壳体、端盖和齿轮的各个齿间槽组成了许多密封工作腔。当齿轮按图示方向旋转时，右侧吸油腔由于相互啮合的轮齿逐渐脱开，密封工作容积逐渐增大，形成部分真空，因此油箱中的油液在外界大气压力的作用下，经吸油管进入吸油腔，将齿间槽充满，并随着齿轮旋转，把油液带到左侧压油腔内。在压油区一侧，由于轮齿在这里逐渐进

入啮合，密封工作腔容积不断减小，油液便被挤出去，从压油腔输送到压力管路中去。在齿轮泵的工作过程中，只要两齿轮的旋转方向不变，其吸、排油腔的位置也就确定不变。这里啮合点处的齿面接触线一直分隔高、低压两腔起着配流作用，因此在齿轮泵中不需要设置专门的配流机构，这是它和其他类型容积式液压泵的不同之处。

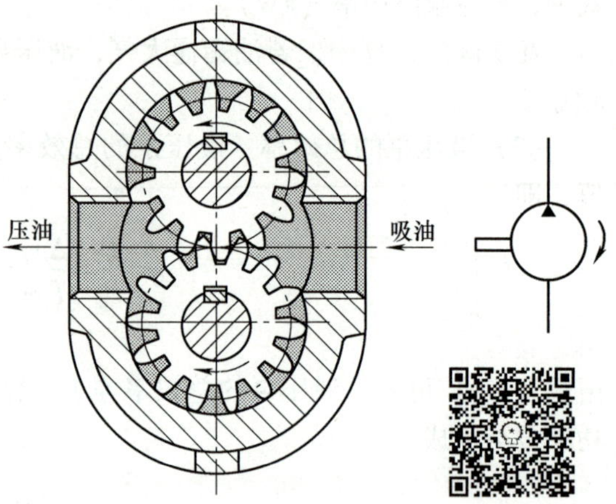


图 2-3　外啮合齿轮泵工作原理

**（二）外啮合齿轮泵的结构特点和优缺点**

外啮合齿轮泵的泄漏、困油和径向不平衡力是影响齿轮泵性能指标和寿命的三大问题。各种不同齿轮泵的结构特点之所以不同，都因采用了不同结构措施来解决这三大问题所致。

1. 泄漏

齿轮泵存在着三个可能产生泄漏的部位：齿轮端面和端盖间；齿轮外圆和壳体内孔间以及两个齿轮的齿面啮合处。其中对泄漏影响最大的是齿轮端面和端盖间的轴向间隙，通过轴向间隙的泄漏量可占总泄漏量的75%~80%，因为这里泄漏途径短，泄漏面积大。轴向间隙过大，泄漏量多，会使容积效率降低；但间隙过小，齿轮端面和端盖之间的机械摩擦损失增加，会使泵的机械效率降低。因此设计和制造时必须严格控制泵的轴向间隙。

2. 困油

齿轮泵要平稳工作，齿轮啮合的重合度必须大于1，也就是说要求在一对轮齿即将脱开啮合前，后面的一对轮齿就要开始啮合。就在两对轮齿同时啮合的这一小段时间内，留在齿间的油液困在两对轮齿和前后泵盖所形成的一个密闭空间中，如图2-4a所示，当齿轮继续

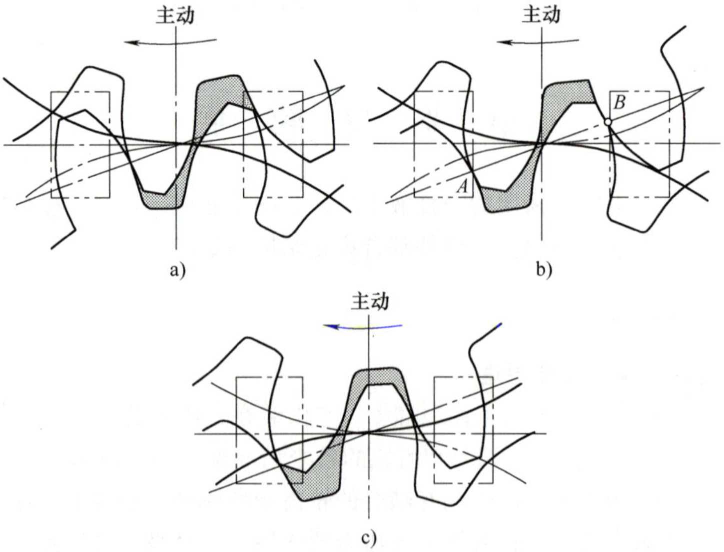


图 2-4　困油现象

旋转时，这个空间的容积逐渐减小，直到两个啮合点 $A$、$B$ 处于节点两侧的对称位置时，如图 2-4b 所示，这时封闭容积减至最小。由于油液的可压缩性很小，当封闭空间的容积减小时，被困的油液受挤压，压力急剧上升，油液从零件接合面的缝隙中强行挤出，使齿轮和轴承受到很大的径向力；当齿轮继续旋转时，这个封闭容积又逐渐增大到如图 2-4c 所示的最大位置，容积增大时又会造成局部真空，使油液中溶解的气体分离，产生气穴现象，这些都将使齿轮泵产生强烈的噪声，这就是齿轮泵的困油现象。

消除困油的方法，通常是在齿轮泵的两侧端盖上铣两条卸荷槽（图 2-4 中细双点画线所示），当封闭容积减小时，使其与压油腔相通（图 2-4a）；而当封闭容积增大时，使其与吸油腔相通（图 2-4c）。一般的齿轮泵两卸荷槽是非对称开设的，往往向吸油腔偏移，但无论怎样，两槽间的距离 $a$ 必须保证在任何时候都不能使吸油腔和压油腔相互串通，对于分度圆压力角 $\alpha=20°$、模数为 $m$ 的标准渐开线齿轮 $a=2.78m$，当卸荷槽为非对称时，在压油腔一侧必须保证 $b=0.8m$，另一方面为保证卸荷槽畅通，槽宽 $c>2.5m$，槽深 $h\geqslant0.8m$，如图 2-5 所示。

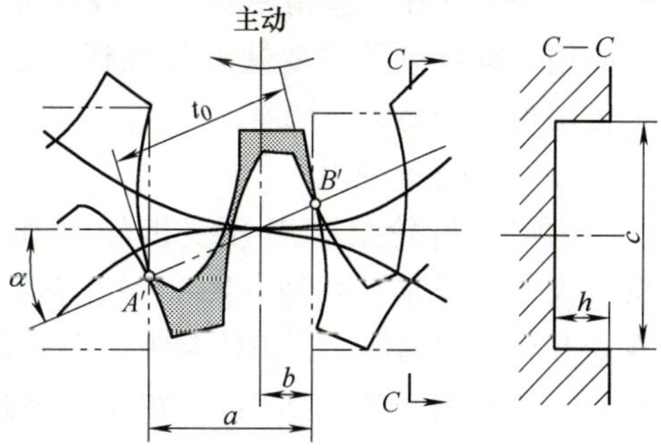

图 2-5　非对称卸荷槽尺寸

3. 径向不平衡力

在齿轮泵中，作用在齿轮外圆上的压力是不相等的，在压油腔和吸油腔处齿轮外圆和齿廓表面承受着工作压力和吸油腔压力，在齿轮和壳体内孔的径向间隙中，可以认为压力由压油腔压力逐渐分级下降到吸油腔压力。这些液体压力综合作用的结果，相当于给齿轮一个径向的作用力（即不平衡力）使齿轮和轴承受载。工作压力越大，径向不平衡力也越大。径向不平衡力很大时能使轴弯曲，齿顶与壳体产生接触，同时加速轴承的磨损，降低轴承的寿命。为了减小径向不平衡力的影响，有的泵上采取了缩小压油口的办法，使压力油仅作用在 1~2 个齿的范围内，同时适当增大径向间隙，使齿轮在压力作用下，齿顶不能和壳体相接触。

**（三）外啮合齿轮泵的优缺点**

外啮合齿轮泵的优点是结构简单，尺寸小，重量轻，制造方便，价格低廉，工作可靠，自吸能力强（容许的吸油真空度大），对油液污染不敏感，维护容易。它的缺点是一些机件承受不平衡径向力，磨损严重，泄漏大，工作压力的提高受到限制。此外，它的流量脉动大，因而压力脉动和噪声都比较大。

## 二、螺杆泵和内啮合齿轮泵

1. 螺杆泵

螺杆泵实质上是一种外啮合的摆线齿轮泵，泵内的螺杆可以有两个，也可以有三个，图 2-6 所示为三螺杆泵的工作原理。三个相互啮合的双头螺杆装在壳体内，主动螺杆 2 为凸螺杆，从动螺杆 1 和 3 是凹螺杆。三个螺杆的外圆与壳体的对应弧面保持着良好的配合。在横截面内，它们的齿廓由几对摆线共轭曲线组成。螺杆的啮合线把主动螺杆和从动螺杆的螺旋槽分割成多个相互隔离的密封工作腔。随着螺杆的旋转，这些密封工作腔一个接一个地在左端形成，不断地从左向右移动（主动螺杆每转一周，每个密封工作腔移动一个螺旋导程），并在右端消失。密封工作腔形成时，它的容积逐渐增大，进行吸油；消失时容积逐渐缩小，将油压出，螺杆泵的螺杆直径越大，螺旋槽越深，排量就越大；螺杆越长，吸油口和压油口之间的密封层次越多，密封就越好，泵的额定压力就越高。

螺杆泵结构简单、紧凑，体积小，重量轻，运转平稳，输油均匀，噪声小，容许采用高转速，容积效率较高（达90%~95%），对油液的污染不敏感，因此它在一些精密机床的液压系统中得到了应用。螺杆泵的主要缺点是螺杆形状复杂，加工较困难，不易保证精度。

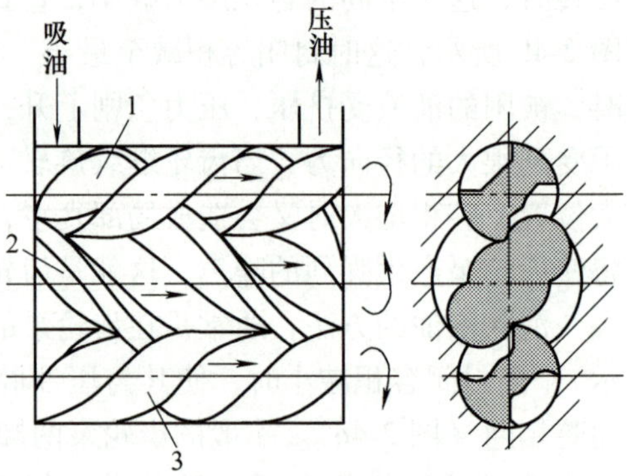


图 2-6　三螺杆泵的工作原理
1、3—从动螺杆　2—主动螺杆

2. 内啮合齿轮泵

内啮合齿轮泵有渐开线齿轮泵和摆线齿轮泵（又名转子泵）两种（图 2-7），它们的工作原理和主要特点与外啮合齿轮泵完全相同。在渐开线齿形的内啮合齿轮泵中，小齿轮和内齿轮之间要装一块月牙形的隔板，以便把吸油腔和压油腔隔开（图 2-7a）。在摆线齿形的内啮合齿轮泵中，小齿轮和内齿轮只相差一个齿，因而不需设置隔板（图2-7b）。内啮合齿轮泵中的小齿轮为主动轮。

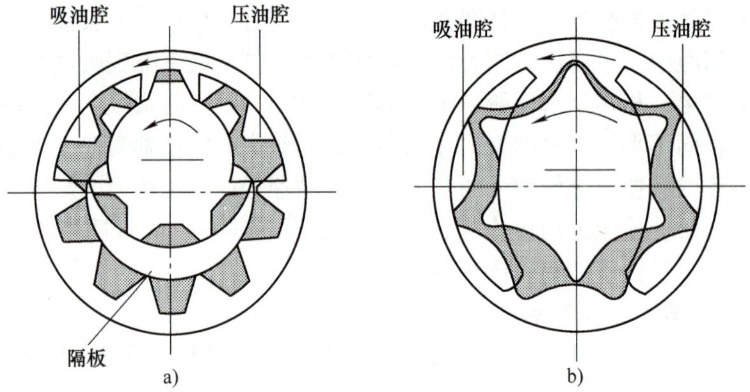


图 2-7　双作用叶片泵工作原理

内啮合齿轮泵结构紧凑，尺寸小，重量轻，由于齿轮转向相同，相对滑动速度小，磨损小，使用寿命长，流量脉动远小于外啮合齿轮泵，因而压力脉动和噪声都较小；内啮合齿轮泵容许使用高转速（高转速下的离心力能使油液更好地充入密封工作腔），可获得较高的容积效率。摆线内啮合齿轮泵排量大，结构更简单，而且由于啮合的重合度大，传动平稳，吸油条件更为良好。

内啮合齿轮泵的缺点是齿形复杂，加工精度要求高，需要专门的制造设备，造价较贵，随着工业技术的发展，它的应用将会越来越广泛。

# 第三节　叶　片　泵

叶片泵的结构较齿轮泵复杂，但其工作压力较高，且流量脉动小，工作平稳，噪声较小，寿命较长。所以它被广泛应用于机械制造中的专用机床、自动线等中低压液压系统中，但其结构复杂，吸油特性不太好，对油液的污染也比较敏感。

根据各密封工作容积在转子旋转一周吸、排油液次数的不同，叶片泵分为两类，即完成一次吸、排油液的单作用叶片泵和完成两次吸、排油液的双作用叶片泵。单作用叶片泵多用于变量泵，工作压力最大为 7.0MPa，双作用叶片泵均为定量泵，一般最大工作压力也为 7.0MPa，结构经改进的高压叶片泵最大工作压力可达 16.0~21.0MPa。

## 一、单作用叶片泵

1. 单作用叶片泵的工作原理

单作用叶片泵的工作原理如图 2-8 所示，单作用叶片泵由转子 1、定子 2、叶片 3 和端盖等组成。定子具有圆柱形内表面，定子和转子间有偏心距 $e$，叶片装在转子槽中，并可在槽内滑动。当转子回转时，由于离心力的作用，使叶片紧靠在定子内壁，这样在定子、转子、叶片和两侧配流盘间就形成若干个密封的工作空间。当转子按图示的方向回转时，在图的右部，叶片逐渐伸出，叶片间的工作空间逐渐增大，从吸油口吸油，这是吸油腔。在图的左部，叶片被定子内壁逐渐压进槽内，工作空间逐渐缩小，将油液从压油口压出，这就是压油腔，在吸油腔和压油腔之间，有一段封油区，把吸油腔和压油腔隔开，这种叶片泵转子每转一周，每个工作空间完成一次吸油和压油，因此称为单作用叶片泵。转子不停地旋转，泵就不断地吸液和排液。

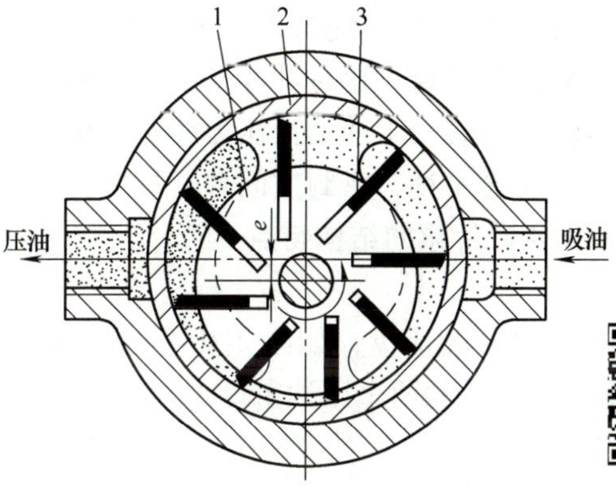


图 2-8　单作用叶片泵工作原理
1—转子　2—定子　3—叶片

2. 特点

1）改变定子和转子之间的偏心便可改变流量。偏心反向时，吸油、压油方向也相反。

2）处在压油腔的叶片顶部受有液压油的作用，要把叶片推入转子槽内。为了使叶片顶部可靠地和定子内表面相接触，压油腔一侧的叶片底部要通过特殊的沟槽和压油腔相通。吸油腔一侧的叶片底部要和吸油腔相通，这里的叶片仅靠离心力的作用顶在定子内表面上。

3）由于转子受有不平衡的径向液压作用力，所以这种泵一般不宜用于高压。

## 二、双作用叶片泵

### （一）双作用叶片泵的工作原理

双作用叶片泵的工作原理如图 2-9 所示，它是由定子 1、转子 2、叶片 3 和配流盘（图中未画出）等组成。转子和定子中心重合，定子内表面近似为椭圆柱形，该椭圆形由两段长半径圆弧、两段短半径圆弧和四段过渡曲线组成。当转子转动时，叶片在离心力和（建压后）根部液压油的作用下，在转子槽内向外移动而压向定子内表面，由叶片、定子的内表面、转子的外表面和两侧配流盘就形成若干个密封空间，当转子按图示方向顺时针方向旋转时，处在小圆弧上的密封空间经过渡曲线而运动到大圆弧的过程中，叶片外伸，密封空间的容积增大，要吸入油液；在从大圆弧经过渡曲线运动到小圆弧的过程中，叶片被定子内壁逐渐压进槽内，密封空间容积变小，将油液从压油口压出。因而，转子每转一周，每个工作空间要完成两次吸油和压油，称为双作用叶片泵。这种叶片泵由于有两个吸油腔和两个压油腔，并且各自的中心夹角是对称的，作用在转子上的油液压力相互平衡，因此双作用叶片泵又称为卸荷式叶片泵，为了要使径向力完全平衡，密封空间数（即叶片数）应当是双数。

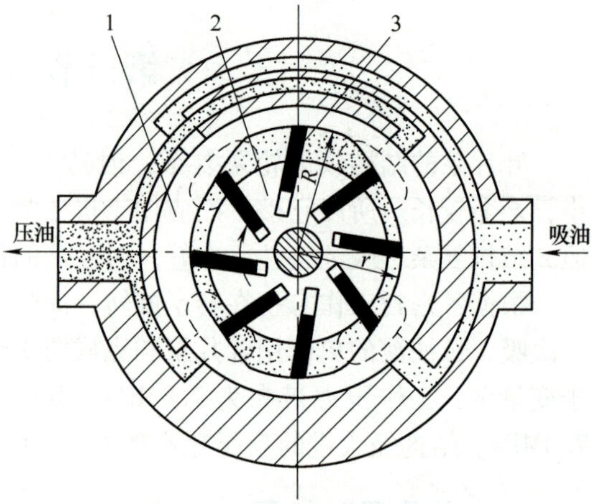


图 2-9　双作用叶片泵工作原理

1—定子　2—转子　3—叶片

**（二）双作用叶片泵的结构特点**

1. 配流盘

双作用叶片泵的配流盘，如图 2-10 所示，在盘上有两个吸油窗口 2、4 和两个压油窗口 1、3，窗口之间为封油区，通常应使封油区对应的中心角 $\alpha$ 稍大于或等于两个叶片之间的夹角 $\beta$，否则会使吸油腔和压油腔连通，造成泄漏，当两个叶片间的密封油液从吸油区过渡到封油区（长半径圆弧处）时，其压力基本上与吸油压力相同，但当转子再继续旋转一个微小角度时，该密封腔突然与压油腔相通，使其中油液压力突然升高，油液的体积突然收缩，压油腔中的油液倒流进该腔，使液压泵的瞬时流量突然减小，引起液压泵的流量脉动、压力脉动和噪声，为此在配流盘的压油窗口靠叶片处，从封油区进入压油区的一边开有一个截面形状为三角形的三角槽（又称眉毛槽），使两叶片之间的封闭油液在未进入压油区之前就通过该三角槽与液压油相通，使其压力逐渐上升，因而缓减了流量和压力脉动并降低了噪声。槽 $c$ 与压油腔相通并与转子叶片槽底部相通，使叶片的底部有液压油作用。

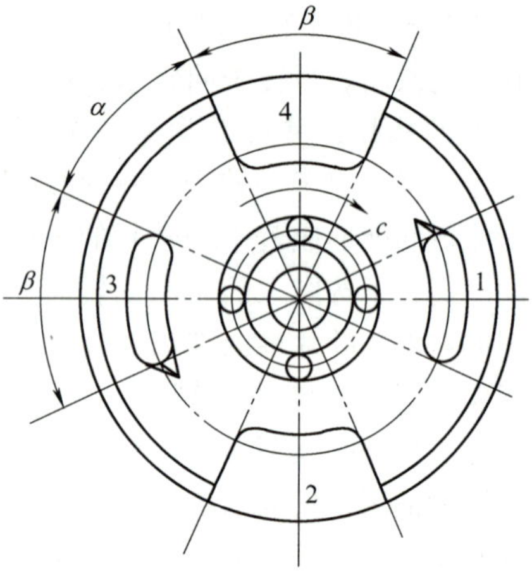


图 2-10　配流盘

1、3—压油窗口　2、4—吸油窗口

2. 定子曲线

定子曲线是由四段圆弧和四段过渡曲线组成的。过渡曲线应保证叶片贴紧在定子内表面上，保证叶片在转子槽中径向运动时速度和加速度的变化均匀，使叶片对定子的内表面的冲击尽可能小。在较为新式的泵中采用“等加速-等减速”曲线。

3. 叶片的倾角

叶片在工作过程中，受离心力和叶片根部液压油的作用，使叶片和定子紧密接触。当叶片转至压油区时，定子内表面迫使叶片推向转子中心，它的工作情况和凸轮相似，叶片与定子内表面接触有一压力角为 $\varphi$，且大小是变化的，其变化规律与叶片径向速度变化规律相同，即从零逐渐增加到最大，又从最大逐渐减小到零，因而在双作用叶片泵中，将叶片顺着转子回转方向前倾一个 $\theta$ 角，这样可使压力角减小为 $\varphi$，并减小侧向力 $F_T$，使叶片在槽中移动灵活，并可减少磨损，如图 2-11 所示。根据双作用叶片泵定子内表面的几何参数，其压力角的最大值 $\varphi_{max}\approx 24°$。一般取 $\theta = 1/2\varphi_{max}$，因而叶片泵叶片的倾角 $\theta$ 一般取 10°~14°。YB 型叶片泵叶片相对于转子径向连线前倾 13°。但近年的研究表明，叶片倾角并非完全必要，某些高压双作用叶片泵的转子槽是径向的，且使用情况良好。

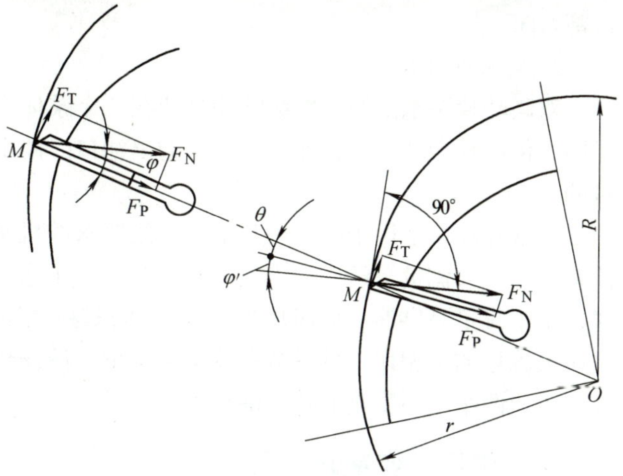

图 2-11　叶片的倾角

## 三、双级叶片泵和双联叶片泵

1. 双级叶片泵

为了要得到较高的工作压力，也可以不用高压叶片泵，而用双级叶片泵。双级叶片泵是由两个普通压力的单级叶片泵装在一个泵体内在油路上串接而成的，如果单级泵的压力可达 7.0MPa，双级泵的工作压力就可达 14.0MPa。

双级叶片泵的工作原理如图 2-12 所示，两个单级叶片泵的转子装在同一根传动轴上，当传动轴回转时就带动两个转子一起转动。第一级泵经吸油管从油箱吸油，输出的油液就送入第二级泵的吸油口，第二级泵的输出油液经管路送往工作系统。设第一级泵输出压力为 $p_1$，第二级泵输出压力为 $p_2$，正常工作时 $p_2=2p_1$。但是由于两个泵的定子内壁曲线和宽度等不可能做得完全一样，两个单级泵排量就不可能完全相等。如果第二级泵排量大于第一级泵，第二级泵的吸油压力（也就是第一级泵的输出压力）就要降低，第二级泵前后压差就加大，因此载荷就增大；反之，第一级泵的载荷就增大。为了平衡两个泵的载荷，在泵体内设有载荷平衡阀。第一级泵和第二级泵的输出油路分别经管路 1 和 2 通到平衡阀的大滑阀和

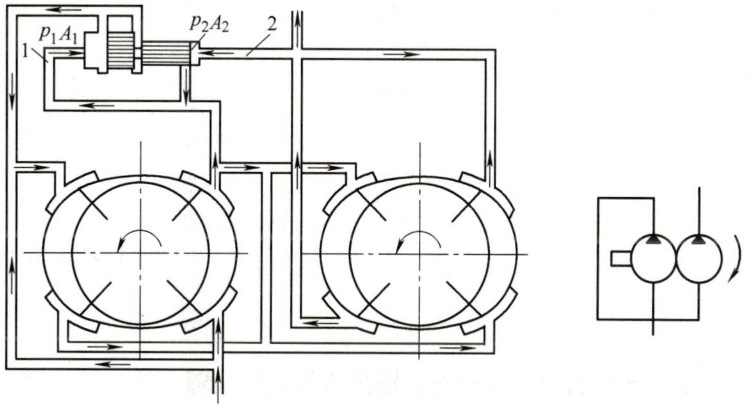

图 2-12　双级叶片泵的工作原理

小滑阀的端面，两滑阀的面积比为 $A_1/A_2=2$。如第一级泵的流量大于第二级时，油液压力 $p_1$ 就增大，使 $p_1>1/2p_2$，因此 $p_1A_1>p_2A_2$，平衡阀被推向右，第一级泵的多余油液从管路1经阀口流回第一级泵的进油管路，使两个泵的载荷获得平衡；如果第二级泵的流量大于第一级时，油压 $p_1$ 就降低，使 $p_1A_1<p_2A_2$，平衡阀被推向左，第二级泵输出的部分油液从管路2经阀口流回第二级泵的进油口而获得平衡。如果两个泵的排量绝对相等时，平衡阀两边的阀口都封闭。

2. 双联叶片泵

双联叶片泵是由两个单级叶片泵装在一个泵体内在油路上并联组成。两个叶片泵的转子由同一传动轴带动旋转，并各有独立的出油口，两个泵可以是相等流量的，也可以是不等流量的。

双联叶片泵常用于有快进和工作进给要求的机械加工的专用机床中，这时双联泵由一小流量泵和一大流量泵组成，当快速进给时，两个泵同时供油（此时压力较低）；当工作进给时，由小流量泵供油（此时压力较高），同时在油路系统上使大流量泵卸荷。这与采用一个高压大流量的泵相比，可以节省能源，减少油液发热。这种双联叶片泵也常用于机床液压系统中需要两个互不影响的独立油路中。

## 四、限压式变量叶片泵

1. 限压式变量叶片泵的工作原理

限压式变量叶片泵是单作用叶片泵，根据前面介绍的单作用叶片泵的工作原理，改变定子和转子间的偏心距 $e$ 就能改变泵的输出流量，限压式变量叶片泵能借助输出压力的大小自动改变偏心距 $e$ 的大小来改变输出流量。当压力低于某一可调节的限定压力时，泵的输出流量最大；当压力高于限定压力时，随着压力的增加，泵的输出流量线性地减少，其工作原理如图2-13所示。图中，1为转子，在转子槽中装有叶片，2为定子，3为配流盘上的吸油窗口，8为压油窗口，9为调压弹簧，10为调压螺钉，4为柱塞，5为调节流量螺钉。泵的出口经通道7与柱塞缸6相通。在泵未运转时，定子在弹簧9的作用下，紧靠柱塞4，并使柱塞4靠在螺钉5上。这时，定子和转子有一偏心量 $e_0$，调节螺钉5的位置，便可改变 $e_0$。当泵的出口压力 $p$ 较低时，则作用在柱塞4上的液压力也较小，若此液压力小于上端的弹簧作用力，当柱塞的面积为 $A$，调压弹簧的刚度为 $k_s$，预压缩量为 $x_0$ 时，有

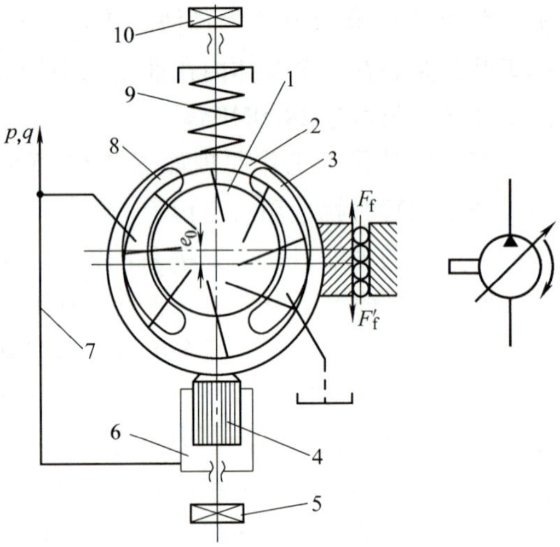


图2-13　限压式变量叶片泵工作原理

1—转子　2—定子　3—吸油窗口　4—柱塞　5—螺钉　6—柱塞缸　7—通道　8—压油窗口　9—调压弹簧　10—调压螺钉

$$pA<k_sx_0 \tag{2-11}$$

此时，定子相对于转子的偏心量最大，输出流量最大。随着外负载的增大，液压泵的出口压力 $p$ 也将随之提高，当压力升至与弹簧力相平衡的控制压力 $p_B$ 时，有

$$p_B A = k_s x_0 \tag{2-12}$$

当压力进一步升高，就有 $pA>k_s x_0$，这时，若不考虑定子移动时的摩擦力，液压作用力就要克服弹簧力推动定子向上移动，随之泵的偏心量减小，泵的输出流量也减小。$p_B$ 称为泵的限定压力，即泵处于最大流量时所能达到的最高压力，调节调压螺钉 10，可改变弹簧的预压缩量 $x_0$，即可改变 $p_B$ 的大小。

设定子的最大偏心量为 $e_0$，偏心量减小时，弹簧的附加压缩量为 $x$，则定子移动后的偏心量 $e$ 为

$$e = e_0 - x \tag{2-13}$$

这时定子上的受力平衡方程式为

$$pA = k_s(x_0 + x) \tag{2-14}$$

将式（2-12）、式（2-14）代入式（2-13）可得

$$e = e_0 - \frac{A(p-p_B)}{k_s} \qquad (p \geqslant p_B) \tag{2-15}$$

式（2-15）表示了泵的工作压力与偏心量的关系，由此可以看出，泵的工作压力越高，偏心量就越小，泵的输出流量也就越小，且当 $p=k_s(e_0+x_0)/A$ 时，泵的输出流量为零，控制定子移动的作用力是将液压泵出口的液压油引到柱塞上，然后再加到定子上去，这种控制方式称为外反馈式。

2. 限压式变量叶片泵与双作用叶片泵的区别

1）在限压式变量叶片泵中，当叶片处于压油区时，叶片底部通液压油，当叶片处于吸油区时，叶片底部通吸油腔，这样，叶片的顶部和底部的液压力基本平衡，这就避免了双作用叶片泵在吸油区定子内表面严重磨损的问题，并且，如果在吸油腔叶片底部仍通液压油，叶片顶部就会给定子内表面以较大的摩擦力，以致减弱了压力反馈的作用。

2）叶片也有倾角，但倾斜方向正好与双作用叶片泵相反。这是因为限压式变量叶片泵的叶片上下压力是平衡的，叶片在吸油区向外运动主要依靠其旋转时的离心惯性作用。根据力学分析，这样的倾斜方向更有利于叶片在离心惯性作用下向外伸出。

3）限压式变量叶片泵结构复杂，轮廓尺寸大，相对运动的机件多，泄漏较大，轴上受有不平衡的径向液压力，噪声较大，容积效率和机械效率都没有双作用叶片泵高；但是，它能按负载压力自动调节流量，在功率使用上较为合理，可减少油液发热。

限压式变量叶片泵对既要实现快速行程，又要实现工作进给（慢速移动）的执行元件来说是一种合适的油源。快速行程需要大的流量，负载压力较低，正好使用特性曲线的 *AB* 段，工作进给时负载压力升高，需要流量减少，正好使用其特性曲线的 *BC* 段，因而合理调整拐点压力 $p_B$ 是使用该泵的关键。目前这种泵被广泛用于要求执行元件有快、慢速和保压阶段的中低压系统中，有利于节能和简化回路。

## 第四节　柱　塞　泵

柱塞泵是靠柱塞在缸体中作往复运动造成密封容积的变化来实现吸油与压油的液压泵，与齿轮泵和叶片泵相比，这种泵有许多优点：①构成密封容积的零件为圆柱形的柱塞和缸孔，加工方便，可得到较高的配合精度，密封性能好，在高压下工作仍有较高的容积效率；

②只需改变柱塞的工作行程就能改变流量，易于实现变量；③柱塞泵主要零件均受压应力，材料强度性能可得以充分利用。由于柱塞泵压力高，结构紧凑，效率高，流量调节方便，故在需要高压、大流量、大功率的系统中和流量需要调节的场合，如龙门刨床、拉床、液压机、工程机械、矿山冶金机械、船舶上得到广泛的应用。

柱塞泵按柱塞的排列和运动方向不同，可分为径向柱塞泵和轴向柱塞泵两大类。

## 一、径向柱塞泵

径向柱塞泵的工作原理如图 2-14 所示，柱塞 1 径向排列安装在缸体 2 中，缸体由原动机带动连同柱塞 1 一起旋转，所以缸体 2 一般称为转子，柱塞 1 靠离心力（或在低压油）的作用抵紧定子 4 内壁，当转子按图示顺时针方向回转时，由于定子和转子之间有偏心距 $e$，柱塞绕经上半周时向外伸出，柱塞底部的容积逐渐增大，形成部分真空，因此便经过衬套 3（衬套 3 是压紧在转子内，并和转子一起回转）上的油孔从配流轴 5 的吸油口 $b$ 吸油；当柱塞转到下半周时，定子内壁将柱塞向里推，柱塞底部的容积逐渐减小，向配流轴的压油口 $c$ 压油；当转子回转一周时，每个柱塞底部的密封容积完成一次吸压油，转子连续运转，即完成吸压油工作。配流轴固定不动，油液从配流轴上半部的两个孔 $a$ 流入，从下半部两个油孔 $d$ 压出，为了进行配流，配流轴在和衬套 3 接触的一段加工出上下两个缺口，形成吸油口 $b$ 和压油口 $c$，留下的部分形成封油区，封油区的宽度应能封住衬套上的吸压油孔，以防吸油口和压油口相连通，但尺寸也不能大得太多，以免产生困油现象。

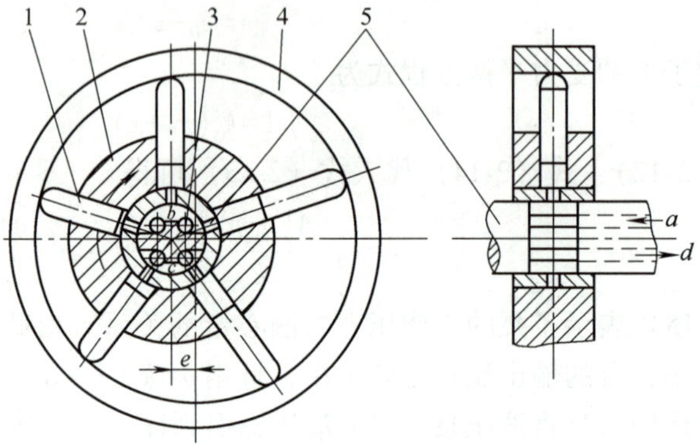


图 2-14 径向柱塞泵的工作原理

1—柱塞 2—缸体 3—衬套 4—定子 5—配流轴

径向柱塞泵的流量因偏心距 $e$ 的大小而不同，若偏心距 $e$ 做成可调的（一般是使定子做水平移动以调节偏心量），就成为变量泵；如偏心距的方向改变后，进油口和压油口也随之互相变换，这就是双向变量泵。

由于径向柱塞泵径向尺寸大，结构较复杂，自吸能力差，且配流轴受到径向不平衡液压力的作用，易于磨损，从而限制了它转速和压力的提高。

## 二、轴向柱塞泵

### （一）轴向柱塞泵的工作原理

轴向柱塞泵是将多个柱塞轴向配置在一个共同缸体的圆周上，并使柱塞轴线和缸体中心线平行的一种泵。轴向柱塞泵有两种形式，直轴式（斜盘式）和斜轴式（摆缸式），图 2-15a 所示为直轴式轴向柱塞泵的工作原理，这种泵主要由缸体 1、配流盘 2、柱塞 3 和斜盘 4 组成。柱塞沿圆周均匀分布在缸体内。斜盘与缸体轴线倾斜一角度 $\gamma$，柱塞靠机械装置或在低压油作用下压紧在斜盘上（图中为弹簧），配流盘 2 和斜盘 4 固定不转，当原动机通过传动轴使缸体转动时，由于斜盘的作用，迫使柱塞在缸体内做往复运动，并通过配流盘的配流窗口进行吸油和压油。如图 2-15a 中所示回转方向，当缸体转角在 $\pi \sim 2\pi$ 范围内时，柱塞向外伸出，柱塞底部的密封工作容积增大，通过配流盘的吸油窗口吸油；在 $0 \sim \pi$ 范围内时，柱塞被斜盘推入缸体，使密封容积减小，通过配流盘的压油窗口压油。缸体每转一周，每个柱塞各完成吸、压油一次，如改变斜盘倾角 $\gamma$，就能改变柱塞行程的长度，即改变液压泵的排量；改变斜盘倾角方向，就能改变吸油和压油的方向，即成为双向变量泵。

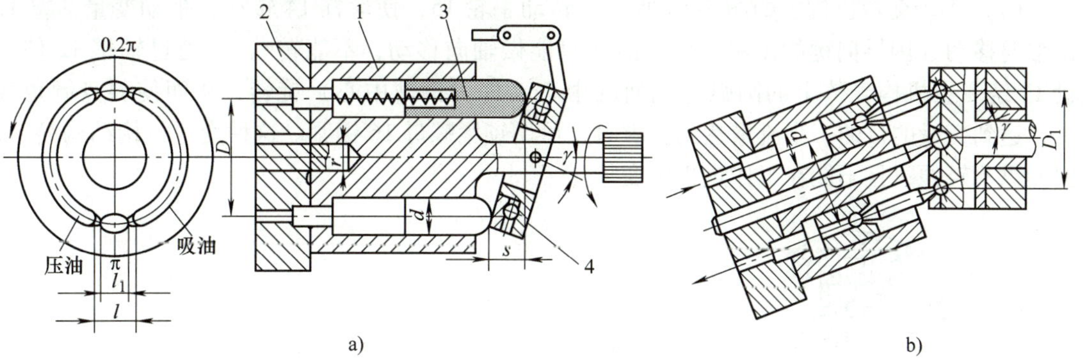


图 2-15　轴向柱塞泵工作原理

a）直轴式　b）斜轴式

1—缸体　2—配流盘　3—柱塞　4—斜盘

配流盘上吸油窗口和压油窗口之间的封油区宽度 $l$ 应稍大于柱塞缸体底部通油孔宽度 $l_1$，但不能相差太大，否则会发生困油现象。一般在配流窗口的两端部开有三角形卸荷槽，以减少冲击和噪声。

图 2-15b 所示为斜轴式轴向柱塞泵原理图。缸体轴线相对传动轴轴线成一倾斜角 $\gamma$，传动轴端部用万向铰链、连杆与缸体中的每个柱塞相连接，当传动轴转动时，通过万向铰链、连杆使柱塞和缸体一起转动，并迫使柱塞在缸体中做往复运动，借助配流盘进行吸油和压油。这类泵的优点是变量范围大，泵的强度较高，但和上述直轴式相比，其结构较复杂，外形尺寸和重量均较大。

轴向柱塞泵的优点是：结构紧凑、径向尺寸小，惯性小，容积效率高，目前最高压力可达 40.0MPa，甚至更高，一般用于工程机械、压力机等高压系统中，但其轴向尺寸较大，轴向作用力也较大，结构比较复杂。

**（二）轴向柱塞泵的结构特点**

1. 典型结构

图 2-16 所示为一种直轴式轴向柱塞泵的结构。图中 11 为斜盘、7 为柱塞、3 为缸体、4 为配流盘、6 为传动轴。这里柱塞的球状头部装在滑履 9 内，以缸体为支承的弹簧 2 通过钢球推压回程盘 10，回程盘和柱塞滑履一同转动。在排液过程中借助斜盘 11 推动柱塞做轴向运动；在吸油时依靠回程盘、钢球和弹簧组成的回程装置将滑履紧紧压在斜盘表面上滑动，弹簧 2 一般称为回程弹簧，这样的泵具有自吸能力。在滑履与斜盘相接触的部分有一油室，它通过柱塞中间的小孔与缸体中的工作腔相连，液压油进入油室后在滑履与斜盘的接触面间

形成了一层油膜，起着静压支承的作用，使滑履作用在斜盘上的力大大减小，因而磨损也减小。传动轴 6 通过左边的花键带动缸体 3 旋转，由于滑履 9 贴紧在斜盘表面上，柱塞在随缸体旋转的同时在缸体中做往复运动。缸体中柱塞底部的密封工作容积是通过配流盘 4 与泵的进出口相通的。随着传动轴的转动，液压泵就连续地吸油和排油。

2. 变量机构

若要改变轴向柱塞泵的输出流量，只要改变斜盘的倾角 $\gamma$，即可改变轴向柱塞泵的排量和输出流量，下面介绍常用的轴向柱塞泵的手动变量和伺服变量机构的工作原理。

（1）手动变量机构　如图 2-16 所示，转动手轮 15，使丝杠 14 转动，带动变量活塞 13 做轴向移动（因导向键的作用，变量活塞只能做轴向移动，不能转动）。通过轴销 12 使斜盘 11 绕变量机构壳体上的圆弧导轨面的中心（即为钢球中心）旋转，从而使斜盘倾角改变，达到变量的目的，当流量达到要求时，可用锁紧螺母 16 锁紧。这种变量机构结构简单，但操纵不轻便，且不能在工作过程中变量。

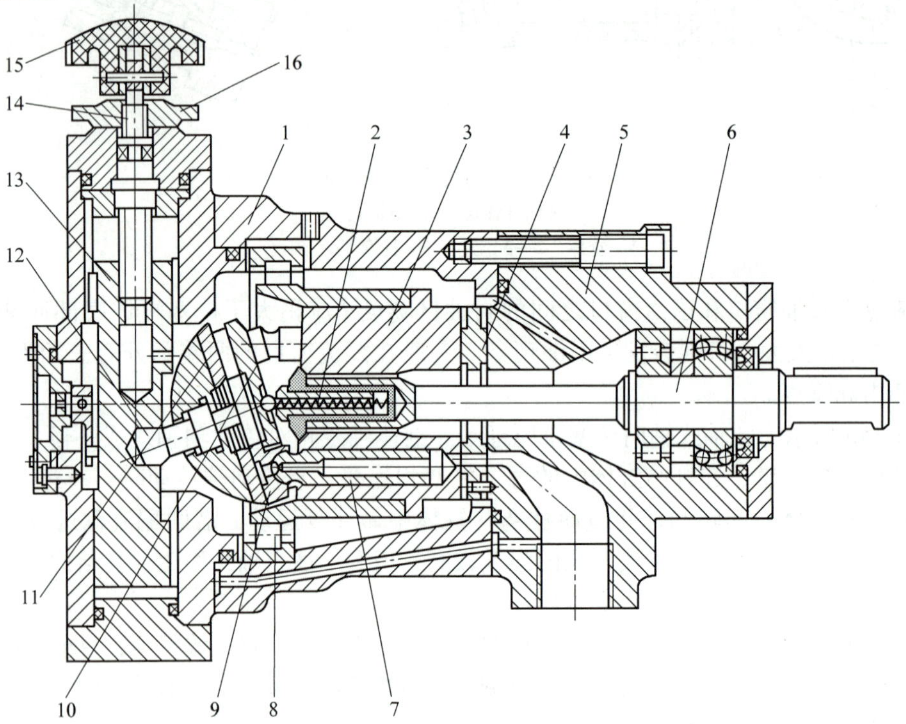


图 2-16　直轴式轴向柱塞泵结构

1—泵体　2—弹簧　3—缸体　4—配流盘　5—前泵体　6—传动轴　7—柱塞　8—轴承　9—滑履　10—回程盘　11—斜盘　12—轴销　13—变量活塞　14—丝杠　15—手轮　16—螺母

（2）伺服变量机构　图 2-17a 所示为轴向柱塞泵的伺服变量机构，以此机构代替图 2-16 所示轴向柱塞泵中的手动变量机构，就成为手动伺服变量泵。其工作原理为：泵输出的高压油由通道经单向阀口进入变量机构壳体 5 的下腔 $d$，液压力作用在变量活塞 4 的下端。当与伺服阀阀芯 1 相连接的拉杆不动时（图示状态），变量活塞 4 的上腔 $g$ 处于封闭状态，变量活塞不动，斜盘 3 在某一相应的位置上。当使拉杆向下移动时，推动阀芯 1 一起向下移动，$d$ 腔的液压油经通道 $e$ 进入上腔 $g$。由于变量活塞上端的有效面积大于下端的有效面积，向下的液压力大于向上的液压力，故变量活塞 4 也随之向下移动，直到将通道 $e$ 的油口封闭为止。变量活塞的移动量等于拉杆的位移量。当变量活塞向下移动时，通过轴销带动斜盘 3 摆动，斜盘倾斜角增加，泵的输出流量随之增加；当拉杆带动伺服阀阀芯向上运动时，阀芯将通道 $f$ 打开，上腔 $g$ 通过卸压通道 $f$ 接通油箱而卸压，变量活塞向上移动，直到阀芯将卸压通道关闭为止。它的移动量也等于拉杆的移动量。这时斜盘也被带动做相应的摆动，使倾斜角减小，泵的流量也随之相应的减小。图 2-17b 所示为该伺服机构的工作原理图。由以上可知，伺服变量机构是通过操纵液压伺服阀动作，利用泵输出的液压油推动变量活塞来实现变量的。故加在拉杆上的力很小，控制灵敏。拉杆可用手动方式或机械方式操作，斜盘可以倾斜±18°，故在工作过程中泵的吸压油方向可以变换，因而这种泵可作为双向变量液压泵。

除了以上介绍的两种变量机构以外，轴向柱塞泵还有很多种变量机构。如恒功率变量机构、恒压变量机构、恒流量变量机构等，这些变量机构与轴向柱塞泵的泵体部分组合就成为各种不同变量方式的轴向柱塞泵，在此不一一介绍。

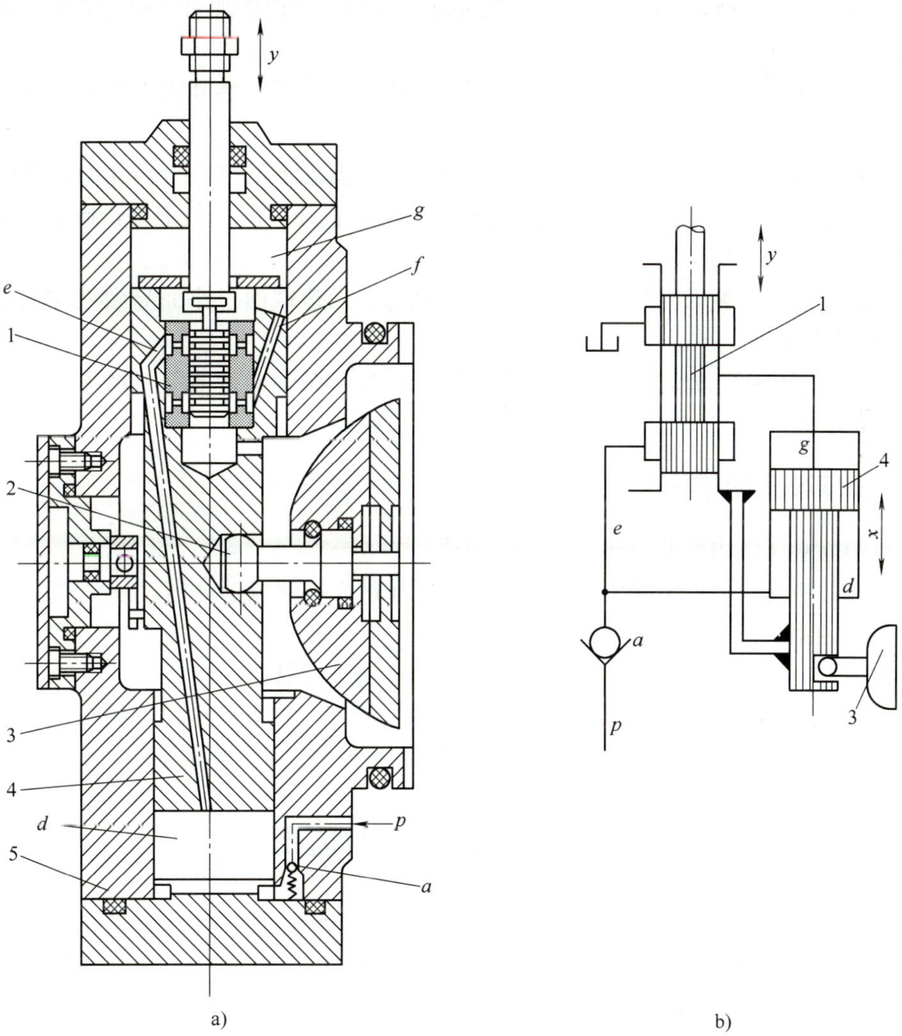


图 2-17　伺服变量机构

1—阀芯　2—球铰　3—斜盘　4—活塞　5—壳体

## 第五节 液压泵的噪声

噪声对人们的健康十分有害，随着工业生产的发展，工业噪声对人们的影响越来越严重，已引起人们的关注。目前液压技术正向着高压、大流量和大功率的方向发展，产生的噪声也随之增加，而在液压系统的噪声中，液压泵的噪声占有很大的比重。因此，研究减小液压系统的噪声，特别是液压泵的噪声，已引起液压界广大工程技术人员、专家学者的重视。

液压泵的噪声大小与液压泵的种类、结构、大小、转速以及工作压力等很多因素有关。

### 一、产生噪声的原因

1）泵的流量脉动和压力脉动造成泵配件的振动。这种振动有时还可产生谐振。谐振频率可以是流量脉动频率的 2 倍、3 倍或更大，泵的基本频率及其谐振频率若与机械的或液压的自然频率相一致，则噪声便大大增加。研究结果表明，转速增加对噪声的影响一般比压力增加对噪声的影响还要大。

2）泵的工作腔从吸油腔突然和压油腔相通；或从压油腔突然和吸油腔相通时，产生的油液流量和压力突变，对噪声的影响甚大。

3）空穴现象。当泵吸油腔中的压力小于油液所在温度下的空气分离压时，溶解在油液中的空气要析出而变成气泡，这种带有气泡的油液进入高压腔时，气泡被击破，形成局部的高频压力冲击，从而引起噪声。

4）泵内流道具有截面突然扩大和收缩、急拐弯，通道截面过小而导致液体湍流、旋涡及喷流，使噪声加大。

5）由于机械原因，如转动部分不平衡、轴承不良、泵轴的弯曲等机械振动引起的机械噪声。

### 二、降低噪声的措施

1）要消除液压泵内部油液压力的急剧变化。

2）为吸收液压泵流量及压力脉动，可在液压泵的出口装置消声器。

3）装在油箱上的泵应使用橡胶垫减振。

4）压油管的一段用高压软管，对泵和管路的连接进行隔振。

5）防止泵产生空穴现象，可采用直径较大的吸油管，减小管道局部阻力；采用大容量的吸油过滤器，防止油液中混入空气；合理设计液压泵，提高零件刚度。

## 第六节 液压泵的选用

液压泵是向液压系统提供一定流量和压力的油液的动力元件，它是每个液压系统不可缺少的核心元件，合理地选择液压泵对于降低液压系统的能耗、提高系统的效率降低噪声、改善工作性能和保证系统工作可靠都十分重要。

选择液压泵的原则是：根据主机工况、功率大小和系统对工作性能的要求，首先确定液压泵的类型，然后按系统所要求的压力、流量大小确定其规格型号。表 2-1 列出了液压系统中常用液压泵的性能比较。

一般来说，由于各类液压泵各自突出的特点，其结构、功用和运转方式各不相同，因此应根据不同的使用场合选择合适的液压泵。一般在机床液压系统中，往往选用双作用叶片泵和限压式变量叶片泵；而在筑路机械、港口机械以及小型工程机械中，往往选择抗污染能力较强的齿轮泵；在负载大、功率大的场合往往选择柱塞泵。

**表 2-1　液压系统中常用液压泵的性能比较**

| 性　能 | 外啮合齿轮泵 | 双作用叶片泵 | 限压式变量叶片泵 | 径向柱塞泵 | 轴向柱塞泵 | 螺杆泵 |
|---|---|---|---|---|---|---|
| 输出压力 | 低压 | 中压 | 中压 | 高压 | 高压 | 低压 |
| 流量调节 | 不能 | 不能 | 能 | 能 | 能 | 不能 |
| 效率 | 低 | 较高 | 较高 | 高 | 高 | 较高 |
| 输出流量脉动 | 很大 | 很小 | 一般 | 一般 | 一般 | 最小 |
| 自吸特性 | 好 | 较差 | 较差 | 差 | 差 | 好 |
| 对油的污染敏感性 | 不敏感 | 较敏感 | 较敏感 | 很敏感 | 很敏感 | 不敏感 |
| 噪声 | 大 | 小 | 较大 | 大 | 大 | 最小 |

## 习　题

2-1　某液压泵的输出压力为 5MPa，排量为 10mL/r，机械效率为 0.95。容积效率为 0.9，当转速为 1200r/min 时，泵的输出功率和驱动泵的电动机功率各为多少？

2-2　某液压泵的转速为 950r/min，排量为 $v_p = 168\text{mL/r}$，在额定压力 29.5MPa 和同样转速下，测得的实际流量为 150L/min，额定工况下的总效率为 0.87，求：

1）泵的理论流量 $q_t$。

2）泵的容积效率 $\eta_v$ 和机械效率 $\eta_m$。

3）泵在额定工况下，所需电动机驱动功率 $P_t$。

4）驱动泵的转矩 $T_i$。

# 第三章

# 液压执行元件

在液压传动系统中，液压执行元件是把通过系统输入的液压能转变为机械能输出的装置。液压执行元件有液压缸和液压马达两种类型，液压缸又有活塞式、柱塞式、摆动式等多种形式。

**本章重点**

1. 液压马达的工作原理。
2. 单出杆双作用液压缸的工作特点及其速度、推力的计算。
3. 差动液压缸的工作特点及其速度、推力的计算。
4. 液压缸结构设计。

**本章难点**

差动液压缸的工作原理及其计算。

## 第一节 液 压 马 达

### 一、液压马达的特点及分类

从能量转换的观点来看，液压泵与液压马达是可逆工作的液压元件，向任何一种液压泵输入工作液体，都可使其变成液压马达工况；反之，当液压马达的主轴由外力矩驱动旋转时，也可变为液压泵工况。因为它们具有同样的基本结构要素——密闭而又可以周期变化的容积和相应的配流机构。

但是，由于液压马达和液压泵的工作条件不同，对它们的性能要求也不一样，所以同类型的液压马达和液压泵之间，仍存在许多差别。首先液压马达应能够正、反转，因而要求其内部结构对称；液压马达的转速范围需要足够大，特别对它的最低稳定转速有一定的要求。因此，它通常采用滚动轴承或静压滑动轴承；其次液压马达由于在输入液压油条件下工作，因而不必具备自吸能力，但需要一定的初始密封性，才能提供必要的起动转矩。由于存在着这些差别，使得液压马达和液压泵在结构上比较相似，但不能可逆工作。

液压马达按其结构类型来分可以分为齿轮式、叶片式、柱塞式和其他形式，也可以按液压马达的额定转速分为高速和低速两大类。额定转速高于 500r/min 的属于高速液压马达，额定转速低于 500r/min 的属于低速液压马达。高速液压马达的基本形式有齿轮式、螺杆式、叶片式和轴向柱塞式等。它们的主要特点是转速较高、转动惯量小，便于起动和制动，调节（调速及换向）灵敏度高。通常高速液压马达输出转矩不大（仅几十 N·m 到几百 N·m）所以又称为高速小转矩液压马达。低速液压马达的基本形式是径向柱塞式，此外在轴向柱塞式、叶片式和齿轮式中也有低速的结构形式。低速液压马达的主要特点是排量大、体积大、转速低（有时可达每分钟几转甚至零点几转），因此可直接与工作机构连接，不需要减速装置，使传动机构大为简化。通常低速液压马达输出转矩较大（可达几千 N·m 到几万 N·m），所以又称为低速大转矩液压马达。

## 二、液压马达的工作原理

常用的液压马达的结构与同类型的液压泵很相似，下面以叶片式和径向柱塞式液压马达为例对其工作原理作简单介绍。

1. 叶片式液压马达

图 3-1 所示为叶片式液压马达工作原理图，当液压油通入压油腔后，在叶片 1、3（或 5、7）上，一面作用有压力油，另一面为低压油。由于叶片 3 伸出的面积大于叶片 1 伸出的面积，因此作用于叶片 3 上的总液压力大于作用于叶片 1 上的总液压力，于是压力差使叶片带动转子做逆时针方向旋转，作用于其他叶片如 5、7 上的液压力，其作用原理同上。叶片 2、6 两面同时受液压油作用，受力平衡对转子不产生作用转矩。叶片式液压马达的输出转矩与液压马达的排量和液压马达进出油口之间的压差有关。其转速由输入液压马达的流量大小来决定。

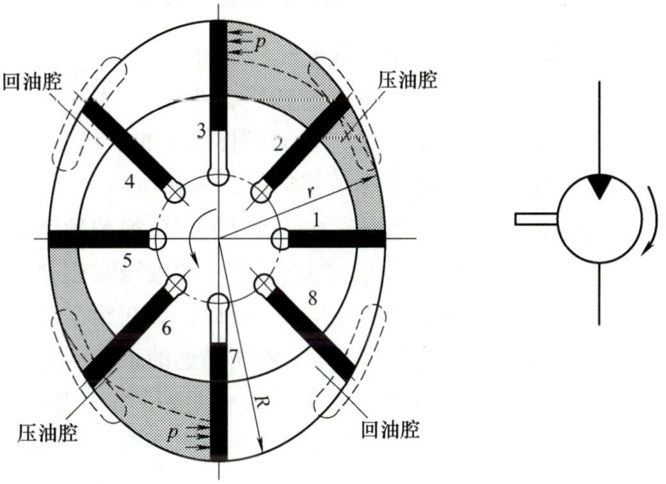


图 3-1　叶片式液压马达工作原理图

由于液压马达一般都要求能正反转，所以叶片式液压马达的叶片要径向放置。为了使叶片根部始终通有液压油，在回、压油腔通入叶片根部的通路上应设置单向阀，为了确保叶片式液压马达在液压油通入后能正常起动，必须使叶片顶部和定子内表面紧密接触，以保证良好的密封，因此在叶片根部应设置预紧弹簧。

叶片式液压马达体积小，转动惯量小，动作灵敏，可适用于换向频率较高的场合，但泄漏量较大，低速工作时不稳定。因此叶片式液压马达一般用于转速高、转矩小和动作要求灵敏的场合。

2. 径向柱塞式液压马达

图 3-2 所示为径向柱塞式液压马达工作原理图，当液压油经固定的配流轴 4 的窗口进入缸体 3 内柱塞 1 的底部时，柱塞向外伸出，紧紧顶住定子 2 的内壁，由于定子与缸体存在一偏心距 $e$，在柱塞与定子接触处，定子对柱塞的反作用力为 $F_N$。力 $F_N$ 可分解为 $F_F$ 和 $F_T$ 两个分力。当作用在柱塞底部的油液压力为 $p$，柱塞直径为 $d$，力 $F_F$ 与 $F_N$ 之间的夹角为 $\varphi$ 时，它们分别为

$$F_F = p\frac{\pi}{4}d^2 \qquad F_T = F_F\tan\varphi$$

力 $F_T$ 对缸体产生一转矩，使缸体旋转。缸体再通过端面连接的传动轴向外输出转矩和转速。

以上分析的是一个柱塞产生转矩的情况。由于在压油区作用有好几个柱塞，在这些柱塞上所产生的转矩都使缸体旋转，并输出转矩。径向柱塞式液压马达多用于低速大转矩的情况下。

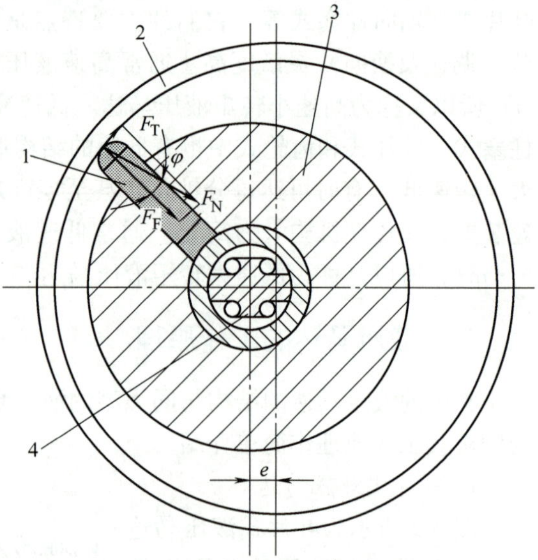

图 3-2　径向柱塞式液压马达工作原理图
1—柱塞　2—定子　3—缸体　4—配流轴

## 三、液压马达的基本参数和基本性能

1. 液压马达的排量、排量和转矩的关系

液压马达在工作中输出的转矩大小是由负载转矩所决定的。但是，推动同样大小的负载，工作容腔大的液压马达的压力要低于工作容腔小的液压马达的压力，所以说工作容腔的大小是液压马达工作能力的重要标志。

液压马达工作容腔大小的表示方法和液压泵相同，也用排量 $V$ 表示。液压马达的排量是个重要的参数。根据排量的大小，可以计算在给定压力下液压马达所能输出的转矩的大小，也可以计算在给定的负载转矩下液压马达的工作压力的大小。当液压马达进、出油口之间的压差为 $\Delta p$，输入液压马达的流量为 $q$，液压马达输出的理论转矩为 $T_t$，角速度为 $\omega$ 时，如果不计损失，液压泵输出的液压功率应当全部转化为液压马达输出的机械功率，即

$$\Delta pq = T_t\omega \tag{3-1}$$

又因为 $\omega = 2\pi n$，$q = Vn$，所以液压马达的理论转矩为

$$T_t = \frac{\Delta pV}{2\pi} \tag{3-2}$$

2. 液压马达的机械效率和起动机械效率

由于液压马达内部不可避免地存在各种摩擦，实际输出的转矩 $T$ 总要比理论转矩 $T_t$ 小些，即

$$T = \Delta pV\eta_m/2\pi \tag{3-3}$$

式中，$\eta_m$ 为液压马达机械效率。

除此以外，在同样的压力下，液压马达由静止到开始转动的起动状态的输出转矩要比运转中的转矩小，这给液压马达带载起动造成了困难，所以起动性能对液压马达是很重要的。起动转矩降低的原因是在静止状态下的摩擦系数最大，在摩擦表面出现相对滑动后摩擦系数明显减小，这是机械摩擦的一般性质。对液压马达来说，更为重要的是静止状态润滑油膜被挤掉，基本上变成了干摩擦。一旦液压马达开始运动，随着润滑油膜的建立，摩擦阻力立即下降，并随滑动速度增大和油膜变厚而减少。

液压马达起动性能的指标用起动机械效率 $\eta_{m0}$ 表示，其表达式为

$$\eta_{m0}=\frac{T_0}{T_t} \tag{3-4}$$

式中，$T_0$ 为液压马达的起动转矩。

不同类型的液压马达，内部受力部件的力平衡情况不同，摩擦力的大小不同，所以 $\eta_{m0}$ 也不尽相同。同一类型的液压马达，摩擦副的力平衡设计不同，其 $\eta_{m0}$ 也有高低之分。例如有的齿轮式液压马达 $\eta_{m0}$ 只有 0.6 左右，而高性能的低速大转矩液压马达 $\eta_{m0}$ 却可达到 0.90 左右，相差颇大。所以，如果液压马达带载起动，必须注意到所选择的液压马达的起动性能。

3. 液压马达的转速和低速稳定性

液压马达的转速取决于供液的流量 $q$ 和液压马达本身的排量 $V$。由于液压马达内部有泄漏，并不是所有进入液压马达的液体都推动液压马达做功，一小部分液体因泄漏损失掉了，所以液压马达的实际转速要比理想情况低一些。

$$n=\frac{q}{V}\eta_v \tag{3-5}$$

式中，$\eta_v$ 为液压马达的容积效率。在工程实际中，液压马达的转速和液压泵的转速一样，其计量单位多用 r/min（转/分）表示。

当液压马达工作转速过低时，往往保持不了均匀的速度，进入时动时停的不稳定状态，这就是所谓爬行现象。若要求高速液压马达以不超过 10r/min、低速大转矩液压马达以不超过 3r/min 的速度工作，并不是所有的液压马达都能满足要求。

4. 调速范围

当负载从低速到高速在很宽的范围内工作时，也要求液压马达能在较大的调速范围下工作，否则就需要有能换档的变速机构，这将使传动机构复杂化。液压马达的调速范围以允许的最大转速和最低稳定转速之比表示，即

$$i=\frac{n_{max}}{n_{min}} \tag{3-6}$$

显然，调速范围宽的液压马达应当既有好的高速性能又有好的低速稳定性。

## 第二节　液　压　缸

### 一、液压缸的分类

液压缸按其结构形式，可以分为活塞缸、柱塞缸和摆动缸三类。活塞缸和柱塞缸实现往复运动，输出推力和速度，摆动缸则能实现小于 360°的往复摆动，输出转矩和角速度。液压缸除单个使用外，还可以几个组合起来或和其他机构组合起来，以完成特殊的功用。

**（一）活塞式液压缸**

活塞式液压缸根据其使用要求不同可分为双杆式、单杆式两种。

1. 双杆式活塞缸

双杆式活塞缸是活塞两端都有一根直径相等的活塞杆伸出。根据安装方式不同又可以分为缸筒固定式和活塞杆固定式两种。如图 3-3a 所示为缸筒固定式的双杆活塞缸。它的进、

出油口布置在缸筒两端，活塞通过活塞杆带动工作台移动，当活塞的有效行程为 $l$ 时，整个工作台的运动范围为 $3l$，所以机床占地面积大，一般适用于小型机床。当工作台行程要求较长时，可采用图 3-3b 所示的活塞杆固定的形式，这时，缸体与工作台相连，活塞杆通过支架固定在机床上，动力由缸体传出。这种安装形式中，工作台的移动范围只等于液压缸有效行程 $l$ 的两倍（$2l$），因此占地面积小。进出油口可以设置在固定不动的空心的活塞杆的两端，使油液从活塞杆中进出，也可设置在缸体的两端，但必须使用软管连接。

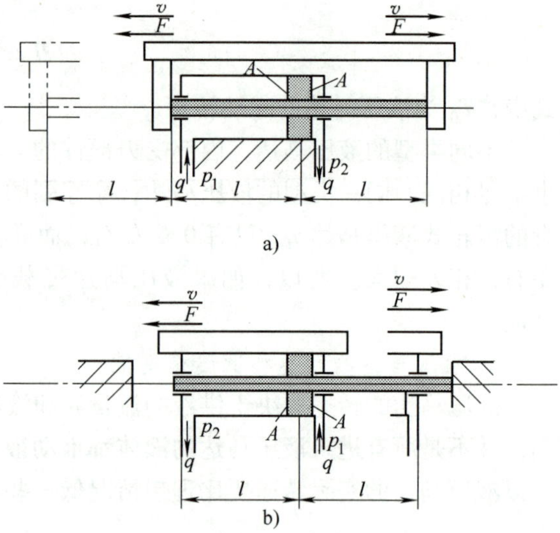

图 3-3　双杆式活塞缸

由于双杆式活塞缸两端的活塞杆直径通常是相等的，因此它左、右两腔的有效面积也相等。当分别向左、右腔输入相同压力和相同流量的油液时，液压缸左、右两个方向的推力和速度相等，当活塞的直径为 $D$，活塞杆的直径为 $d$，液压缸进、出油腔的压力为 $p_1$ 和 $p_2$，输入流量为 $q$ 时，双杆式活塞缸的推力 $F$ 和速度 $v$ 为

$$F=A(p_1-p_2)=\frac{\pi}{4}(D^2-d^2)(p_1-p_2) \tag{3-7}$$

$$v=\frac{q}{A}=\frac{4q}{\pi(D^2-d^2)} \tag{3-8}$$

式中，$A$ 为活塞的有效工作面积。

双杆式活塞缸在工作时，设计成一个活塞杆是受拉的，而另一个活塞杆不受力，因此这种液压缸的活塞杆直径可以做得小些。

2. 单杆式活塞缸

如图 3-4 所示，活塞只有一端带活塞杆，单杆液压缸也有缸体固定和活塞杆固定两种形式，但它们的工作台移动范围都是活塞有效行程的两倍。

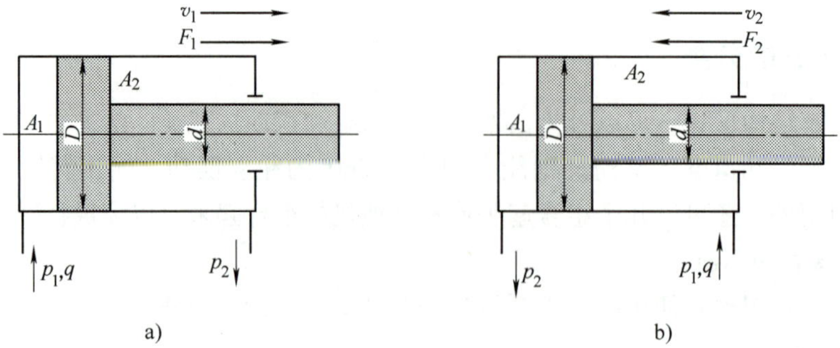

图 3-4　单杆式活塞缸

单杆式活塞缸由于活塞两端有效面积不等，如果相同流量的液压油分别进入液压缸的左、右腔，活塞移动的速度与进油腔的有效面积成反比，即油液进入无杆腔时有效面积大，速度慢，进入有杆腔时有效面积小，速度快；而活塞上产生的推力则与进油腔的有效面积成正比。

如图 3-4a 所示，当输入液压缸的油液流量为 $q$，液压缸进出油口压力分别为 $p_1$ 和 $p_2$ 时，其活塞上所产生的推力 $F_1$ 和速度 $v_1$ 为

$$F_1=A_1p_1-A_2p_2=\frac{\pi}{4}[(p_1-p_2)D^2+p_2d^2] \tag{3-9}$$

$$v_1=\frac{q}{A_1}=\frac{4q}{\pi D^2} \tag{3-10}$$

当油液从如图 3-4b 所示的右腔（有杆腔）输入时，其活塞上所产生的推力 $F_2$ 和速度 $v_2$ 为

$$F_2=A_2p_1-A_1p_2=\frac{\pi}{4}[(p_1-p_2)D^2-p_1d^2] \tag{3-11}$$

$$v_2=\frac{q}{A_2}=\frac{4q}{\pi(D^2-d^2)} \tag{3-12}$$

由式（3-9）~式（3-12）可知，由于 $A_1>A_2$，所以 $F_1>F_2$，$v_1<v_2$。若把两个方向上的输出速度 $v_1$ 和 $v_2$ 的比值称为速度比，记作 $\lambda_v$，则 $\lambda_v=v_2/v_1=1/[1-(d/D)^2]$。因此，活塞杆直径越小，$\lambda_v$ 越接近于 1，活塞两个方向的速度差值也就越小，如果活塞杆较粗，活塞两个方向运动的速度差值就较大。在已知 $D$ 和 $\lambda_v$ 的情况下，也就可以较方便地确定 $d$。

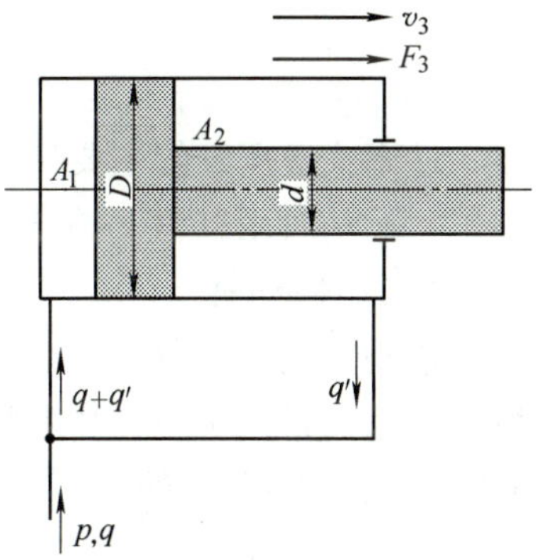

图 3-5　差动缸

如果向单杆式活塞缸的左右两腔同时通液压油，如图 3-5 所示，即差动连接，做差动连接的单杆液压缸称为差动缸，开始工作时差动缸左右两腔的油液压力相同，但是由于左腔（无杆腔）的有效面积大于右腔（有杆腔）的有效面积，故活塞向右运动，同时使右腔中排出的油液（流量为 $q'$）也进入左腔，加大了流入左腔的流量 $(q+q')$，从而也加快了活塞移动的速度。实际上活塞在运动时，由于差动缸两腔间的管路中有压力损失，所以右腔中油液的压力稍大于左腔油液压力。而这个差值一般较小，可以忽略不计，则差动缸活塞推力 $F_3$ 和运动速度 $v_3$ 分别为

$$F_3=p_1(A_1-A_2)=p_1\frac{\pi}{4}d^2 \tag{3-13}$$

$$v_3=\frac{q+q'}{A_1}=\frac{q+\frac{\pi}{4}(D^2-d^2)v_3}{\frac{\pi}{4}D^2}$$

即

$$v_3=\frac{4q}{\pi d^2} \tag{3-14}$$

由式（3-13）、式（3-14）可知，差动连接时液压缸的推力比非差动连接时小，速度比非差动连接时大，正好利用这一点，可使在加大油液流量的情况下得到较快的运动速度，这种连接方式被广泛应用于组合机床的液压动力滑台和其他机械设备的快速运动中。

如果要求快速运动和快速退回速度相等，即使 $v_3=v_2$，则由式（3-12）、式（3-14）可得

$$D=\sqrt{2}d$$

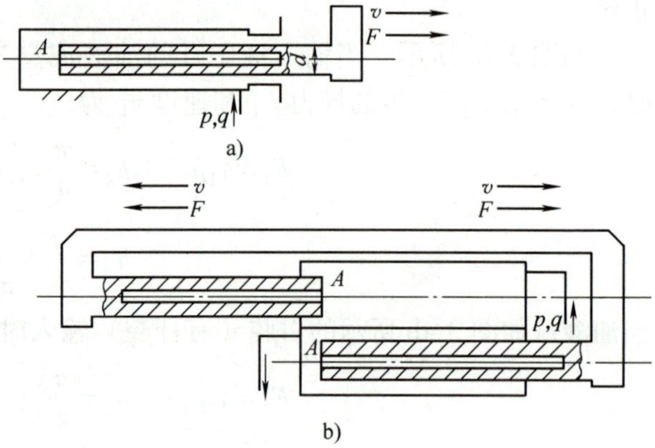

图 3-6　柱塞缸

**（二）柱塞缸**

柱塞缸是一种单作用液压缸，其工作原理如图 3-6a 所示，柱塞与工作部件连接，缸筒固定在机体上。当液压油进入缸筒时，推动柱塞带动运动部件向右运动，但反向退回时必须靠其他外力或自重驱动。柱塞缸通常成对反向布置使用，如图 3-6b 所示。当柱塞的直径为 $d$，输入液压油的流量为 $q$，压力为 $p$ 时，其柱塞上所产生的推力 $F$ 和速度 $v$ 为

$$F=pA=p\frac{\pi}{4}d^2 \tag{3-15}$$

$$v=\frac{q}{A}=\frac{4q}{\pi d^2} \tag{3-16}$$

柱塞式液压缸的主要特点是柱塞与缸筒无配合要求，缸筒内孔不需精加工，甚至可以不加工。运动时由缸盖上的导向套来导向，所以它特别适用于行程较长的场合。

**（三）摆动缸**

摆动式液压缸也称为摆动液压马达。当它通入液压油时，它的主轴能输出小于 360°的摆动运动，常用于工夹具夹紧装置、送料装置、转位装置以及需要周期性进给的系统中。图 3-7a 所示为单叶片式摆动缸，它的摆动角度较大，可达 300°。图 3-7b 所示为双叶片式摆动缸，它的摆动角度较小，可达 150°，它的输出转矩是单叶片式的两倍，而角速度则是单叶片式的一半。

**（四）其他液压缸**

1. 增压缸

增压缸又称为增压器。在某些短时或局部需要高压液体的液压系统中，常用增压缸与低压大流量泵配合作用，单作用增压缸的工作原理如图 3-8a 所示，它有单作用和双作用两种形式，当低压为 $p_1$ 的油液推动增压缸的大活塞时，大活塞推动与其连成一体的小活塞输出压力为 $p_2$ 的高压液体，当大活塞直径为 $D$，小活塞直径为 $d$ 时，

$$p_2=p_1\left(\frac{D}{d}\right)^2=Kp_1 \tag{3-17}$$

式中，$K=D^2/d^2$，称为增压比，它代表其增压能力。显然增压能力是在降低有效流量的基础上得到的，也就是说增压缸仅仅是增大输出的压力，并不能增大输出的能量。

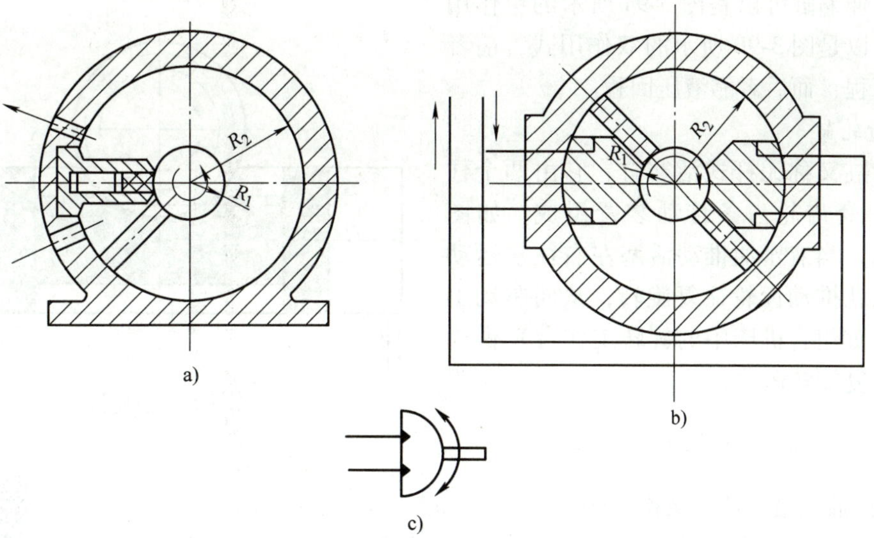


图 3-7　摆动缸

单作用增压缸在小活塞运动到终点时，不能再输出高压液体，需要将活塞退回到左端位置，再向右行时才又输出高压液体，即只能在一次行程中输出高压液体。为了克服这一缺点，可采用双作用增压缸，如图 3-8b 所示，由两个高压端连续向系统供油。

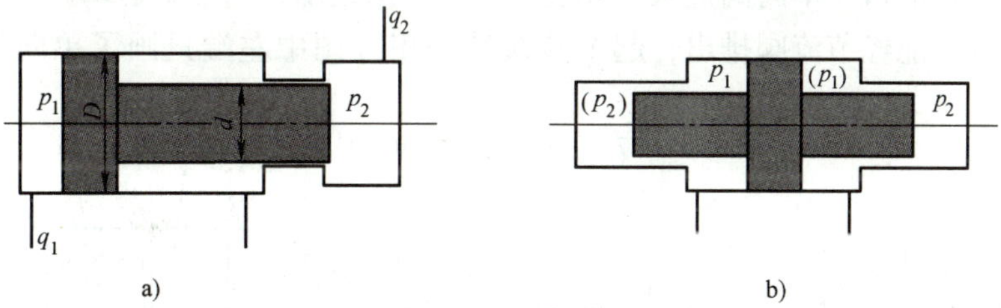


图 3-8　增压缸

2. 伸缩缸

伸缩缸由两个或多个活塞式液压缸套装而成，前一级活塞缸的活塞是后一级活塞缸的缸筒。伸出时可获得很长的工作行程，缩回时可保持很小的结构尺寸，伸缩缸被广泛用于起重运输车辆上。

图 3-9 所示为套筒式伸缩缸的原理图，外伸动作是逐级进行的。首先是最大直径的缸筒以最低的油液压力开始外伸，当到达行程终点后，稍小直径的缸筒开始外伸，直径最小的末级最后伸出。随着工作级数增多，外伸缸筒直径越来越小，工作油液压力随之升高，工作速

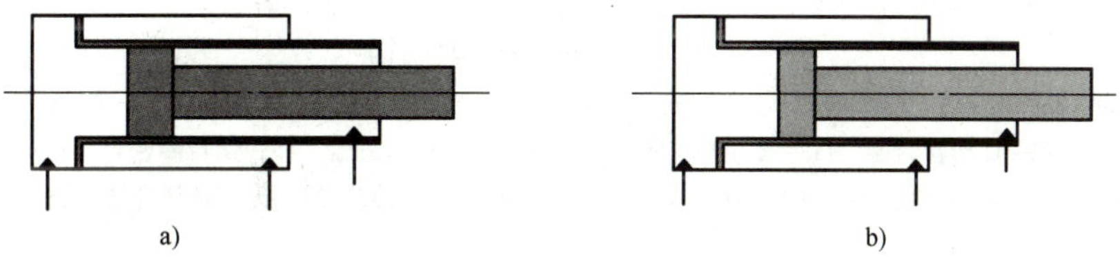


图 3-9　伸缩缸

度变快。伸缩缸可以是图 3-9a 所示的单作用式，也可以是图 3-9b 所示的双作用式，前者靠外力回程，而后者靠液压回程。

3. 齿轮缸

齿轮缸又称无杆式活塞缸，它由两个柱塞缸和一套齿轮齿条传动装置组成，如图 3-10 所示，当液压油推动活塞左右往复运动时，齿条就推动齿轮往复旋转，从而驱动工作部件（如组合机床中的旋转工作台）做周期性的往复旋转运动。

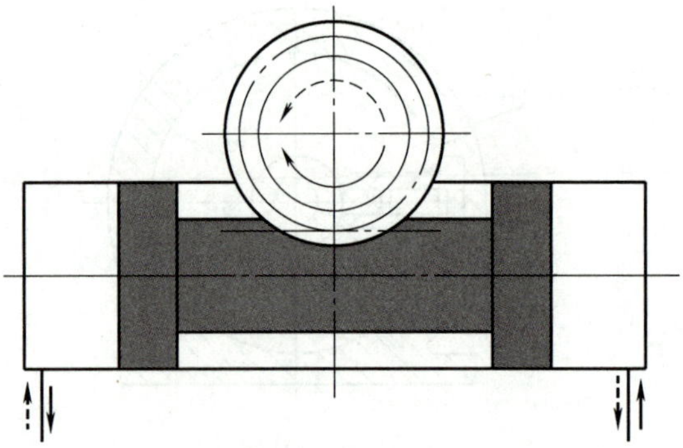

图 3-10　齿轮缸

## 二、液压缸的典型结构和组成

### （一）液压缸的典型结构举例

图 3-11 所示为单杆液压缸的结构图，它主要由缸底 1、缸筒 7、缸头 18、活塞 21、活塞杆 8、导向套 12、缓冲套 6、无杆端缓冲套 24、节流阀 11、带放气孔的单向阀 2 以及密封装置等组成。缸筒 7 与法兰 3、10 焊接成一个整体，然后通过螺钉与缸底 1、缸头 18 连接。图中用组合半剖视的方法表示了活塞与缸筒、活塞杆与缸盖之间的两种密封形式。上部为橡塑组合密封，下部为唇形密封。该液压缸具有双向缓冲功能，工作时液压油经进油口、单向阀进入工作腔，推动活塞运动，当活塞运动到终点前，缓冲套切断油路，排油只能经节流阀排出，起节流缓冲作用（图中左端只画了单向阀，右端只画了节流阀）。

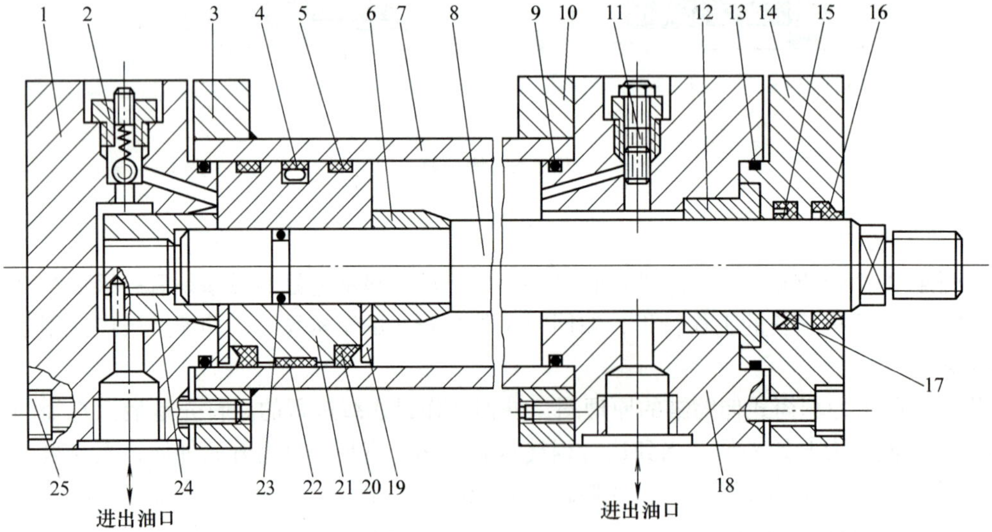


图 3-11　单杆液压缸结构

1—缸底　2—单向阀　3、10—法兰　4—格来圈密封　5、22—导向环　6—缓冲套　7—缸筒　8—活塞杆　9、13、23—O 形密封圈　11—缓冲节流阀　12—导向套　14—缸盖　15—斯特圈密封　16—防尘圈　17—Y 形密封圈　18—缸头　19—护环　20—$Y_x$ 密封圈　21—活塞　24—无杆端缓冲套　25—连接螺钉

### （二）液压缸的组成

从上面所述的液压缸典型结构中可以看到，液压缸的结构基本上可以分为缸筒和缸盖、活塞和活塞杆、密封装置、缓冲装置和排气装置五个部分。

1. 缸筒和缸盖

图 3-12 所示为常用的缸筒和缸盖的连接方式，在设计过程中，采用何种连接方式主要取决于液压缸的工作压力、缸筒的材料和具体工作条件。当工作压力 $p<10\text{MPa}$ 时使用铸铁缸筒，它的连接方式多用图 3-12a 所示的法兰连接，这种结构易于加工和装拆，但外形尺寸大。当工作压力 $p<20\text{MPa}$ 时使用无缝钢管缸筒，$p>20\text{MPa}$ 时使用铸钢或锻钢缸筒。它与缸盖的连接方式常用图 3-12b、c 所示的半环连接和螺纹连接。采用半环连接装拆方便，但缸筒壁部因开了环形槽而削弱了强度，为此有时要加厚缸壁。采用螺纹连接时，缸筒端部结构复杂，外径加工时要求保证内外径同心，装卸时要使用专用工具，但外形尺寸和重量均较小，常用于无缝钢管或铸钢制的缸筒上。

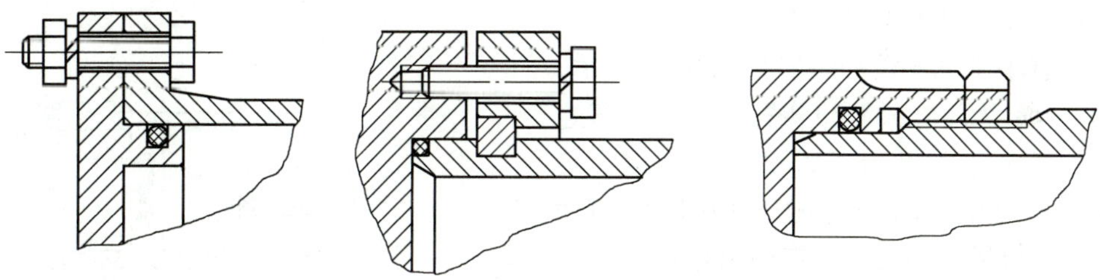

a)　　b)　　c)

图 3-12　缸筒和缸盖结构

2. 活塞和活塞杆

活塞和活塞杆连接的方式很多，但无论采用何种连接方式，都必须保证连接可靠。图 3-13 所示为螺纹连接和半环式连接。螺纹连接结构简单，装拆方便，但在高压大负载下需备有螺母防松装置。半环式连接结构较复杂，装拆不便，但工作较可靠。此外活塞和活塞杆也有制成整体式结构的，但它只适用于尺寸较小的场合。活塞一般用耐磨铸铁制造，活塞杆则不论是空心的还是实心的，大多用钢料制造。

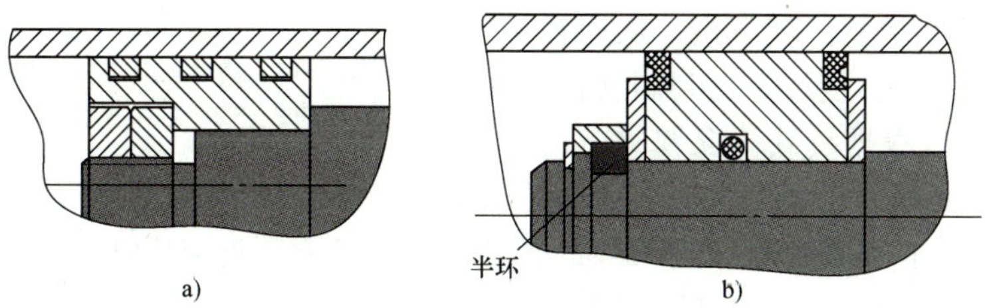


a)　　b)

图 3-13　活塞和活塞杆的结构

3. 密封装置

液压缸的密封装置用以防止油液的泄漏（液压缸一般不允许外泄并要求内泄漏尽可能小）。密封装置设计的好坏对于液压缸的静、动态性能有着重要的影响。一般要求密封装置应具有良好的密封性，尽可能长的寿命、制造简单、拆装方便、成本低。液压缸的密封主要指活塞、活塞杆处的动密封和缸盖等处的静密封，如图 3-11 中的 O 形密封圈和 Y 形密封圈，以及组合式密封装置（格来圈），有关密封装置的结构、材料、安装和使用等详见第五章。

4. 缓冲装置

当液压缸所驱动的工作部件重量较大，移动速度较快时，由于具有的动量大，致使在行程终了时，活塞与端盖发生撞击，造成液压冲击和噪声，甚至严重影响工作精度和引起整个系统及元件的损坏，为此在大型、高速或要求较高的液压缸中往往要设置缓冲装置。

尽管液压缸中的缓冲装置结构形式很多，但它的工作原理都是相同的，即当活塞行程到终点而接近缸盖时，增大液压缸回油阻力，使回油腔中产生足够大的缓冲压力，使活塞减速，从而防止活塞撞击缸盖。

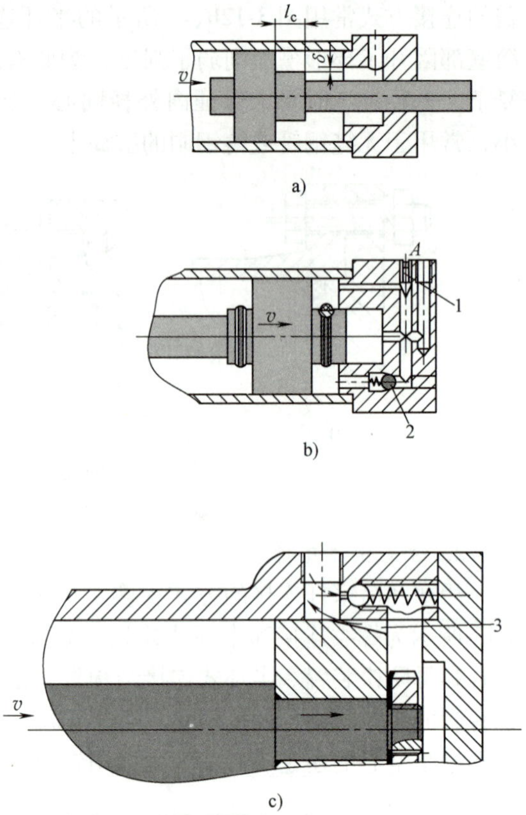

图 3-14 液压缸中常见的缓冲装置

1—针形节流阀 2—单向阀 3—轴向斜槽

液压缸中常见的缓冲装置如图 3-14 所示，图 3-14a 所示为间隙式缓冲装置，当活塞移进缸盖时，活塞上的凸台进入缸盖的凹腔，将封闭在回油腔中的油液从凸台和凹腔之间的环状间隙 $\delta$ 中挤压出去，使回油腔中压力升高而形成缓冲压力，从而使活塞减慢了移动速度。这种缓冲装置结构简单，但缓冲压力不可调节，且实现减速所需行程较长，适用于移动部件惯性不大，移动速度不太高的场合。图 3-14b 所示为可调节流缓冲装置，它不但有凸台和凹腔等结构，而且在缸盖中还装有针形节流阀 1 和单向阀 2。当活塞移近缸盖时，凸台进入凹腔，由于凸台和凹腔间的间隙较小（有时用一 O 形密封圈挡油），所以回油腔中的油液只能经针状节流阀流出，从而在回油腔中形成缓冲压力，使活塞受到制动作用。这种缓冲装置可以根据负载情况调整节流阀开口的大小，改变缓冲压力的大小，因此适用范围较广。图 3-14c 所示为可变节流缓冲装置，它在活塞上开有横截面为三角形的轴向斜槽 3，当活塞移近液压缸缸盖时，活塞与缸盖间的油液经轴向斜槽流出，从而在回油腔中形成缓冲压力使活塞受到制动作用。由图可知，这种缓冲装置在缓冲过程中能自动改变其节流口大小（随着活塞运动速度的降低而相应关小节流口），因而使缓冲作用均匀，冲击压力小，制动位置精度高。

5. 排气装置

当液压系统长时间停止工作，系统中的油液由于本身重量的作用和其他原因而流出，这时易使空气进入系统，如果液压缸中有空气或油液中混入空气，将会使液压缸运动不平稳，因此一般的液压系统在开始工作前都应使系统中的空气排出，为此可在液压缸的最高部位（那里往往是空气聚积的地方）设置排气装置。排气装置通常有两种，一种是在液压缸的最高部位处开排气孔，并用管道连接排气阀进行排气；另一种是在液压缸的最高部位安放排气塞，如图 3-15 所示。两种排气装置都是在液压缸排气时打开（让活塞全行程往复移动数次），排气完毕后关闭。

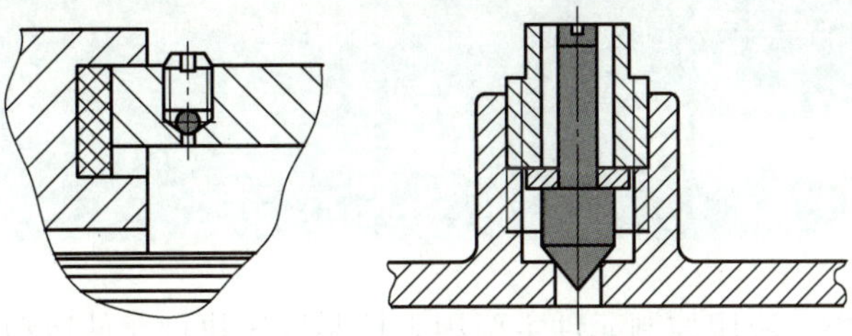

a)　　b)

图 3-15　排气装置

## 习　题

3-1　已知某液压马达的排量 $V=250\text{mL/r}$，液压马达入口压力为 $p_1=10.5\text{MPa}$，出口压力 $p_2=1.0\text{MPa}$，其总效率 $\eta_m=0.9$，容积效率 $\eta_v=0.92$，当输入流量 $q=22\text{L/min}$ 时，试求液压马达的实际转速 $n$ 和液压马达的输出转矩 $T$。

3-2　一个液压泵，当负载压力为 8MPa 时，输出流量为 96L/min；压力为 10MPa 时，输出流量为 94L/min，用此泵带动一排量为 80mL/r 的液压马达。当负载转矩为 120N · m 时，液压马达的机械效率为 0.94，转速为 1100r/min。试求此时液压马达的容积效率。

3-3　某一差动缸，要求① $v_{快进}=v_{快退}$，② $v_{快进}=2v_{快退}$。活塞面积 $A_1$ 和活塞杆面积 $A_2$ 之比应为多少？

# 第四章

# 液压控制元件

在液压传动系统中，液压控制元件主要用来控制液压执行元件运动的方向、承载的能力和运动速度的大小以满足机械设备工作性能的要求。按其用途可分为方向控制阀，压力控制阀和流量控制阀三大类。尽管其类型各不相同，但它们之间存在着共性：①在结构上所有阀都由阀体、阀芯和驱使阀芯动作的零部件（如弹簧、电磁铁）等组成；②在工作原理上所有阀的阀口开度面积、进出油口间的压差与流经阀的流量都遵循孔口流量公式；③所有的阀都通过控制阀体和阀芯的相对运动来实现控制目的。

**本章重点**

1. 三位阀的中位机能及电液换向阀的工作原理。
2. 先导型溢流阀的工作原理及溢流阀的应用。
3. 调速阀的工作原理及应用。

**本章难点**

1. 电液换向阀的工作原理。
2. 溢流阀的压力流量特性。
3. 调速阀的工作原理及应用。

## 第一节 概　　述

在液压系统中，除需要液压泵供油和液压执行元件来驱动工作装置外，还要配备一定数量的液压控制阀来对液流的流动方向、压力的高低以及流量的大小进行预期的控制，以满足负载的工作要求。因此，液压控制阀是直接影响液压系统工作过程和工作特性的重要元件。

各类液压控制阀虽然形式不同，控制的功能各有所异，但都具有共性。首先，在结构上，所有的阀都由阀体、阀芯（座阀或滑阀）和驱使阀芯动作的零部件（如弹簧、电磁铁）等组成；其次，在工作原理上，所有阀的阀口大小，阀进、出油口间的压差以及通过阀的流量之间的关系都符合孔口流量公式（$q=KA\Delta p^m$），只是各种阀控制的参数各不相同而已，如压力阀控制的是压力，流量阀控制的是流量等。因而，根据其内在联系、外部特征、结构和用途等方面的不同，可将液压控制阀按不同的方式进行分类，见表 4-1。

液压传动系统对液压控制阀的基本要求为：

1）动作灵敏、使用可靠，工作时冲击和振动要小，使用寿命长。

2）油液通过液压阀时压力损失要小，密封性能好，内泄漏要小，无外泄漏。

3）结构简单紧凑，安装、维护、调整方便，通用性好。

表 4-1　液压控制阀的分类

| 分类方法 | 种　类 | 详细分类 |
|---|---|---|
| 按用途分 | 压力控制阀 | 溢流阀、减压阀、顺序阀、比例压力控制阀、压力继电器等 |
| | 流量控制阀 | 节流阀、调速阀、分流阀、比例流量控制阀等 |
| | 方向控制阀 | 单向阀、液控单向阀、换向阀、比例方向控制阀 |
| 按操纵方式分 | 人力操纵阀 | 手把及手轮、踏板、杠杆 |
| | 机械操纵阀 | 挡块、弹簧、液压、气动 |
| | 电动操纵阀 | 电磁铁控制、电—液联合控制 |
| 按连接方式分 | 管式连接 | 螺纹式连接、法兰式连接 |
| | 板式及叠加式连接 | 单层连接板式、双层连接板式、集成块连接、叠加阀 |
| | 插装式连接 | 螺纹式插装、法兰式插装 |

## 第二节　方向控制阀

方向控制阀主要用来通断油路或改变油液流动的方向，从而控制液压执行元件的起动或停止，改变其运动方向。它主要有单向阀和换向阀。

### 一、单向阀

单向阀的主要作用是控制油液的单向流动。液压系统中对单向阀的主要性能要求是：正向流动阻力损失小，反向时密封性能好，动作灵敏。图 4-1a 所示为一种管式普通单向阀的结构，液压油从阀体左端的通口流入时，克服弹簧 3 作用在阀芯 2 上的力，使阀芯向右移动，打开阀口，并通过阀芯上的径向孔 *a*、轴向孔 *b* 从阀体右端的通口流出；但是液压油从阀体右端的通口流入时，液压力和弹簧力一起使阀芯压紧在阀座上，使阀口关闭，油液无法通过，其图形符号如图 4-1b 所示。

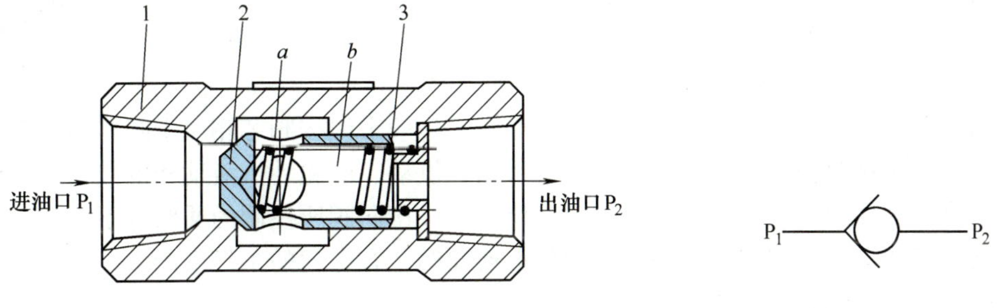


a)　　b)

图 4-1　单向阀

1—阀套　2—阀芯　3—弹簧

单向阀中的弹簧主要是用来克服阀芯的摩擦阻力和惯性力，使单向阀工作灵敏可靠，所以普通单向阀的弹簧刚度一般都选得较小，以免油液流动时产生较大的压降。一般单向阀的开启压力在0.035~0.05MPa，当通过其额定流量时压力损失一般为0.1~0.3MPa。若将单向阀中的弹簧换成较大刚度的弹簧，可将其置于回油路中作背压阀使用，此时阀的开启压力为0.2~0.6MPa。

除了一般的单向阀外，还有液控单向阀，图4-2a所示为一种液控单向阀的结构，当控制口K处无液压油通入时，它的工作和普通单向阀一样，液压油只能从进油口 $P_1$ 流向出油口 $P_2$，不能反向流动。当控制口K处有液压油通入时，控制活塞1右侧 *a* 腔通泄油口（图中未画出），在液压力作用下活塞向右移动，推动顶杆2顶开阀芯，使油口 $P_1$ 和 $P_2$ 接通，油液就可以从 $P_2$ 口流向 $P_1$ 口。在图示形式的液控单向阀结构中，K处通入的控制压力最小须为主油路压力的30%~50%（而在高压系统中使用的，带卸荷阀芯的液控单向阀，其最小控制压力约为主油路压力的5%），图4-2b所示为其图形符号。

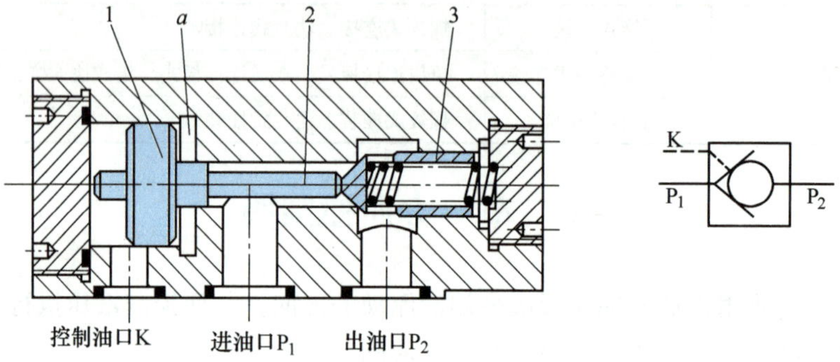


a)　　　　　　b)

图4-2 液控单向阀

1—活塞 2—顶杆 3—阀芯

## 二、换向阀

换向阀是利用阀芯对阀体的相对运动，使油路接通、关断或变换油流的方向，从而实现液压执行元件及其驱动机构的起动、停止或变换运动方向。

液压传动系统对换向阀性能的主要要求是：

1）油液流经换向阀时压力损失要小。

2）互不相通的油口间的泄漏要小。

3）换向要平稳、迅速且可靠。

换向阀的种类很多，其分类方式也各有不同，一般来说按阀芯相对于阀体的运动方式来分，有滑阀和转阀两种；按操作方式来分有手动、机动、电磁动、液动和电液动等多种；按阀芯工作时在阀体中所处的位置有二位和三位等；按换向阀所控制的通路数不同有二通、三通、四通和五通等。系列化和规格化了的标准换向阀，有专门的工厂生产。

### （一）换向阀的工作原理

图4-3a所示为滑阀式换向阀的工作原理图，当阀芯向右移动一定的距离时，由液压泵输出的液压油从阀的P口经A口输向液压缸左腔，液压缸右腔的油经B口流回油箱，液压缸活塞向右运动；反之，若阀芯向左移动某一距离时，液流反向，活塞向左运动。

图 4-3a 中的换向阀可绘制成如图 4-3b 所示的图形符号，由于该换向阀阀芯相对于阀体有三个工作位置，通常用一个粗实线方框符号代表一个工作位置，因而有三个方框；而该换向阀共有 P、A、B、$T_1$ 和 $T_2$ 五个油口，所以每一个方框中表示油路的通路与方框共有五个交点。在中间位置时，由于各油口之间互不相通，用“┴”或“┬”来表示，而当阀芯向右移动时，表示该换向阀左位工作，即 P 与 A、B 与 $T_2$ 相通；反之，则 P 与 B、A 与 $T_1$ 相通。因此该换向阀被称为三位五通换向阀，图 4-4 所示为常用的二位和三位换向阀的位和通路的符号图。

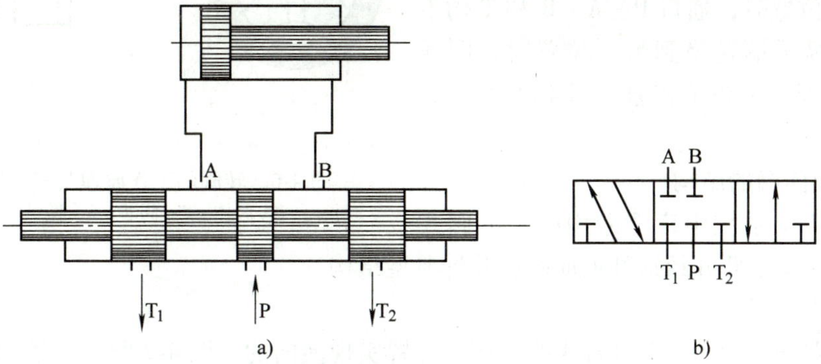


图 4-3　换向阀的工作原理

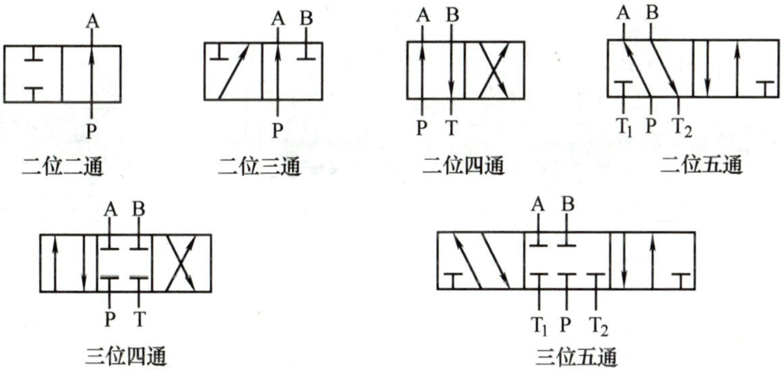


图 4-4　换向阀的位和通路符号

换向阀中阀芯相对于阀体的运动需要有外力操纵来实现，常用的操纵方式有手动、机动（行程）、电磁动、液动和电液动，其符号如图 4-5 所示，不同的操纵方式与图 4-4 所示

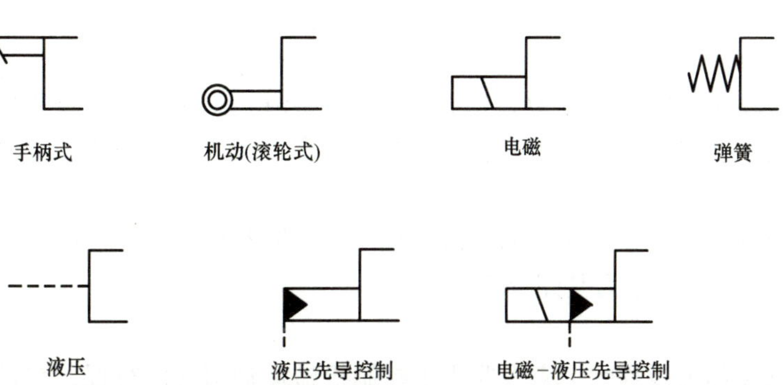


图 4-5　换向阀操纵方式符号

的换向阀的位和通路符号组合就可以得到不同的换向阀，如三位四通电磁换向阀、三位五通液动换向阀等。

图 4-6 所示为转动式换向阀（简称转阀）的工作原理图，该阀由阀体 1、阀芯 2 和使阀芯转动的操纵手柄 3 组成，在图示位置，通口 P 和 A 相通、B 和 T 相通；当操纵手柄转换到“止”位置时，通口 P、A、B 和 T 均不相通；当操纵手柄转换到另一位置时，则通口 P 和 B 相通，A 和 T 相通，图 4-6b 所示为它的图形符号。

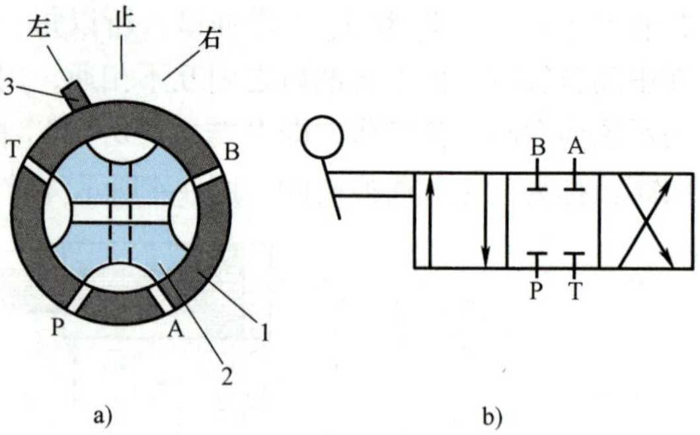


图 4-6 转阀的工作原理及其图形符号

1—阀体 2—阀芯 3—操纵手柄

**（二）换向阀的结构**

在液压传动系统中广泛采用的是滑阀式换向阀，在这里主要介绍这种换向阀的几种典型结构。

1. 手动换向阀

手动换向阀是利用手动杠杆来改变阀芯位置实现换向的，图 4-7 所示为手动换向阀的结构和图形符号。

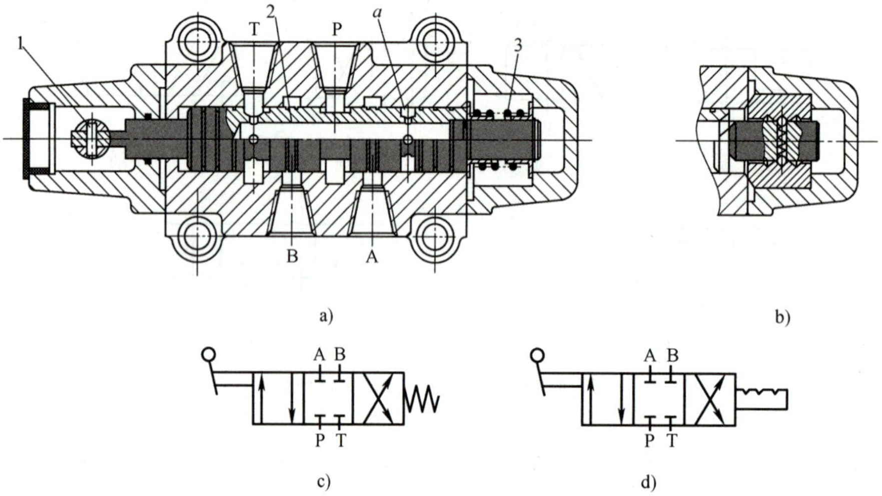


图 4-7 手动换向阀

1—手柄 2—阀芯 3—弹簧

图 4-7a 所示为自动复位式手动换向阀，放开手柄 1，阀芯 2 在弹簧 3 的作用下自动回复中位，该阀适用于动作频繁、工作持续时间短的场合，操作比较安全，常用于工程机械的液压传动系统中。

如果将该阀阀芯右端弹簧 3 的部位改为图 4-7b 的形式，即成为可在三个位置定位的手动换向阀，图 4-7c、d 所示为其图形符号。

2. 机动换向阀

机动换向阀又称为行程阀，它主要用来控制机械运动部件的行程，它是借助于安装在工作台上的挡铁或凸轮来迫使阀芯移动，从而控制油液的流动方向，机动换向阀通常是二位的，有二通、三通、四通和五通几种，其中二位二通机动阀又分常闭和常开两种。

图 4-8a 所示为滚轮式二位二通常闭式机动换向阀，在图示位置阀芯 2 被弹簧 3 压向左端，油腔 P 和 A 不通，当挡铁或凸轮压住滚轮 1 使阀芯 2 移动到右端时，就使油腔 P 和 A 接通，图 4-8b 所示为其图形符号。

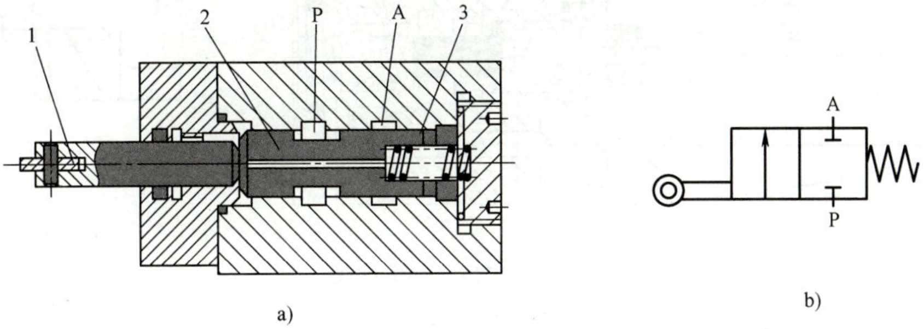


图 4-8 机动换向阀

1 滚轮 2—阀芯 3—弹簧

3. 电磁换向阀

电磁换向阀是利用电磁铁的通电吸合与断电释放而直接推动阀芯来控制液流方向的。它是电气系统与液压系统之间的信号转换元件，它的电气信号由液压设备中的按钮开关、限位开关、行程开关等电器元件发出，也可以由系统根据自动控制指令自动发出动作信号从而使液压系统方便地实现各种操作及自动顺序动作。

电磁铁按使用电源的不同，可分为交流和直流两种。按衔铁工作腔是否有油液又可分为“干式”和“湿式”。交流电磁铁起动力较大，不需要专门的电源，吸合、释放快，动作时间为 0.01～0.03s。其缺点是若电源电压下降 15%以上，则电磁铁吸力明显减小，若衔铁不动作，干式电磁铁会在 10～15min 后烧坏线圈（湿式电磁铁为 1～1.5h），且冲击及噪声较大、寿命低，因而在实际使用中交流电磁铁允许的切换频率一般为 10 次/min，不得超过 30 次/min。直流电磁铁工作较可靠，吸合、释放动作时间为 0.05～0.08s，允许使用的切换频率较高，一般可达 120 次/min，最高可达 300 次/min，且冲击小、体积小、寿命长。但需有专门的直流电源，成本较高。此外，还有一种本整形电磁铁，其电磁铁是直流的，但电磁铁本身带有整流器，通入的交流电经整流后再供给直流电磁铁。还有一种油浸式电磁铁，衔铁和励磁线圈都浸在油液中工作。它具有寿命更长，工作更平稳可靠等特点，但由于造价较高，应用面不广。

图 4-9a 所示为二位三通交流电磁阀结构，在图示位置，油口 P 和 A 相通，油口 B 断开；当电磁铁通电吸合时，推杆 1 将阀芯 2 推向右端，这时油口 P 和 A 断开，而与 B 相通；当电磁铁断电释放时，弹簧 3 推动阀芯复位。图 4-9b 所示为其图形符号。

如前所述，电磁阀就其工作位置来说，有二位和三位等。二位电磁阀有一个电磁铁，靠弹簧复位；三位电磁阀有两个电磁铁，图 4-10 所示为一种三位五通电磁换向阀的结构和图形符号。

4. 液动换向阀

液动换向阀是利用控制油路的有液压油来改变阀芯位置的换向阀，图 4-11 所示为三位四通液动换向阀的结构和图形符号。阀芯是由其两端密封腔中油液的压差来移动的，当控制

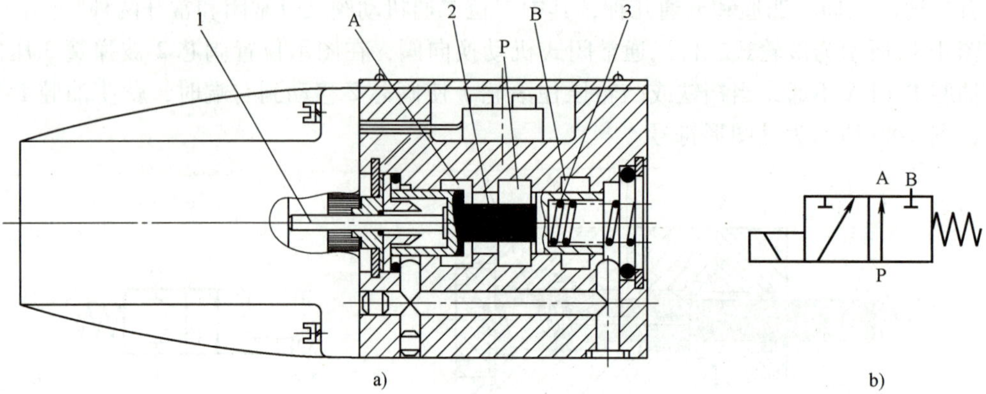


图 4-9 二位三通电磁阀

1—推杆 2—阀芯 3—弹簧

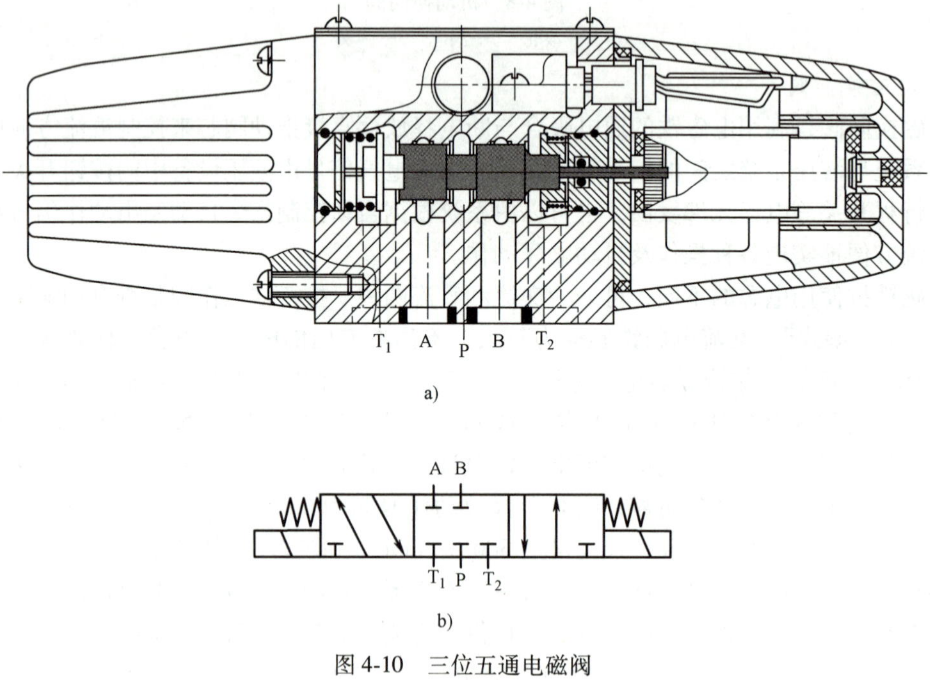


图 4-10 三位五通电磁阀

油路的有液压油从阀右边的控制油口 $K_2$ 进入滑阀右腔时，$K_1$ 接通回油，阀芯向左移动，使有压油口 P 与 B 相通，A 与 T 相通；当 $K_1$ 接通有液压油、$K_2$ 接通回油时，阀芯向右移动，使得 P 与 A 相通，B 与 T 相通；当 $K_1$、$K_2$ 都通回油时，阀芯在两端弹簧和定位套作用下回到中间位置。

5. 电液换向阀

在大中型液压设备中，当通过阀的流量较大时，作用在滑阀上的摩擦力和液动力较大，此时电磁换向阀的电磁铁推力相对地较小，需要用电液换向阀来代替电磁换向阀。电液换向阀由电磁滑阀和液动滑阀组合而成。电磁滑阀起先导作用，它可以改变控制液流的方向，从而改变液动滑阀阀芯的位置。由于操纵液动滑阀的液压推力可以很大，所以主阀芯的尺寸可以做得很大，允许有较大的油液流量通过。这样用较小的电磁铁就能控制较大的液流。

图 4-12 所示为弹簧对中型三位四通电液换向阀的结构和图形符号，当先导电磁阀左边的电磁铁通电后，使其阀芯向右边位置移动，来自主阀 P 口或外接油口的控制油液可经先导电磁阀的 A 口和左单向阀进入主阀左端容腔，并推动主阀阀芯向右移动，这时主阀芯右端容腔中的控制油液可通过右边的节流阀经先导电磁阀的 B 口和 T 口，再从主阀的 T 口或外接油口流回油箱（主阀芯的移动速度可由右边的节流阀调节），使主阀 P 与 A、B 和 T 的油路相通；反之，由先导电磁阀右边的电磁铁通电，可使 P 与 B、A 与 T 的油路相通；当先导电磁阀的

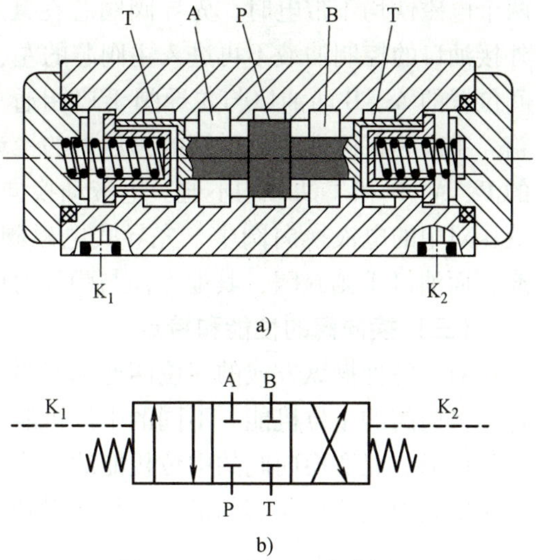


图 4-11　三位四通液动阀

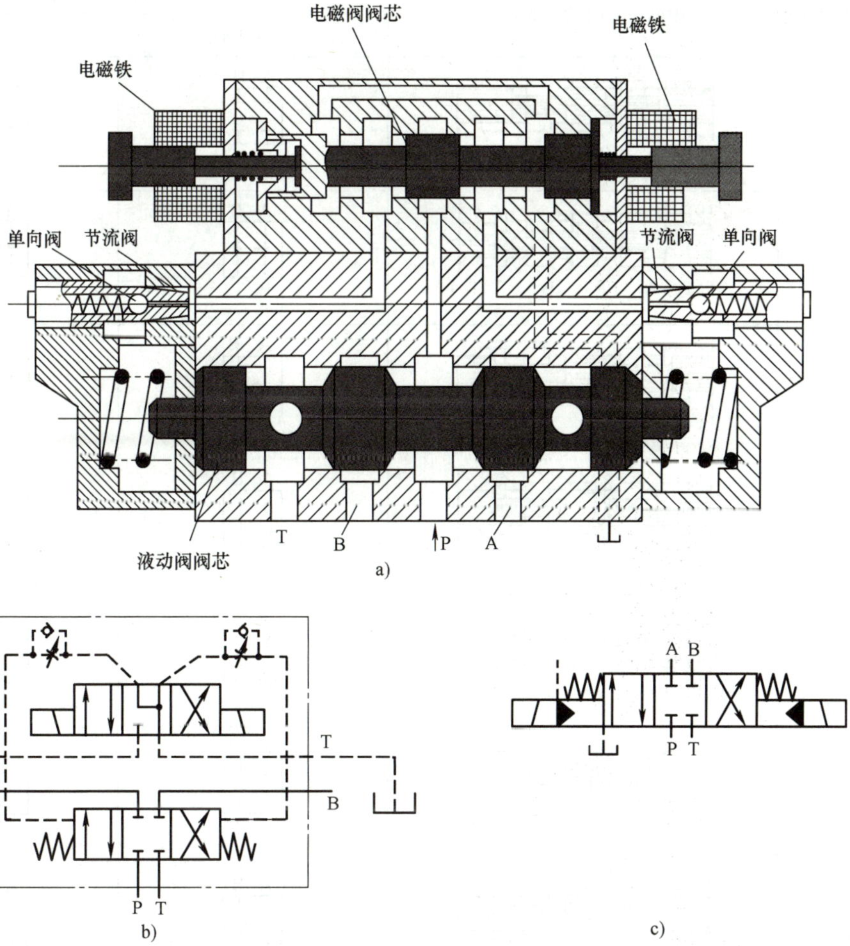


图 4-12　三位四通电液换向阀

两个电磁铁均不带电时，先导阀阀芯在其对中弹簧作用下回到中位，此时来自主阀 P 口或外接油口的控制油液不再进入主阀芯的左、右两容腔，主阀芯左右两腔的油液通过先导阀中间位置的 A、B 两油口与先导阀 T 口相通（图 4-12b），再从主阀的 T 口或外接油口流回油箱。主阀芯在两端对中弹簧的预压力的推动下，依靠阀体定位，准确地回到中位，此时主阀的 P、A、B 和 T 油口均不通。电液动换向阀除了上述的弹簧对中以外还有液压对中的，在液压对中的电液换向阀中，先导式电磁阀在中位时，A、B 两油口均与控制液压油口 P 连通，而油口 T 则封闭，其他方面与弹簧对中的电液换向阀基本相似。

**（三）换向阀的性能和特点**

对于各种操纵方式的三位四通和五通的换向滑阀，阀芯在中间位置时各油口的连通情况称为换向阀的中位机能。不同的中位机能，可以满足液压系统的不同要求，表 4-2 为常见的三位四通、五通换向阀的中位机能的型式、滑阀状态和符号，由表 4-2 可以看出，不同的中位机能是通过改变阀芯的形状和尺寸得到的。

**表 4-2　三位换向阀的中位机能**

| 中位机能型式 | 中间位置时的滑阀状态 | 中间位置的符号 | |
|---|---|---|---|
| | | 三位四通 | 三位五通 |
| O | 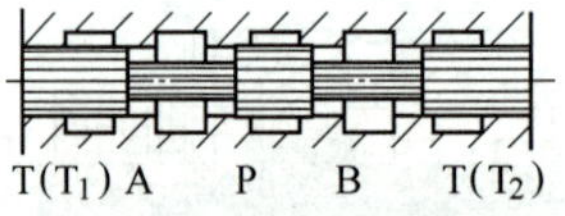 | 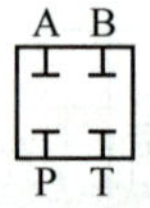 | 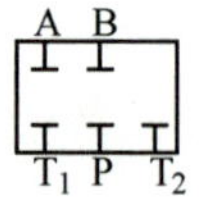 |
| H | 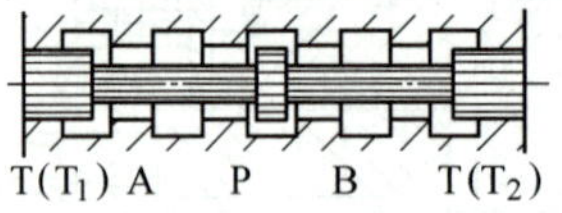 | 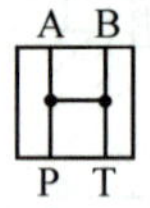 | 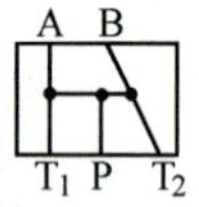 |
| Y | 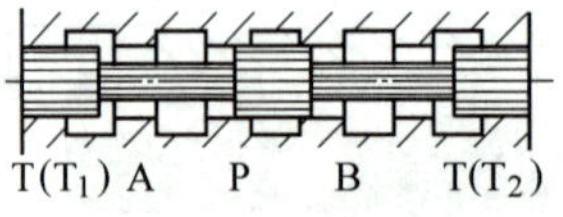 |  | 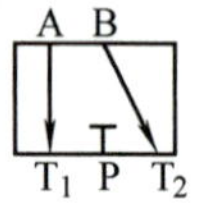 |
| J | 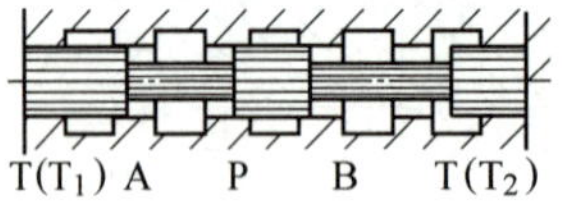 |  | 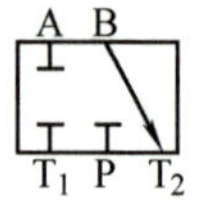 |
| C | 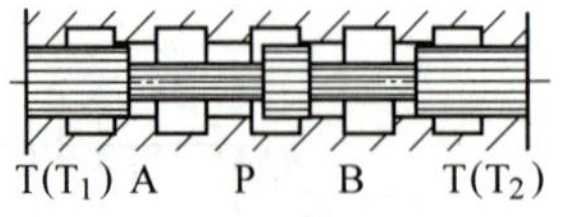 | 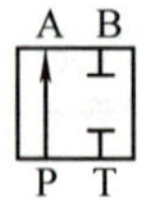 | 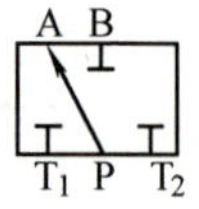 |
| P | 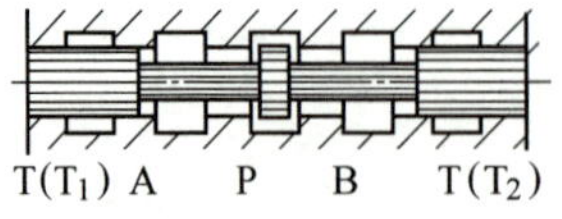 | 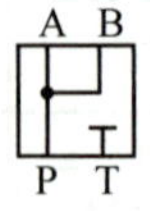 | 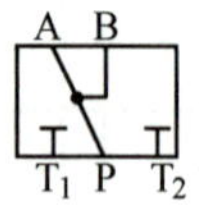 |
| K | 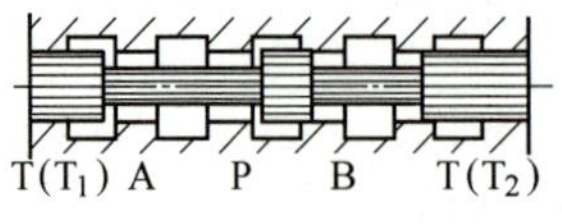 | 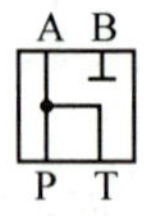 | 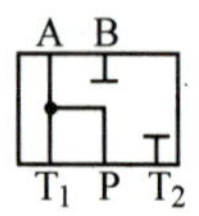 |

（续）

| 中位机能型式 | 中间位置时的滑阀状态 | 中间位置的符号 | |
|---|---|---|---|
| | | 三位四通 | 三位五通 |
| X | 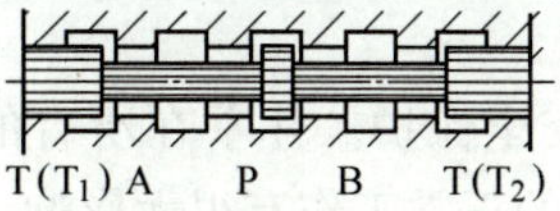 |  | 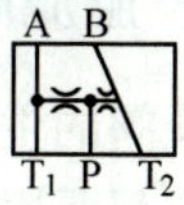 |
| M | 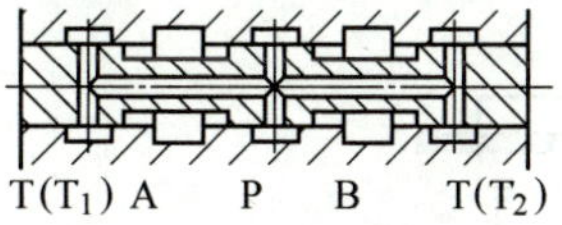 | 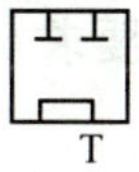 | 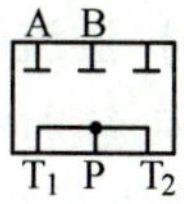 |
| U | 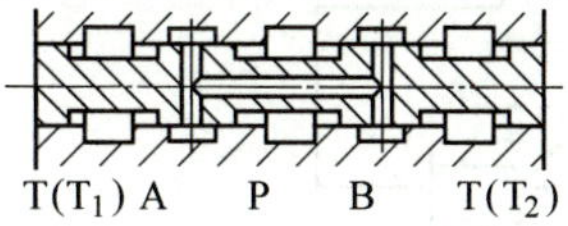 | 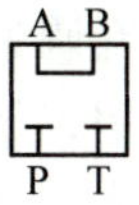 | 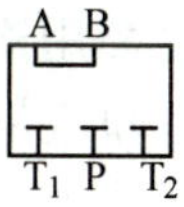 |

在分析和选择三位换向阀的中位机能时，通常考虑以下几点：

（1）系统保压　当 P 口被堵塞时，系统保压，液压泵能用于多缸系统；当 P 口不太通畅地与 T 口相通时（如 X 型），系统能保持一定的压力供控制油路使用。

（2）系统卸荷　P 口通畅地与 T 口相通时，系统卸荷。

（3）换向平稳性与精度　当液压缸 A、B 两口都堵塞时，换向过程中易产生液压冲击，换向不平稳，但换向精度高；反之，A、B 两口都通 T 口时，换向过程中工作部件不易制动，换向精度低，但液压冲击小。

（4）起动平稳性　阀在中位时，液压缸某腔如通油箱，则起动时该腔内因无足够的油液起缓冲作用，起动不平稳。

（5）液压缸“浮动”和在任意位置上的停止　阀在中位时，当 A、B 两油口互通时，卧式液压缸呈“浮动”状态，可利用其他机构移动工作台，调整其位置；当 A、B 两口堵塞或与 P 口连接（在非差动情况下），则可以使液压缸在任意位置处停下来。

三位换向阀除了在中间位置时有各种滑阀机能外，有时也把阀芯在其一端位置时的油口连通情况设计成特殊的机能，这时分别用两个字母来表示滑阀在中间状态和一端状态的滑阀机能，常用的有 OP 型和 MP 型等，它们的符号如图 4-13 所示。OP 型和 MP 型滑阀机能主要用于差动连接回路，以得到快速行程。

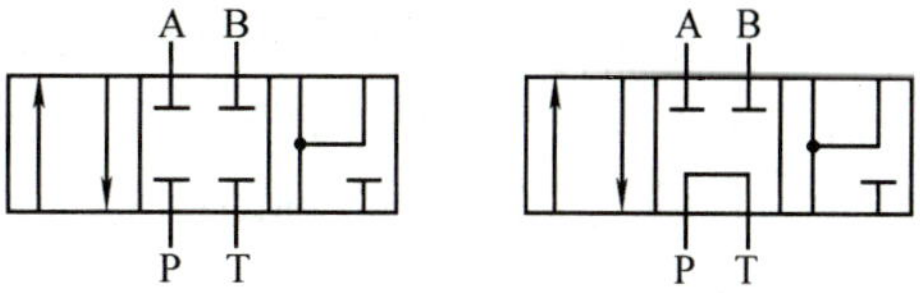

图 4-13　OP 型、MP 型中位机能符号

## 第三节　压力控制阀

在液压传动系统中，控制油液压力高低的液压阀称为压力控制阀，简称压力阀。这类阀的共同点是利用作用在阀芯上的液压力和弹簧力相平衡的原理工作的。

在具体的液压系统中，根据工作需要的不同，对压力控制的要求是各不相同的。有的需要限制液压系统的最高压力，如安全阀；有的需要稳定液压系统中某处的压力值（或者压力差、压力比等），如溢流阀、减压阀等定压阀；还有的是利用液压力作为信号控制其动作，如顺序阀、压力继电器等。

## 一、溢流阀的基本结构及其工作原理

溢流阀的主要作用是对液压系统定压或进行安全保护。几乎在所有的液压系统中都要用到它，其性能好坏对整个液压系统的正常工作有很大影响。

### （一）溢流阀的作用和性能要求

1. 溢流阀的作用

在液压系统中用来维持定压是溢流阀的主要用途。它常用于节流调速系统中，和流量控制阀配合使用，调节进入系统的流量，并保持系统的压力基本恒定。如图4-14a所示，溢流阀2并联于系统中，进入液压缸4的流量由节流阀3调节。由于定量泵1的流量大于液压缸4所需的流量，油压升高，将溢流阀2打开，多余的油液经溢流阀2流回油箱。因此，在这里溢流阀的功用就是在不断的溢流过程中保持系统压力基本不变。

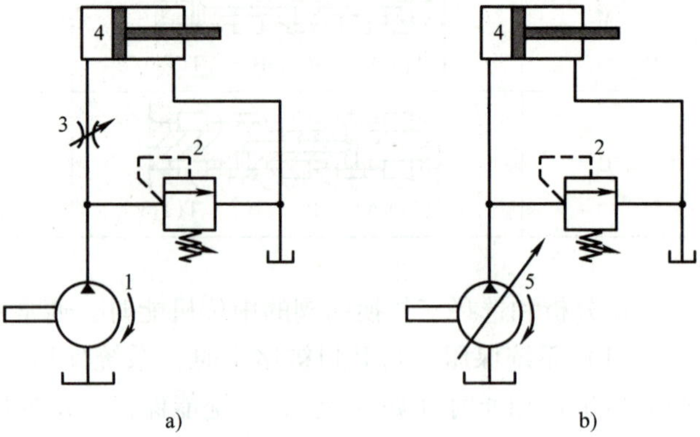


图4-14　溢流阀的作用

1、5—定量泵　2—溢流阀　3—节流阀　4—液压缸

用于过载保护的溢流阀一般称为安全阀。如图4-14b所示的变量泵调速系统，在正常工作时，安全阀2关闭，不溢流，只有在系统发生故障压力升至安全阀的调整值时，阀口才打开，使变量泵排出的油液经阀2流回油箱，以保证液压系统的安全。

2. 液压系统对溢流阀的性能要求

1）定压精度高。当流过溢流阀的流量发生变化时，系统中的压力变化要小，即静态压力超调要小。

2）灵敏度要高。如图4-14a所示，当液压缸4突然停止运动时，溢流阀2要迅速开大。否则，定量泵1输出的油液将因不能及时排出而使系统压力突然升高，并超过溢流阀的调定压力，使系统中各元件及辅助件受力增加，影响其寿命。溢流阀的灵敏度越高，则动态压力超调越小。

3）工作要平稳且无振动和噪声。

4）当阀关闭时密封要好，泄漏要小。

对于经常开启的溢流阀，主要要求前三项性能；而对于安全阀，则主要要求第2）和第4）两项性能，其实，溢流阀和安全阀都是同一结构的阀，只不过是在不同要求时有不同的作用而已。

### （二）溢流阀的结构和工作原理

常用的溢流阀按其结构形式和基本动作方式可归结为直动型和先导型两种。

1. 直动型溢流阀

直动型溢流阀是依靠系统中的液压油直接作用在阀芯上与弹簧力等相平衡，以控制阀芯的启闭动作。图 4-15 所示是一种低压直动型溢流阀，P 是进油口，T 是回油口，进口液压油经阀芯 3 中间的阻尼孔 $a$ 作用在阀芯的底部端面上，当进油压力较小时，阀芯在弹簧 2 的作用下处于下端位置，将 P 和 T 两油口隔开。当进油液压力升高，在阀芯下端所产生的作用力超过弹簧的压紧力 $F_s$ 等时，阀芯上升，阀口被打开，将多余的油液排回油箱，阀芯上的阻尼孔 $a$ 用来对阀芯的动作产生阻尼，以提高阀的工作平衡性，调整螺母 1 可以改变弹簧的压紧力，这样也就调整了溢流阀进口处的油液压力 $p$。

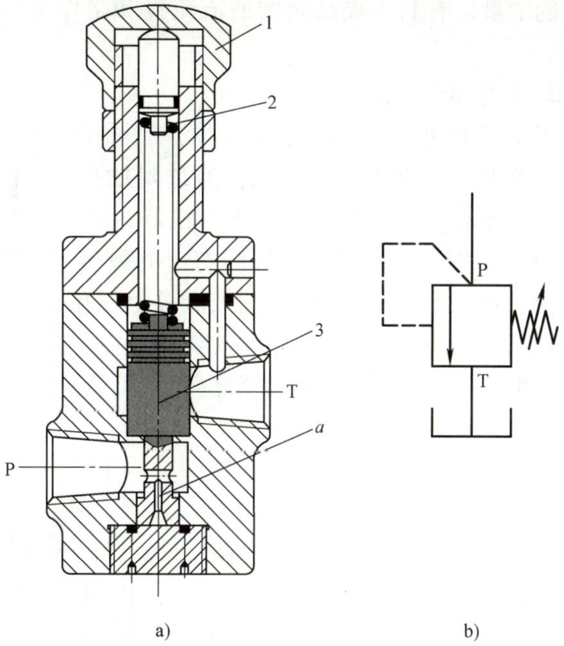


图 4-15　低压直动型溢流阀
1—螺母　2—弹簧　3—阀芯

当溢流阀稳定工作时，作用在阀芯上的油液压力 $p$、弹簧的压紧力 $F_s$、稳态轴向液动力 $F_{bs}$、阀芯的自重 $G$ 和摩擦力 $F_f$ 是平衡的，它们可以用下式表示

$$pA_R = F_s + F_{bs} + G \pm F_f \qquad (4\text{-}1)$$

式中，$p$ 为进油口压力；$A_R$ 为阀芯承受油液压力的面积。

若忽略液动力、阀芯自重的摩擦力，则式（4-1）可写成

$$p = \frac{F_s}{A_R} \qquad (4\text{-}2)$$

由式（4-1）可以看出，溢流阀是利用被控压力作为信号来改变弹簧的压缩量，从而改变阀口的通流面积和系统的溢流量来达到定压的目的。当系统压力升高时，阀芯上升，阀口通流面积增加，溢流量增大，进而使系统压力下降。溢流阀内部通过阀芯的平衡和运动构成的这种负反馈作用是其定压作用的基本原理，也是所有定压阀的基本工作原理。由式（4-2）可知，弹簧力的大小与控制压力成正比，因此如要提高被控压力一方面可用减小阀芯的面积来达到；另一方面则需增大弹簧力，因受结构限制，需采用大刚度的弹簧，这样，在阀芯相同位移的情况下，弹簧力变化较大。因而该阀的调压精度就低。所以，这种低压直动型溢流阀一般用于压力小于 2. 5MPa 的小流量场合，图 4-15b 所示为直动型溢流阀的图形符号。由图 4-15a 还可看出，在常位状态下，溢流阀进、出油口之间是不相通的，而且作用在阀芯上的液压力是由进口油液压力产生的，经溢流阀阀芯的泄漏油液经内泄漏通道进入回油口 T。

直动型溢流阀采取适当的措施也可用于高压大流量。例如，德国 Rexroth 公司开发的通径 6~20mm 的压力为 40~63MPa、通径为 25~30mm 的压力为 31. 5MPa 的直动型溢流阀，最大流量可达到 330L/min，其中，较为典型的锥阀式结构如图 4-16a 所示，图 4-16b 所示为锥阀式结构的局部放大图，在锥阀的下部有一阻尼活塞 3，活塞的侧面铣扁，以便将液压油引到活塞底部，该活塞除了能增加运动阻尼以提高阀的工作稳定性外，还可以使锥阀导向，且在开启后不会倾斜。此外，锥阀上部有一个偏流盘 1，盘上的环形槽用来改变液流方向，一方面以补偿锥阀 2 的液动力；另一方面由于液流方向的改变，产生一个与弹簧力相反方向的

射流力。当通过溢流阀的流量增加时，虽然因锥阀阀口增大引起弹簧力增加，但由于与弹簧力方向相反的射流力同时增加，结果抵消了弹簧力的增量，有利于提高阀的通流流量和工作压力。

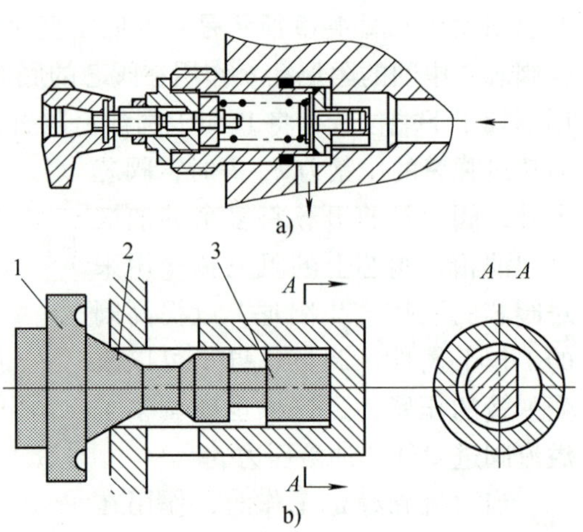


图 4-16　直动型锥型溢流阀
1—偏流盘　2—锥阀　3—活塞

2. 先导型溢流阀

图 4-17 所示为先导型溢流阀的结构示意图，在图中液压油从 P 口进入，通过阻尼孔 3 后作用在导阀 4 上，当进油口压力较低，导阀上的液压作用力不足以克服导阀右边的弹簧 5 的作用力时，导阀关闭，没有油液流过阻尼孔，所以主阀芯 2 两端压力相等，在较软的主阀弹簧 1 作用下主阀芯 2 处于最下端位置，溢流阀阀口 P 和 T 隔断，没有溢流。

当进油口压力升高到作用在导阀上的液压力大于导阀弹簧作用力时，导阀打开，液压油就可通过阻尼孔、经导阀流回油箱，由于阻尼孔的作用，使主阀芯上端的液压力 $p_2$ 小于下端压力 $p_1$，当这个压差作用在面积为 $A_R$ 的主阀芯上的力等于或超过主阀弹簧力 $F_s$、轴向稳态液动力 $F_{bs}$、摩擦力 $F_t$ 和主阀芯自重 $G$ 时，主阀芯开启，油液从 P 口流入，经主阀阀口 T 流回油箱，实现溢流，即有

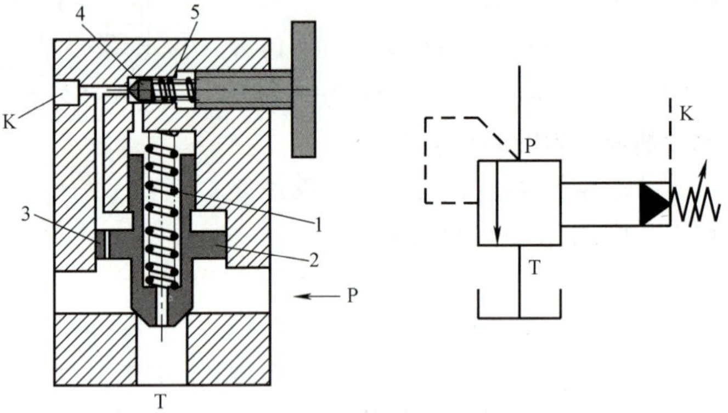


图 4-17　先导型溢流阀
1—主阀弹簧　2—主阀芯　3—阻尼孔　4—导阀　5—弹簧

$$\Delta p = p_1 - p_2 \geqslant \frac{F_s + F_{bs} + G + F_f}{A_R} \tag{4-3}$$

由式（4-3）可知，由于油液通过阻尼孔而产生的 $p_1$ 与 $p_2$ 之间的压差值不太大，所以主阀芯只需一个小刚度的软弹簧即可；而作用在导阀 4 上的液压力 $p_2$ 与其导阀阀芯面积的乘积即为导阀弹簧 5 的调压弹簧力，由于导阀阀芯一般为锥阀，受压面积较小，所以用一个刚度不太大的弹簧即可调整较高的开启压力 $p_2$，用螺钉调节导阀弹簧的预紧力，就可调节溢流阀的溢流压力。

先导型溢流阀有一个远程控制口 K，如果将 K 口用油管接到另一个远程调压阀（远程调压阀的结构和溢流阀的先导控制部分一样），调节远程调压阀的弹簧力，即可调节溢流阀主阀芯上端的液压力，从而对溢流阀的溢流压力实现远程调压。但是，远程调压阀所能调节的最高压力不得超过溢流阀本身导阀的调整压力。当远程控制口 K 通过二位二通控制阀接通油箱时，主阀芯上端的压力接近于零，主阀芯上移到最高位置，阀口开得很大。由于主阀弹簧较软，这时溢流阀 P 口处压力很低，系统的油液在低压下通过溢流阀流回油箱，实现卸荷。

### （三）溢流阀的性能

溢流阀的性能包括溢流阀的静态性能和动态性能，在此作一简单的介绍。

1. 静态性能

（1）压力调节范围　压力调节范围是指调压弹簧在规定的范围内调节时，系统压力能平稳地上升或下降，且压力无突跳及迟滞现象时的最大和最小调定压力。溢流阀的最大允许流量为其额定流量，在额定流量下工作时溢流阀应无噪声、溢流阀的最小稳定流量取决于它的压力平稳性要求，一般规定为额定流量的15%。

（2）启闭特性　启闭特性是指溢流阀在稳态情况下从开启到闭合的过程中，被控压力与通过溢流阀的溢流量之间的关系。它是衡量溢流阀定压精度的一个重要指标，一般用溢流阀处于额定流量、调定压力 $p_s$ 时，开始溢流的开启压力 $p_t$ 及停止溢流的闭合压力 $p_b$ 分别占与 $p_s$ 的百分比来衡量，前者称为开启比 $\overline{p_k}$后者称为闭合比 $\overline{p_B}$，即

$$\overline{p_k}=\frac{p_t}{p_s}\times100\% \tag{4-4}$$

$$\overline{p_B}=\frac{p_b}{p_s}\times100\% \tag{4-5}$$

式中，$p_s$ 可以是溢流阀调压范围内的任何一个值，显然上述两个百分比越大，则二者越接近，溢流阀的启闭特性就越好，一般应使 $\overline{p_k}\geqslant90\%$，$\overline{p_B}\geqslant85\%$，直动型和先导型溢流阀的启闭特性曲线如图4-18所示。

（3）卸荷压力　当溢流阀的远程控制口K与油箱相连时，额定流量下的压力损失称为卸荷压力。

2. 动态性能

当溢流阀在溢流量发生由零至额定流量的阶跃变化时，它的进口压力，也就是它所控制的系统压力，将如图4-19所示的那样迅速升高并超过额定压力的调定值，然后逐步衰减到最终稳定压力，从而完成其动态过渡过程。

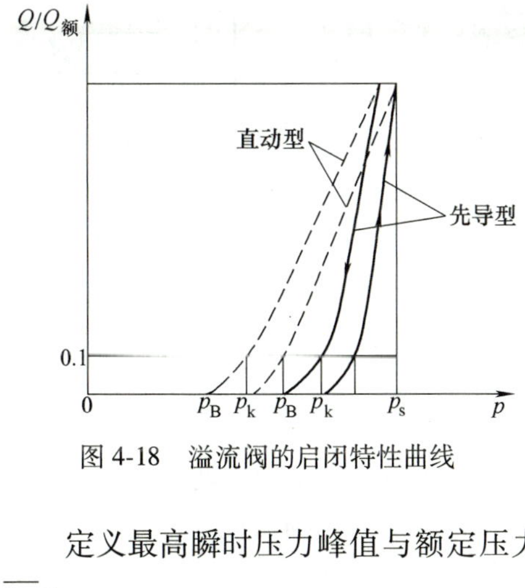


图4-18　溢流阀的启闭特性曲线

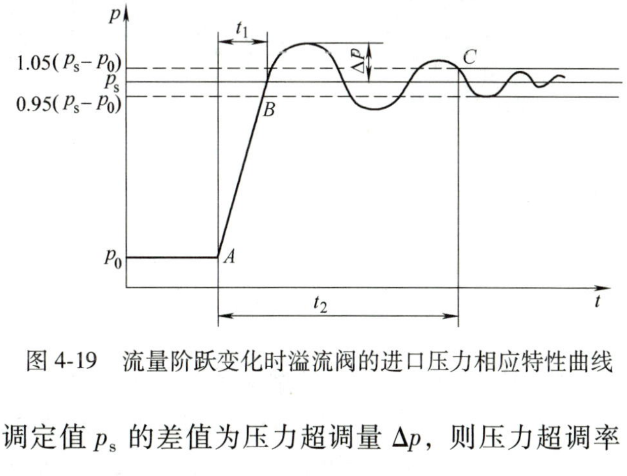


图4-19　流量阶跃变化时溢流阀的进口压力相应特性曲线

定义最高瞬时压力峰值与额定压力调定值 $p_s$ 的差值为压力超调量 $\Delta p$，则压力超调率 $\overline{\Delta p}$为

$$\overline{\Delta p}=\frac{\Delta p}{p_s}\times 100\% \tag{4-6}$$

它是衡量溢流阀动态定压误差的一个性能指标，一个性能良好的溢流阀$\overline{\Delta p}\leqslant 30\%$。

图 4-19 所示的 $t_1$ 称为响应时间；$t_2$ 称为过渡过程时间。显然，$t_1$ 越小，溢流阀的响应越快；$t_2$ 越小，溢流阀的动态过渡过程时间越短。

## 二、减压阀

减压阀是使出口压力（二次压力）低于进口压力（一次压力）的一种压力控制阀。其作用是用来降低液压系统中某一回路的油液压力，使用一个油源能同时提供两个或几个不同压力的输出。减压阀在各种液压设备的夹紧系统、润滑系统和控制系统中应用较多。此外，当油液压力不稳定时，在回路中串入一减压阀可得到一个稳定的较低的压力，根据减压阀所控制的压力不同，它可分为定值输出减压阀、定差减压阀和定比减压阀。

### （一）定值输出减压阀

图 4-20a 所示为直动型减压阀的结构示意图和图形符号。$P_1$ 口是进油口，$P_2$ 口是出油口，阀不工作时，阀芯在弹簧作用下处于最下端位置，阀的进、出油口是相通的，即阀是常开的。若出口压力增大，使作用在阀芯下端的压力大于弹簧力时，阀芯上移，关小阀口，这时阀处于工作状态。若忽略其他阻力，仅考虑作用在阀芯上的液压力和弹簧力相平衡的条件，则可以认为出口压力基本上维持在某一定值——调定值上。这时如出口压力减小，阀芯就下移，开大阀口，阀口处阻力减小，压降减小，使出口压力回升到调定值；反之，若出口压力增大，则阀芯上移，关小阀口，阀口处阻力加大，压降增大，使出口压力下降到调定值。图 4-20b 所示为先导型减压阀的工作原理图和图形符号，可仿前述先导型溢流阀来推演，这里不再赘述。

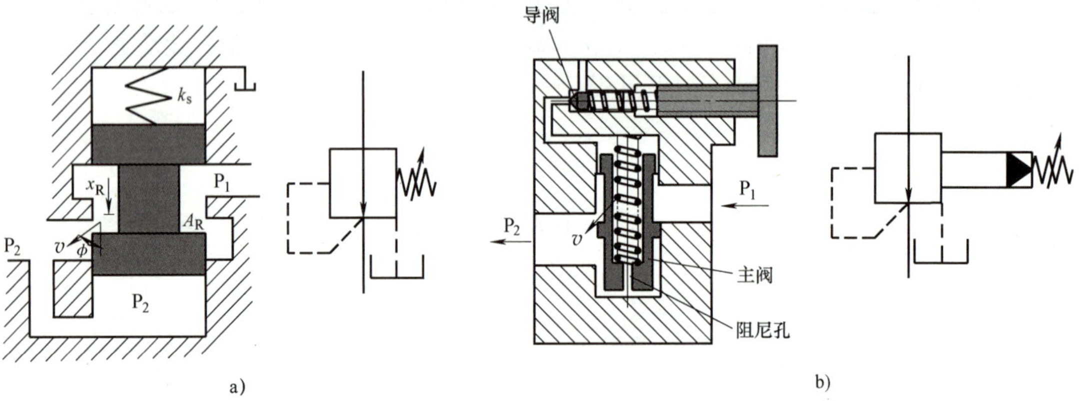


图 4-20　减压阀

a）直动型减压阀　b）先导型减压阀

将先导型减压阀和先导型溢流阀进行比较，它们之间有如下几点不同之处：

1）减压阀保持出口压力基本不变，而溢流阀保持进口处压力基本不变。

2）在不工作时，减压阀进、出油口互通，而溢流阀进出油口不通。

3）为保证减压阀出口压力调定值恒定，它的导阀弹簧腔需通过泄油口单独外接油箱；而溢流阀的出油口是通油箱的，所以它的导阀弹簧腔和泄漏油可通过阀体上的通道与出油口相通，不必单独外接油箱。

**（二）定差减压阀**

定差减压阀是使进、出油口之间的压力差等于或近似于不变的减压阀，其工作原理如图 4-21a 所示。高压油 $p_1$ 经节流口 $x_R$ 减压后以低压 $p_2$ 流出，同时，低压油经阀芯中心孔将压力传至阀芯上腔，则其进、出油液压力在阀芯有效作用面积上的压差与弹簧力相平衡

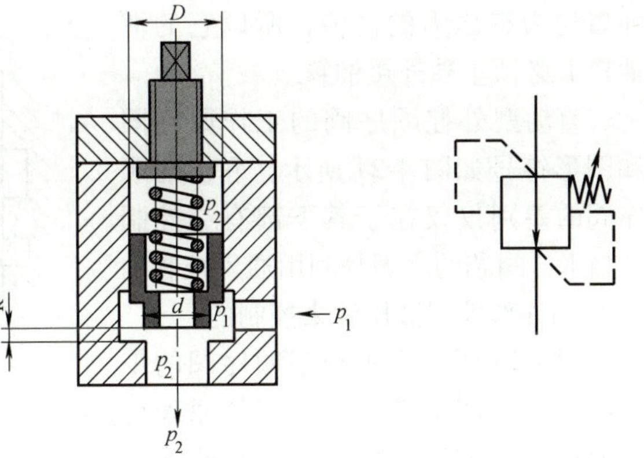


a)　　b)

图 4-21　定差减压阀

$$\Delta p=p_1-p_2=\frac{k_s(x_c+x_R)}{\frac{\pi}{4}(D^2-d^2)} \tag{4-7}$$

式中，$x_c$ 为当阀芯开口 $x_R=0$ 时弹簧（其弹簧刚度为 $k_s$,）的预压缩量，其余符号如图4-21b 所示。由式（4-7）可知，只要尽量减小弹簧刚度 $k_s$，和阀口开度 $x_R$，就可使压差 $\Delta p$ 近似地保持为定值。

**（三）定比减压阀**

定比减压阀能使进、出油口压力的比值维持恒定。图 4-22a 所示为其工作原理图，阀芯在稳态时忽略稳态液动力、阀芯的自重和摩擦力，可得到力平衡方程为

$$p_1A_1+k_s(x_c+x_R)=p_2A_2 \tag{4-8}$$

式中，$k_s$ 为阀芯下端弹簧刚度；$x_c$ 是阀口开度为 $x_R=0$ 时的弹簧的预压缩量；其符号如图 4-22b 所示。若忽略弹簧力（刚度较小），则有（减压比）

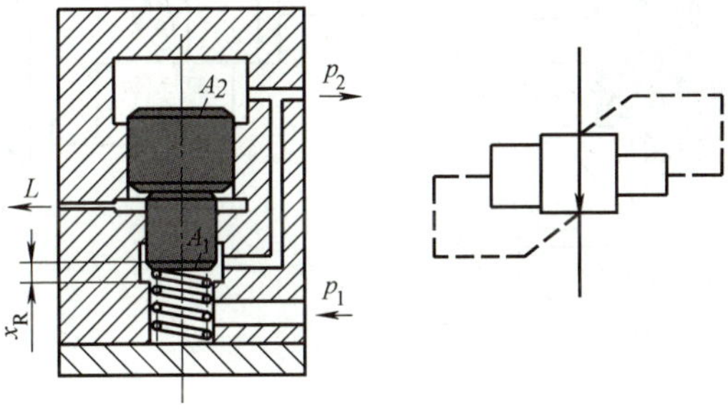


a)　　b)

图 4-22　定比减压阀

$$\frac{p_2}{p_1}=\frac{A_1}{A_2} \tag{4-9}$$

由式（4-9）可见，选择阀芯的作用面积 $A_1$ 和 $A_2$，便可得到所要求的压力比，且比值近似恒定。

## 三、顺序阀

顺序阀用来控制液压系统中各执行元件动作的先后顺序。依控制压力的不同，顺序阀又可分为内控式和外控式两种。前者用阀的进油口压力控制阀芯的启闭，后者用外来的控制液压油控制阀芯的启闭（即液控顺序阀）。顺序阀也有直动型和先导型两种，前者一般用于低压系统，后者用于中高压系统。

图 4-23 所示为直动型顺序阀的工作原理图和图形符号。当进油口压力 $p_1$ 较低时，阀芯在弹簧作用下处于下端位置，进油口和出油口不相通。当作用在阀芯下端的油液的液压力大于弹簧的预紧力时，阀芯向上移动，阀口打开，油液便经阀口从出油口流出，从而操纵另一执行元件或其他元件动作。由图可见，顺序阀和溢流阀的结构基本相似，不同的只是顺序阀的出油口通向系统的另一液压油路，而溢流阀的出油口通油箱，此外，由于顺序阀的进、出

油口均为有压力的油液，所以它的泄油口 L 必须单独外接油箱。

直动型外控顺序阀的工作原理图和图形符号如图 4-24 所示，和上述顺序阀的差别仅仅在于其下部有一控制油口 K，阀芯的启闭是利用通入控制油口 K 的外部控制液压油来控制的。

图 4-25 所示为先导型顺序阀的工作原理图和图形符号，其工作原理可仿前述先导型溢流阀推演，在此不再重复。

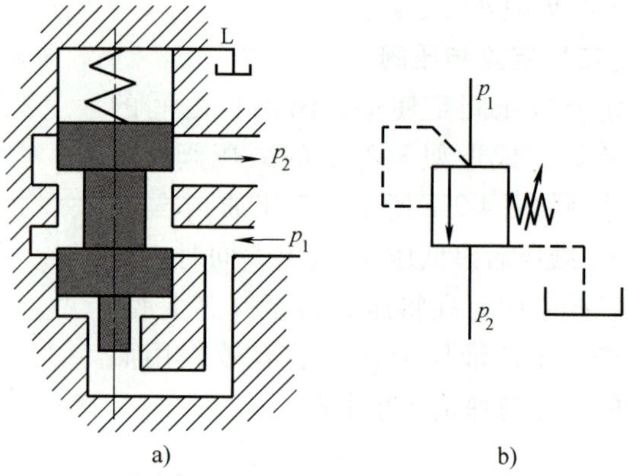


图 4-23　直动型顺序阀

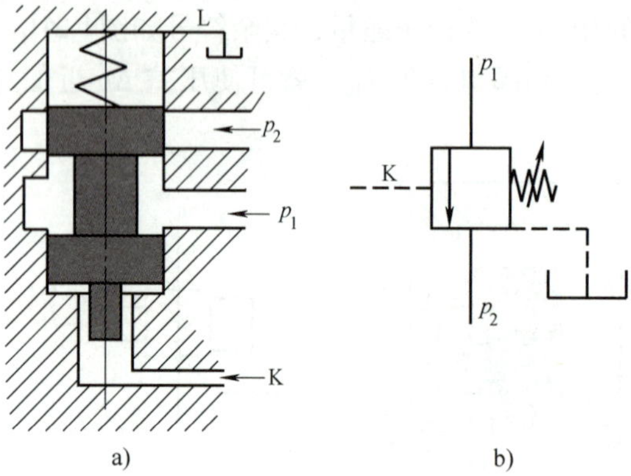


图 4-24　直动型外控顺序阀

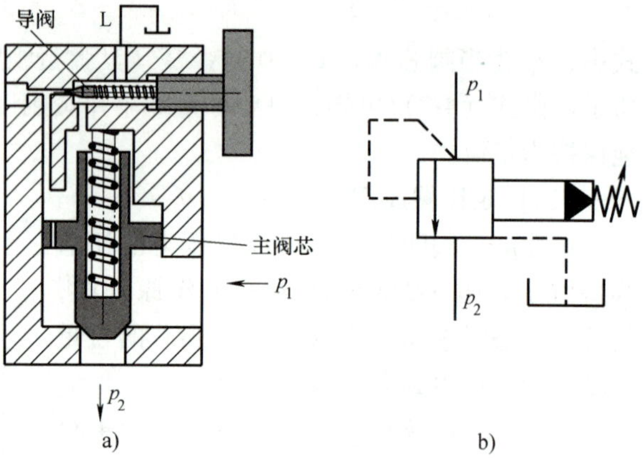


图 4-25　先导型顺序阀

## 四、压力继电器

压力继电器是一种将油液的压力信号转换成电信号的电液控制元件，当油液压力达到压力继电器的调定压力时，即发出电信号，以控制电磁铁、电磁离合器、继电器等元件动作，使油路卸压、换向、执行元件实现顺序动作或关闭电动机，使系统停止工作，起安全保护作用等。图 4-26 所示为常用柱塞式压力继电器的结构示意图和图形符号。如图所示，当从压力继电器下端进油口通入的油液压力达到调定压力值时，推动柱塞 1 上移，此位移通过杠杆 2 放大后推动开关 4 动作，改变弹簧 3 的压缩量即可以调节压力继电器的动作压力。

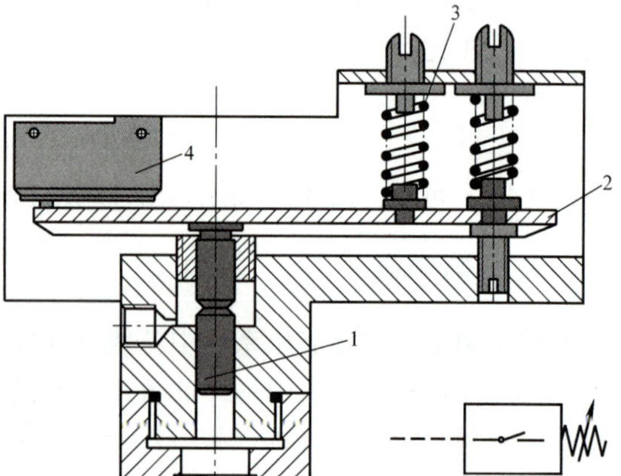


图 4-26　压力继电器

1—柱塞　2—杠杆　3—弹簧　4—开关

# 第四节　流量控制阀

液压系统中执行元件运动速度的大小，由输入执行元件的油液流量的大小来确定。流量控制阀就是依靠改变阀口通流面积（节流口局部阻力）的大小或通流通道的长短来控制流量的液压阀类。常用的流量控制阀有普通节流阀、压力补偿和温度补偿调速阀、溢流节流阀和分流节流阀等。

## 一、流量控制原理及节流口形式

节流阀的节流口通常有三种基本形式：薄壁小孔、细长小孔和厚壁小孔，但无论节流口采用何种形式，通过节流口的流量 $q$ 及其前后压差 $\Delta p$ 的关系均可用式 $q=KA\Delta p^m$ 来表示，三种节流口的流量特性曲线如图 4-27 所示，由图可知：

（1）压差对流量的影响　节流阀两端压差 $\Delta p$ 变化时，通过它的流量要发生变化，三种结构形式的节流口中，通过薄壁小孔的流量受到压差改变的影响最小。

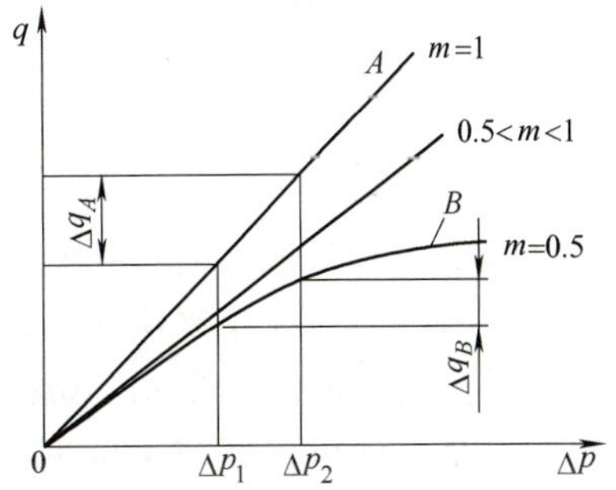


图 4-27　节流阀特性曲线

（2）温度对流量的影响　油温影响到油液黏度，对于细长小孔，油温变化时，流量也会随之改变，对于薄壁小孔，黏度对流量几乎没有影响，故油温变化时，流量基本不变。

（3）节流口的堵塞　节流阀的节流口可能因油液中的杂质或由于油液氧化后析出的胶质、沥青等而局部堵塞，这就改变了原来节流口通流面积的大小，使流量发生变化，尤其是当开口较小时，这一影响更为突出，严重时会完全堵塞而出现断流现象。因此节流口的抗堵塞性能也是影响流量稳定性的重要因素，尤其会影响流量阀的最小稳定流量。一般节流口通流面积越大、节流通道越短和水力直径越大，越不容易堵塞，当然油液的清洁度也对堵塞产生影响。一般流量控制阀的最小稳定流量为 0.05L/min。

综上所述，为保证流量稳定、节流口的形式以薄壁小孔较为理想。图 4-28 所示为几种常用的节流口形式。图 4-28a 为针阀式节流口，它通道长，湿周大，易堵塞，流量受油温影响较大。一般用于对性能要求不高的场合；图 4-28b 为偏心槽式节流口，其性能与针阀式节流口相同，但容易制造，其缺点是阀芯上的径向力不平衡，旋转阀芯时较费力，一般用于压力较低、流量较大和流量稳定性要求不高的场合；图 4-28c 为轴向三角槽式节流口，其结构简单，水力直径中等，可得到较小的稳定流量，且调节范围较大，但节流通道有一定的长度，油温变化对流量有一定的影响，目前被广泛应用；图 4-28d 为周向缝隙式节流口，沿阀芯周向开有一条宽度不等的狭槽，转动阀芯就可改变开口大小。阀口做成薄刃形，通道短，水力直径大，不易堵塞，油温变化对流量影响小，因此其性能接近于薄壁小孔，适用于低压小流量场合；图 4-28e 为轴向缝隙式节流口，在阀孔的衬套上加工出图示薄壁阀口，阀芯做轴向移动即可改变开口大小，其性能与图 4-28d 所示节流口相似。

在液压传动系统中节流元件与溢流阀并联于液压泵的出口，构成恒压油源，使泵出口的压力恒定。如图 4-29a 所示，此时节流阀和溢流阀相当于两个并联的液阻，液压泵输出流量

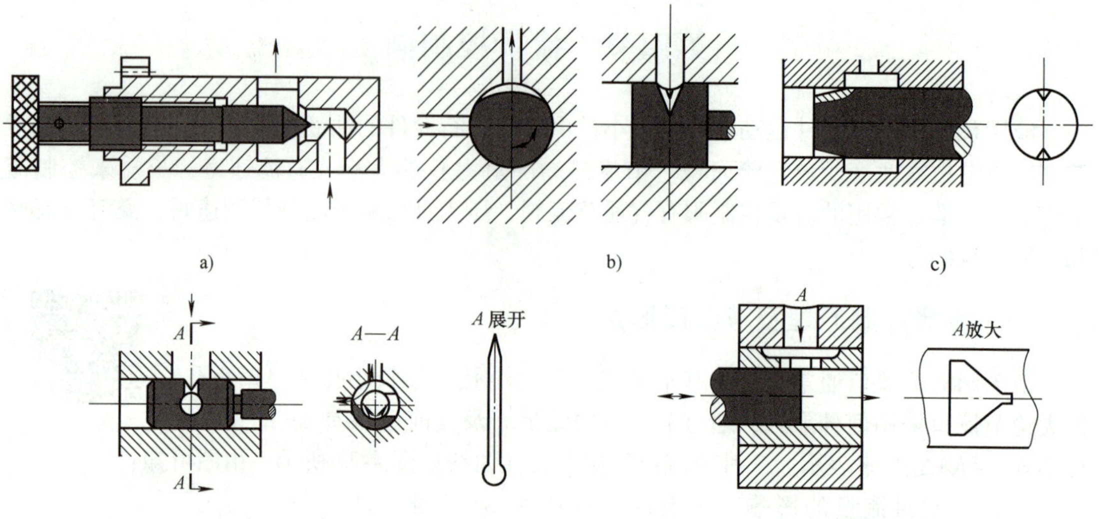


图 4-28　典型节流口的形式

$q_p$ 不变，流经节流阀进入液压缸的流量 $q_1$ 和流经溢流阀的流量 $\Delta q$ 的大小，由节流阀和溢流阀液阻的相对大小来决定。若节流阀的液阻大于溢流阀的液阻，则 $q_1<\Delta q$；反之则 $q_1>\Delta q$。节流阀是一种可以在较大范围内以改变液阻来调节流量的元件。因此可以通过调节节流阀的液阻，来改变进入液压缸的流量，从而调节液压缸的运动速度；但若在回路中仅有节流阀而没有与之并联的溢流阀，如图 4-29b 所示，则节流阀就起不到调节流量的作用。液压泵输出的液压油全部经节流阀进入液压缸。改变节流阀节流口的大小，只是改变液流流经节流阀的压力降。节流口小，流速快；节流口大，流速慢，而总的流量是不变的，因此液压缸的运动速度不变。所以，节流元件用来调节流量是有条件的，即要求有一个接受节流元件压力信号的环节（与之并联的溢流阀或恒压变量泵），通过这一环节来补偿节流元件的流量变化。

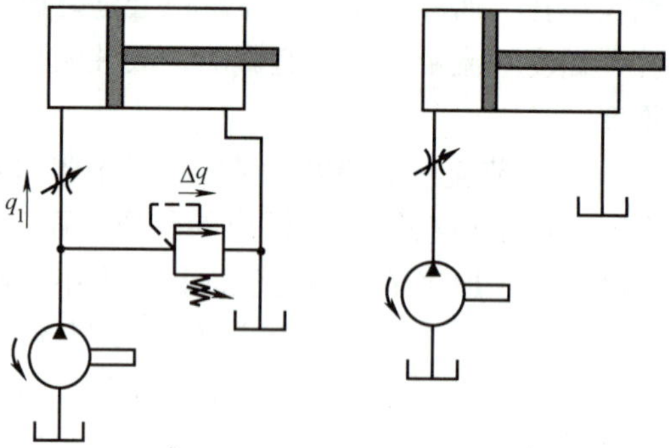


图 4-29　节流元件的作用

液压传动系统对流量控制阀的主要要求有：

1）较大的流量调节范围，且流量调节要均匀。

2）当阀前、后压差发生变化时，通过阀的流量变化要小，以保证负载运动的稳定。

3）油温变化对通过阀的流量影响要小。

4）液流通过控制阀时的压力损失要小。

5）当阀口关闭时阀的泄漏量要小。

## 二、普通节流阀

图 4-30 所示为一种普通节流阀的结构和图形符号。这种节流阀的节流通道呈轴向三角

槽式。液压油从进油口 $P_1$ 流入孔道 $a$ 和阀芯 1 左端的三角槽进入孔道 $b$，再从出油口 $P_2$ 流出。调节手柄 3，可通过推杆 2 使阀芯做轴向移动，改变节流口的通流截面积来调节流量。阀芯在弹簧的作用下始终贴紧在推杆上，这种节流阀的进出油口可互换。

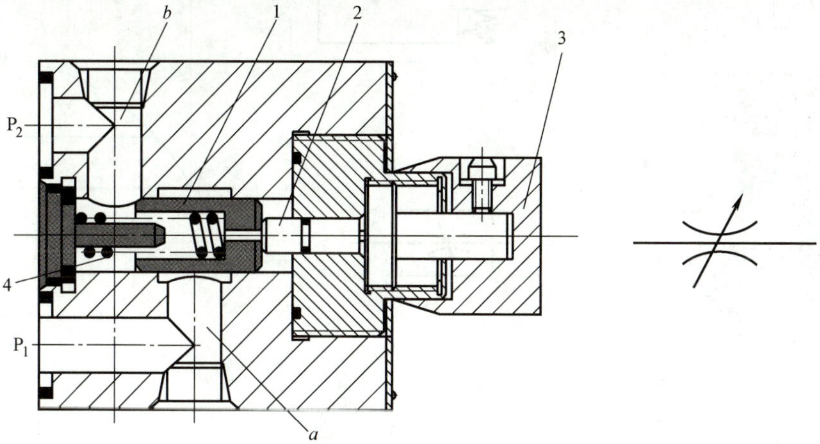


图 4-30　普通节流阀

1—阀芯　2—推杆　3—手柄　4—弹簧

## 三、节流阀的压力和温度补偿

普通节流阀由于刚性差，在节流开口一定的条件下，通过它的工作流量受工作负载（即其出口压力）变化的影响，不能保持执行元件运动速度的稳定，因此只适用于工作负载变化不大和速度稳定性要求不高的场合，由于工作负载的变化很难避免，为了改善调速系统的性能，通常是对节流阀进行压力补偿，即采取措施使节流阀前后压差在负载变化时始终保持不变。由 $q=KA\Delta p^m$ 可知，当 $\Delta p$ 基本保持不变时，通过节流阀的流量只由其开口大小来决定。节流阀的压力补偿有两种方式：一种是将定差减压阀与节流阀串联起来，组合而成调速阀；另一种是将稳压溢流阀与节流阀并联起来，组合成溢流节流阀。这两种压力补偿方式是利用流量变动所引起油路压力的变化，通过阀芯的负反馈动作，来自动调节节流部分的压差，使其基本保持不变。

油温的变化也必然会引起油液黏度的变化，从而导致通过节流阀的流量发生相应的改变，为此出现了温度补偿调速阀。

1. 调速阀

调速阀是在节流阀 2 前面串接一个定差减压阀 1 组合而成。图 4-31 所示为其工作原理图。液压泵的出口（即调速阀的进口）压力 $p_1$，由溢流阀调定，基本上保持恒定。调速阀出口处的压力 $p_3$ 由液压缸负载 $F$ 决定。油液先经减压阀产生一次压降，将压力降到 $p_2$，节流阀的出口压力 $p_3$ 又经反馈通道 $a$ 作用到减压阀的上腔 $b$，当减压阀的阀芯在弹簧力 $F_s$、油液压力 $p_2$ 和 $p_3$ 作用下处于某一平衡位置时（忽略摩擦力和液动力等），则有

$$p_2A_1+p_2A_2=p_3A+F_s \tag{4-10}$$

式中，$A$、$A_1$ 和 $A_2$ 分别为 $b$ 腔、$c$ 腔和 $d$ 腔内的液压油作用于阀芯的有效面积，且 $A=A_1+A_2$，故

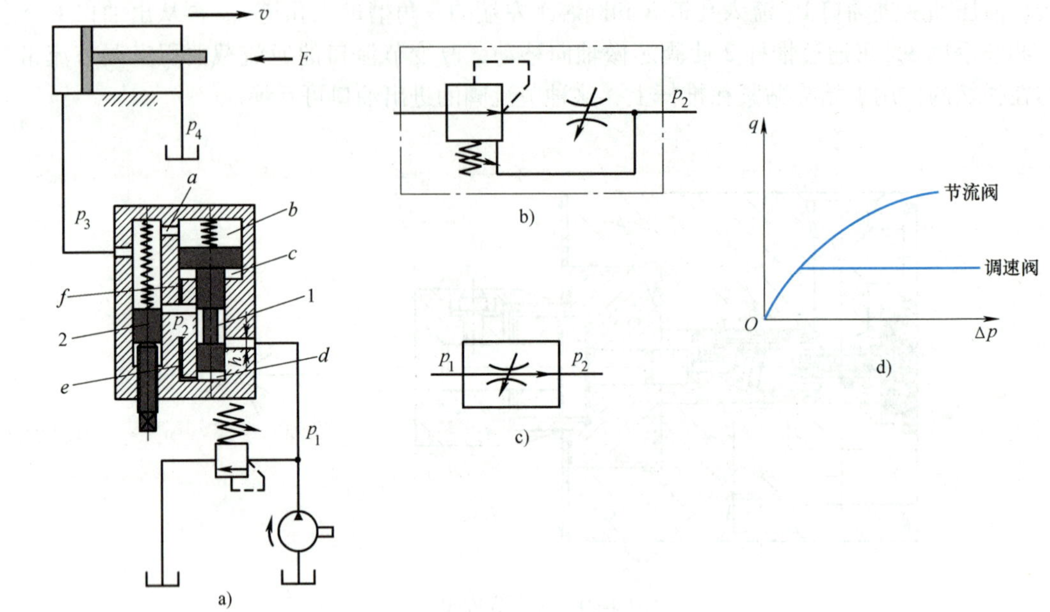


图 4-31 调速阀

1—减压阀 2—节流阀

$$p_2-p_3=\Delta p=\frac{F_s}{A} \tag{4-11}$$

因为弹簧刚度较低，且工作过程中减压阀阀芯位移很小，可以认为 $F_s$ 基本保持不变。故节流阀两端压差 $p_2-p_3$ 也基本保持不变，这就保证了通过节流阀的流量稳定。

当调速阀的进、出口压差 $\Delta p=p_1-p_3$ 由于某种原因发生变化时，节流阀两端的压差 $p_2-p_3$ 是如何保持不变呢？当调速阀出口处的油液压力 $p_3$ 由于负载增加而增加时，作用在减压阀芯上端的液压力也随之增加，阀芯失去平衡而向下移动，于是开口 $h$ 增大，液阻减小（即减压阀的减压作用减小），使 $p_2$ 也增加，直到阀芯在新的位置上达到平衡为止。故当 $p_3$ 增加时，$p_2$ 也增加，其差值基本保持不变；当负载减小时，情况相似。当调速阀进口压力 $p_1$ 增大时，由于一开始减压阀芯来不及运动，减压阀的液阻没有变化，故 $p_2$ 在这一瞬时也增加，阀芯因失去平衡而向上移动，一使开口 $h$ 减小，液阻增加，又使 $p_2$ 减小，故 $\Delta p=p_2-p_3$ 仍保持不变。总之无论调速阀的进口油液压力 $p_1$、出口油液压力 $p_3$ 发生变化时，由于定差减压阀的自动调节作用，节流阀前、后压差总能保持不变，从而保持流量稳定。由图 4-31d 可以看出，节流阀的流量随压差变化较大，而调速阀在压差大于一定数值后，流量基本上保持恒定。当压差很小时，由于减压阀阀芯被弹簧推至最下端，减压阀阀口全开，不起稳定节流阀前后压差的作用，故这时调速阀的性能与节流阀相同，所以调速阀正常工作时，至少要求有 0.4MPa 以上的压差，图 4-31b、c 所示为其图形符号。

2. 温度补偿调速阀

普通调速阀的流量虽然已能基本上不受外部负载变化的影响，但是当流量较小时，节流口的通流面积较小，这时节流口的长度与通流截面水力直径的比值相对地增大，因而油液的黏度变化对流量的影响也增大，所以当油温升高后油的黏度变小时，流量仍会增大，为了减小温度对流量的影响，可以采用温度补偿调速阀。

温度补偿调速阀的压力补偿原理部分与普通调速阀相同，据 $q = KA\Delta p^m$ 可知，当 $\Delta p$ 不变时，由于黏度下降，$K$ 值（$m \neq 0.5$ 的孔口）上升，此时只有适当减小节流阀的开口面积方能保证 $q$ 不变，图 4-32 所示为温度补偿原理图，在节流阀阀芯和调节螺钉之间放置一个温度膨胀系数较大的聚氯乙烯推杆，当油温升高时，本来流量增加，这时温度补偿杆伸长使节流口变小，从而补偿了油温对流量的影响。在 20~60℃的温度范围内流量的变化率不超过 10%，最小稳定流量可达 20mL/min（$3.3\times10^{-7}m^3/s$）。

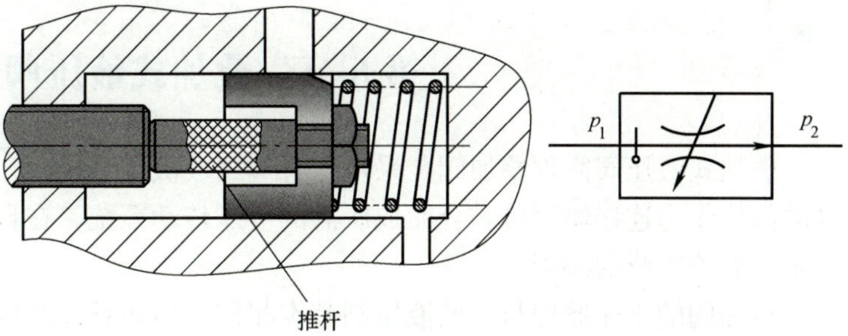


图 4-32 温度补偿原理

3. 溢流节流阀（旁通型调速阀）

溢流节流阀也是一种压力补偿型节流阀，图 4-33 所示为其工作原理图及图形符号，从液压泵输出的油液，一部分经节流阀 4 进入液压缸左腔推动活塞向右运动，另一部分经溢流阀 3 的溢流口流回油箱，溢流阀阀芯的上端 $a$ 腔同节流阀 4 后的油液相通，其压力为 $p_2$；腔 $b$ 和下端腔 $c$ 同溢流阀阀芯前的油液相通，其压力即为泵的压力 $p_1$，当液压缸活塞上的负载力 $F$ 增大时，压力 $p_2$ 升高，$a$ 腔的压力也升高，使溢流阀阀芯下移，关小溢流口，这样就使液压泵的供油压力 $p_1$ 增加，从而使节流阀 4 的前、后压差（$p_1-p_2$）基本保持不变；同理，当负载力减小时，压力 $p_2$ 下降，由于溢流阀阀芯的相应动作，也可使 $p_1-p_2$ 基本保持不变，这种溢流节流阀一般附带一个安全阀 2，以避免系统过载，图 4-33b、c 所示为该阀的图形符号。

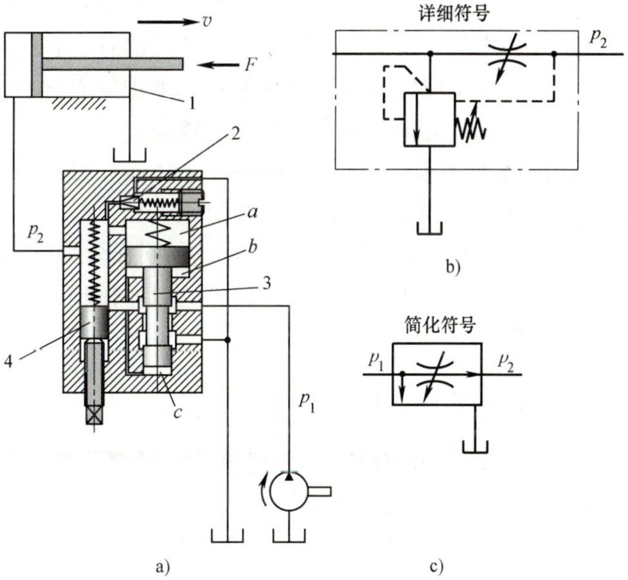


图 4-33 溢流节流阀

1—液压缸 2—安全阀 3—溢流阀 4—节流阀

溢流节流阀是通过 $p_1$ 随 $p_2$ 的变化来使流量基本上保持恒定的，它与调速阀虽都具有压力补偿的作用，但其组成调速系统时是有区别的，调速阀无论装在执行元件的进油路上或回油路上，执行元件上负载变化时，泵出口处压力都由溢流阀保持不变，而溢流节流阀是通过 $p_1$ 随 $p_2$（负载的压力）的变化来使流量基本上保持恒定的。因而使用溢流节流阀具有功率损耗低、发热量小的优点。但是，溢流节流阀中流过的流量比调速阀大（一般是系统的全部流量），阀芯运动时的阻力较大，弹簧较硬，其结果使节流阀前后压差 $\Delta p$ 加大（须达

0.3~0.5MPa)，因此它的稳定性稍差。

## 第五节　叠加式液压阀

叠加式液压阀简称叠加阀，采用这种阀组成液压系统时，不需要另外的连接块，它以自身的阀体作为连接体直接叠合而成所需的液压传动系统。在自动化机床、自动生产线和专用设备中有着广泛的应用。

叠加阀的工作原理与一般液压阀基本相同，但在具体结构和连接尺寸上则不相同，它自成系列，每个叠加阀既有一般液压元件的控制功能，又起到通道体的作用，每一种通径系列的叠加阀其主油路通道和螺栓连接孔的位置都与所选用的相应通径的换向阀相同，因此同一通径的叠加阀都能按要求叠加起来，组成各种不同控制功能的系统。用叠加式液压阀组成的液压系统具有以下特点：

1）用叠加阀组成的液压系统，结构紧凑，体积小，重量轻。

2）叠加阀液压系统安装简便，装配周期短。

3）液压系统如有变化，改变工况，需要增减元件时，组装方便迅速。

4）元件之间实现无管连接，消除了因油管、管接头等引起的泄漏、振动和噪声。

5）整个系统配置灵活、外观整齐，维护保养容易。

6）标准化、通用化和集成化程度较高。

我国叠加阀现有 $\phi$6mm、$\phi$10mm、$\phi$16mm、$\phi$20mm 和 $\phi$32mm 五个通径系列，额定工作压力为 20MPa，额定流量为 10~200L/min。

叠加阀的分类与一般液压阀相同，它同样分为压力控制阀、流量控制阀和方向控制阀三大类，其中方向控制阀仅有单向阀类，主换向阀不属于叠加阀，现对几个常用的叠加阀作一简单的介绍。

### 一、叠加式溢流阀

先导型叠加式溢流阀，由主阀和导阀两部分组成，如图 4-34 所示，主阀芯 6 为单向阀二级同心结构，先导阀即为锥阀式结构。图 4-34a 所示为 $Y_1$-F10D-P/T 型溢流阀的结构原理图，其中 Y 表示溢流阀，F 表示压力等级（$p=20$MPa），10 表示为 $\phi$10mm 通径系列，D 表示叠加阀，P/T 表示该元件进油口为 P、出油口为 T，图 4-34b 所示为其图形符号，据使用情况不同，还有 $P_1$/T 型，其图形符号如图 4-34c 所示，这种阀主要用于双泵供油系统的高压泵的调压和溢流。

叠加式溢流阀的工作原理是利用主阀芯两端的压差来移动主阀芯，以改变阀口的开度，油腔 $e$ 和进油口 P 相通，$c$ 和回油口 T 相通，液压油作用于主阀芯 6 的右端，同时经阻尼小孔 $d$ 流入阀芯左端，并经小孔 $a$ 作用于锥阀 3 上，当系统压力低于溢流阀的调定压力时，锥阀 3 关闭，阻尼孔 $d$ 没有液流流过，主阀芯两端液压力相等，主阀芯 6 在弹簧 5 作用下处于关闭位置；当系统压力升高并达到溢流阀的调定值时，锥阀 3 在液压力作用下压缩导阀弹簧 2 并使阀口打开。于是油液经锥阀阀口和孔 $c$ 流入 T 口，当油液通过主阀芯上的阻尼孔 $d$ 时，便使主阀芯两端产生压差，在这个压差的作用下，主阀芯克服弹簧力和摩擦力向左移动，使阀口打开，溢流阀便实现在一定压力下溢流。调节弹簧 2 的预压缩量便可改变该叠加式溢流阀的调整压力。

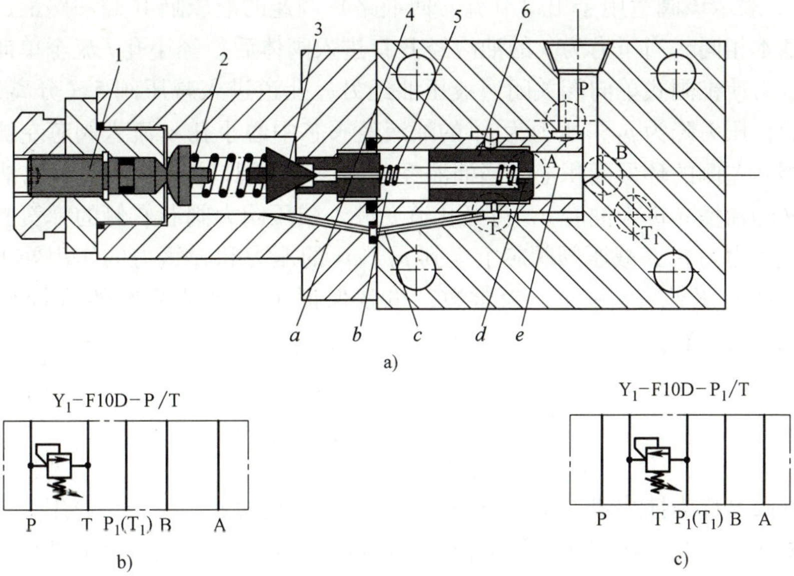


图 4-34　叠加式溢流阀

1—推杆　2—弹簧　3—锥阀　4—阀座　5—弹簧　6—主阀芯

## 二、叠加式流量阀

图 4-35a 所示为 QA-F6/10D-BU 型单向调速阀的结构原理图。QA 表示流量阀，F 表示压

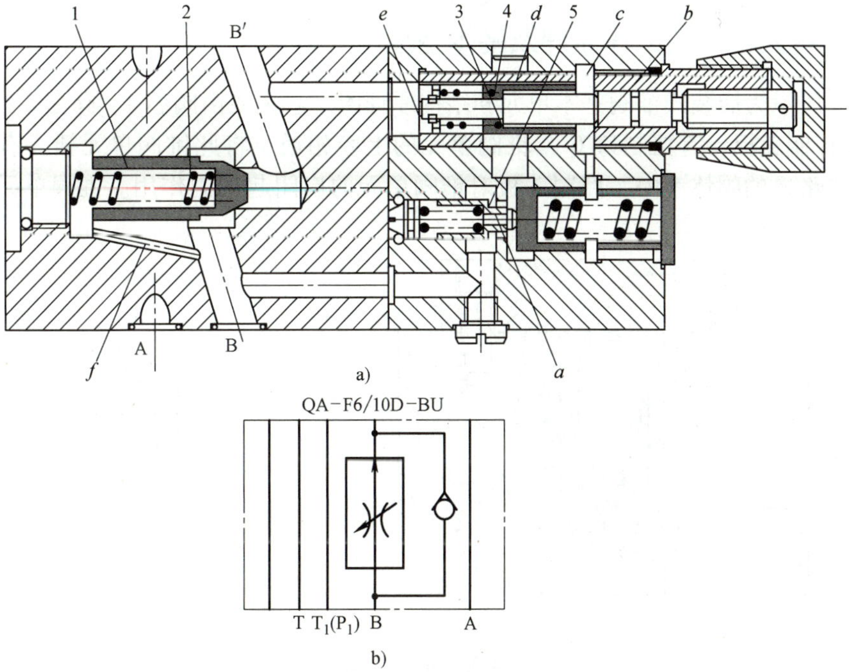


图 4-35　叠加式调速阀

1—单向阀　2—弹簧　3—节流阀　4—弹簧　5—减压阀

力等级（20MPa），6/10 表示该阀阀芯通径为 $\phi$6mm，而其接口尺寸属于 $\phi$10mm 系列的叠加式液压阀，BU 表示该阀适用于出口节流（回油路）调速的液压缸 B 腔油路上，工作原理与一般调速阀基本相同。当压力为 $p$ 的油液经 B 口进入阀体后，经小孔 $f$ 流至单向阀 1 左侧的弹簧腔，液压力使锥阀式单向阀关闭，液压油经另一孔道进入减压阀 5（分离式阀芯），油液经控制口后，压力降为 $p_1$，压力为 $p_1$ 的油液经阀芯中心小孔 $a$ 流入阀芯左侧弹簧腔，同时作用于大阀芯左侧的环形面积上，当油液经节流阀 3 的阀口流入 $e$ 腔并经出油口 B′引出的同时，油液又经油槽 $d$ 进入油腔 $c$，再经孔道 $b$ 进入减压阀大阀芯右侧的弹簧腔。这时通过节流阀的油液压力为 $p_2$，减压阀阀芯上受到 $p_1$、$p_2$ 的压力和弹簧力的作用处于平衡，从而保证了节流阀两端压差（$p_1-p_2$）为常数，也就保证了通过节流阀的流量基本不变，图 4-35b 所示为其图形符号。

## 第六节　二通插装阀

插装式锥阀又称为插装式二位二通阀，在高压大流量的液压系统中应用很广，由于插装式元件已标准化，将几个插装式元件组合一下便可组成复合阀，它和普通液压阀相比较，具有下述优点：

1）通流能力大，特别适用于大流量的场合，它的最大通径可达 200～250mm，通过的流量可达 10000L/min。

2）阀芯动作灵敏、抗堵塞能力强。

3）密封性好，泄漏小，油液流经阀口压力损失小。

4）结构简单，易于实现标准化。

### 一、插装式锥阀的工作原理及基本组成

图 4-36 所示为插装式锥阀基本单元和结构原理图，它主要由阀芯 4、阀套 2 和弹簧 3 等组成，1 为控制盖板，有控制口 C 与锥阀单元的上腔相通。将此锥阀单元插入有两个通道 A、B（主油路）的阀体 5 中，控制盖板对锥阀单元的启闭起控制作用。锥阀单元上配置不

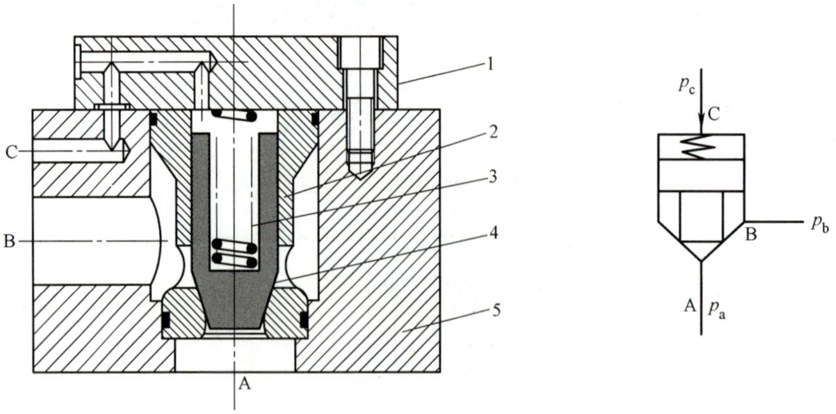


图 4-36　插装式锥阀

1—控制盖板　2—阀套　3—弹簧　4—阀芯　5—阀体

同的盖板就可以实现各种不同的工作机能。若干个不同工作机能的锥阀单元组装在一个阀体内，实现集成化，就可组成所需的液压回路和系统，设油口 A、B、C 的油液压力和有效面积分别为 $p_a$、$p_b$、$p_c$ 和 $A_a$、$A_b$、$A_c$，其面积关系为 $A_c=A_a+A_b$。若不考虑锥阀的质量、液动力和摩擦力等的影响，当

$$p_aA_a+p_bA_b<p_cA_c+F_s \tag{4-12}$$

时，阀口关闭，油口 A、B 不通，当

$$p_aA_a+p_bA_b>p_cA_c+F_s \tag{4-13}$$

时，阀口打开，油口 A、B 接通，以上两式中 $F_s$ 为弹簧力。从以上两式可以看出，改变控制口 C 的油液压力 $p_c$，可以控制 A、B 油口的通断。当控制油口 C 接油箱（卸荷），阀芯下部的液压力超过上部弹簧力时，阀芯被顶开，至于液流的方向，视 A、B 口的压力大小而定，当 $p_a>p_b$ 时，液流由 A 至 B；当 $p_a<p_b$ 时，液流由 B 至 A。当控制口 C 接通液压油，且 $p_c \geqslant p_a$、$p_c \geqslant p_b$，则阀芯在上、下端压差和弹簧的作用下关闭油口 A 和 B，这样，锥阀就起到逻辑元件的“非”门的作用，所以插装式锥阀又被称为逻辑阀。

插装式锥阀通过不同的盖板和各种先导阀组合，便可构成方向控制阀、压力控制阀和流量控制阀。

## 二、插装式锥阀用作方向控制阀

1. 作单向阀

将 C 腔与 A 或 B 连通，即成为单向阀，连接方法不同其导通方式也不同，如图 4-37a 所示。在控制盖板上接一个二位三通液动阀来变换 C 腔的压力，即成为液控单向阀，如图4-37b所示。

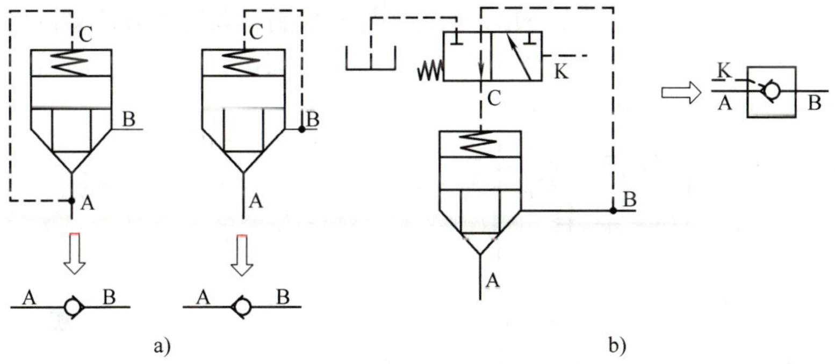


图 4-37　插装式锥阀用作单向阀

2. 作二位二通阀

用一个二位三通电磁阀来转换 C 腔压力，就成为一个二位二通阀，如图 4-38a 所示，在电磁阀断电时，液流不能从 A 流向 B，如果要使两个方向都起切断作用，可在控制油路中加一个梭阀，如图 4-38b 所示，梭阀的作用相当于两个单向阀；只要图中的二位三通电磁阀不通电，不管油口 A、B 哪个压力高，锥阀始终可靠地关闭。

3. 作三通阀

将两个锥阀单元再加上一个电磁先导阀就组成一个三通阀，如图 4-39 所示，用一个二位四通阀来转换两个锥阀的控制腔中的压力，在图示电磁阀断电状态，左面的锥阀打开，右面的锥阀关闭。即 A 通 T，P 与 A 不通；电磁阀通电时，P 通 A，A 与 T 不通。

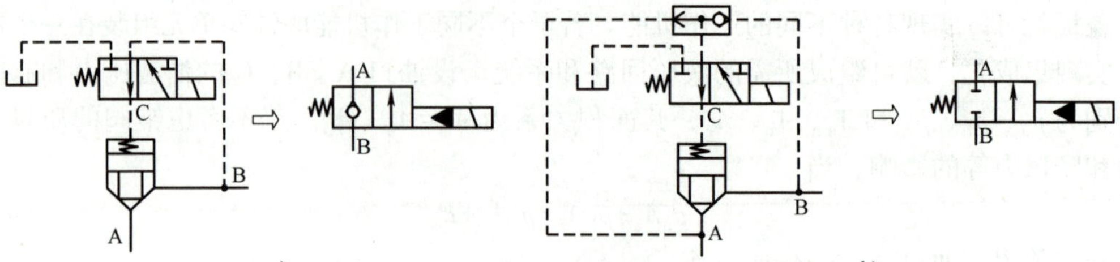


图 4-38　插装式锥阀用作二位二通阀

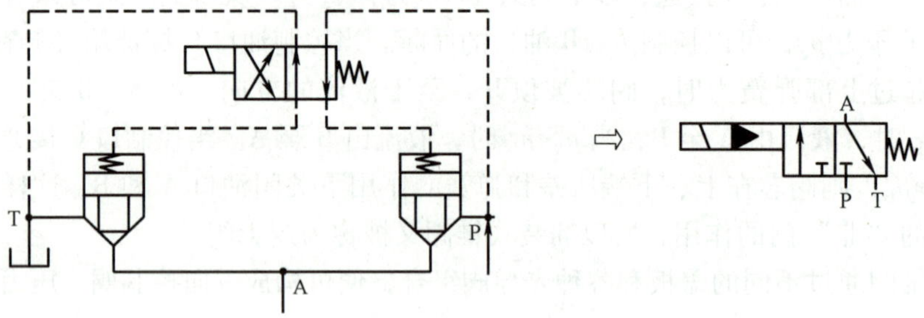


图 4-39　插装式锥阀用作二位三通阀

4. 作四通阀

用 4 个锥阀单元及相应的先导阀就组成一个四通阀，图 4-40 中用一个二位四通电磁先导阀来对四个锥阀进行控制，就成为一个相当于二位四通的电液换向阀，图 4-41 所示则用四个先导阀分别对四个锥阀进行控制，理论上有 16 种通路状态，但其中有五种状态是相同的，故可得 12 种状态，见表 4-3。由此可以看出，通过先导阀控制可以得到除 M 型以外的各种滑阀机能，它相当于一个多位多机能的四通阀（表中“1”表示通电，“0”表示失电）。

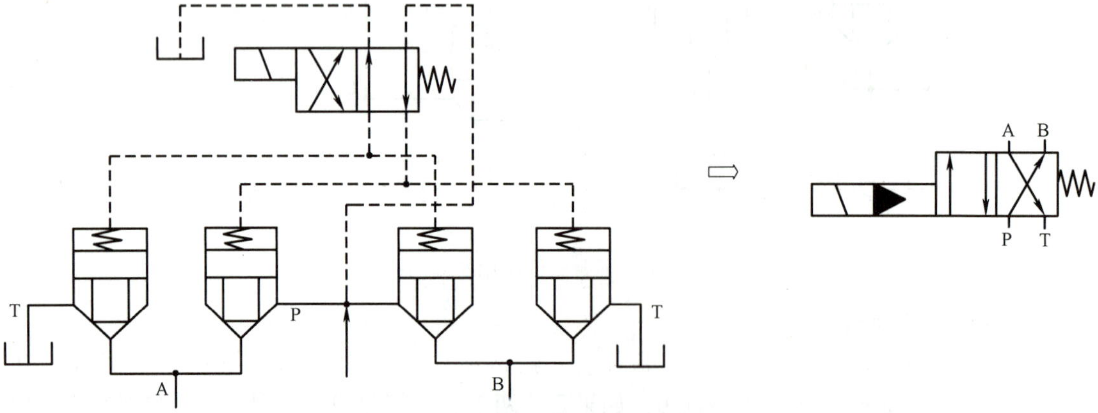


图 4-40　插装式锥阀用作二位四通阀

## 三、插装式锥阀用作压力控制阀

图 4-42a 所示为插装式锥阀用作溢流阀的原理图。A 腔液压油经阻尼小孔进入控制腔 C，并与先导压力阀进口相通，B 腔接油箱，这样锥阀的开启压力可由先导压力阀来调节。其工作原理与先导型溢流阀完全相同，当 B 腔不接油箱而接负载时，就成为一个顺序阀了；再

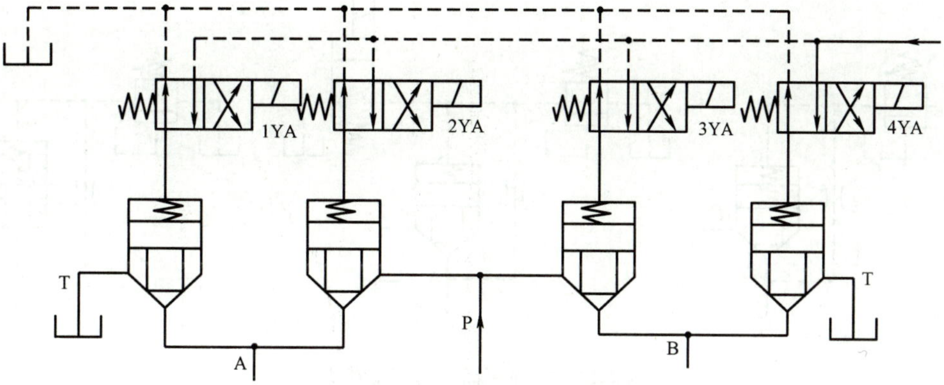


图 4-41　插装式锥阀用作多机能三位四通阀

**表 4-3　先导阀控制状态下的滑阀机能**

| 1YA | 2YA | 3YA | 4YA | 中位机能 | 1YA | 2YA | 3YA | 4YA | 中位机能 |
|---|---|---|---|---|---|---|---|---|---|
| 1 | 1 | 1 | 1 | 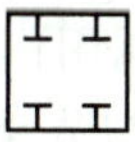 | 1 | 0 | 1 | 0 | 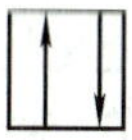 |
| 1 | 1 | 1 | 0 | 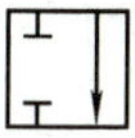 | 1 | 0 | 0 | 1 | 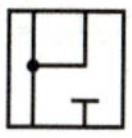 |
| 1 | 1 | 0 | 1 |  | 0 | 1 | 1 | 1 |  |
| 1 | 1 | 0 | 0 | 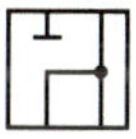 | 0 | 1 | 1 | 0 | 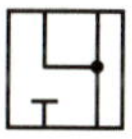 |
| 1 | 0 | 1 | 1 | 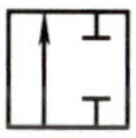 | 0 | 1 | 0 | 1 |  |
| 0 | 0 | 1 | 1 | 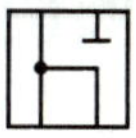 | 0 | 0 | 1 | 0 | 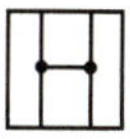 |
| 1 | 0 | 0 | 0 | 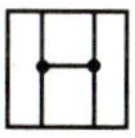 | 0 | 0 | 0 | 1 | |
| 0 | 1 | 0 | 0 | | 0 | 0 | 0 | 0 | |

在 C 腔接一个二位二通电磁阀就成为电磁溢流阀（图 4-42b）。图 4-42c 所示为减压阀原理图，减压阀的阀芯采用常开的滑阀式阀芯，B 腔为进油口，A 腔为出油口。A 腔的液压油经阻尼小孔后与控制腔 C 相通，并与先导压力阀进口相通，其工作原理和普通先导型减压阀相同。

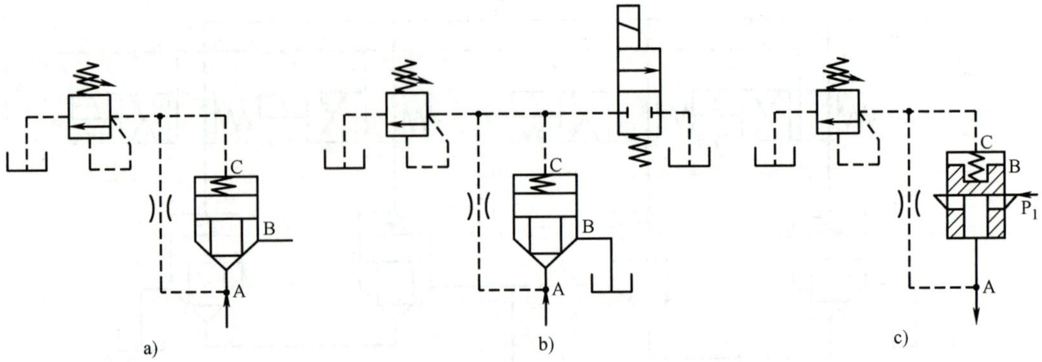


图 4-42 二通式插装阀用作压力阀

## 四、插装式锥阀用作流量控制阀

若用机械或电气的方式限制锥阀阀芯的行程，以改变阀口的通流面积的大小，则锥阀可起流量控制阀的作用。图 4-43a 所示为插装式锥阀用作流量控制的节流阀，图 4-43b 所示为在节流阀前串接一减压阀，减压阀阀芯两端分别与节流阀进出油口相通，利用减压阀的压力补偿功能来保证节流阀两端的压差不随负载的变化而变化，这样就成为一个调速阀。

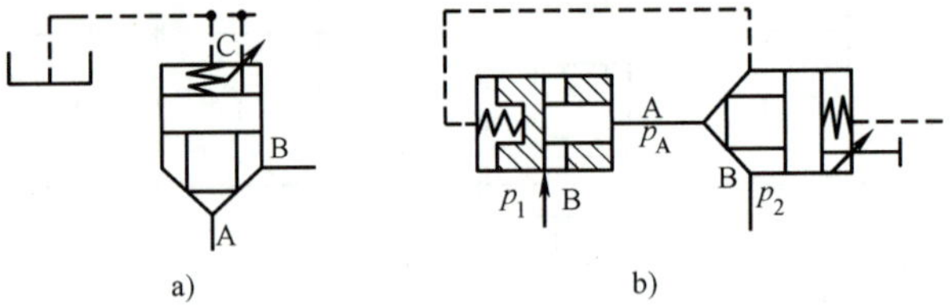


图 4-43 插装式锥阀用作流量控制阀

# 第七节 液压阀的连接

一个能完成一定功能的液压系统是由若干液压阀有机地组合在一起的，各液压阀间的连接方式有管式连接、板式连接、集成式等。集成式中又可分为集成块式、叠加阀式和插装锥阀式。插装式锥阀在上一节中已作了介绍，在此将介绍其他几种连接方式。另有的专用连接方式，如磨床液压系统中的操纵箱将在第七章专门介绍。

## 一、管式连接

管式连接即将各管式液压阀用管道互相连接起来，管道与阀一般用螺纹管接头连接起来，流量大的则用法兰连接，管式连接不需要其他专门的连接元件，系统中各阀间油液的运行路线一目了然，但是结构较分散，特别是对于较复杂的液压系统，所占空间较大，管路交错，接头繁多，既不便于装卸维修，在管接头处也容易造成漏油和渗入空气，而且有时会产生振动和噪声，因此目前使用的场合已不多见。

## 二、板式连接

为了解决管式连接中存在的问题，出现了板式液压元件，板式连接就是将系统中所需要的板式标准液压元件统一安装在连接板上，采用的连接板有几种形式：

（1）单层连接板 阀装在竖立的连接板的前面，阀间油路在板后用油管连接，这种连接板较简单，检查油路较方便，但板上油管多，装配极为麻烦，占空间也大。

（2）双层连接板 在两块板间加工出油槽以连接阀间油路，两块板再用黏结剂或螺钉固定在一起，这种方法工艺较简单、结构紧凑，但当系统中压力过高或产生液压冲击时，容易在两块板间形成缝隙，出现漏油串腔问题，以致使液压系统无法正常工作，而且不易检查故障。

（3）整体连接板 在整体板中间钻孔或铸孔以连接阀间油路，这样工作可靠，但钻孔工作量大，工艺较复杂，如用铸孔则清砂又较困难，此外整体连接板和双层连接板都是根据一定的液压回路和系统设计的，不能随意更改系统，如系统有所改变，需重新设计和制造。

## 三、集成块式

由于前述几种连接方式中存在一些问题，在生产中发展了液压装置的集成化。集成块式是集成化中的一种方式，即借助于集成块把标准化的板式液压元件连接在一起，组成液压系统。

集成块式液压装置的示意图如图 4-44 所示，图中 2 为集成块，它是一种代替管路把元件连接起来的六面连接体，在连接体内根据各控制油路设计加工出所需要的油路通道，阀 3 等装在集成块的周围，通常三面各装一个阀，有时在阀与集成块间还可以用垫板安装一个简单的阀，如单向阀、节流阀等。另一面则安装油管连接到液压执行元件。集成块的上下面是块与块的接合面，在接合面上加工有相同位置的液压油孔、回油孔、泄漏油孔以及安装螺栓孔，有时还有测压油路孔，集成块与装在其周围的阀类元件构成一个集成块组，可以完成一定典型回路的功能，将所需的几种集成块组叠加在一起，就可构成整个集成块式的液压传动系统，图 4-44 中1 为底板，上面有进油口、回油口、泄漏油口等；4 为盖板，在盖板上可以装压力表开关，以便测量系统的压力。这种集成方式的优点是结构紧凑，占地面积小，便于装卸和维修，且具有标准化、系列化产品。可以选用组合，因而被广泛应用于各种中高压和中低压的液压系统中，但其也有设计工作量大，加工工艺复杂，不能随意修改系统等缺点。

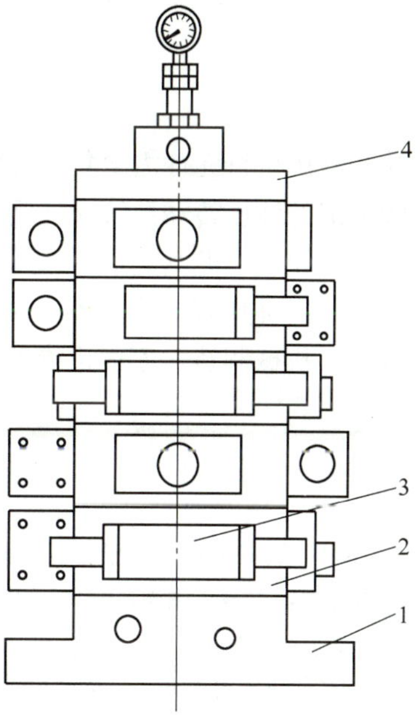

图 4-44 集成块式液压装置示意图
1—底板 2—集成块 3—阀 4—盖板

## 四、叠加阀式

叠加阀式是液压装置集成化的另一种方式，它由叠加阀互相直接连接而成，由叠加阀组成的液压装置如图 4-45 所示，叠加阀液压装置一般在最下面为底板，在底板上有进油口、回油口以及通向液压执行元件的孔口，上面第一块一般为压力表开关，再向上依次叠加各种压力阀和流量阀，最上层为换向阀，一个叠加阀组一般控制一个液压执行元件。若系统中有

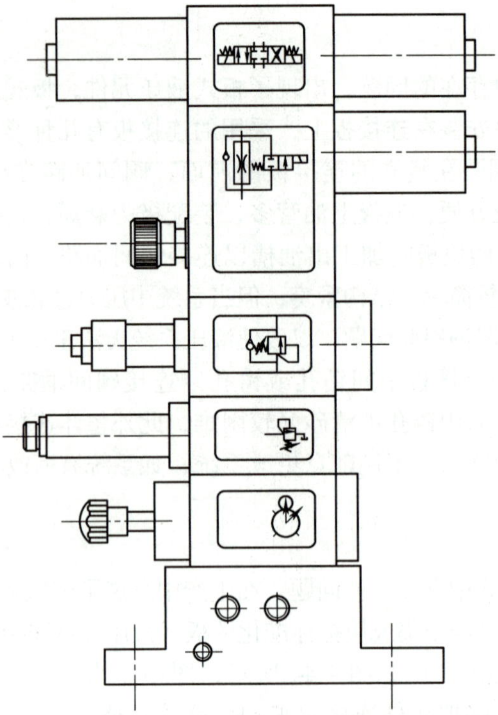

图 4-45　叠加阀式液压装置示意图

几个液压执行元件需要集中控制，可将几个竖向叠加阀组并排安装在多联底板块上。用叠加阀组成的液压传动系统元件间的连接不使用管子，也不使用其他形式的连接体，因而结构紧凑、体积小，尤其是液压系统的更改较为方便。叠加阀为标准化元件，设计中仅需按工艺要求绘制出叠加阀式液压系统原理图，即可进行组装，因而设计工作量小，目前已被广泛用于冶金、机械制造、工程机械等领域中。

## 习　题

4-1　如图 4-46 所示液压缸，$A_1=30\times10^{-4}\text{m}^2$，$A_2=12\times10^{-4}\text{m}^2$，$F=30\times10^3\text{N}$，液控单向阀用作闭锁以防止液压缸下滑，阀内控制活塞面积 $A_k$ 是阀芯承压面积 $A$ 的三倍，若摩擦力、弹簧力均忽略不计，试计算需要多大的控制压力才能开启液控单向阀？开启前液压缸中最高压力为多少？

4-2　弹簧对中型三位四通电液换向阀，其先导阀的中位机能及主阀的中位机能能否任意选定？

4-3　图 4-47 所示回路中，溢流阀的调整压力为 5.0MPa，减压阀的调整压力为 2.5MPa，试分析下列各情况，并说明减压阀阀口处于什么状态？

1）当泵压力等于溢流阀调定压力时，夹紧缸使工件夹紧后，$A$、$C$ 点的压力各为多少？

2）当泵压力由于工作缸快进，压力降到 1.5MPa 时（工件原先处于夹紧状态）$A$、$C$ 点的压力为多少？

3）夹紧缸在夹紧工件前作空载运动时，$A$、$B$、$C$ 三点的压力各为多少？

4-4　如图 4-48 所示的液压系统，两液压缸有效面积为 $A_1=A_2=100\times10^{-4}\text{m}^2$，缸 Ⅰ 的负载 $F=3.5\times10^4\text{N}$，缸 Ⅱ 运动时负载为零，不计摩擦阻力、惯性力和管路损失。溢流阀、顺序阀和减压阀的调整压力分别为 4.0MPa、3.0MPa 和 2.0MPa。求下列三种情况下 $A$、$B$ 和 $C$ 点的压力。

1）液压泵起动后，两换向阀处于中位。

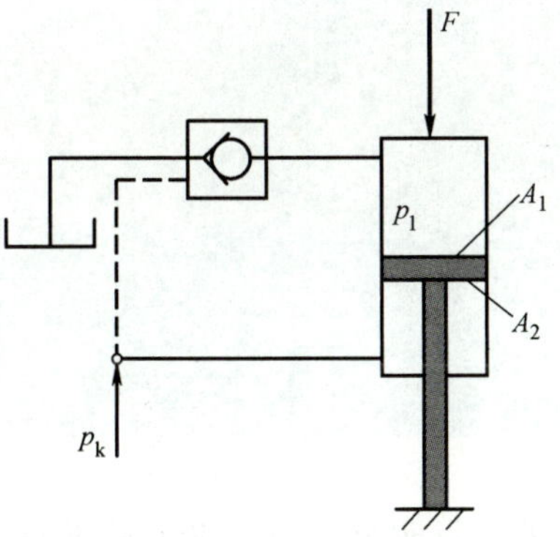


图 4-46 题 4-1 图

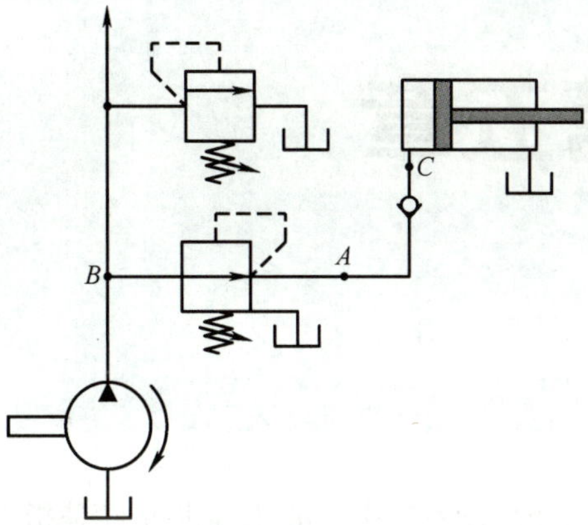


图 4-47 题 4-3 图

2）1YA 通电，液压缸Ⅰ活塞移动时及活塞运动到终点时。

3）1YA 断电，2YA 通电，液压缸Ⅱ活塞运动时及活塞杆碰到固定挡铁时。

4-5 从结构原理图和符号图，说明溢流阀、顺序阀和减压阀的异同点和各自的特点。

4-6 节流阀前后压差 $\Delta p = 0.3\text{MPa}$。通过的流量为 $q = 25\text{L/min}$，假设节流孔为薄壁小孔，油液密度为 $\rho = 900\text{kg/m}^3$，试求通流截面面积 $A$。

4-7 液压缸的活塞面积为 $A = 100\times10^{-4}\text{m}^2$，负载在 500～40000N 的范围内变化，为使负载变化时活塞运动速度稳定，在液压缸进口处使用一个调速阀，若将泵的工作压力调到泵的额定压力 6.3MPa，问是否适宜？为什么？

4-8 图 4-49 所示为插装式锥阀组成方向阀的两个例子，如果阀关闭时 A、B 有压差，试判断电磁铁得电和断电时，图 4-49a 和图 4-49b 中的液压油能否开启锥阀而流动，并分析各自是作为何种换向阀使用的。

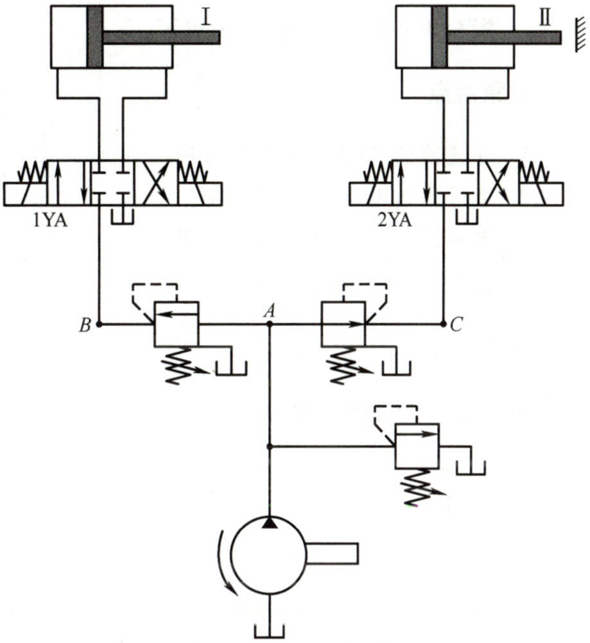


图 4-48 题 4-4 图

4-9 试用插装式阀组成实现图 4-50 所示两种形式的三位换向阀。

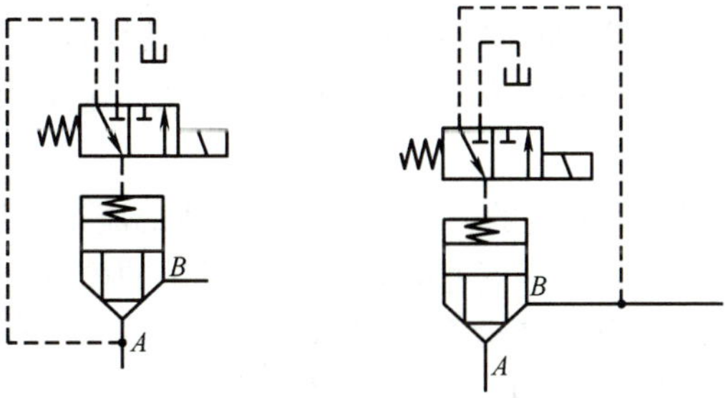


a) b)

图 4-49 题 4-8 图

a) b)

图 4-50 题 4-9 图

# 第五章

# 液压辅助元件

在液压传动系统中，液压辅助元件是指那些既不直接参与能量转换，也不直接参与方向、压力、流量等控制的在液压系统中必不可少的元件或装置。主要包括过滤器、蓄能器、油箱、管路和管接头以及密封装置等。

**本章重点**

1. 过滤器的工作原理及其应用。
2. 油箱的功用及油箱的设计。
3. 蓄能器的工作原理及其应用。
4. 密封机理及应用场合。

**本章难点**

蓄能器的应用及容量选择。

## 第一节　管路和管接头

### 一、管路

在液压传动系统中，吸油管路和回油管路一般用低压的有缝钢管，也可使用橡胶和塑料软管，控制油路中流量小，多用小直径铜管（超高压时应改用无缝钢管）。考虑配管和工艺的方便，在中、低压油路中也常常使用铜管，高压油路一般使用冷拔无缝钢管，必要时也采用价格较贵的高压软管。高压软管是由橡胶管中间加一层或几层钢丝编织网（层数越多耐压越高）制成。目前，国内已经生产可以承受 40MPa 的高压软管，高压软管比硬管路安装方便，可以吸收振动，尤其是通过挠性软管可以向在移动或摆动的液压执行元件输送动力，实现机械传动完成不了的动作。

管路内径的选择是以降低流动造成的压力损失为前提的，液压管路中液体的流动多为层流，压力损失正比于液体在管道中的平均流速，因此根据流速确定管径是常用的简便方法。对于高压管路，通常流速为 3~4m/s，对于吸油管路，考虑泵的吸入和防止气穴应降低流速，通常为 0.6~1.5m/s。由于流速相同条件下层流流动阻力和管路直径的平方成反比，所以小直径管路要采用低一些的流速。高压钢管的壁厚根据工作压力选定。

在装配液压系统时，油管的弯曲半径不能太小，一般应为管道半径的 3~5 倍。应尽量避免小于90°的弯管，弯曲处的内侧不应有明显的皱纹、扭伤，其椭圆度不应超过管径的10%，平行或交叉的油管之间应有适当的间隔并用管夹固定，以防振动和碰撞。

## 二、管接头

液压系统中油液的泄漏多发生在管路的连接处，所以管接头的重要性不容忽视，管接头必须在强度足够的条件下能在振动、压力冲击下保持管路的密封性。液压系统中对管接头的要求就是连接可靠无泄漏，也就是在高压处不能向外泄漏，在有负压的吸油管路上不允许空气向内渗入。常用的管接头有以下几种：

（1）焊接管接头　图5-1所示为高压管路应用较多的一种管接头，工作可靠，制造简单。管接头的接管1焊接在管子的一端，用螺母2将接管1和接头体4连接在一起。在接触面上，图5-1a中的球面依靠球面和锥面的环形接触线实现密封，图5-1b中的平面接头用O形密封圈3来实现密封。接头体4和本体5（泵、马达、阀及其他元件）是用螺纹连接的，如果是采用圆柱螺纹，其本身密封性能不好，常常用组合密封圈6或其他密封圈加以密封；若采用锥螺纹连接，在螺纹表面包一层聚四氟乙烯的密封带旋入，在锥螺纹连接面上就可以形成牢固的密封层。

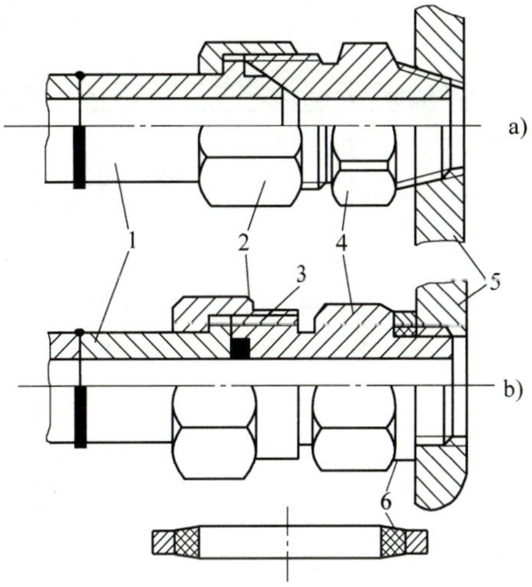


图5-1　焊接管接头

1—接管　2—螺母　3—O形密封圈
4—接头体　5—本体　6—组合密封圈

（2）卡套管接头　如图5-2所示的卡套管接头是由接头体1、卡套4和螺母3组成的。卡套是带有尖锐内刃的金属环，当螺母3旋转时刃口嵌入管路2的表面，形成密封。与此同时，卡套受压而中部略凸，在$a$处和接头体1的内锥面接触，形成密封。这种管接头不用焊接，不用另外的密封件，尺寸小、装拆方便，在高压系统中被广泛采用。但卡套式管接头要求管道表面有较高的尺寸精度，适用于冷拔无缝钢管而不适用于热轧管。

（3）扩口管接头　如图5-3所示的扩口管接头由接头体1、管套2和螺母3组成，它只适用于薄壁铜管，工作压力不大于8MPa的场合。拧紧螺母，通过管套使带有扩口的管子压紧密封。

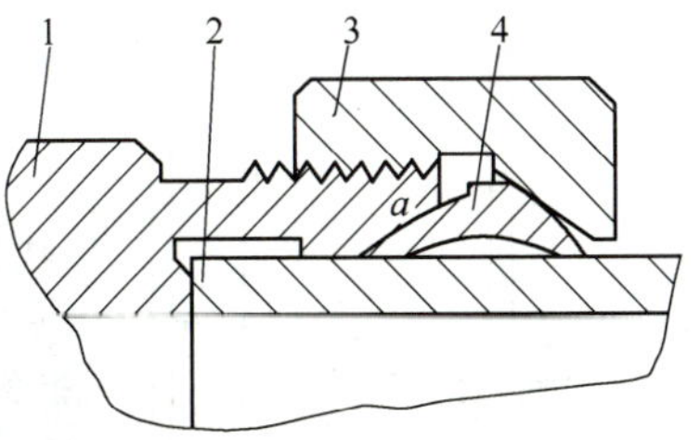


图5-2　卡套管接头

1—接头体　2—管路　3—螺母　4—卡套

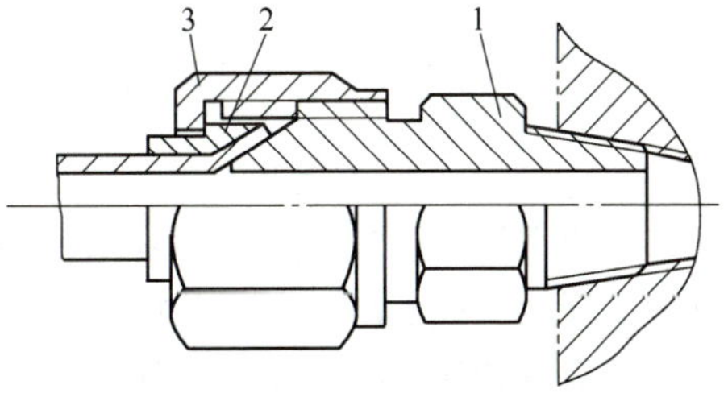


图5-3　扩口管接头

1—接头体　2—管套　3—螺母

以上介绍的均为硬管直通管接头，此外还有二通、三通、四通、铰接等多种形式，使用中可查阅有关手册。

（4）胶管接头　胶管接头有可拆式和扣压式两种，各有 A、B、C 三种形式。随管径不同可用于工作压力在 6~40MPa 的液压系统中，图 5-4 所示为扣压式管接头，这种管接头的连接和密封部分与普通的管接头是相同的，只是要把接管加长，成为心管 1，并和接头外套 2 一起将软管夹住（需在专用设备上扣压而成），使管接头和胶管连成一体。

（5）快换接头　快换接头全称快速装拆管接头，无须装拆工具，适用于经常装拆处。图 5-5 所示为油路接通的工作位置，需要断开油路时，可用力把外套 4 向左推，再拉出接头体 5，钢球 3（有 6~12 颗）即从接头体槽中退出，与此同时，单向阀的锥形阀芯 2 和 6 分别在弹簧 1 和 7 的作用下将两个阀口关闭，油路即断开。这种管接头结构复杂，压力损失大。

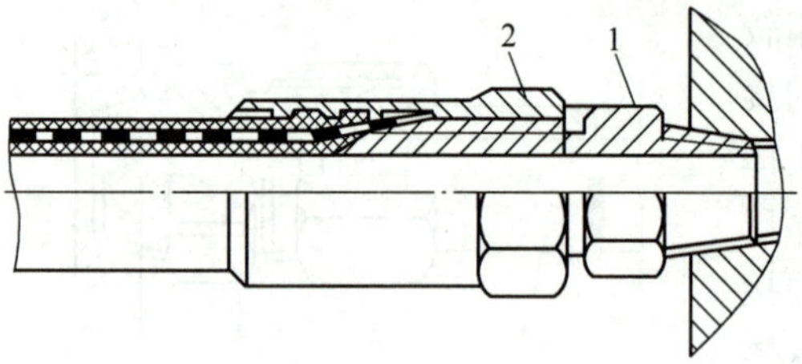

图 5-4　扣压式胶管接头

1—心管　2—接头外套

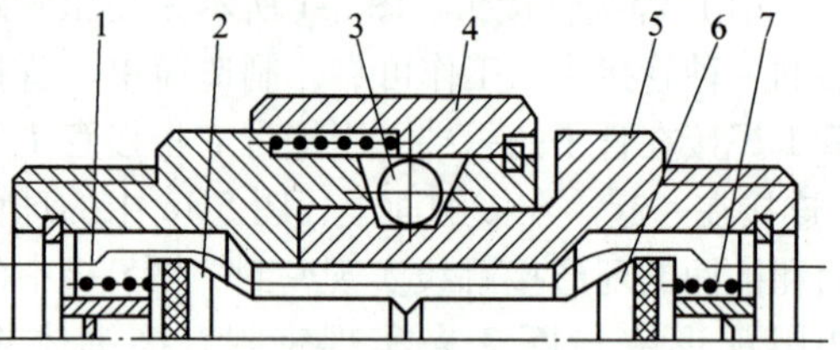

图 5-5　快换接头

1、7—弹簧　2、6—阀芯　3—钢球　4—外套　5—接头体

## 第二节　油　　箱

### 一、功用和结构

油箱的功用主要是储存油液，此外还起着散发油液中的热量、逸出混在油液中的气体、沉淀油中的污物等作用。液压系统中的油箱有总体式和分离式两种。总体式是利用机器设备机身内腔作为油箱（例如压铸机、注塑机等），结构紧凑，各处漏油易于回收，但维修不便，散热条件不好。分离式是设置一个单独油箱，与主机分开，减少了油箱发热和液压源振动对工作精度的影响，因此得到了普遍的应用，特别是在组合机床、自动线和精密机械设备上大多采用分离式油箱。

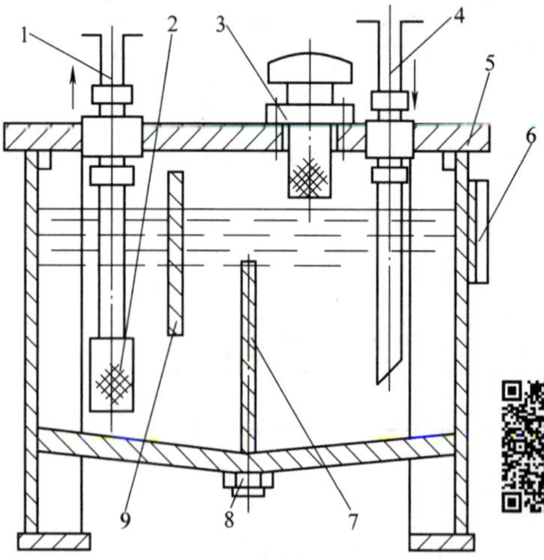

图 5-6　油箱简图

1—吸油管　2—过滤器　3—空气过滤器　4—回油管　5—上盖　6—油面指示器　7、9—隔板　8—放油阀

油箱通常用钢板焊接而成。采用不锈钢板为最好，但成本高，大多数情况下采用镀锌钢板或普通钢板内涂防锈的耐油涂料。随着材料和材料加工成形技术的发展，在航空、航天和生物医药等行业的特殊使用场合，也有采用复合材料制成的专用油箱。图 5-6 所示是一个油箱的简图，

图中1为吸油管，4为回油管，中间有两个隔板7和9，隔板7用作阻挡沉淀杂物进入吸油管，隔板9用作阻挡泡沫进入吸油管，脏物可以从放油阀8放出，空气过滤器3设在回油管一侧的上部，兼有加油和通气的作用，6是油面指示器，当彻底清洗油箱时可将上盖5卸开。

如果将压力不高的压缩空气引入油箱中，使油箱中的压力大于外部压力，这就是所谓液压油箱（也称密闭式油箱），液压油箱中通气压力一般为0.05MPa左右，这时外部空气和灰尘绝无渗入的可能，这对提高液压系统的抗污染能力，改善吸入条件都是有益的。

### 二、设计时的注意事项

在进行油箱的结构设计时应注意以下几个问题：

（1）油箱应有足够的刚度和强度　油箱一般用2.5~4mm的钢板焊接而成，尺寸高大的油箱要加焊角板、加强肋以增加刚度。油箱上盖板若安装电动机传动装置、液压泵和其他液压元件时，盖板不仅要适当加厚，而且还要采取措施局部加强。液压泵和电动机直立安装时，振动一般比水平安装要好些，但散热较差。

（2）油箱要有足够的有效容积　油箱的有效容积（油面高度为油箱高度80%时的容积）应根据液压系统发热、散热平衡的原则来计算，但这只是在系统负载较大、长期连续工作时才有必要进行，一般只须按液压泵的额定流量 $q_p$ 估计即可，一般低压系统油箱的有效容积为液压泵每分钟排油量的2~4倍即可，中压系统为5~7倍，高压系统为10~12倍。

（3）吸油管和回油管应尽量相距远些　吸油管和回油管之间要用隔板隔开，以增加油液循环距离，使油液有足够的时间分离气泡，沉淀杂质。隔板高度最好为箱内油面高度的3/4。吸油管入口处要装粗过滤器，过滤器和回油管管端在油面最低时应没入油中，防止吸油时吸入空气和回油时回油冲入油箱时搅动油面，混入气泡。吸油管和回油管管端宜斜切45°，以增大通流面积，降低流速，回油管斜切口应面向箱壁。管端与箱底、箱壁间距离均应大于管径的三倍，过滤器距箱底不应小于20mm，泄油管管端也可斜切、面壁，但不可没入油中。

（4）防止油液污染　为了防止油液污染，油箱上各盖板、管口处都要妥善密封。注油器上要加过滤网。防止油箱出现负压而设置的通气孔上须装空气过滤器。

为了易于散热和维护保养，箱底离地应有一定距离且适当倾斜，以增大散热面积；在最低部位处设置放油阀或放油塞，以利于排放污油；箱体侧壁应设置油位计；过滤器的安装位置应便于装拆；箱内各处应便于清洗。

（5）油箱要进行油温控制　油箱正常工作的温度应在15~65℃之间，在环境温度变化较大的场合要安装热交换器，但必须考虑它的安放位置以及测温、控制等措施。

（6）油箱内壁要加工　新油箱经喷丸、酸洗和表面清洗后，内壁可涂一层与工作液不相容的塑料薄膜或耐油清漆。

## 第三节　过　滤　器

### 一、过滤器的功用和基本要求

液压系统中75%以上的故障和液压油的污染有关。油液中的污染能加速液压元件的磨损，卡死阀芯，堵塞工作间隙和小孔，使元件失效。导致液压系统不能正常工作，因而必须对油液进行过滤。过滤器的功用在于过滤混在液压油中的杂质，使进入到液压系统中的油液的污染度降低，保证系统正常地工作。一般对过滤器的基本要求是：

1）有足够的过滤精度。过滤精度是指过滤器滤芯滤去杂质的粒度大小，以其直径 $d$ 的公称尺寸（μm）表示。粒度越小，精度越高。精度分粗（≥100μm）、普通（10~100μm）、精（5~10μm）和特精（1~5μm）四个等级。

2）有足够的过滤能力。过滤能力即一定压降下允许通过过滤器的最大流量，一般用过滤器的有效过滤面积（滤芯上能通过油液的总面积）来表示。对过滤器过滤能力的要求，应结合过滤器在液压系统中的安装位置来考虑，如过滤器安装在吸油管路上时，其过滤能力应为泵流量的两倍以上。

3）过滤器应有一定的机械强度，不因液压力的作用而破坏。

4）滤芯耐蚀性能好，并能在规定的温度下持久地工作。

5）滤芯要利于清洗和更换，便于拆装和维护。

## 二、过滤器的形式

过滤器按过滤精度来分可分为粗过滤器和精过滤器两大类；按滤芯的结构可分为网式、线隙式、磁性、烧结式和纸质等；按过滤的方式可分为表面型、深度型和中间型过滤器，下面分别介绍。

1. 表面型过滤器

表面型过滤器的滤芯表面与液压介质接触，这种过滤材料像筛网一样把杂质颗粒阻留在其表面上，最常见的是金属网制成的网式过滤器，如图5-7a所示。这是一种粗过滤器，过滤精度低，为0.08~0.18mm，但是阻力小，其压力损失不超过0.01MPa，可以放在液压泵的进口。保护液压泵不受大粒度机械杂质的损坏，又不影响泵的吸入。另外一种常见的表面型过滤器是如图5-7b所示的线隙式过滤器，它是由细金属丝（$d$=0.4mm）绕成的圆筒，依靠金属丝螺旋线间的间隙阻留油液中的杂质，它也属于粗过滤器；当其安装在液压泵的进油口时，压力损失约为0.02MPa，过滤精度为0.08~0.1mm；装在回油低压管路上的线隙式过滤器压力损失稍大于前者，为0.07~0.35MPa，过滤精度也较好，为0.03~0.05mm，在实际选用过程中要注意它的适用位置。这两种过滤器的优点是可以限定被清除杂质的颗粒度，滤芯可以清洗后重新使用，所以它们被广泛用于液压系统的进油和回油粗过滤中，图5-7c所示为过滤器的图形符号。

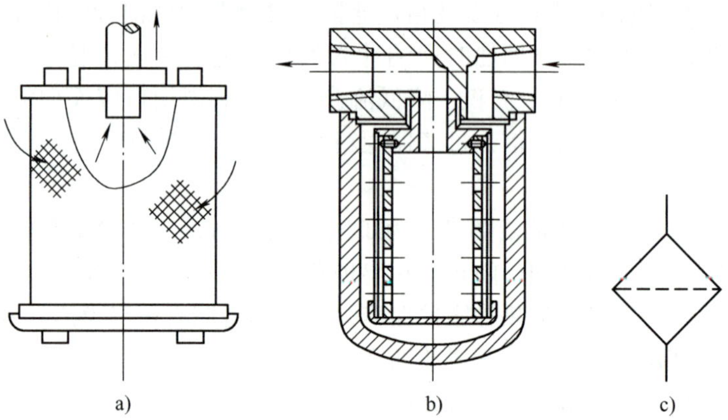

图 5-7 表面型过滤器

2. 深度型过滤器

在深度型过滤器中，油液要流经有复杂缝隙的路程达到过滤的目的。这种过滤器的滤芯材料可以是毛毡、人造丝纤维，不锈钢纤维、粉末冶金等，图 5-8 所示为烧结式过滤器，这种过滤器油液从左侧油孔进入，经滤芯过滤后，从下部的油孔流出，这种过滤器的优点是过滤精度高，可达 0.01~0.06mm，但压力损失较大，为 0.03~0.2MPa，所以不能直接安放在泵的进油口，多安装在排油或回油路上。

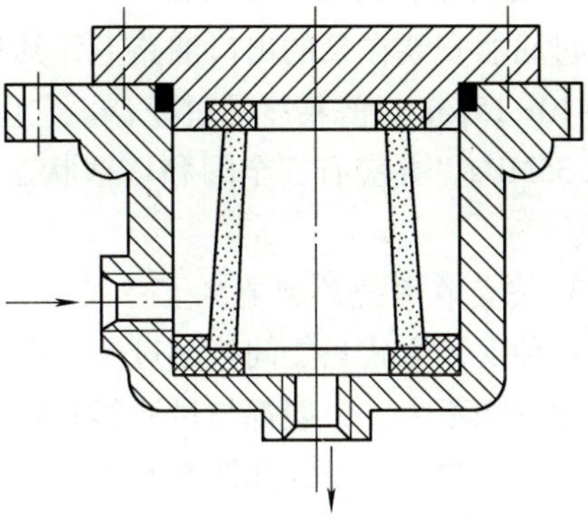

图 5-8　烧结式过滤器

3. 中间型过滤器

中间型过滤器的过滤方式介于上述两者之间，如采用有一定厚度（0.35~0.75mm）的微孔滤纸制成的滤芯。如图 5-9 所示的纸质过滤器，它的过滤精度比较高，一般为 10~20μm，高精度的可达 1μm 左右。这种过滤器的过滤精度适用于一般的高压液压系统，它是当前在中高压液压系统中使用最为普遍的精过滤器，为了扩大过滤面积，纸滤芯做成 W 形，但当纸滤芯被杂质堵塞后不能清洗，要更换滤芯。由于这种过滤器压力损失较大，一般为0.08~0.35MPa，所以只能安在排油管路和回油管路上，不能放在液压泵的进油口。

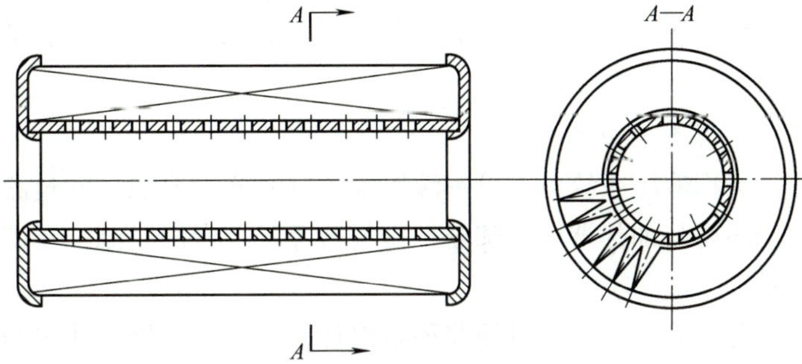


图 5-9　纸质过滤器

## 三、过滤器的选用和安装

根据所设计的液压系统的技术要求，按过滤精度、通油能力（流量）、工作压力、油液的黏度和工作温度等来选用不同类型的过滤器及其型号。过滤器在液压系统中的安装位置，通常有下列几种：

1. 安装在泵的吸油口

泵的吸油路上一般都安装表面型过滤器，目的是滤去较大的杂质微粒以保护液压泵，为不影响泵的吸油性能，防止气穴现象，过滤器的过滤能力应为泵流量的两倍以上，压力损失不得超过 0.02MPa。必要时，泵的吸入口应置于油箱液面以下，如图 5-10 中 1 所示。

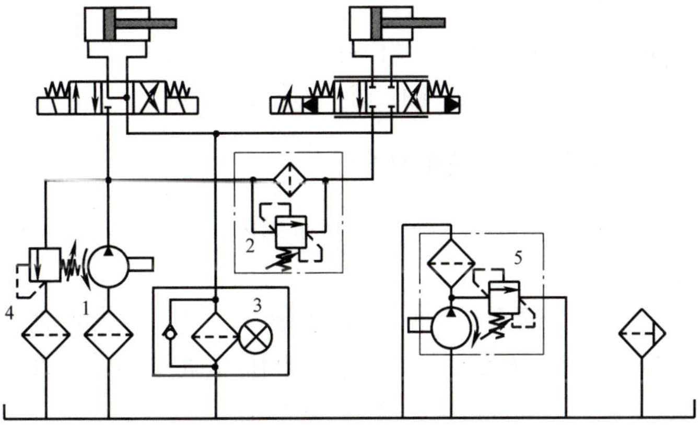


图 5-10　过滤器在液压系统中的安装位置

2. 安装在泵的出口油路上

过滤器安装在泵的出口油路上，其目的是用来滤除可能侵入阀类等元件的污染物。一般采用 10~15μm 过滤精度的过滤器，它应能承受油路上的工作压力和冲击压力，其压降应小于 0.35MPa，并应有安全阀和堵塞状态发讯装置，以防泵过载和滤芯损坏，如图 5-10 中 2 所示。

3. 安装在系统的回油路上

这种安装方式只能间接地过滤。由于回油路压力低，可采用强度低的过滤器，其压降对系统也影响不大。一般都与过滤器并联一单向阀，起旁通作用，当过滤器堵塞达到一定压力损失时，单向阀打开，如图 5-10 中 3 所示。

4. 安装在系统的分支油路上

当液压泵的流量较大时，若采用上述各种方式过滤，过滤器规格可能很大。为此可在只有泵流量 20%~30% 的支路上安装一小规格过滤器，对油液起过滤作用，如图 5-10 中 4 所示。

5. 单独过滤系统

大型液压系统可专设一液压泵和过滤器组成独立的过滤回路，专门用来清除系统中的杂质，还可与加热器、冷却器、排气器等配合使用。滤油车即为单独过滤系统，如图 5-10 中 5 所示。

另一方面，安装过滤器还应注意，一般过滤器只能单向使用，即进出油口不可反用，以利于滤芯清洗和安全。因此，过滤器不要安装在液流方向可能变换的油路上。必要时油路中要增设单向阀和过滤器，以保证双向过滤。作为过滤器的新进展，目前双向过滤器也已问世。

## 第四节　密 封 装 置

密封是解决液压系统泄漏问题最重要、最有效的手段。液压系统如果密封不良，可能出现不允许的外泄漏，外漏的油液将会污染环境，可能使空气进入吸油腔，影响液压泵的工作性能和液压执行元件运动的平稳性（爬行）。泄漏严重时，系统容积效率过低，甚至工作压力达不到要求值；若密封过度，虽可防止泄漏，但会造成密封部分的剧烈磨损，缩短密封件的使用寿命，增大液压元件内的运动摩擦阻力，降低系统的机械效率。因此，合理地选用和设计密封装置在液压系统的设计中是很重要的。

### 一、对密封装置的要求

1）在工作压力和一定的温度范围内，应具有良好的密封性能，并随着压力的增加能自动提高密封性能。

2）密封装置和运动件之间的摩擦力要小，摩擦系数要稳定。

3）耐蚀能力强，不易老化，工作寿命长，耐磨性好，磨损后在一定程度上能自动补偿。

4）结构简单，使用、维护方便，价格低廉。

## 二、密封装置的类型和特点

密封按其工作原理来分可分为非接触式密封和接触式密封。前者主要指间隙密封，后者指密封件密封。

1. 间隙密封

间隙密封是靠相对运动件配合面之间的微小间隙来进行密封的，常用于柱塞、活塞或阀的圆柱配合副中，一般在阀芯的外交面开有几条等距离的均压槽，它的主要作用是使径向压力分布均匀，减少液压卡紧力，同时使阀芯在孔中对中性好，以减小间隙的方法来减少泄漏。同时，槽所形成的阻力，对减少泄漏也有一定的作用。均压槽一般宽 0.3～0.5mm，深为 0.5～1.0mm。圆柱面配合间隙与直径大小有关，对于阀芯与阀孔一般取 0.005～0.017mm。这种密封的优点是摩擦力小，缺点是磨损后不能自动补偿，主要用于直径较小的圆柱面之间，如液压泵内的柱塞与缸体之间、滑阀的阀芯与阀孔之间的配合。

2. O 形密封圈

O 形密封圈一般用耐油橡胶制成，其横截面呈圆形，它具有良好的密封性能，内外侧和端面都能起密封作用，结构紧凑，运动件的摩擦阻力小，制造容易，装拆方便，成本低，在液压系统中得到广泛的应用。

图 5-11 所示为 O 形密封圈的结构和工作情况。图 5-11a 为其外形图；图 5-11b 为装入密封沟槽的情况，$\delta_1$、$\delta_2$ 为 O 形密封圈装配后的预压缩量，通常用压缩率 $W$ 表示，即 $W=[(d_0-h)/d_0]\times100\%$，对于固定密封、往复运动密封和回转运动密封，应分别达到 15%～20%、10%～20% 和 5%～10%，才能取得满意的密封效果。当油液工作压力超过 10MPa 时，O 形密封圈在往复运动中容易被油液压力挤入间隙而提早损坏（图 5-11c），为此要在它的侧面安放 1.2～1.5mm 厚的聚四氟乙烯挡圈，单向受力时在受力侧的对面安放一个挡圈（图5-11d）；双向受力时则在两侧各放一个挡圈（图 5-11e）。

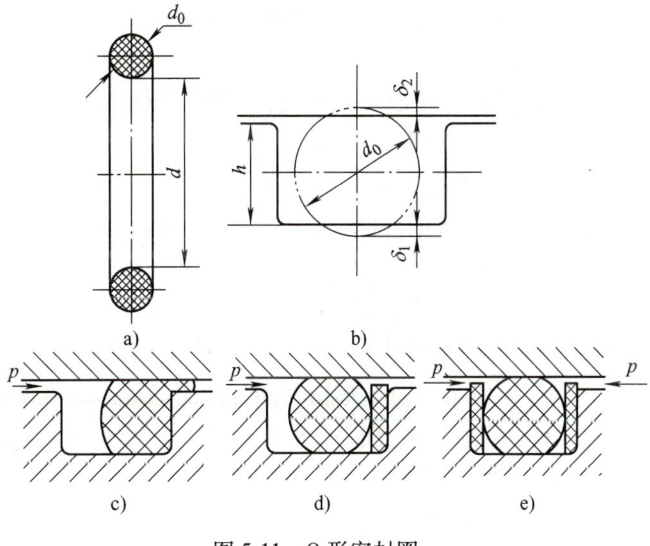

图 5-11　O 形密封圈

O 形密封圈的安装沟槽，除矩形外，还有 V 形、燕尾形、半圆形、三角形等，实际应用中可查阅有关手册及国家标准。

3. 唇形密封圈

唇形密封圈根据截面的形状可分为 Y 形、V 形、U 形、L 形等，其工作原理如图 5-12 所示。液压力将密封圈的两唇边 $h_1$ 压向形成间隙的两个零件的表面。这种密封作用的特点是能随着工作压力的变化自动调整密封性能，压力越高则唇边被压得越紧，密封性越好；当压力降低时唇边压紧程度也随之降低，从而减少了摩擦阻力和功率消耗，除此之外，还能自动补偿唇边的磨损，保持密封性能不降低。

目前，液压缸中普遍使用图 5-13 所示的小 Y 形密封圈作为活塞和活塞杆的密封。其中，图 5-13a 为轴用密封圈，图 5-13b 所示为孔用密封圈。这种小 Y 形密封圈的特点是断面宽度和高度的比值大，增加了底部支承宽度，可以避免摩擦力造成的密封圈的翻转和扭曲。

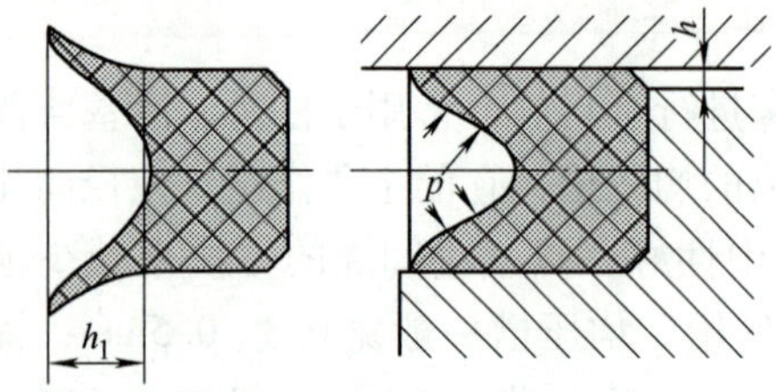


图 5-12　唇形密封圈的工作原理

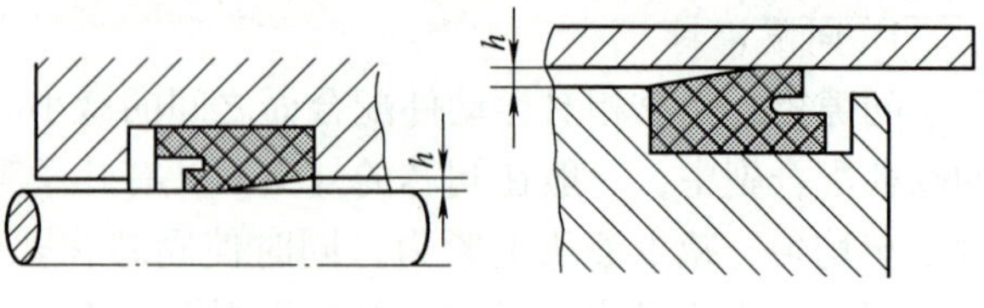


a)　　b)

图 5-13　小 Y 形密封圈

在高压和超高压情况下（压力大于 25MPa），V 形密封圈也有应用，V 形密封圈的形状如图 5-14 所示，它由多层涂胶织物压制而成，通常由压环、密封环和支承环三个圈叠在一起使用，此时已能保证良好的密封性，当压力更高时，可以增加中间密封环的数量，这种密封圈在安装时要预压紧，所以摩擦阻力较大。

唇形密封圈安装时，应使其唇边开口面对液压油，使两唇张开，分别贴紧在机件的表面上。

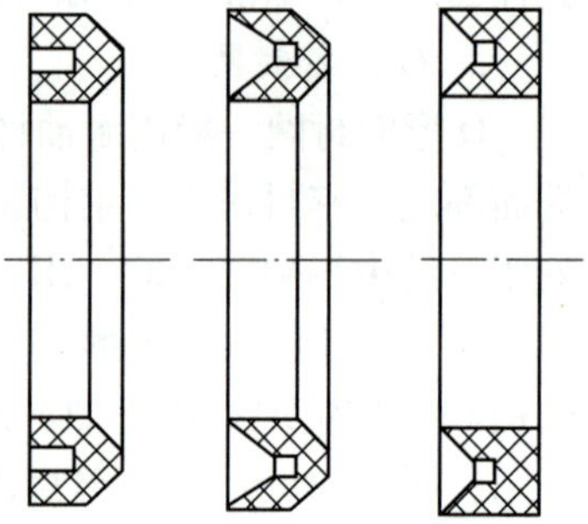

a)　　b)　　c)

图 5-14　V 形密封圈

a）支承环　b）密封环　c）压环

4. 组合式密封装置

随着液压技术的应用日益广泛，系统对密封的要求越来越高，普通的密封圈单独使用已不能很好地满足密封性能，特别是使用寿命和可靠性方面的要求，因此，研究和开发了由包括密封圈在内的二个以上元件组成的组合式密封装置。

图 5-15a 所示的为 O 形密封圈与截面为矩形的聚四氟乙烯塑料滑环组成的组合密封装置。其中，滑环 2 紧贴密封面，O 形密封圈 1 为滑环提供弹性预压力，在介质压力等于零时构成密封，由于密封间隙靠滑环，而不是 O 形密封圈，因此摩擦阻力小而且稳定，可以用于 40MPa 的高压；往复运动密封时，速度可达 15m/s；往复摆动与螺旋运动密封时，速度可达 5m/s。矩形滑环组合密封的缺点是抗侧倾能力稍差，在高低压交变的场合下工作容易漏油。图 5-15b 为

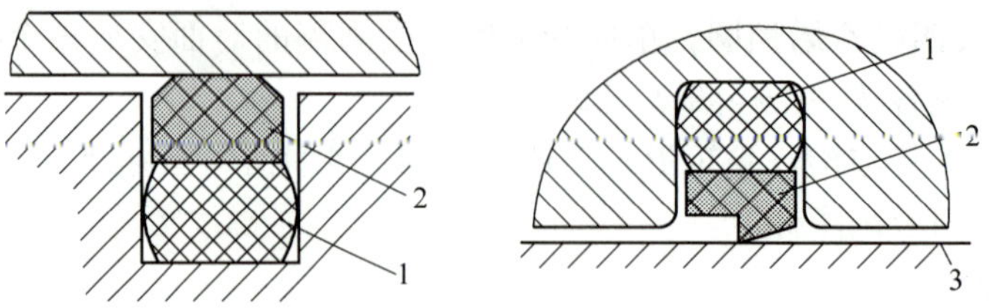


a)　　b)

图 5-15　组合式密封装置

1—O 形密封圈　2—滑环　3—被密封件

由支持环 2 和 O 形密封圈 1 组成的轴用组合密封，由于支持环与被密封件 3 之间为线密封，其工作原理类似唇边密封。支持环采用一种经特别处理的化合物，具有极佳的耐磨性、低摩擦和保形性，不存在橡胶密封低速时易产生的“爬行”现象。工作压力可达 80MPa。

组合式密封装置由于充分发挥了橡胶密封圈和滑环（支持环）的长处，因此不仅工作可靠、摩擦力低而稳定，而且使用寿命比普通橡胶密封提高近百倍，在工程上的应用日益广泛。

5. 回转轴的密封装置

回转轴的密封装置形式很多，图 5-16 所示是一种耐油橡胶制成的回转轴用密封圈，它的内部有直角形圆环铁骨架支承，密封圈的内边围着一条螺旋弹簧，把内边收紧在轴上来进行密封。这种密封圈主要用作液压泵、液压马达和回转式液压缸的伸出轴的密封，以防止油液漏到壳体外部，它的工作压力一般不超过 0.1MPa，最大允许线速度为 4~8m/s，须在有润滑情况下工作。

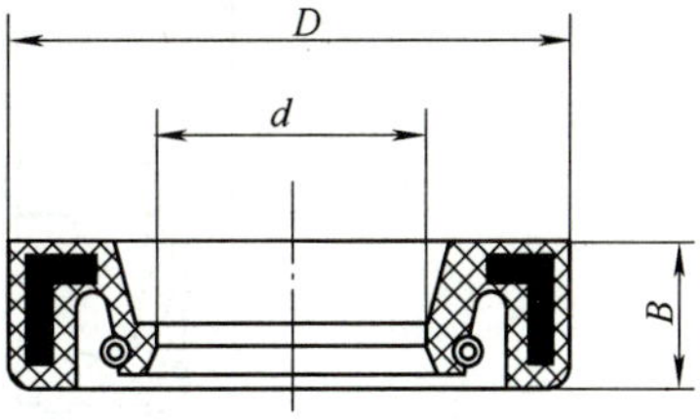

图 5-16 回转轴用密封圈

## 第五节 蓄 能 器

蓄能器是液压系统中的储能元件，它储存多余的液压油液，并在需要时释放出来供给系统。

### 一、蓄能器的类型与结构

蓄能器有重力式、弹簧式和充气式三类，常用的是充气式，它又可分为活塞式、囊式和隔膜式三种。在此主要介绍活塞式及囊式两种蓄能器。

1. 活塞式蓄能器

图 5-17a 所示为活塞式蓄能器，它是利用在缸筒 2 中浮动的活塞 1 把缸中液压油和气体隔开。这种蓄能器的活塞上装有密封圈，活塞的凹部面向气体，以增加气体室的容积。这种蓄能器结构简单，易安装，维修方便；但活塞的密封问题不能完全解决，有压气体容易漏入液压系统中，而且由于活塞的惯性和密封件的摩擦力，使活塞动作不够灵敏；最高工作压力为 17MPa，总容量为 1~39L，温度适用范围为-4~+80℃。

2. 囊式蓄能器

图 5-17b 所示为 NXQ 型皮囊折合式蓄能器，它由壳体 5、皮囊 6、充气阀 4、限位阀 7 等组成，工作压力为 3.5~35MPa，容量范围为 0.6~200L，温度适用范围为-10~+65℃。工作前，从充气阀向皮囊内充进一定压力的气体，然后将充气阀关闭，使气体封闭在皮囊内，要储存的油液，从壳体底部限位阀处引到皮囊外腔，使皮囊受压缩而储存液压能。其优点是惯性小，反应灵敏，且结构小、重量轻，一次充气后能长时间保存气体，充气也较方便，故在液压系统中得到广泛的应用。图 5-17c 所示为充气式蓄能器的图形符号。

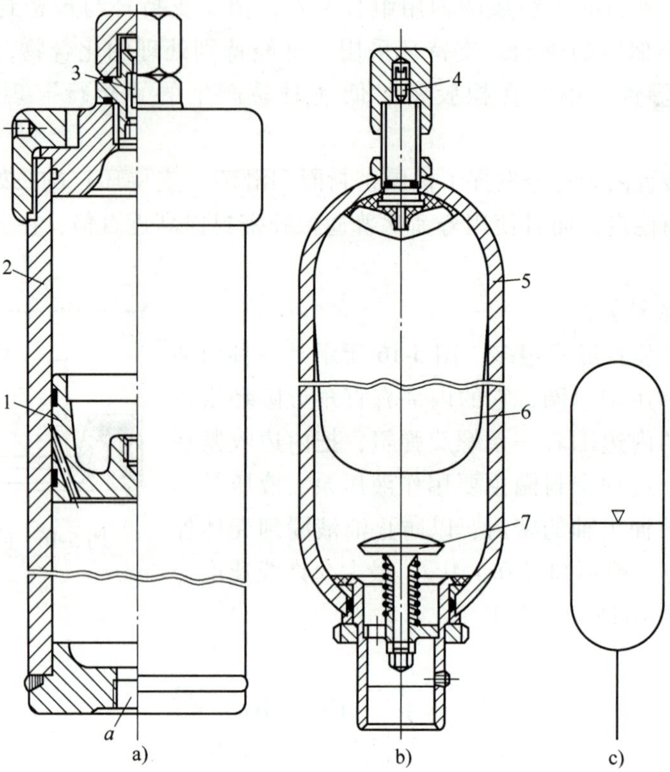


图 5-17　充气式蓄能器

1—活塞　2—缸筒　3、4—充气阀　5—壳体　6—皮囊　7—限位阀

## 二、蓄能器的功用

1. 作辅助动力源

当液压系统工作循环中所需的流量变化较大时，可采用一个蓄能器与一个较小流量（整个工作循环的平均流量）的泵，在短期大流量时，由蓄能器与泵同时供油；所需流量较小时，泵将多余的油液充入蓄能器，这样，可节省能源，降低温升。另一方面，在有些特殊的场合，如停电或驱动液压泵的原动力发生故障时，蓄能器可作应急能源短期使用。

2. 保压和补充泄漏

当液压系统要求较长时间内保压时，可采用蓄能器补充其泄漏，使系统压力保持在一定范围内。

3. 缓和冲击，吸收压力脉动

当阀门突然关闭或换向时，系统中产生的冲击压力可由安装在产生冲击处的蓄能器来吸收，使液压冲击的峰值降低，若将蓄能器安装在液压泵的出口处，可降低液压泵压力脉动的峰值。

## 三、蓄能器容量计算

蓄能器容量的大小和它的用途有关，现以囊式蓄能器为例加以说明。

1. 作辅助动力源时的容量计算

蓄能器储存和释放液压油容量和气囊中气体体积的变化量相等，由气体定律有

$$p_0V_0^n=p_1V_1^n=p_2V_2^n \tag{5-1}$$

式中，$p_0$ 为气囊工作前的充气压力；$V_0$ 为气囊工作前的充气体积（蓄能器的容量）；$p_1$ 为蓄能器储油结束时的压力；$V_1$ 为气囊被压缩后相应于 $p_1$ 时的气体体积；$p_2$ 为蓄能器向系统供油时的压力；$V_2$ 为气囊膨胀后相应于 $p_2$ 时的气体体积。

体积差 $\Delta V=V_2-V_1$ 为供给系统的油液体积，代入式（5-1），可得到

$$V_0=\left(\frac{p_2}{p_0}\right)^{\frac{1}{n}}V_2=\left(\frac{p_2}{p_0}\right)^{\frac{1}{n}}(V_1+\Delta V)=\left(\frac{p_2}{p_0}\right)^{\frac{1}{n}}\left[\left(\frac{p_0}{p_1}\right)^{\frac{1}{n}}V_0+\Delta V\right]$$

即

$$V_0=\frac{\Delta V\left(\frac{p_2}{p_0}\right)^{\frac{1}{n}}}{1-\left(\frac{p_2}{p_1}\right)^{\frac{1}{n}}} \tag{5-2}$$

充气压力 $p_0$ 在理论上可与 $p_2$ 相等，为保证在 $p_2$ 时蓄能器仍具有一定的补偿系统泄漏的能力，应使 $p_0<p_2$，一般取 $p_0=(0.8\sim0.85)\ p_2$ 或 $0.9\ p_2>p_0>0.25p_1$。若 $V_0$ 已知，则蓄能器的供油体积为

$$\Delta V=p_0{}^{\frac{1}{n}}V_0\left[\left(\frac{1}{p_2}\right)^{\frac{1}{n}}-\left(\frac{1}{p_1}\right)^{\frac{1}{n}}\right] \tag{5-3}$$

式中，$n$ 为指数，当蓄能器用来保压、补偿泄漏时，它释放能量的速度是缓慢的，可以认为气体在等温下工作，取 $n=1$；当蓄能器用来作辅助动力源时，它释放能量的速度是迅速的，可以认为气体在绝热条件下工作，取 $n=1.4$。

2. 作缓和液压冲击时的容量计算

由于作缓和冲击用的蓄能器容量与管路布置、流动状态、阻尼和泄漏等因素有关，所以准确计算较为困难，在实际应用中常使用经验计算公式计算蓄能器的最小容量，即

$$V_0=\frac{0.004qp_1(0.0164L-t)}{p_1-p_2} \tag{5-4}$$

式中，$V_0$ 为蓄能器的容量（L）；$q$ 为阀口关闭前管内流量（L/min）；$p_2$ 为阀口关闭前管内压力（MPa）；$L$ 为冲击管长（m）；$p_1$ 为允许的最大冲击压力（MPa）；$t$ 为阀口关闭时间（$t<0.0164L$）（s）。

3. 吸收液压泵脉动压力时的容量计算

一般采用以下经验公式进行计算，即

$$V_0=\frac{Vi}{0.6K} \tag{5-5}$$

式中，$V$ 为液压泵的排量（L/r）；$i$ 为排量的变化率：$\Delta V/V$；$\Delta V$ 为超过平均排量的排出

量（L）；$K$ 为液压泵的压力脉动率：$\Delta p/p_{\mathrm{p}}$；$\Delta p$ 为压力脉动单侧振幅。

在使用时，蓄能器充气压力 $p_0=0.6p$。

## 四、蓄能器的安装

蓄能器在液压系统中的安装位置随其功用而定，主要应注意以下几点：

1）囊式蓄能器应垂直安装，油口向下。

2）用于吸收液压冲击和压力脉动的蓄能器应尽可能安装在振源附近。

3）装在管路上的蓄能器须用支板或支架固定。

4）蓄能器与液压泵之间应安装单向阀，防止液压泵停止工作时，蓄能器储存的液压油倒流而使泵反转；蓄能器与管路之间也应安装截止阀，供充气和检修之用。

## 习　题

5-1　某液压系统，使用 YB 叶片泵，压力为 6.3MPa，流量为 40L/min。试选油管的尺寸。

5-2　一单杆液压缸，活塞直径为 100mm，活塞杆直径为 56mm，行程为 500mm，现有杆腔进油，无杆腔回油，问由于活塞的移动而使有效底面积为 200cm 的油箱内液面高度的变化是多少？

5-3　囊式蓄能器容量为 2.5L，气体的充气压力为 2.5MPa，当工作压力从 $p_1=7\text{MPa}$ 变化到 4MPa 时，蓄能器能输出的油液体积为多少？

# 第六章

# 液压基本回路

液压传动的设备，无论怎样复杂，总是由一些能够完成某种特定控制功能的基本回路组成的。基本回路种类很多，但按其在系统中的功能一般可分为三类：压力控制回路，即控制液压系统全部或局部压力而采用的调压回路、减压和增压回路等；速度控制回路，即调节和变换执行元件的运动速度用的速度回路和速度换接回路等；方向控制回路，即改变执行元件运动方向用的换向回路、平衡和紧锁回路、控制多个执行元件的顺序和同步回路等。

**本章重点**

1. 压力控制回路的工作原理及应用。
2. 节流阀节流调速回路的速度负载特性。
3. 快速运动回路和速度换接回路的工作原理及应用。
4. 多缸动作回路的实现方式。

**本章难点**

1. 平衡回路的工作原理及应用。
2. 容积调速回路的调节方法及应用。
3. 多缸快慢速互不干扰回路的工作原理。

## 第一节　压力控制回路

压力控制回路是利用压力控制阀来控制系统整体或某一部分的压力，以满足液压执行元件对力或转矩要求的回路。这类回路包括调压、减压、增压、卸荷、保压和平衡等多种回路。

### 一、调压回路

调压回路的功用是使液压系统整体或部分的压力保持恒定或不超过某个数值。在定量泵系统中，液压泵的供油压力可以通过溢流阀来调节。在变量泵系统中，用安全阀来限定系统的最高压力，防止系统过载。若系统中需要两种以上的压力，则可采用多级调压回路。

（1）单级调压回路　如图 4-14a 所示，在定量泵 1 出口处设置并联的溢流阀 2，即可组成单级调压回路，从而控制了液压系统的最高压力值。

（2）二级调压回路　图 6-1a 所示为二级调压回路，可实现两种不同的系统压力控制。

由先导型溢流阀2和直动型溢流阀4各调一级，当二位二通电磁阀3处于图示位置时，系统压力由阀2调定，当阀3得电后处于右位时，系统压力由阀4调定。但要注意：阀4的调定压力一定要小于阀2的调定压力，否则不能实现调压；当系统压力由阀4调定时，先导型溢流阀2的先导阀口关闭，但主阀开启，液压泵的溢流流量经主阀回油箱。

（3）多级调压回路　如图6-1b所示的由溢流阀1、2、3分别控制系统的压力，从而组成了三级调压回路。当两电磁铁均不带电时，系统压力由阀1调定，当1YA得电，由阀2调定系统压力；当2YA带电时系统压力由阀3调定。但在这种调压回路中，阀2和阀3的调定压力要小于阀1的调定压力，而阀2和阀3的调定压力之间没有关系。

（4）连续、按比例进行压力调节的回路　如图6-1c所示，调节先导型比例电磁溢流阀1的输入电流，即可实现系统压力的无级调节，这样不但回路结构简单，压力切换平稳，而且更容易使系统实现远距离控制或自动化程控。

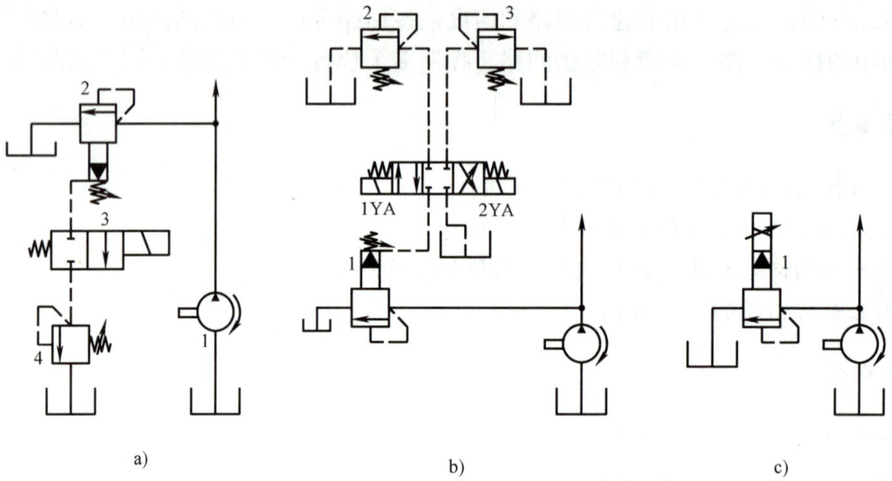


图6-1　调压回路

## 二、减压回路

减压回路的功用是使系统中的某一部分油路具有较低的稳定压力。最常见的减压回路通过定值减压阀与主油路相连，如图6-2a所示。回路中的单向阀供主油路压力降低（低于减压阀调整压力）时防止油液倒流，起短时保压之用，减压回路中也可以采用类似两级或多级调压的方法获得两级或多级减压，图6-2b所示为利用先导型减压阀1的远控口接一远控溢流阀2，则可由阀1、阀2各调得一种低压，但要注意，阀2的调定压力值一定要低于阀1的调定压力值。

为了使减压回路工作可靠起见，减压阀的最低调整压力不应小于0.5MPa，最高调整压力至少应比系统压力小0.5MPa。当减压回路中的执行元件需要调速时，调速元件应放在减压阀的后面，以避免减压阀泄漏（指由减压阀泄油口流回油箱的油液）对执行元件的速度发生影响。

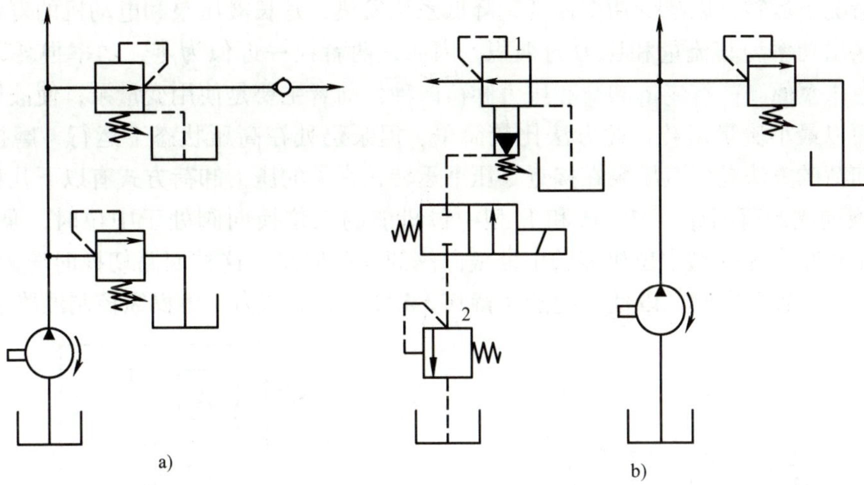


图 6-2　减压回路

## 三、增压回路

当液压系统中的某一支油路需要压力较高但流量又不大的液压油，若采用高压泵又不经济，或者根本就没有这样高压力的液压泵时，就要采用增压回路。采用了增压回路，系统的工作压力仍然较低，因而节省能源，而且系统工作可靠、噪声小。

（1）单作用增压缸的增压回路　图 6-3a 所示为利用增压缸的单作用增压回路，当系统在图示位置工作时，系统的供油压力 $p_1$ 进入增压缸的大活塞腔，此时在小活塞腔即可得到所需的较高压力 $p_2$；当二位四通电磁换向阀右位接入系统时，增压缸返回，辅助油箱中的油液经单向阀补入小活塞腔。因而该回路只能间歇增压，所以称为单作用增压回路。

（2）双作用增压缸的增压回路　图 6-3b 所示为采用双作用增压缸的增压回路，能连续输出高压油，在图示位置，液压泵输出的液压油经换向阀 5 和单向阀 1 进入增压缸左端大、小活塞腔，右端大活塞腔的回油通油箱，右端小活塞腔增压后的高压油经单向阀 4 输出，此时单向阀 2、3 被关闭。当增压缸活塞移到右端时，换向阀得电换向，增压缸活塞向左移动。同理，左端小活塞腔输出的高压油经单向阀 3 输出，这样，增压缸的活塞不断往复运动，两端便交替输出高压油，从而实现了连续增压。

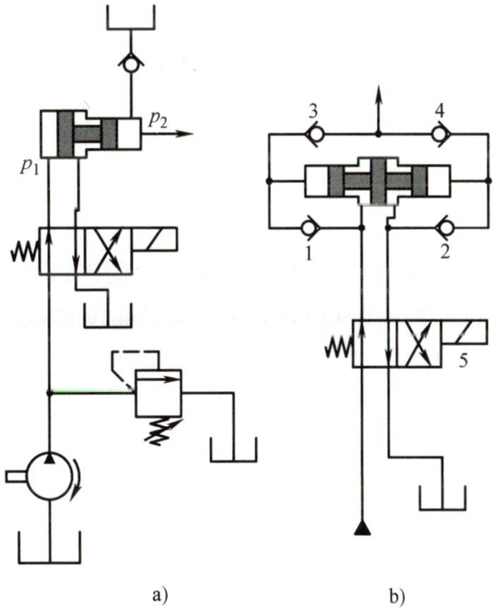


图 6-3　增压回路

## 四、卸荷回路

卸荷回路的功用是在液压泵的驱动电动机不频繁启闭的情况下，使液压泵在功率损耗接近于零的情况下运转，以减少功率损耗，降低系统发热，延长液压泵和电动机的寿命。因为液压泵的输出功率为其流量和压力的乘积，因而，两者任一近似为零，功率损耗即近似为零，因此液压泵的卸荷有流量卸荷和压力卸荷两种，前者主要是使用变量泵，使液压泵仅为补偿泄漏而以最小流量运转，此方法比较简单，但泵仍处在高压状态下运行，磨损比较严重；压力卸荷的方法是使液压泵在接近零压下运转，常见的压力卸荷方式有以下几种：

（1）换向阀卸荷回路　M、H 和 K 型中位机能的三位换向阀处于中位时，泵即卸荷。如图 6-4 所示为采用 M 型中位机能的电液换向阀的卸荷回路，这种回路切换时压力冲击小，但回路中必须设置单向阀，以使系统能保持 0. 3MPa 左右的压力，供操纵控制油路之用。

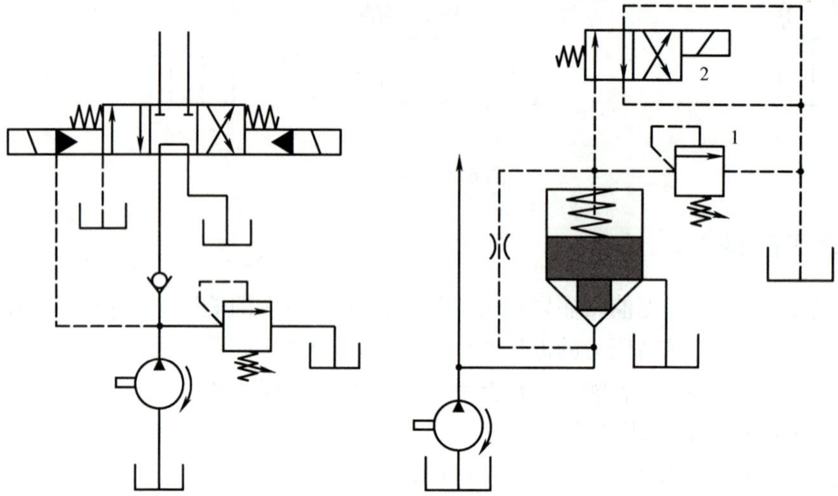


a)　　b)

图 6-4　卸荷回路

1—溢流阀　2—二位四通电磁阀

（2）用先导型溢流阀卸荷的卸荷回路　图 6-4a 中若去掉远程调压阀，使先导型溢流阀的远程控制口直接与二位二通电磁阀相连，便构成一种用先导型溢流阀的卸荷回路，这种卸荷回路卸荷压力小，切换时冲击也小。

（3）二通插装阀卸荷回路　图 6-4b 所示为二通插装阀的卸荷回路。由于二通插装阀通流能力大，因而这种卸荷回路适用于大流量的液压系统。正常工作时，液压泵压力由溢流阀 1 调定。当二位四通电磁阀 2 通电后，主阀上腔接通油箱，主阀口安全打开，泵即卸荷。

在双泵供油回路中利用顺序阀作卸荷阀的卸荷方式，详见图 6-18。

## 五、保压回路

有的机械设备在工作过程中，常常要求液压执行机构在其行程终止时，保持压力一段时间，这时需采用保压回路。所谓保压回路，也就是使系统在液压缸不动或仅有工件变形所产生的微小位移下稳定地维持住压力，最简单的保压回路是使用密封性能较好的液控单向阀的回路，但是阀类元件处的泄漏使得这种回路的保压时间不能维持太久。常用的保压回路有以下几种：

（1）利用液压泵的保压回路　利用液压泵的保压回路，也就是在保压过程中，液压泵仍以较高的压力（保压所需压力）工作，此时，若采用定量泵则液压油几乎全经溢流阀流回油箱，系统功率损失大，易发热，故只在小功率的系统且保压时间较短的场合下才使用；若采用变量泵，在保压时泵的压力较高，但输出流量几乎等于零，因而，液压系统的功率损失小，这种保压方法能随泄漏量的变化而自动调整输出流量，因而其效率也较高。

（2）利用蓄能器的保压回路　如图 6-5a 所示的回路，当主换向阀在左位工作时，液压缸向前运动且压紧工件，进油路压力升高至调定值，压力继电器发出信号使二通阀通电，泵即卸荷，单向阀自动关闭，液压缸则由蓄能器保压。液压缸压力不足时，压力继电器复位使泵重新工作。保压时间的长短取决于蓄能器容量，调节压力继电器的工作区间即可调节液压缸中压力的最大值和最小值。图 6-5b 所示为多缸系统中的一缸保压回路，这种回路当主油路压力降低时，单向阀 3 关闭，支路由蓄能器 4 保压并补偿泄漏，压力继电器 5 的作用是当支路中压力达到预定值时发出信号，使主油路开始动作。

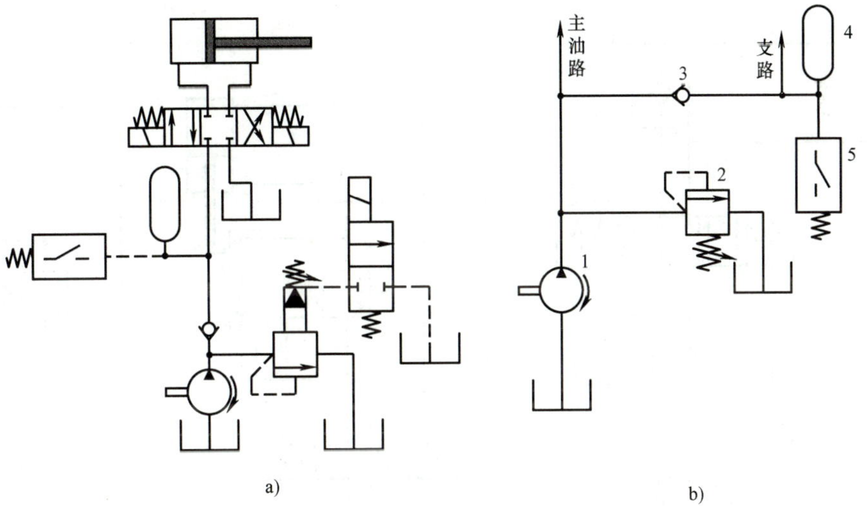


图 6-5　用蓄能器的保压回路

1—液压泵　2—溢流阀　3—单向阀　4—蓄能器　5—压力继电器

（3）自动补油式保压回路　图 6-6 所示为采用液控单向阀和电接触式压力表的自动补油式保压回路，其工作原理为：当 1YA 得电，换向阀右位接入回路，液压缸上腔压力上升至电接触式压力表的上限值时，上触点接电，使电磁铁 1YA 失电，换向阀处于中位，液压泵卸荷，液压缸由液控单向阀保压。当液压缸上腔压力下降到预定下限值时，电接触式压力表又发出信号，使 1YA 得电，液压泵再次向系统供油，使压力上升，当压力达到上限值时，上触点又发出信号，使 1YA 失电。因此，这一回路能自动地使液压缸补充液压油，使其压力能长期保持在一定范围内。

## 六、平衡回路

平衡回路的功用在于防止垂直或倾斜放置的液压缸和与之相连的工作部件因自重而自行下落。图 6-7a 所示为采用单向顺序阀的平衡回路，当 1YA 得电后活塞下行时，回油路上就存在着一定的背压；只要将这个背压调得能支承住活塞和与之相连的工作部件自重，活塞就可以平稳地下落。当换向阀处于中位时，活塞就停止运动，不再继续下移。这种回路当活塞向下快速运动时功率损失大，锁住时活塞和与之相连的工作部件会因单向顺序阀和换向阀的泄漏而缓慢下落；因此它只适用于工作部件重量不大、活塞锁住时定位要求不高的场合。图6-7b所示为采用液控顺序阀的平衡回路。当活塞下行时，控制液压油打开液控顺序阀，背压消失，因而回路效率较高，当停止工作时，液控顺序阀关闭以防止活塞和工作部件因自重而下降。这种平衡回路的优点是只有上腔进油时活塞才下行，比较安全可靠；缺点是，活塞下行时平稳性较差。这是因为活塞下行时，液压缸上腔油压降低，将使液控顺序阀关闭。当顺序阀关闭时，因活塞停止下行，使液压缸上腔油压升高，又打开液控顺序阀。因此液控顺序阀始终工作于启闭的过渡状态，因而影响工作的平稳性，这种回路适用于运动部件重量不很大、停留时间较短的液压系统中。

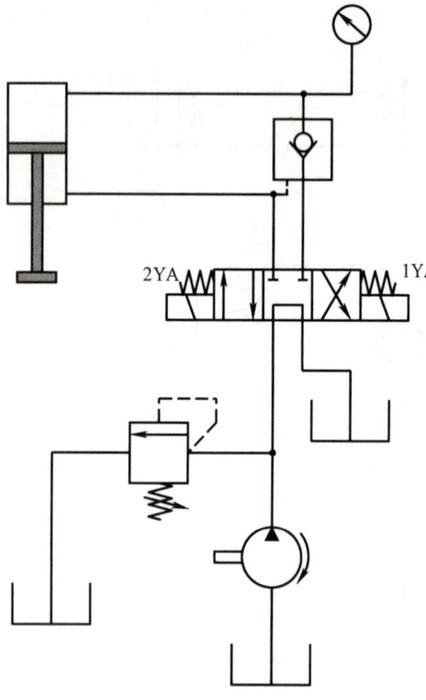


图6-6　自动补油式保压回路

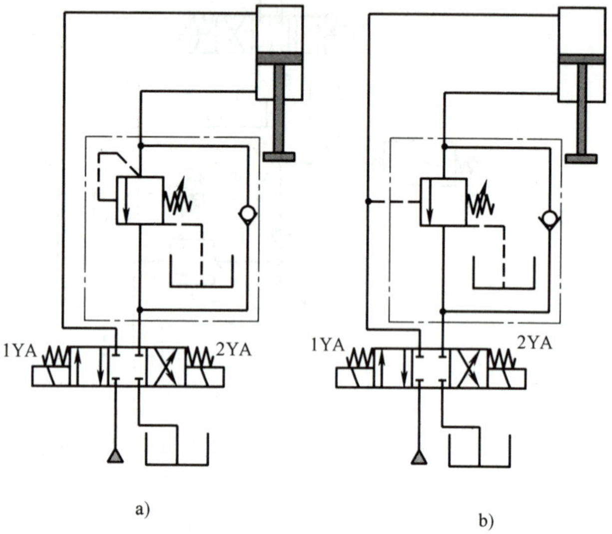


图6-7　用顺序阀的平衡回路

## 第二节　速度控制回路

液压传动系统中的速度控制回路包括调节液压执行元件的速度的调速回路、使之获得快速运动的快速回路、快速运动和工作进给速度以及工作进给速度之间的速度换接回路。

### 一、调速回路

调速是为了满足液压执行元件对工作速度的要求，在不考虑液压油的压缩性和泄漏的情况下，液压缸的运动速度为

$$v=\frac{q}{A} \tag{6-1}$$

液压马达的转速为

$$n=\frac{q}{V_M} \tag{6-2}$$

式中，$q$ 为输入液压执行元件的流量；$A$ 为液压缸的有效面积；$V_M$ 为液压马达的排量。

由以上两式可知，改变输入液压执行元件的流量 $q$ 或改变液压缸的有效面积 $A$（或液压马达的排量 $V_M$）均可以达到改变速度的目的。但改变液压缸工作面积的方法在实际中是不现实的，因此，只能用改变进入液压执行元件的流量或用改变变量液压马达排量的方法来调速。为了改变进入液压执行元件的流量，可采用变量液压泵来供油，也可采用定量泵和流量控制阀，以改变通过流量阀流量的方法。用定量泵和流量阀来调速时，称为节流调速；用改变变量泵或变量液压马达的排量调速时，称为容积调速；用变量泵和流量阀来达到调速目的时，则称为容积节流调速。

**（一）节流调速回路**

节流调速回路的工作原理是通过改变回路中流量控制元件（节流阀和调速阀）通流截面积的大小来控制流入执行元件或自执行元件流出的流量，以调节其运动速度。根据流量阀在回路中的位置不同，分为进油节流调速、回油节流调速和旁路节流调速三种回路，前两种调速回路由于在工作中回路的供油压力不随负载变化而变化，又称为定压式节流调速回路；而旁路节流调速回路由于回路的供油压力随负载的变化而变化，又称为变压式节流调速回路。

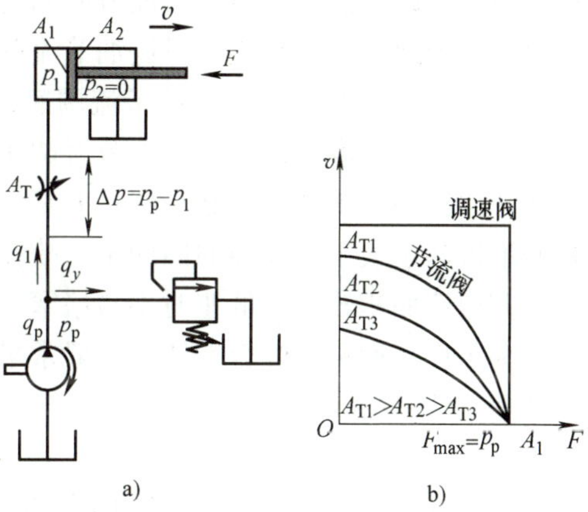


图 6-8　进油节流调速回路

1. 进油节流调速回路

如图 6-8a 所示，节流阀串联在液压泵和液压缸之间。液压泵输出的油液一部分经节流阀进入液压缸工作腔，推动活塞运动，液压泵多余的油液经溢流阀排回油箱，这是这种调速回路能够正常工作的必要条件。由于溢流阀有溢流，液压泵的出口压力 $p_P$ 就是溢流阀的调整压力并基本保持恒定（定压）。调节节流阀的通流面积，即可调节通过节流阀的流量，从而调节液压缸的运动速度。

2. 回油节流调速回路

如图 6-9 所示，把节流阀串联在液压缸的回油路上，借助于节流阀控制液压缸的排油量 $q_2$ 来实现速度调节。由于进入液压缸的流量 $q_1$ 受到回油路上排出流量 $q_2$ 的限制。因此用节流阀来调节液压缸的排油量 $q_2$，也就调节了进油量 $q_1$，定量泵多余的油液仍经溢流阀流回油箱，溢流阀调整压力（$p_p$）基本稳定（定压）。

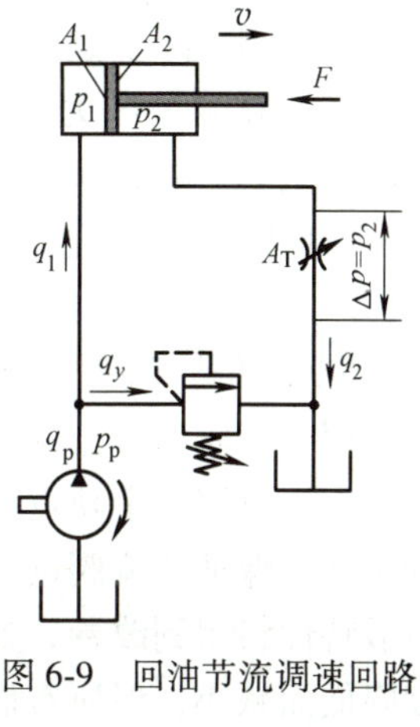


图 6-9　回油节流调速回路

进油路节流调速回路与回油路节流调速回路有许多相同之处，但是，它们也有不同之处：

（1）承受负值负载的能力　回油节流调速回路的节流阀使液压缸回油腔形成一定的背压，在负值负载时，背压能阻止工作部件的前冲，即能在负值负载下工作，而进油节流调速由于回油腔没有背压力，因而不能在负值负载下工作。

（2）停车后的起动性能　长期停车后液压缸油腔内的油液会流回油箱，当液压泵重新向液压缸供油时，在回油节流调速回路中，由于进油路上没有节流阀控制流量，会使活塞前冲；而在进油节流调速回路中，由于进油路上有节流阀控制流量，故活塞前冲很小，甚至没有前冲。

（3）实现压力控制的方便性　进油节流调速回路中，进油腔的压力将随负载而变化，当工作部件碰到止挡块而停止后，其压力将升到溢流阀的调定压力，利用这一压力变化来实现压力控制是很方便的；但在回油节流调速回路中，只有回油腔的压力才会随负载而变化，当工作部件碰到止挡块后，其压力将降至零，虽然也可以利用这一压力变化来实现压力控制，但其可靠性差，一般不采用。

（4）发热及泄漏的影响　在进油节流调速回路中，经过节流阀发热后的液压油将直接进入液压缸的进油腔；而在回油节流调速回路中，经过节流阀发热后的液压油将直接流回油箱冷却。因此，发热和泄漏对进油节流调速的影响均大于对回油节流调速的影响。

（5）运动平稳性　在回油节流调速回路中，由于有背压力存在，它可以起到阻尼作用，同时空气也不易渗入，而在进油节流调速回路中则没有背压力存在，因此，可以认为回油节流调速回路的运动平稳性好一些；但是，从另一个方面讲，在使用单出杆液压缸的场合，无杆腔的进油量大于有杆腔的回油量。故在缸径、缸速均相同的情况下，进油节流调速回路的节流阀通流面积较大，低速时不易堵塞。因此，进油节流调速回路能获得更低的稳定速度。

为了提高回路的综合性能，一般常采用进油节流调速，并在回油路上加背压阀的回路，使其兼具两者的优点。

3. 旁路节流调速回路

图 6-10a 所示为采用节流阀的旁路节流调速回路，节流阀调节了液压泵溢回油箱的流量，从而控制了进入液压缸的流量，调节节流阀的通流面积，即可实现调速，由于溢流已由节流阀承担，故溢流阀实际上是安全阀，常态时关闭，过载时打开，其调定压力为最大工作压力的 1.1～1.2 倍，故液压泵工作过程中的压力完全取决于负载而不恒定，所以这种调速方式又称变压式节流调速。

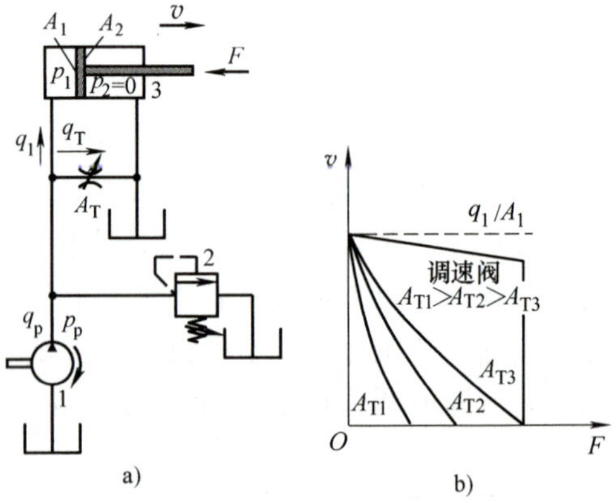

图 6-10　旁路节流调速回路

4. 采用调速阀的节流调速回路

使用节流阀的节流调速回路，速度负载特性都比较“软”，变载荷下的运动平稳性都比较差，为了克服这个缺点，回路中的节流阀可用调速阀来代替，由于调速阀本身能在负载变化的条件下保证节流阀进出油口间的压差基本不变，因而使用调速阀后，节流调速回路的速度负载特性将得到改善，如图 6-8b 和图6-10b所示，旁路节流调速回路的承载能力不因活塞速度降低而减小，但所有性能上的改进都是以加大整个流量控制阀的工作压差为代价的，调速阀的工作压差一般最小需 0.5MPa，高压调速阀的工作压差需 1.0MPa 左右。

### （二）容积调速回路

容积调速回路是用改变液压泵或液压马达的排量来实现调速的。主要优点是没有节流损失和溢流损失，因而效率高，油液温升小，适用于高速、大功率调速系统。缺点是变量泵和变量马达的结构较复杂，成本较高。

根据油路的循环方式，容积调速回路可以分为开式回路或闭式回路。在开式回路中，液压泵从油箱吸油，液压执行元件的回油直接回油箱，这种回路结构简单，油液在油箱中能得到充分冷却，但油箱体积较大，空气和脏物易进入回路。在闭式回路中，执行元件的回油直接与泵的吸油腔相连，结构紧凑，只需很小的补油箱，空气和脏物不易进入回路，但油液的冷却条件差，需附设辅助泵补油、冷却和换油。补油泵的流量一般为主泵流量的 10%～15%，压力通常为 0.3～1.0MPa。

容积调速回路通常有三种基本形式：变量泵和定量液压执行元件组成的容积调速回路；定量泵和变量马达组成的容积调速回路；变量泵和变量马达组成的容积调速回路。

1. 变量泵和定量液压执行元件组成的容积调速回路

图 6-11 所示为变量泵和定量液压执行元件组成的容积调速回路，其中图 6-11a 中的执行元件为液压缸。图6-11b中的执行元件为液压马达，该回路是闭式回路，溢流阀 3 起安全作用，用以防止系统过载，为了补充泵和液压马达的泄漏，增加了补油泵 2 和溢流阀 4，溢流阀 4 用来调节补油泵的补油压力，同时置换部分已发热的油液，降低系统的温升。

2. 定量泵和变量马达组成的容积调速回路

图 6-12a 所示为由定量泵和变量马达组成的容积调速回路，定量泵 1 输出流量不变，改变变量马达的排量 $V_M$ 就可以改变液压马达的转速。2 是安全阀，3 是变量马达，4 是用以向系统补油的辅助泵，5 为调节补油压力的溢流阀。在这种调速回路中，由于液压泵的转速和排量均为常数，当负载功率恒定时，马达输出功率 $P_M$ 和回路工作压力 $p$ 都恒定不变，因为马达的输出转矩（$T_M = \Delta P_M V_M$）与马达的排量 $V_M$ 成正比，马达的转速（$n_M = q_p / V_M$）则与 $V_M$ 成反比。所以这种回路称为恒功率调速回路，其调速特性如图 6-12b 所示。

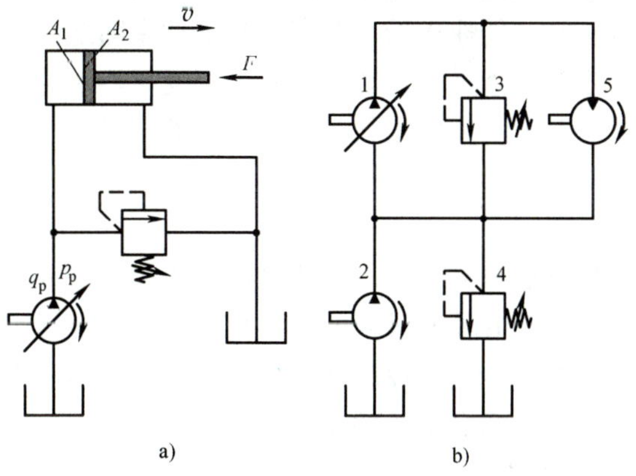


图 6-11 变量泵定量液压执行元件组成的容积调速回路

1—变量泵 2—补油泵 3、4—溢流阀 5—液压马达

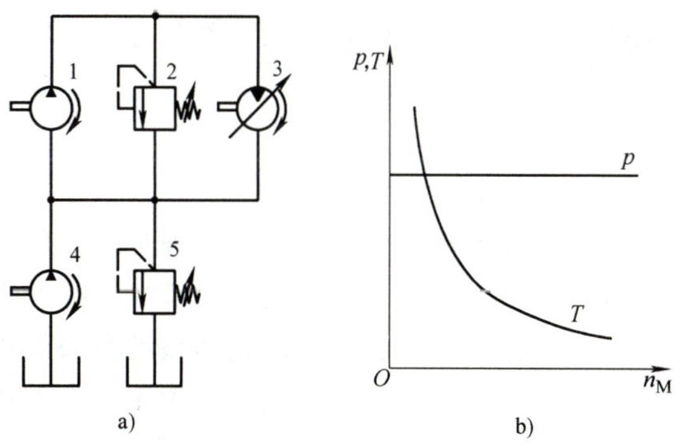


图 6-12 定量泵变量马达组成的容积调速回路

1—定量泵 2—安全阀 3—变量马达 4—辅助泵 5—溢流阀

这种回路调速范围很小，且不能用来使马达实现平稳的反向。因为反向时，双向液压马达的偏心量（或倾角）必然要经历一个变小→为零→反向增大的过程，也就是马达的排量变小→为零→变大的过程，输出转矩就要经历转速变高→输出转矩太小而不能带动负载转矩，甚至不能克服摩擦转矩而使转速为零→反向高速的过程，调节很不方便，所以这种回路目前已很少单独使用。

3. 变量泵和变量马达组成的容积调速回路

图 6-13a 所示为采用双向变量泵和双向变量马达的容积调速回路。双向变量泵 1 正向或反向供油，马达即正向或反向旋转。单向阀 6 和 8 用于使辅助泵 4 能双向补油，单向阀 7 和 9 使安全阀 3 在两个方向都能起过载保护作用。这种调速回路是上述两种调速回路的组合，由于泵和马达的排量均可改变，故扩大了调速范围，并扩大了液压马达转矩和功率输出的选择余地，其调速特性曲线如图 6-13b 所示。

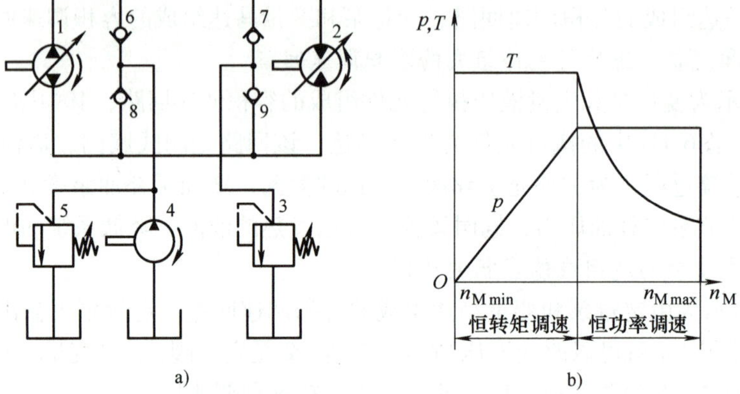


图 6-13 变量泵和变量马达组成的容积调速回路

一般工作部件都在低速时要求有较大的转矩，因此，这种系统在低速范围内调速时，先将液压马达的排量调为最大（使马达能获得最大输出转矩），然后改变泵的输油量，当变量泵的排量由小变大，直至达到最大输油量时，液压马达转速也随之升高，输出功率随之线性增加，此时液压马达处于恒转矩状态；若要进一步加大液压马达转速，则可将变量马达的排量由大调小，此时输出转矩随之降低，而泵则处于最大功率输出状态不变，故液压马达也处于恒功率输出状态。

**（三）容积节流调速回路**

容积节流调速回路的工作原理是采用压力补偿型变量泵供油，用流量控制阀调定进入液压缸或由液压缸流出的流量来调节液压缸的运动速度，并使变量泵的输油量自动地与液压缸所需的流量相适应，这种调速回路没有溢流损失，效率较高，速度稳定性也比单纯的容积调速回路好。常用在速度范围大，中小功率的场合，例如组合机床的进给系统等。

1. 限压式变量泵和调速阀组成的容积节流调速回路

图 6-14a 所示为由限压式变量泵和调速阀组成的容积节流联合调速回路，该系统由限压式变量泵 1 供油，液压油经调速阀 3 进入液压缸工作腔，回油经背压阀 4 返回油箱，液压缸运动速度由调速阀中的节流阀的通流面积 $A_T$ 来控制。设泵的流量为 $q_p$，则稳态工作时 $q_p=q_1$。

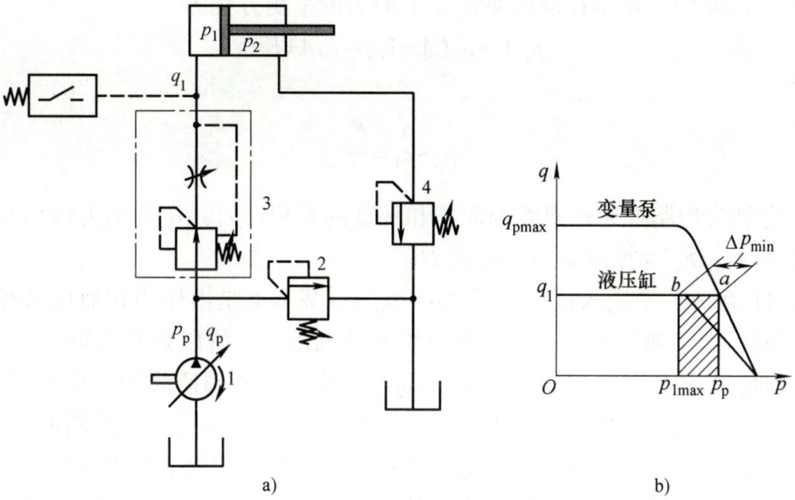


图 6-14　限压式变量泵和调速阀组成的容积节流调速回路

1—限压式变量泵　2—安全阀　3—调速阀　4—背压阀

可是在关小调速阀的一瞬间，$q_1$ 减小，而此时液压泵的输油量还未来得及改变，于是出现了 $q_p>q_1$，因回路中没有溢流（阀 2 为安全阀），多余的油液使泵和调速阀间的油路压力升高，也就是泵的出口压力升高，从而使限压式变量泵输出流量减小，直至 $q_p=q_1$；反之，开大调速阀的瞬间，将出现 $q_p<q_1$，从而会使限压式变量泵出口压力降低，输出流量自动增加，直至 $q_p=q_1$。由此可见调速阀不仅能保证进入液压缸的流量稳定，而且可以使液压泵的供油流量自动地和液压缸所需的流量相适应，因而也可使泵的供油压力基本恒定（该调速回路也称定压式容积节流调速回路）。这种回路中的调速阀也可装在回油路上，它的承载能力、运动平稳性、速度刚性等与对应的节流调速回路相同。

图 6-14b 所示为调速回路的调速特性，由图可见，这种回路虽无溢流损失，但仍有节流损失，其大小与液压缸工作腔压力 $p_1$ 有关。当进入液压缸的工作流量为 $q_1$ 时，泵的供油流量应为 $q_p=q_1$，供油压力为 $p_p$。

2. 差压式变量泵和节流阀组成的容积节流调速回路

图 6-15 所示为差压式变量泵和节流阀组成的容积节流调速回路，该回路的工作原理与上述回路基本相似，节流阀控制进入液压缸的流量 $q_1$，并使变量泵输出流量$q_p$自动和 $q_1$ 相适应。当 $q_p>q_1$ 时，泵的供油压力上升，泵内左、右两个控制柱塞便进一步压缩弹簧，推动定子向右移动，减小泵的偏心距，使泵的供油量下降到 $q_p=q_1$。反之，当$q_p<q_1$时，液压泵的供油压力下降，弹簧推动定子和左、右柱塞向左，加大液压泵的偏心距，使液压泵的供油量增大到 $q_p\approx q_1$。

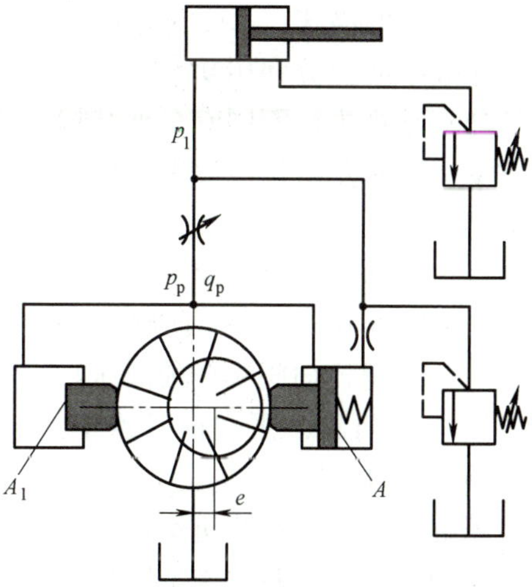


图 6-15　差压式变量泵和节流阀组成的容积节流调速回路

在这种调速回路中，作用在液压泵定子上的力的平衡方程为

$$p_pA_1+p_p(A-A_1)=p_1A+F_s$$

即

$$p_p-p_1=\frac{F_s}{A} \tag{6-3}$$

式中，$A$、$A_1$ 分别为控制缸无柱塞腔的面积和柱塞的面积；$p_p$、$p_1$ 分别为液压泵供油压力和液压缸工作腔压力；$F_s$ 为控制缸中的弹簧力。

由式（6-3）可知，节流阀前后压差 $\Delta p=p_p-p_1$ 基本上是由作用在液压泵控制柱塞上的弹簧力来确定的，由于弹簧刚度小，工作中伸缩量也很小，所以是基本恒定，则 $\Delta p$ 也近似为常数，所以通过节流阀的流量就不会随负载而变化，这和调速阀的工作原理相似。因此，这种调速回路的性能和上述回路不相上下，它的调速范围也是只受节流阀调节范围的限制。此外，这种回路因能补偿由负载变化引起的泵的泄漏变化，因此它在低速小流量的场合使用性能尤佳。在这种调速回路中，不但没有溢流损失，而且泵的供油压力随负载而变化，回路中的功率损失也只有节流处压降 $\Delta p$ 所造成的节流损失一项，因而它的效率较限压式变量泵和调速阀的调速回路要高，且发热少。这种回路的效率表达式为

$$\eta_c=\frac{p_1q_1}{p_pq_p}=\frac{p_1}{p_1+\Delta p} \tag{6-4}$$

由式（6-4）可知，只要适当控制 $\Delta p$（一般 $\Delta p\approx0.3\text{MPa}$），就可以获得较高的效率。这种回路宜用在负载变化大，速度较低的中、小功率场合，如某些组合机床的进给系统。

## 二、快速运动回路

快速运动回路又称增速回路，其功用在于使液压执行元件获得所需的高速，以提高系统的工作效率或充分利用功率。实现快速运动视方法不同有多种结构方案，下面介绍几种常用的快速运动回路。

1. 液压缸差动连接回路

如图 6-16a 所示的回路是利用二位三通换向阀实现的液压缸差动连接回路，在这种回路中，当换向阀 1 和 3 在左位工作时，液压缸差动连接作快进运动，当换向阀 3 通电，差动连接即被切除，液压缸回油经过调速阀 2，实现工进，换向阀 1 切换至右位后，缸快退。这种连接方式，可在不增加液压泵流量的情况下提高液压执行元件的运动速度，但是，液压泵的流量和有杆腔排出的流量合在一起流过的阀和管路应按合成流量来选择，否则会使压力损失过大，液压泵的供油压力过大，致使液压

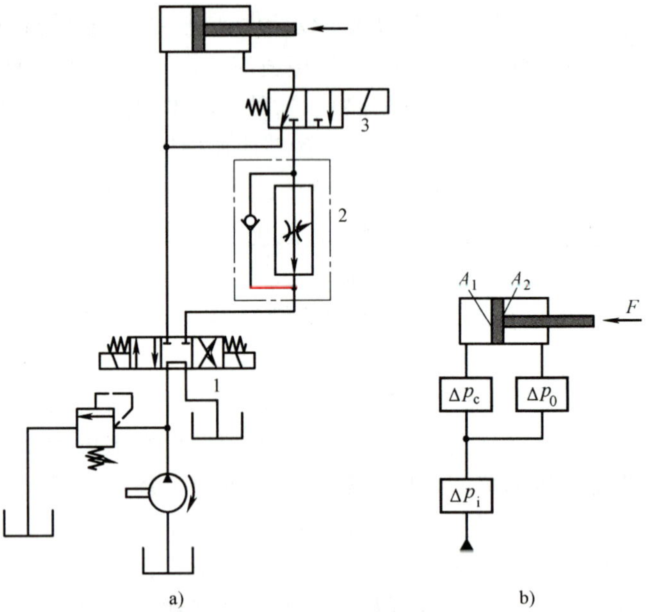


图 6-16 液压缸差动连接回路

1、3—换向阀 2—调速阀

泵的部分液压油从溢流阀溢回油箱而达不到差动快进的目的。

若设液压缸无杆腔的面积为 $A_1$，有杆腔的面积为 $A_2$，液压泵的出口至差动后合成管路前的压力损失为 $\Delta p_i$，液压缸出口至合成管路前的压力损失为 $\Delta p_0$，合成管路的压力损失为 $\Delta p_c$，如图 6-16b 所示，则液压泵差动快进时的供油压力 $p_p$ 可由力平衡方程求得，即

$$(p_p-\Delta p_i-\Delta p_c)A_1=F+(p_p-\Delta p_i+\Delta p_0)A_2$$

所以

$$p_p=\frac{F}{A_1-A_2}+\frac{A_2}{A_1-A_2}\Delta p_0+\frac{A_1}{A_1-A_2}\Delta p_c+\Delta p_i \tag{6-5}$$

若 $A_1=2A_2$，则有

$$p_p=\frac{F}{A_2}+\Delta p_0+2\Delta p_c+\Delta p_i \tag{6-6}$$

式中，$F$ 为差动快进时的负载，由该式可知，液压缸差动连接时，其供油压力 $p_p$ 的计算与一般回路中压力损失的计算是不同的。

液压缸的差动连接也可用 P 型中位机能的三位换向阀来实现。

2. 采用蓄能器的快速运动回路

图 6-17 所示为采用蓄能器的快速运动回路，采用蓄能器的目的是可以用流量较小的液压泵，当系统中短期需要大流量时，这时换向阀 5 的阀芯是处于左端或右端位置，就由液压泵 1 和蓄能器 4 共同向液压缸 6 供油，当系统停止工作时，换向阀 5 处在中间位置，这时液压泵便经单向阀 3 向蓄能器供油，蓄能器压力升高后，控制卸荷阀 2，打开阀口，使液压泵卸荷。

3. 双泵供油回路

图 6-18 所示为双泵供油回路，图中 1 为大流量泵，用以实现快速运动；2 为小流量泵，

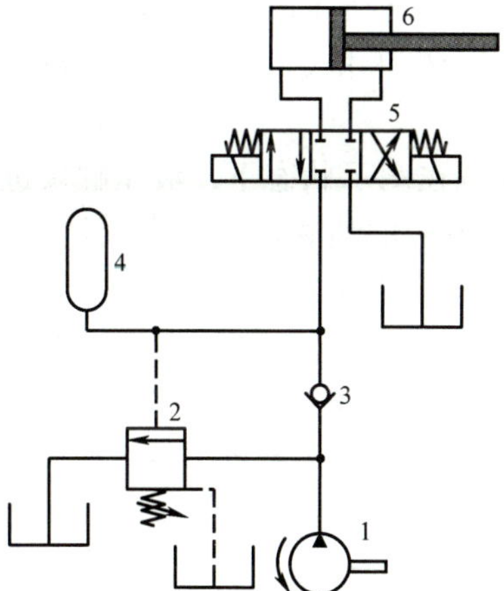


图 6-17　采用蓄能器的快速运动回路

1—液压泵　2—卸荷阀　3—单向阀

4—蓄能器　5—换向阀　6—液压缸

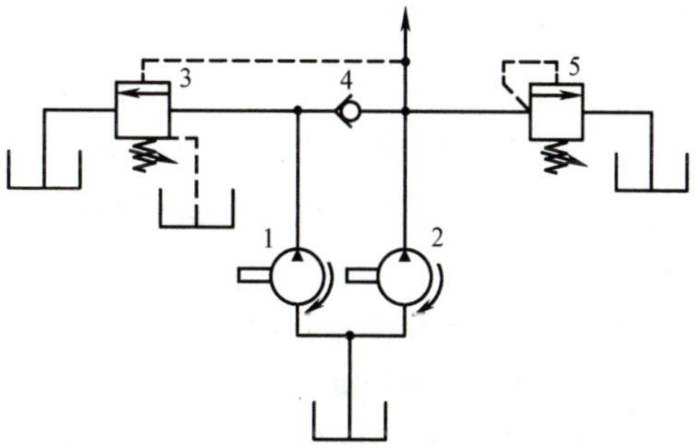


图 6-18　双泵供油回路

1—大流量泵　2—小流量泵　3—卸荷阀

4—单向阀　5—溢流阀

用以实现工作进给，在快速运动时，大流量泵 1 输出的油液经单向阀 4 与小流量泵 2 输出的油液共同向系统供油，工作行程时，系统压力升高，打开卸荷阀 3 使大流量泵 1 卸荷，由小流量泵 2 向系统单独供油。这种系统的压力由溢流阀 5 调整，单向阀 4 在系统液压油作用下关闭，这种双泵供油回路的优点是功率损耗小，系统效率高，应用较为普遍，但系统也稍复杂一些。

4. 采用增速缸的快速运动回路

图 6-19 所示为采用增速缸的快速运动回路，在这个回路中，当三位四通换向阀左位得电而工作时，液压油经增速缸中的柱塞 1 的孔进入 *B* 腔，使活塞 2 伸出，获得快速（$v=4q_p/\pi d^2$）。*A* 腔中所需油液经液控单向阀 3 从辅助油箱吸入，活塞 2 伸出到工作位置时由于负载加大，压力升高，打开顺序阀 4，高压油进入 *A* 腔，同时关闭单向阀。此时活塞杆 2 在液压油作用下继续外伸，但因有效面积加大，速度变慢而使推力加大，这种回路常被用于液压机的系统中。

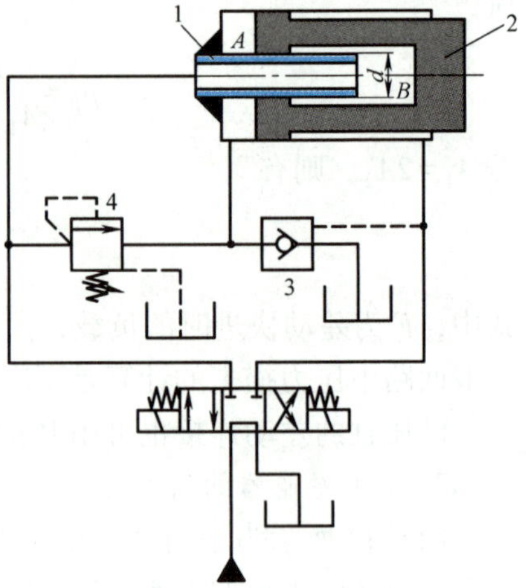


图 6-19　采用增速缸的快速运动回路
1—柱塞　2—活塞
3—液控单向阀　4—顺序阀

## 三、速度换接回路

速度换接回路的功能是使液压执行机构在一个工作循环中从一种运动速度变换到另一种运动速度，因而这个转换不仅包括液压执行元件快速到慢速的换接，而且也包括两个慢速之间的换接。实现这些功能的回路应该具有较高的速度换接平稳性。

1. 快速与慢速的换接回路

能够实现快速与慢速换接的方法很多，图6-16和图 6-19 所示的快速运动回路都可以使液压缸的运动由快速转换为慢速，下面再介绍一种在组合机床和专用机床液压系统中常用的行程阀的快慢速换接回路。

图 6-20 所示为用行程阀来实现快慢速换接的回路。在图示状态下，液压缸快进，当活塞所连接的挡块压下行程阀 6 时，行程阀关闭，液压缸右腔的油液必须通过节流阀 5 才能流回油箱，活塞运动速度转变为慢速工进（相当于回油节流调速）；当换向阀左位接入回路时，液压油经单向阀 4 进入液压缸右腔，活塞快速向左返回。这种回路的快慢速换接过程比较平稳，换接点的位置比较准确。缺点是行程阀的安装位置不能任意布置，管路连接较为复杂。若将行程阀改为电磁阀，安装连接比较方便，但速度换接的平稳性、可靠性以及换向精度都较差。

2. 两种慢速的换接回路

图 6-21 所示为用两个调速阀来实现不同工进速度的换接回路。图 6-21a 中的两个调速阀并联，由换向阀实现换接。两个调速阀可以独立地调节各自的流量，互不影响；但是，一个调速阀工作时，另一个调速阀内无液压油通过，它的减压阀处于最大开口位置，因而速度换接时大量油液通过该处将使机床工作部件产生突然前冲现象。因此它不宜用于在工作过程中的速度换接，只可用在速度预选的场合。

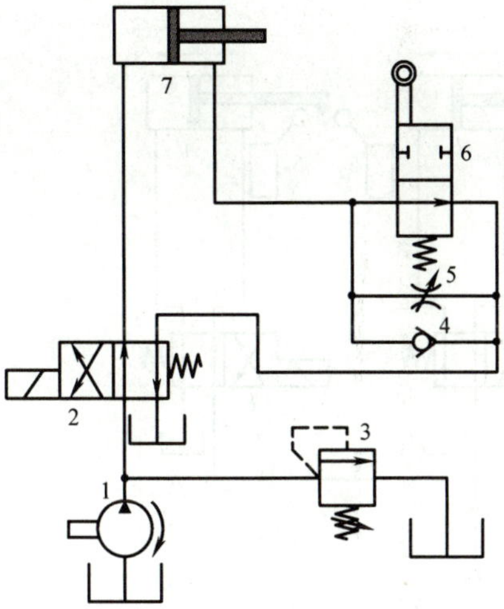


图 6-20　用行程阀的速度换接回路

1—液压泵　2—换向阀　3—溢流阀　4—单向阀

5—节流阀　6—行程阀　7—液压缸

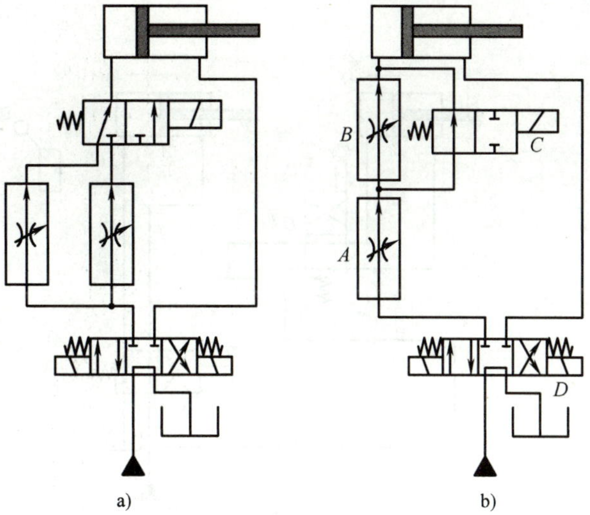


图 6-21　用两个调速阀的速度换接回路

图 6-21b 所示为两调速阀串联的速度换接回路。当主换向阀 *D* 左位接入系统时，调速阀 *B* 被换向阀 *C* 短接，输入液压缸的流量由调速阀 *A* 控制；当阀 *C* 右位接入回路时，由于通过调速阀 *B* 的流量调得比 *A* 小，所以输入液压缸的流量由调速阀 *B* 控制。在这种回路中的调速阀 *A* 一直处于工作状态，它在速度换接时限制着进入调速阀 *B* 的流量，因此它的速度换接平稳性较好。但由于油液经过两个调速阀，所以能量损失较大。

## 第三节　多缸工作控制回路

在液压系统中，如果由一个油源给多个液压缸输送液压油，这些液压缸会因压力和流量的彼此影响而在动作上相互牵制，必须使用一些特殊的回路才能实现预定的动作要求，常见的这类回路主要有以下三种。

### 一、顺序动作回路

顺序动作回路的功用是使多缸液压系统中的各个液压缸严格地按规定的顺序动作。按控制方式不同，可分为行程控制和压力控制两大类。

1. 行程控制的顺序动作回路

如图 6-22 两个行程控制的顺序动作回路，其中，图 6-22a 所示为行程阀控制的顺序动作回路，在图示状态下，*A*、*B* 两液压缸活塞均在右端。当推动手柄，使阀 *C* 左位工作，缸 *A* 左行，完成动作①；挡块压下行程阀 *D* 后，缸 *B* 左行，完成动作②；手动换向阀复位后，缸 *A* 先复位，实现动作③；随着挡块后移，阀 *D* 复位，缸 *B* 退回实现动作④。至此，顺序动作全部完成。这种回路工作可靠，但动作顺序一经确定，再改变就比较困难，同时管路长，布置较麻烦。

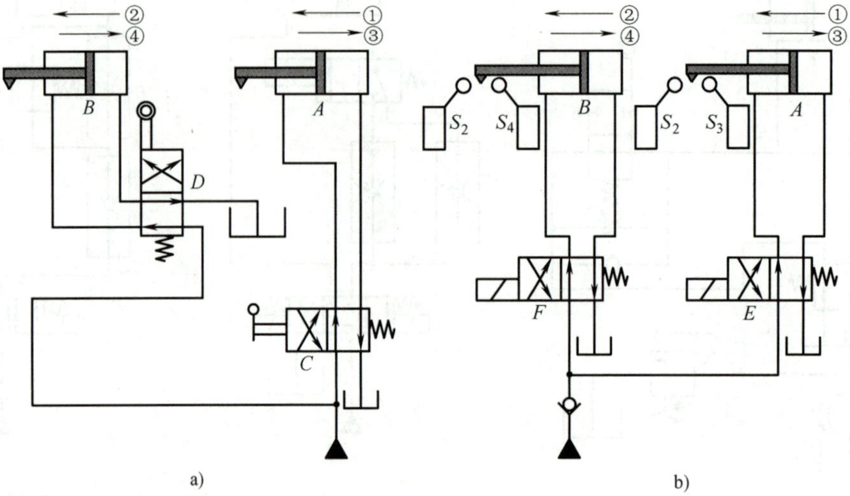


图 6-22　行程控制顺序动作回路

图 6-22b 所示为由行程开关控制的顺序动作回路，当阀 $E$ 得电换向时，缸 $A$ 左行完成动作①后，触动行程开关 $S_1$ 使阀 $F$ 得电换向，控制缸 $B$ 左行完成动作②，当缸 $B$ 左行至触动行程开关5：使阀 $E$ 失电，缸 $A$ 返回，实现动作③后，触动 $S_3$ 使 $F$ 断电，缸 $B$ 返回，完成动作④，最后触动 $S_4$ 使泵卸荷或引起其他动作，完成一个工作循环。这种回路的优点是控制灵活方便，但其可靠程度主要取决于电气元件的质量。

2. 压力控制的顺序动作回路

图 6-23 所示为一使用顺序阀的压力控制顺序动作回路。当换向阀左位接入回路且顺序阀 $D$ 的调定压力大于液压缸 $A$ 的最大前进工作压力时，液压油先进入液压缸 $A$ 的左腔，实现动作①；当液压缸行至终点后，压力上升，液压油打开顺序阀 $D$ 进入液压缸 $B$ 的左腔，实现动作②；同样地，当换向阀右位接入回路且顺序阀 $C$ 的调定压力大于液压缸 $B$ 的最大返回工作压力时，两液压缸则按③和④的顺序返回。显然这种回路动作的可靠性取决于顺序阀的性能及其压力调定值，即它的调定压力应比前一个动作的压力高出0.8~1.0MPa，否则顺序阀易在系统压力脉冲中造成误动作，由此可见，这种回路适用于液压缸数目不多、负载变化不大的场合。其优点是动作灵敏，安装连接较方便；缺点是可靠性不高，位置精度低。

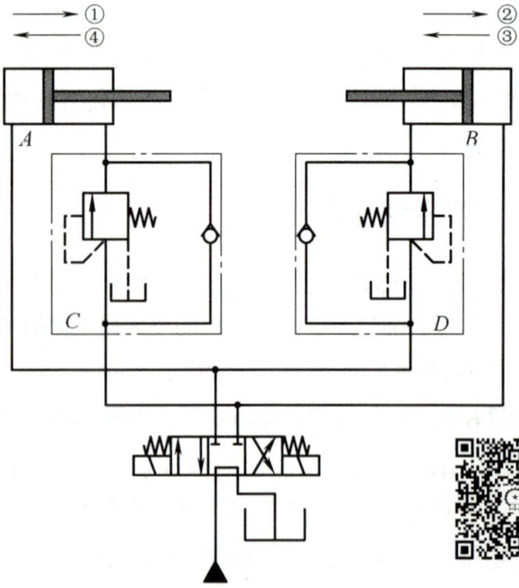


图 6-23　用顺序阀的压力控制顺序动作回路

## 二、同步回路

同步回路的功用是保证系统中的两个或多个液压缸在运动中的位移量相同或以相同的速度运动。从理论上讲，对两个工作面积相同的液压缸输入等量的油液即可使两液压缸同步，但泄漏、摩擦阻力、制造精度、外负载、结构弹性变形以及油液中的含气量等因素都会使同步难以保证，为此，同步回路要尽量克服或减少这些因素的影响，有时要采用补偿措施，消除累积误差。

1. 带补偿措施的串联液压缸同步回路

图 6-24 所示为两液压缸串联同步回路，在这个回路中，液压缸 1 的有杆腔 $A$ 的有效面积与液压缸 2 的无杆腔 $B$ 的面积相等，因而从 $A$ 腔排出的油液进入 $B$ 腔后，两液压缸的升降便得到同步。而补偿措施使同步误差在每一次下行运动中都可消除，以避免误差的积累。其补偿原理为：当三位四通换向阀 6 右位工作时，两液压缸活塞同时下行，若缸 1 的活塞先运动到底，它就触动行程开关口使阀 5 得电，液压油便经阀 5 和液控单向阀 3 向缸 2 的 $B$ 腔补油，推动活塞继续运动到底，误差即被消除，若缸 2 先到底，则触动行程开关使阀 4 得电，控制液压油使液控单向阀反向通道打开，使缸 1 的 $A$ 腔通过液控单向阀回油，其活塞即可继续运动到底。这种串联式同步回路只适用于负载较小的液压系统。

2. 用同步缸或同步马达的同步回路

图 6-25a 所示为采用同步缸的同步回路，同步缸 $A$、$B$ 两腔的有效面积相等，且两工作缸面积也相同，则能实现同步。这种同步回路的同步精度取决于液压缸的加工精度和密封性，一般精度可达到 98%~99%。由于同步缸一般不宜做得过大，所以这种回路仅适用于小容量的场合。

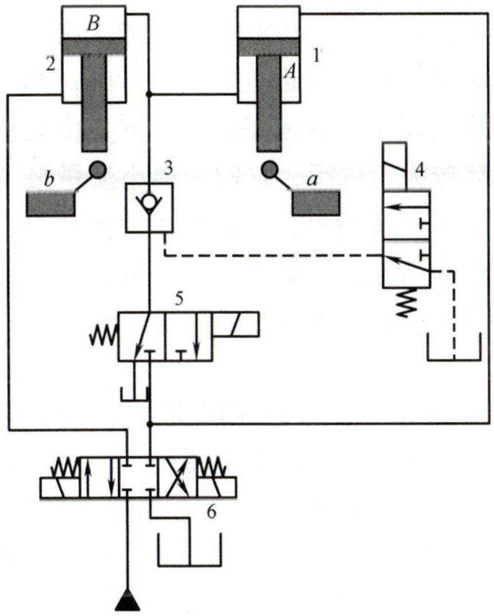


图 6-24　带补偿措施的串联液压缸同步回路

1、2—液压缸　3—液控单向阀　4、5、6—换向阀

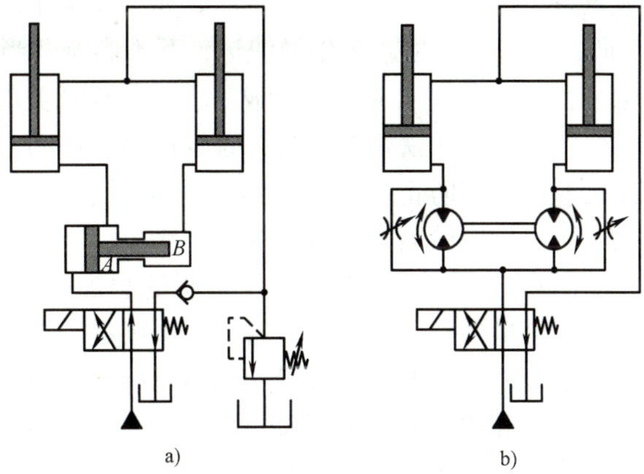


图 6-25　用同步缸或同步马达的同步回路

图 6-25b 所示为采用相同结构、相同排量的液压马达作为等流量分流装置的同步回路。两个液压马达轴刚性联接，把等量的油液分别输入两个尺寸相同的液压缸中，使两液压缸实现同步。图中与马达并联的节流阀用于修正同步误差。影响这种回路同步精度的主要因素有：马达由于制造上的误差而引起排量的差别、作用于液压缸活塞上的负载不同引起的泄漏以及摩擦阻力不同等，但这种同步回路的同步精度比节流控制的要高，由于所用马达一般为容积效率较高的柱塞式马达，所以费用较高。

同步控制回路也可采用分流阀（同步阀）控制同步。对于同步精度要求较高的场合，可以采用由比例调速阀和电液伺服阀组成的同步回路。

## 三、多缸快慢速互不干扰回路

多缸快慢速互不干扰回路的功用是防止液压系统中的几个液压缸因速度快慢的不同而在动作上的相互干扰。

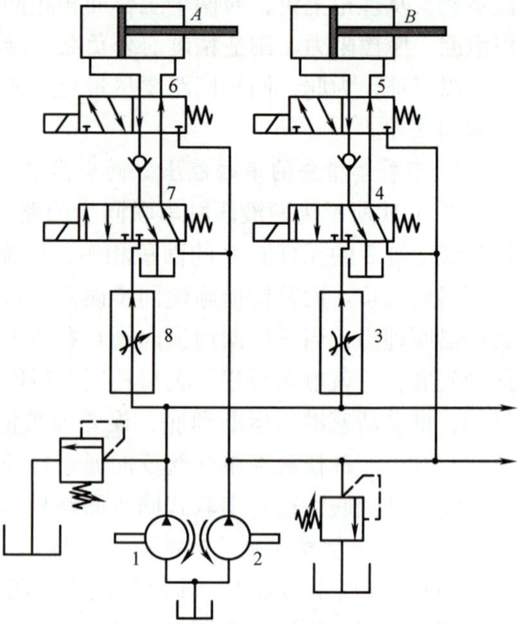


图 6-26　双泵供油多缸快慢速互不干扰回路
1—小流量泵　2—大流量泵
3、8—调速阀　4、5、6、7—换向阀

图 6-26 所示为双泵供油来实现的多缸快慢速互不干扰回路。图中的液压缸 *A* 和 *B* 各自要完成“快进—工进—快退”的自动工作循环。其工作原理为：在图示状态下各缸原位停止。当阀 5、阀 6 均通电时，各缸均由双联泵中的大流量泵 2 供油并做差动快进。这时如某一个液压缸，例如缸 *A* 先完成快进动作，由挡块和行程开关使阀 7 通电，阀 6 断电，此时大流量泵 2 进入缸 *A* 的油路被切断，而双联泵中的高压小流量泵 1 进油路打开，缸 *A* 由调速阀 8 调速工进。此时缸 *B* 仍做快进，互不影响。当各缸都转为工进后，它们全由小流量泵 1 供油。此后，若缸 *A* 又率先完成工进，行程开关应使阀 7 和 6 均通电，缸 *A* 即由大流量泵 2 供油快退，当电磁铁皆断电时，各缸都停止运动，并被锁在所在的位置上。由此可见，这个回路之所以能够防止多缸的快慢运动互不干扰，是由于快速和慢速各由一个液压泵来分别供油，再由相应的电磁铁进行控制的缘故。

图 6-27 所示为采用顺序节流阀的叠加阀式防干扰回路，该回路采用双联泵供油，其中低压大流量泵的供油压力由溢流阀 1 调定，高压小流量泵的工作压力由溢流阀 5 调定，双联泵分别接叠加阀的 P 口和 $P_1$ 口，该回路的工作原理为：当换向阀 4 和 8 的左位接入系统时，液压缸 *A* 和 *B* 快速向左运动，此时远控式顺序节流阀 3 和 7 由于控制液压油压力较低而关闭，因而高压小流量泵的液压油经溢流阀 5 回油箱，当其中一个液压缸，如缸 *A* 先完成快进动作，则液压缸 *A* 的无杆腔压力升高，则顺序节流阀 3 的阀口被打开，高压小流量泵的液压油经阀 3 中的节流口而进入液压缸 *A* 的无杆腔，液压油同时使阀 2 中的单向阀反向关闭，此时缸 *A* 的运动速度由阀 3 中的节流口的开度决定（节流口大小按工进速度进行调整）。此时缸 *B* 仍由低压大流量泵供油进行快进，两缸动作互不干扰。此后，当缸 *A* 率先完成工进动

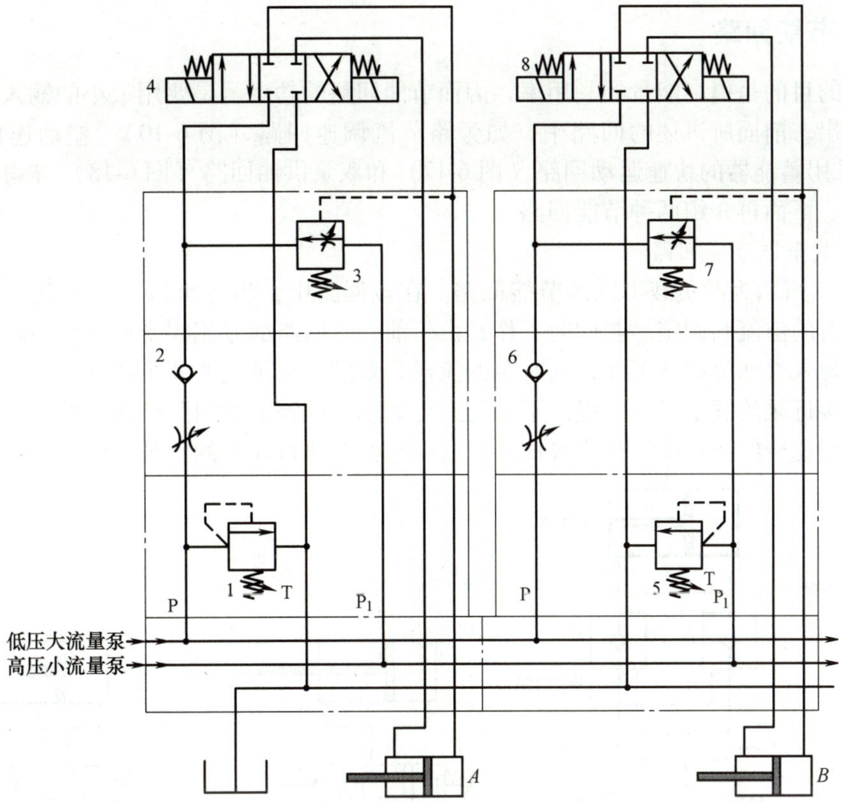


图 6-27　叠加阀式防干扰回路

1、5—溢流阀　2、6—单向节流阀　3、7—顺序节流阀　4、8—换向阀

作，阀 4 的右位接入系统，由低压大流量泵供油使缸 A 退回。若阀 4 和阀 8 失电，则液压缸停止运动。由此可见，这种双联泵供油的叠加阀式的互不干扰回路中，顺序节流阀的开启取决于液压缸工作腔的压力，所以动作可靠性较高，这种回路被广泛应用于组合机床的液压系统中。

## 第四节　其 他 回 路

### 一、锁紧回路

锁紧回路的功用是使液压缸能在任意位置上停留，且停留后不会因外力作用而移动位置的回路。如图 6-28 所示的即为使用液控单向阀（又称双向液压锁）的锁紧回路。当换向阀处于左位时，液压油经液控单向阀 1 进入液压缸左腔，同时液压油也进入液控单向阀 2 的控制油口，打开阀 2，使液压缸右腔的回油可经阀 2 及换向阀流回油箱，活塞向右运动。反之，活塞向左运动，到了需要停留的位置，只要使换向阀处于中位，因阀的中位为 H 型机能（Y 型也行），所以阀 1 和阀 2 均关闭，使活塞双向锁紧。在这个回路中，由于液控单向阀的阀座一般为锥阀式结构，所以密封性好，泄漏极少，锁紧的精度主要取决于液压缸的泄漏。这种回路被广泛用于工程机械、起重运输机械等有锁紧要求的场合。

## 二、节能回路

节能的目的是提高能量的利用率，因而节能回路的功用就是要用最小的输入能量来完成一定的输出。前面所讲述的回路中，如旁路节流调速回路（图 6-10）、差动连接回路（图 6-16），采用蓄能器的快速运动回路（图 6-17）和双泵供油回路（图 6-18）等均具有一定的节能效果。下面再介绍两种节能回路。

1. 负载串联节能回路

图 6-29 所示为两负载串联的节能回路。在该回路中，当各执行元件单独工作时，工作压力由各自的溢流阀调定。若同时工作，由于前一个回路的溢流阀受后一个回路的压力信号控制，泵转入叠加负载下工作，这时泵的流量只要满足流量大的那个执行元件即可。工作压力提高到接近泵的额定压力，提高了泵的运行效率。这种节能回路结构简单，且采用定量泵供油，因而比较经济。由于负载叠加的缘故，故两个执行元件的负载不能太大。

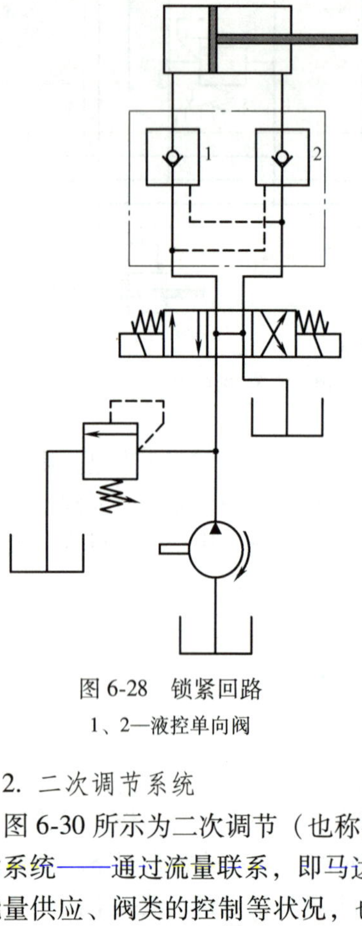


图 6-28　锁紧回路

1、2—液控单向阀

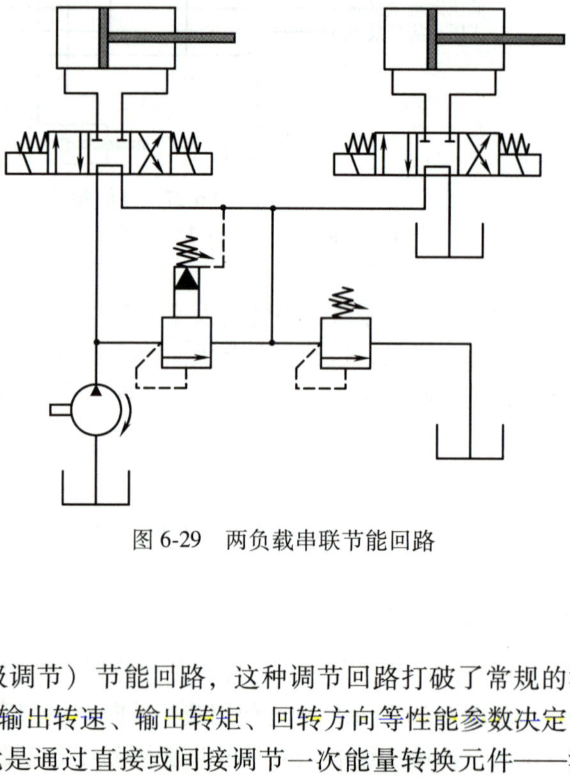

图 6-29　两负载串联节能回路

2. 二次调节系统

图 6-30 所示为二次调节（也称次级调节）节能回路，这种调节回路打破了常规的液压驱动系统——通过流量联系，即马达的输出转速、输出转矩、回转方向等性能参数决定于泵的能量供应、阀类的控制等状况，也就是通过直接或间接调节一次能量转换元件——液压泵，来实现变换和控制的常规，使一次和二次能量转换器件之间通过压力来联系，液动机从集中液压能源系统中获取运转需要的相应能量。其输出性能的改变，主要是通过二次元件的调节来实现。

如图 6-30 所示，带蓄能器的管路表示集中式液压源附有变量调节缸 3 的变量液压马达 2 就是被驱动的二次能量转换元件。与马达同轴安装的计量泵 1 和液压缸 3 并联构成闭路，

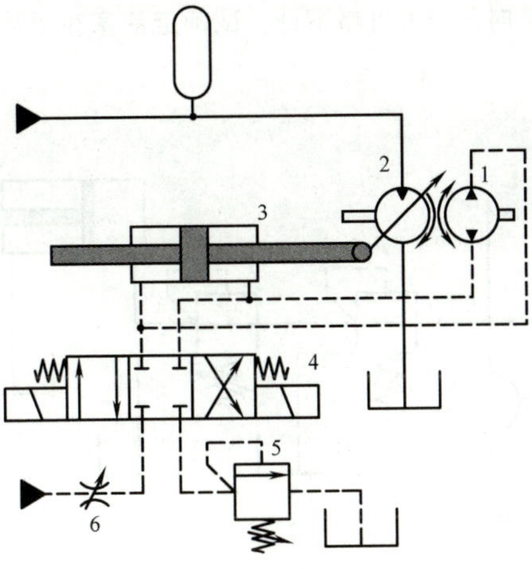


图 6-30　二次调节节能回路

1—计量泵　2—变量液压马达　3—液压缸　4—换向阀　5—背压阀　6—节流阀

以便向变量机构反馈转速信号。马达的旋转方向由换向阀 4 切换变量机构来实现，节流阀 6 和背压阀 5 配合，来实现马达速度的预选。当换向阀接通时，通过节流阀的油液同时进入计量泵和变量液压缸，当进入的流量与计量泵吸入和排出的流量不相适应时，这一流量差值使液压缸产生变量调节运动，直到节流阀设定的流量完全与计量泵需要相适应，变量动作才会终止，使马达保持在与节流阀调定流量相适应的转速下工作。

一旦有某种原因使液压马达转速产生偏离时，同轴驱动的计量泵就会感受到此速差，并转换成流量信号馈入液压缸，使二次元件马达的排量增大或减小，直到使实际输出的转速恢复到正常值。如果把二次元件的摆角偏转到负方向，还可借助能源系统的阻抗起制动作用，外载动能或位能就可回馈到能源系统中去，并储存在蓄能器中。

二次调节回路是按照需要从能源系统中获取能量的原则进行工作的，动力源无需通过控制环节而直接作用在二次调节元件上，在不需输出转矩时，二次元件的变量摆角及所吸收的流量都会被自动地调节到近似于零的值，故能获得最大限度的节能效果。采用这种调节回路时，多个彼此并联的执行元件能够在同一供压的回路中互不干扰地按自己需要的速度和转矩运行。

## 习　　题

6-1　在图 6-31 所示回路中，若溢流阀的调整压力分别为 $p_{y1}=6\text{MPa}$，$p_{y2}=4.5\text{MPa}$。液压泵出口处的负载阻力为无限大，试问在不计管道损失和调压偏差时：

1）换向阀下位接入回路时，液压泵的工作压力为多少？$B$ 点和 $C$ 点的压力各为多少？

2）换向阀上位接入回路时，液压泵的工作压力为多少？$B$ 点和 $C$ 点的压力又是多少？

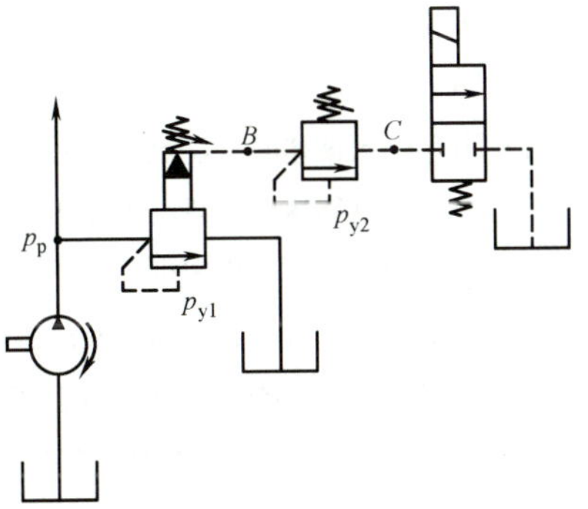


图 6-31　题 6-1 图

6-2　在图 6-32 所示回路中，已知活塞运动时的负载 $F=1.2\text{kN}$，活塞面积 $A=15\times10^{-4}\text{m}^2$，溢流阀调整值为 $p_p=4.5\text{MPa}$，两个减压阀的调整值分别为 $p_{j1}=3.5\text{MPa}$ 和 $p_{j2}=$

2MPa，如油液流过减压阀及管路时的损失可略不计，试确定活塞在运动时和停在终端位置处时，$A$、$B$、$C$ 三点的压力值。

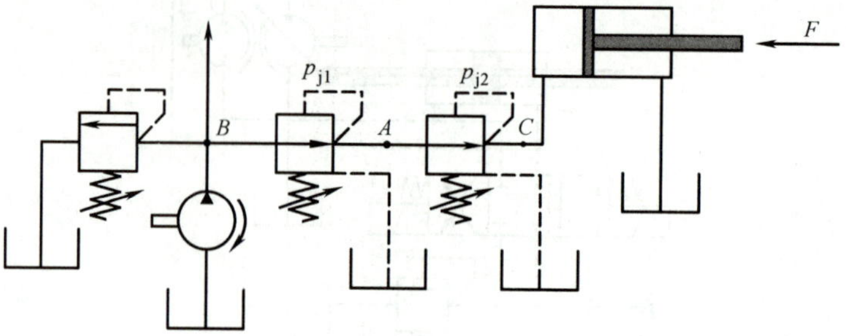


图 6-32 题 6-2 图

6-3 如图 6-7a 所示的平衡回路中，若液压缸无杆腔面积为 $A_1=80\times10^{-4}m^2$，有杆腔面积以 $A_2=40\times10^{-4}m^2$，活塞与运动部件自重 $G=6000N$，运动时活塞上的摩擦阻力为 $F_f=2000N$，向下运动时要克服负载阻力为 $F_L=24000N$，试问顺序阀和溢流阀的最小调整压力应各为多少？

6-4 如图 6-9 所示的回油节流调速回路，已知液压泵的供油流量 $q_p=25L/min$，负载 $F=40000N$，溢流阀调定压力 $p_p=5.4MPa$，液压缸无杆腔面积 $A_1=80\times10^{-4}m^2$，有杆腔面积 $A_2=40\times10^{-4}m^2$，液压缸工进速度 $v=0.18m/min$，不考虑管路损失和液压缸的摩擦损失，试计算：

1）液压缸工进时液压系统的效率。

2）当负载 $F=0$ 时，活塞的运动速度和回油腔的压力。

6-5 如图 6-8a 所示的进油节流调速回路，已知液压泵的供油流量 $q_p=6L/min$，溢流阀调定压力 $p_p=3.0MPa$，液压缸无杆腔面积 $A_1=20\times10^{-4}m^2$，负载 $F=4000N$，节流阀为薄壁孔口，开口面积为 $A_T=0.01\times10^{-4}m^2$，$c_d=0.62$，$\rho=900kg/m^3$，求：

1）活塞杆的运动速度 $v$。

2）溢流阀的溢流量和回路的效率。

3）当节流阀开口面积增大到 $A_{T1}=0.03\times10^{-4}m^2$ 和 $A_{T2}=0.05\times10^{-4}m^2$ 时，分别计算液压缸的运动速度 $v$ 和溢流阀的溢流量。

6-6 在图 6-33 所示的调速阀节流调速回路中，已知 $q_p=25L/min$，$A_1=100\times10^{-4}m^2$，$A_2=50\times10^{-4}m^2$，$F$ 由零增至 30000N 时，活塞向右移动速度基本无变化，$v=0.2m/min$，若调速阀要求的最小压差为 $\Delta p_{min}=0.5MPa$，试求：

1）不计调压偏差时，溢流阀调整压力 $p_y$ 是多少？液压泵的工作压力是多少？

2）液压缸可能达到的最高工作压力是多少？

3）回路的最高效率为多少？

6-7 如图 6-34 所示，已知两液压缸的活塞面积相同，液压缸无杆腔面积 $A_1=20\times10^{-4}m^2$，但负载分别为 $F_1=8000N$，$F_2=4000N$，如溢流阀的调整压力为 $p_y=4.5MPa$，试分析减压阀压力调整值分别为 1MPa、2MPa、4MPa 时，两液压缸的动作情况。

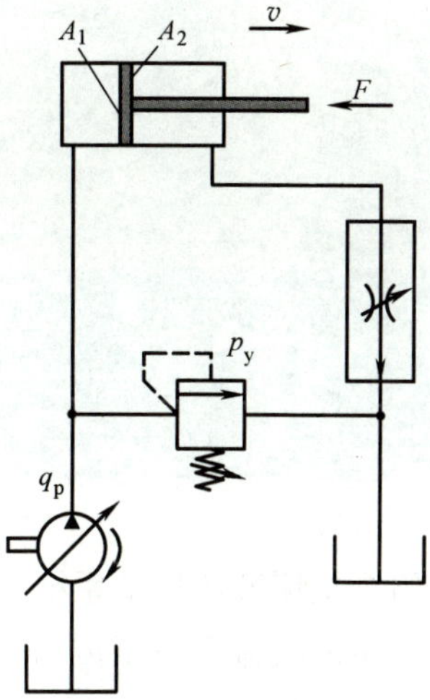


图 6-33　题 6-6 图

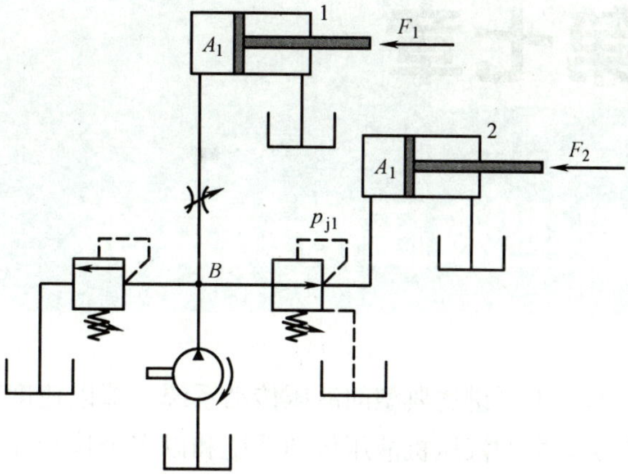


图 6-34　题 6-7 图

# 第七章

# 典型液压传动系统

本章主要讲述典型的液压传动系统，即以速度变换为主的组合机床液压传动系统、以压力变换为主的液压机液压传动系统和以多个执行元件配合工作为主的机械手液压传动系统。

**本章重点**

组合机床动力滑台液压传动系统。

**本章难点**

1. 组合机床动力滑台液压系统。
2. 液压压力机液压传动系统。

## 第一节 概　　述

液压传动系统是根据机械设备的工作要求，选用适当的液压基本回路，经有机组合而成。阅读一个较复杂的液压系统图，大致可按以下步骤进行：

1）了解机械设备工况对液压系统的要求，了解在工作循环中的各个工步对力、速度和方向这三个参数的质与量的要求。

2）初读液压系统图，了解系统中包含哪些元件，且以执行元件为中心，将系统分解为若干个工作单元。

3）先单独分析每一个子系统，了解其执行元件与相应的液压控制阀、液压泵之间的关系和有哪些液压基本回路。参照电磁铁动作表和执行元件的动作要求，理清其液流路线。

4）根据系统中对各执行元件间的互锁、同步、防干扰等要求，分析各子系统之间的联系以及如何实现这些要求。

5）在全面读懂液压系统的基础上，根据系统所使用的液压基本回路的性能，对系统作综合分析，归纳总结整个液压系统的特点，以加深对液压系统的理解。

液压传动系统种类繁多，它的应用涉及机械制造、轻工、纺织、工程机械、船舶、航空和航天等各个领域，但根据其工作情况，视液压传动系统的工况要求与特点可分为表 7-1 所列的几种。

表 7-1 典型液压系统的工况要求与特点

| 系 统 名 称 | 液压系统的工况要求与特点 |
|---|---|
| 以速度变换为主的液压系统（例如组合机床系统） | 1）能实现工作部件的自动工作循环，生产率较高<br>2）快进与工进时，其速度与负载相差较大<br>3）要求进给速度平稳、刚性好，有较大的调速范围<br>4）进给行程终点的重复位置精度高，有严格的顺序动作 |
| 以压力变换为主的液压系统（例如液压机系统） | 1）系统压力要能经常变换调节，且能产生很大的推力<br>2）空程时速度大，加压时推力大，功率利用合理<br>3）系统多采用高低压泵组或恒功率变量泵供油，以满足空程与压制时，其速度与压力的变化 |
| 多个执行元件配合工作的液压系统（例如机械手液压系统） | 1）在各执行元件动作频繁换接，压力急剧变化下，系统足够可靠，避免误动作<br>2）能实现严格的顺序动作，完成工作部件规定的工作循环<br>3）满足各执行元件对速度、压力及换向精度的要求 |

# 第二节 组合机床动力滑台液压系统

## 一、概述

组合机床是由一些通用和专用部件组合而成的专用机床，它操作简便，效率高，广泛应用于成批大量的生产中，是工业自动化初期大量使用的专用设备。组合机床上的主要通用部件——动力滑台是用来实现进给运动的，只要配以不同用途的主轴头，即可实现钻、扩、铰、镗、铣、刮端面、倒角及攻螺纹等加工。动力滑台有机械滑台和液压滑台之分。液压动力滑台是利用液压缸将液压泵站所提供的液压能转变成滑台运动所需的机械能。它对液压系统性能的主要要求是速度换接平稳，进给速度稳定，功率利用合理，效率高，发热少。

现以 YT4543 型液压动力滑台为例，分析其液压系统的工作原理和特点，该动力滑台要求进给速度范围为 6.6～600mm/min，最大进给力为 $4.5\times10^4$N。图 7-1 所示为 YT4543 型动力滑台的液压系统原理图，该系统采用限压式变量泵供油、电液动换向阀换向、快进由液压缸差动连接来实现。用行程阀实现快进与工进的转换，二位二通电磁换向阀用来进行两个工进速度之间的转换，为了保证进给的尺寸精度，采用了止挡块停留来限位。通常实现的工作循环为：快进→第一次工作进给→第二次工作进给→止挡块停留→快退→原位停止。

## 二、YT4543 型动力滑台液压系统的工作原理

1. 快进

如图 7-1 所示，按下起动按钮，电磁铁 1YA 得电，电液动换向阀 10 的先导阀阀芯向右移动从而引起主阀芯向右移，使其左位接入系统，其主油路为：

进油路：液压泵 1→单向阀 2→换向阀 6（左位）→行程阀 11（下位）→液压缸左腔。

回油路：液压缸的右腔→换向阀 6（左位）→单向阀 5→行程阀 11（下位）→液压缸左腔，形成差动连接。

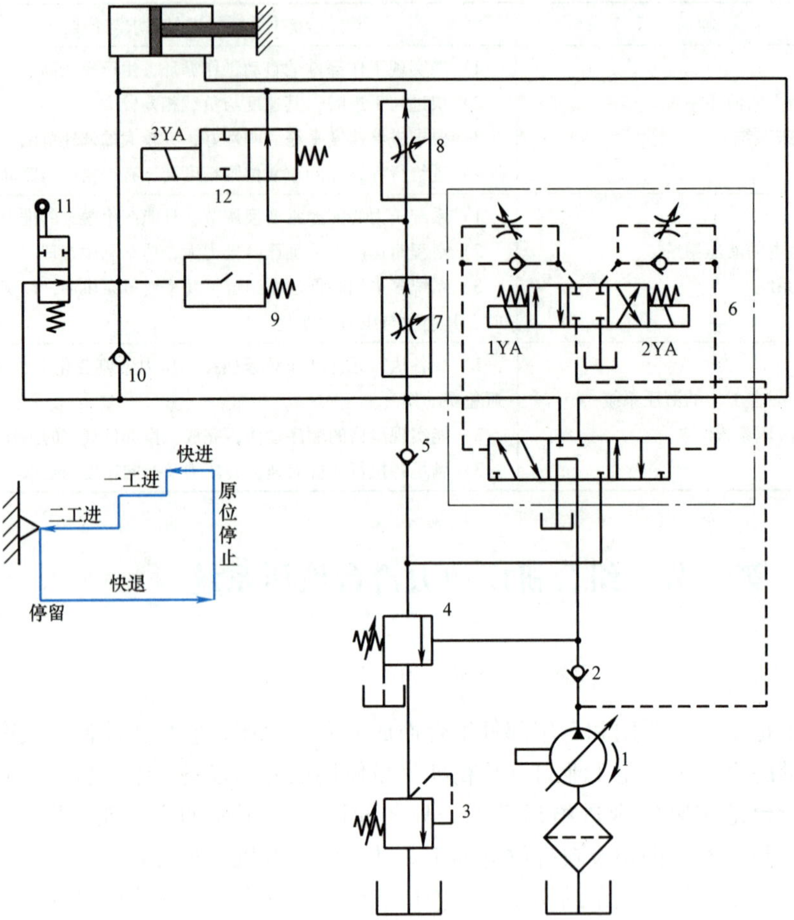


图 7-1　YT4543 型动力滑台液压系统

1—液压泵　2、5、10—单向阀　3—背压阀　4—顺序阀

6、12—换向阀　7、8—调速阀　9—压力继电器　11—行程阀

2. 第一次工作进给

当滑台快速运动到预定位置时，滑台上的行程挡块压下了行程阀 11 的阀芯，切断了该通道，使液压油须经调速阀 7 进入液压缸的左腔。由于油液流经调速阀，系统压力上升，打开液控顺序阀 4，此时单向阀 5 的上部压力大于下部压力，所以单向阀 5 关闭，切断了液压缸的差动回路，回油经液控顺序阀 4 和背压阀 3 流回油箱使滑台转换为第一次工作进给。其油路是：

进油路：液压泵 1→单向阀 2→换向阀 6（左位）→调速阀 7→换向阀 12（右位）→液压缸左腔。

回油路：液压缸右腔→换向阀 6（左位）→顺序阀 4→背压阀 3→油箱。

因为工作进给时，系统压力升高，所以变量液压泵 1 的输油量便自动减小，以适应工作进给的需要，进给量大小由调速阀 7 调节。

3. 第二次工作进给

第一次工进结束后，行程挡块压下行程开关使 3YA 通电，二位二通换向阀将通路切断，进油必须经调速阀 7、8 才能进入液压缸，此时由于调速阀 8 的开口量小于阀 7，所以进给速度再次降低，其他油路情况同第一次工进。

4. 止挡块停留

当滑台工作进给完毕之后，碰上止挡块的滑台不再前进，停留在止挡块处，同时系统压力升高，当升高到压力继电器 9 的调整值时，压力继电器动作，经过时间继电器的延时，再发出信号使滑台返回，滑台的停留时间可由时间继电器在一定范围内调整。

5. 快退

时间继电器经延时发出信号，2YA 通电，1YA、3YA 断电，主油路为：

进油路：液压泵 1→单向阀 2→换向阀 6（右位）→液压缸右腔。

回油路：液压缸左腔→单向阀 10→换向阀 6（右位）→油箱。

6. 原位停止

当滑台退回到原位时，行程挡块压下行程开关，发出信号，使 2YA 断电，换向阀 6 处于中位，液压缸失去液压动力源，滑台停止运动。液压泵输出的油液经换向阀 6 直接回油箱，泵卸荷。该系统的各电磁铁及行程阀动作见表 7-2。

**表 7-2　电磁铁和行程阀动作顺序表**

| 电磁铁、行程阀 | | 信号来源 | 液压缸工作循环 $v(t)$ | | | | | |
|---|---|---|---|---|---|---|---|---|
| | | | 快进 | 工进 | | 停留 | 快退 | 原位停止 |
| | | | | 一工进 | 二工进 | | | |
| 1YA | +<br>− | 按钮起动 | | | | | | |
| 行程阀 | +<br>− | 行程挡块 | | | | | | |
| 3YA | +<br>− | 行程开关 | | | | | | |
| 2YA | +<br>− | 时间继电器 | | | | | | |

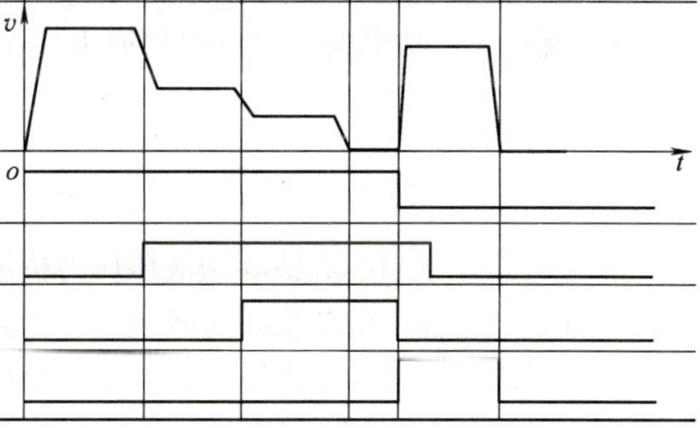


注：“+”表示电磁铁得电和行程阀压下，“−”表示电磁铁失电和行程阀原位。

## 三、YT4543 型动力滑台液压系统的特点

1）系统采用了限压式变量叶片泵—调速阀—背压阀式的调速回路，能保证稳定的低速运动（进给速度最小可达 6. 6mm/min）、较好的速度刚性和较大的调速范围。

2）系统采用了限压式变量泵和差动连接式液压缸来实现快进，能源利用比较合理。滑台停止运动时，换向阀使液压泵在低压下卸荷，减少能量损耗。

3）系统采用了行程阀和顺序阀实现快进与工进的换接，不仅简化了电气回路，而且使动作可靠，换接精度也比电气控制高，至于两个工进之间的换接则由于两者速度都较低，采用电磁阀完全能保证换接精度。

# 第三节 液压压力机液压系统

## 一、概述

液压压力机是一种用静压来加工金属、塑料、橡胶、粉末制品的机械，在许多工业部门得到了广泛应用。压力机的类型很多，其中四柱式液压压力机最为典型，应用也最广泛。这种液压压力机在它的四个主柱之间安置着上、下两个液压缸，液压压力机对其液压系统的基本要求是：

1）为完成一般的压制工艺，要求主缸（上液压缸）驱动上滑块能实现“快速下行→慢速加压→保压延时→快速返回→原位停止”的工作循环；要求顶出缸（下液压缸）驱动下滑块实现“向上顶出→停留→向下退回→原位停止”的动作循环，如图7-2所示。

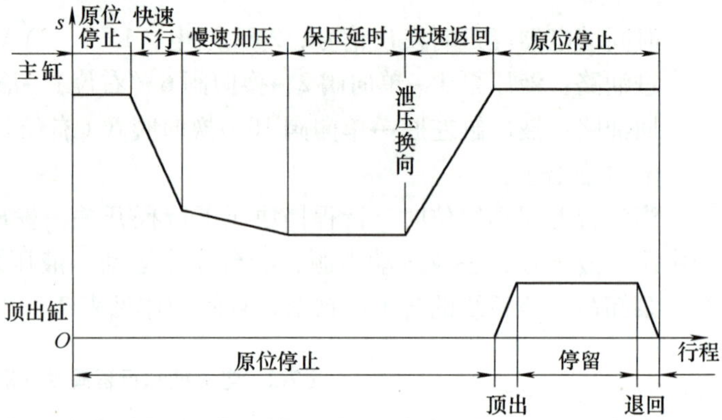


图 7-2　液压压力机工作循环图

2）液压系统中的压力要能经常变换和调节，并能产生较大的压制力（吨位），以满足工作要求。

3）流量大、功率大、空行程和加压行程的速度差异大。因此要求功率利用合理，工作平稳性和安全可靠性要高。

## 二、YB32—200型液压压力机液压系统工作原理

图7-3所示为YB32—200型液压压力机液压系统图，该系统由一高压泵供油，控制油路的液压油是经主油路由减压阀4减压后所得到。现以一般的定压成形压制工艺为例，说明该液压压力机液压系统的工作原理，其中液压机的上滑块的工作情况如下所述。

1. 快速下行

电磁铁1YA通电，作先导阀用的换向阀5和上缸主换向阀（液控）6左位接入系统，液控单向阀11被打开，这时系统中油液进入液压缸上腔，因上滑块在自重作用下迅速下降，而液压泵的流量较小，所以液压机顶部充液筒中的油液经液控单向阀12也流入液压缸上腔，其油液流动情况为：

进油路：泵1→阀7→上缸换向阀6（左位）→阀10 ］→上液压缸上腔。
充液筒→阀12 ］

回油路：上液压缸下腔→阀11→上缸换向阀6（左位）→下缸换向阀14（中位）→油箱。

2. 慢速加压

上滑块在运行中接触到工件，这时上液压缸上腔压力升高，液控单向阀12关闭，加压速度便由液压泵的流量来决定，主油路的油液流动情况与快速下行时相同。

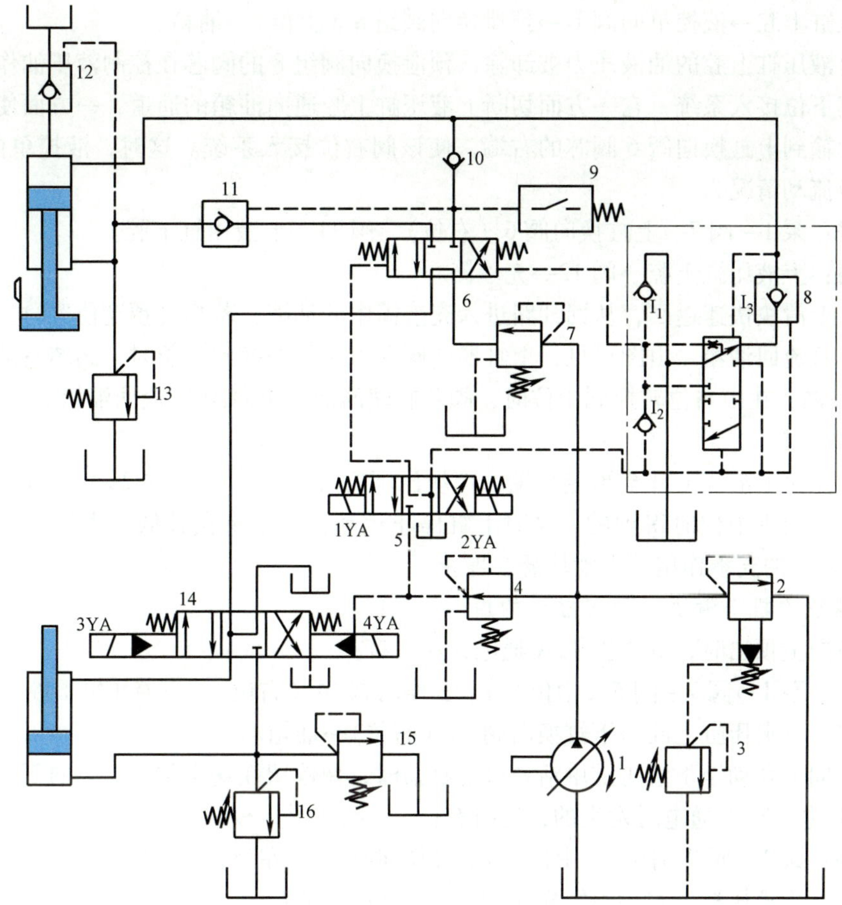


图 7-3　YB32—200 型液压压力机液压系统

1—液压泵　2、15—溢流阀　3—远程调压阀　4—减压阀　5、6、14—换向阀　7—顺序阀
8—预泄换向阀组　9—压力继电器　10—单向阀　11、12—液控单向阀　13、16—安全阀

3. 保压延时

保压延时是当系统中压力升高到使压力继电器 9 起作用，电磁铁 1YA 断电，先导阀 5 和上液压缸换向阀 6 都处于中位时出现的保压时间由时间继电器控制，可在 0~24min 内调节。保压时除了液压泵在较低压力下卸荷外，系统中没有油液流动。其卸荷油路为：

泵 1→阀 7→上缸换向阀 6（中位）→下缸换向阀 14（中位）→油箱。

4. 快速返回

保压时间结束后，时间继电器发出信号，使电磁铁 2YA 通电。但为了防止保压状态向快速返回状态转变过快在系统中引起压力冲击，并使上滑块动作不平稳，而设置了预泄换向阀组 8，它的功用就是在 2YA 通电后，其控制液压油必须在上液压缸上腔卸压后，才能进入主换向阀右腔，使主换向阀 6 换向。预泄换向阀 8 的工作原理是：在保压阶段，这个阀以上位接入系统，当电磁铁 2YA 通电，先导阀右位接入系统时，控制油路中的液压油虽到达预泄换向阀组 8 阀芯的下端，但由于其上端的高压未曾卸除，阀芯不动。但是，由于液控单向阀可以在控制压力低于其主油路压力下打开，所以有：

上液压缸上腔→液控单向阀 $I_3$→预泄换向阀组 8（上位）→油箱。

于是上液压缸上腔的油液压力被卸除，预泄换向阀组 8 的阀芯在控制液压油作用下向上移动，以其下位接入系统，它一方面切断上液压缸上腔通向油箱的通道，一方面使控制油路中的液压油输到上缸换向阀 6 阀芯的右端，使该阀右位接入系统。这时，液控单向阀 11 被打开，油液流动情况为：

进油路：泵 1→阀 7→上缸换向阀 6（右位）→阀 11→上液压缸下腔。

回油路：上液压缸上腔→阀 12→充液筒。

所以，上滑块快速返回，从回油路进入充液筒中的油液，若超过预定位置时，可从充液筒中的溢流管流回油箱。由图可见，上缸换向阀在由左位切换到中位时，阀芯右端由油箱经单向阀 $I_1$ 补油，在由右位转换到中位时，阀芯右端的油经单向阀 $I_2$ 流回油箱。

5. 原位停止

原位停止是上滑块上升至预定高度，挡块压下行程开关，电磁铁 2YA 失电，先导阀和上缸换向阀均处于中位时得到的，这时上缸停止运动，液压泵在较低压力下卸荷，由于阀 11 和安全阀 13 的支承作用，上滑块悬空停止。

6. 液压压力机下滑块（顶出缸）的顶出和退回

下滑块向上顶出时，电磁铁 4YA 通电，这时有：

进油路：泵 1→阀 7→阀 6（中位）→下缸换向阀 14（右位）→下液压缸下腔。

回油路：下液压缸上腔→下缸换向阀 14（右位）→油箱。

下滑块向上移动至下液压缸中活塞碰上缸盖时，便停留在这个位置上。向下退回是在电磁铁 4YA 断电、3YA 通电时发生的，这时有：

进油路：泵 1→阀 7→阀 6（中位）→下缸换向阀 14（左位）→下液压缸上腔。

回油路：下液压缸下腔→下缸换向阀 14（右位）→油箱。

原位停止是在电磁铁 3YA、4YA 均失电，下缸换向阀 14 处于中位时得到，系统中阀 16 为下缸安全阀，阀 15 为下缸溢流阀，由它可以调整顶出压力。

该液压机完成上述动作的电磁铁动作见表 7-3。

**表 7-3　电磁铁及预泄阀动作顺序表**

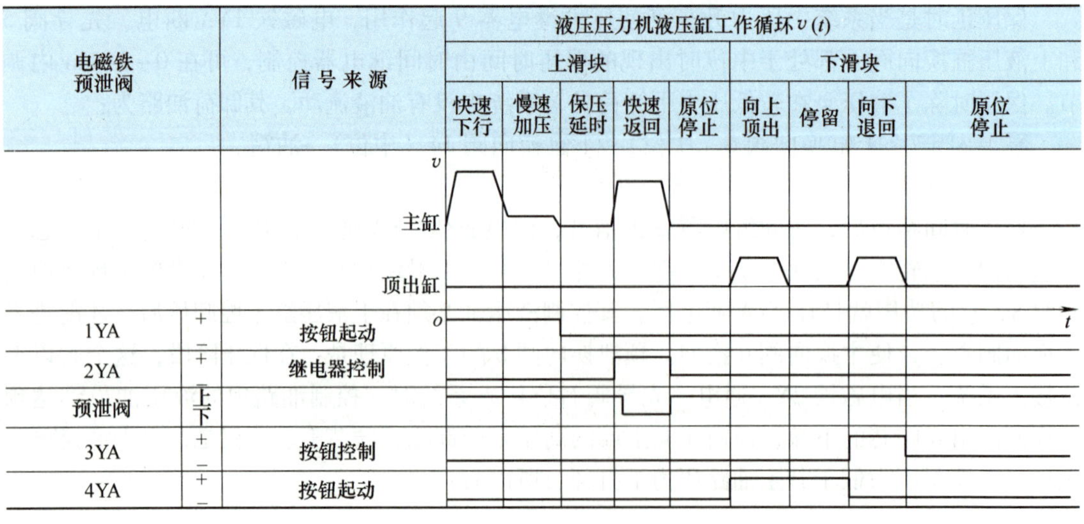

### 三、YB32—200 型液压压力机液压系统的特点

1）系统中使用一个轴向柱塞式高压变量泵供油，系统工作压力由远程调压阀 3 调定。

2）系统中的顺序阀 7 调定压力为 2.5MPa，从而保证了液压泵的卸荷压力不致太低，也使控制油路具有一定的工作压力（>2.0MPa）。

3）系统中采用了专用的预泄换向阀组 8 来实现上滑块快速返回前的泄压，保证动作平稳，防止换向时的液压冲击和噪声。

4）系统利用管道和油液的弹性变形来保压，方法简单，但对液控单向阀和液压缸等元件密封性能要求较高。

5）系统中上、下两缸的动作协调由两换向阀 6 和 14 的互锁来保证，一个缸必须在另一个缸静止时才能动作。但是，在拉深操作中，为了实现“压边”这个工步，上液压缸活塞必须推着下液压缸活塞移动，这时上液压缸下腔的液压油进入下液压缸的上腔，而下液压缸下腔中的液压油则经下缸溢流阀排回油箱，这时虽两缸同时动作，但不存在动作不协调的问题。

6）系统中的两个液压缸各有一个安全阀进行过载保护。

## 第四节 装卸堆码机液压系统

### 一、概述

装卸堆码机是一种仓储机械，在现代化的仓库里被广泛使用，用它可以方便地实现货物的放、取和装卸作业。把装卸工人从传统的人背肩杠的繁重劳动中解放出来。堆码机主要由两大部分组成，即液压马达驱动的行走底盘部分和一个六自由度的圆柱坐标式机械手。机械手可以完成升降、俯仰、臂伸缩、回转、手腕偏转和手指夹紧等动作，图 7-4 所示为装卸堆码机液压系统图。该系统由一台定量泵供油，构成一个单液压泵供油的并联开式系统。此外该系统采用蓄电池供电，直流电动机驱动的工作方式，在仓库中工作时没有污染。由于该机采用了液压驱动的机械手，所以比常用的叉车更为方便、灵活，堆码的高度及深度都大大高于叉车。

### 二、装卸堆码机液压系统工作原理

1. 底盘行走

直流电动机带动液压泵转动，当控制脚踏换向阀 5 左位接入系统时，底盘行走液压马达开始工作驱动底盘行走，其油液流动情况为：

进油路：泵 3→阀 6→脚踏换向阀 5（左位）→液压马达 18 左腔。

回油路：液压马达 18 右腔→脚踏换向阀 5（左腔）→过滤器 11→油箱 1。

单向阀 17 和安全阀 15 用以防止液压马达超载；在底盘行走困难时，可按增力按钮，使

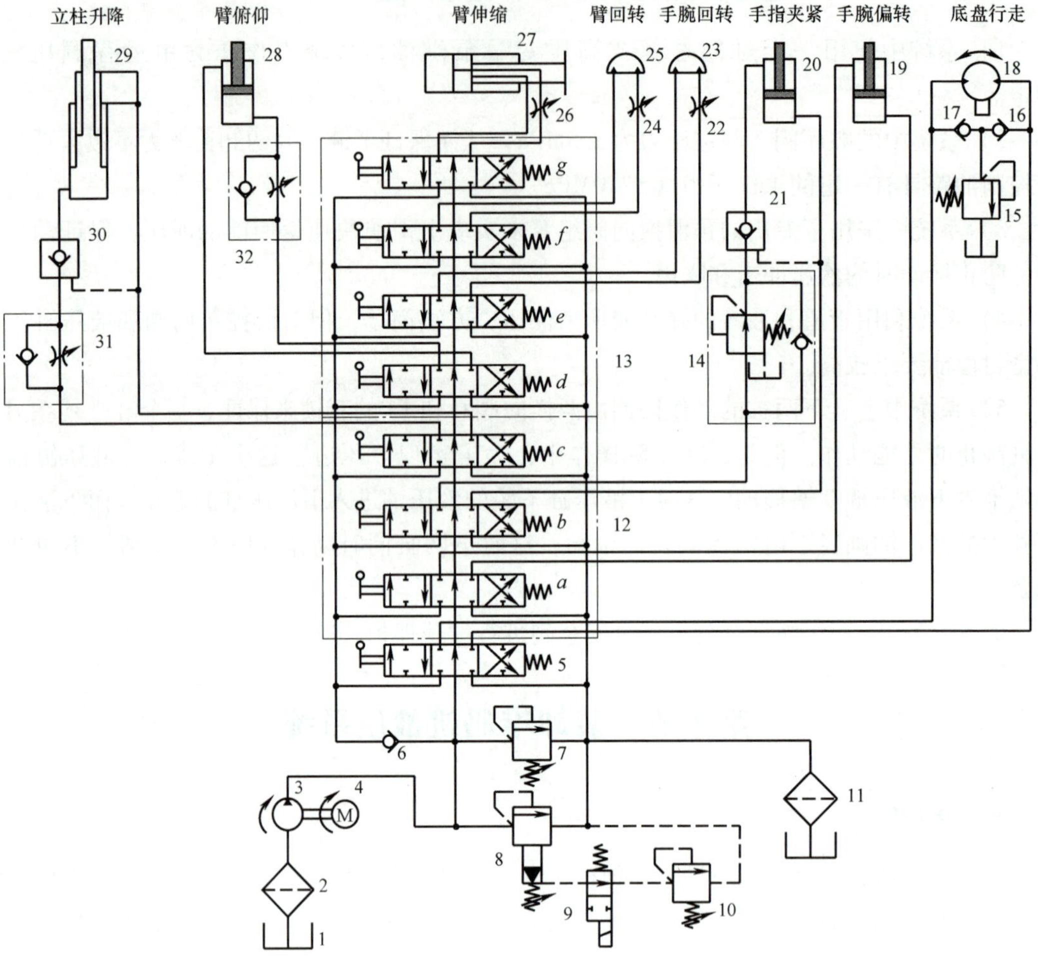


图 7-4　装卸堆码机液压系统

二位二通阀 9 工作，使溢流阀 8 的远控口堵死，由阀 8 调压，使系统压力升高，行走机构行走顺利。底盘后退时的情况可类推，即使脚踏换向阀 5 右位接入系统。

2. 立柱升降

液压马达驱动行走机构运行到预定位置，阀 5 复位，此时操纵多路换向阀 12 中阀 $c$ 的手动操纵杆，使阀 $c$ 的左位接入系统，此时油液的流动情况为：

进油路：泵 3→阀 6→阀 12 中 $c$（左位）→阀 31→阀 30→伸缩缸下腔。

回油路：伸缩缸上腔→阀 12 中 $c$（左位）→过滤器 11→油箱。

立柱升降采用了伸缩式液压缸驱动，主要是为了降低该机的非工作状态的高度，使它伸出时有较大的高度，而缩回时的体积又比较紧凑。当升降到所需的高度时，阀 12 中 $c$ 复位，此时由液控单向阀 30 锁紧。当阀 12 中 $c$ 由操纵杆操纵至右位时，立柱下降，其油路流动情况为：

进油路：泵 3→阀 6→阀 12 中 $c$（右位）→伸缩缸上腔。

回油路：伸缩缸下降→阀 30→阀 31→阀 12 中 $c$（右位）→过滤器 11→油箱 1。

回路中单向节流阀 31 可以控制立柱下降速度，提高稳定性。

3. 臂回转

臂回转动作由手臂回转缸来实现，当控制多路换向阀 13 中 $f$ 使其左位接入系统时，回转缸带动机械手手臂转动，转动速度可由节流阀 24 调节。

4. 手指夹紧

手指夹紧缸负责夹紧货物的工作，手指的夹紧松开由多路换向阀控制，夹紧力的大小可用单向减压阀 14 来调节，不同的货物要求不同的夹紧力，可根据需要调整，为使货物被夹紧后能保持一定的时间，特意在回路中设置了液控单向阀 21。

其余动作，如手臂俯仰、伸缩等动作在此不一一细述。

## 三、装卸堆码机液压系统的特点

1）本系统采用了并联式多路换向阀，使该机操作集中、方便和直观，同时体积重量也较小。

2）采用了二级调压回路，在不同的工况下，可使用不同的压力，减小了系统的功耗。

3）在需要保持压力的地方都设置了液控单向阀，使工作可靠，确保安全；换向阀均采用手动式操纵，使动作可靠，且操作方便。

4）按不同的工作要求，在系统中配置了多种类型的液压执行元件，如双作用活塞式液压缸（缸体固定与活塞杆固定式两种），双作用伸缩式液压缸、液压马达和摆动式液压马达等。

## 习 题

7-1 根据图 7-1 所示的 YT4543 型动力滑台液压系统图，完成以下各项工作：

1）写出差动快进时液压缸左腔压力 $p_1$ 与右腔压力 $p_2$ 的关系式。

2）说明当滑台进入工进状态，但切削刀具尚未触及被加工工件时，什么原因使系统压力升高并将液控顺序阀 4 打开？

3）在限压式变量泵的 $p$-$q$ 曲线上定性标明动力滑台在差动快进、第一次工进、第二次工进、止挡块停留、快退及原位停止时限压式变量叶片泵的工作点。

7-2 图 7-5 所示的压力机液压系统能实现“快进→慢进→保压→快退→停止”的动作循环。试读懂此液压系统图，并写出：①包括油液流动情况的动作循环表；②标号元件的名称和功用。

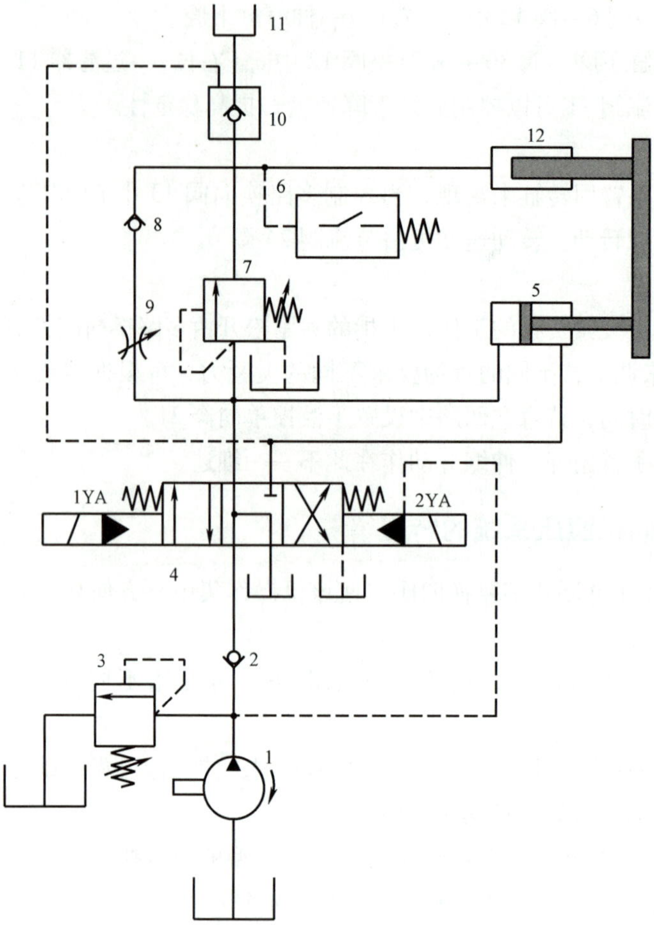


图 7-5　题 7-2 图

# 第八章

# 液压伺服和电液比例控制技术

本章主要讲述液压伺服控制和电液比例控制元件的工作原理和系统的组成，并介绍了计算机电液控制系统的硬件结构和软件系统的组成。

**本章重点**

1. 电液伺服阀的工作原理。
2. 电液比例控制阀的工作原理。
3. 计算机电液控制系统的硬件及软件设计。

**本章难点**

1. 电液伺服阀的性能和特点。
2. 计算机电液控制系统的软件设计。

## 第一节　液压伺服控制

液压伺服控制是以液压伺服阀为核心的高精度控制系统。液压伺服阀是一种通过改变输入信号连续、成比例地控制流量和压力的液压控制。根据输入信号的方式不同，又分为电液伺服阀和机液伺服阀。

### 一、电液伺服阀

电液伺服阀是电液伺服系统中的放大转换元件，它把输入的小功率电流信号，转换并放大成液压功率（负载压力和负载流量）输出，实现执行元件的位移、速度、加速度及力控制。它是电液伺服系统的核心元件，其性能对整个系统的特性有很大影响。

1. 电液伺服阀的组成

电液伺服阀通常由电气-机械转换装置、液压放大器和反馈（平衡）机构三部分组成。

电气-机械转换装置用来将输入的电信号转换为转角或直线位移输出。输出转角的装置称为力矩马达，输出直线位移的装置称为力马达。

液压放大器接受小功率的电气-机械转换装置输入的转角或直线位移信号，对大功率的液压油进行调节和分配，实现控制功率的转换和放大。

反馈和平衡机构使电液伺服阀输出的流量或压力获得与输入电信号成比例的特性。

2. 电液伺服阀的工作原理

图 8-1 所示为喷嘴挡板式电液伺服阀的工作原理图。图中上半部分为电气-机械转换装置，即力矩马达；下半部分为前置级（喷嘴挡板）和主滑阀。当无电流信号输入时，力矩马达无力矩输出，与衔铁 5 固定在一起的挡板 9 处于中位，主滑阀阀芯也处于中（零）位。液压泵输出的油液以压力 $p_s$ 进入主滑阀阀口，因阀芯两端台肩将阀口关闭，油液不能进入 A、B 口，但经节流孔 10 和 13 分别引到 8 和 7，经喷射后，油液流回油箱。由于挡板处于中位，两喷嘴与挡板的间隙相等，因而油液流经喷嘴的液阻相等，则喷嘴前的压力 $p_1$ 与 $p_2$ 相等，主滑阀阀芯两端压力相等，阀芯处于中位。若线圈输入电流，控制线圈中将产生磁通，使衔铁上产生磁力矩。当磁力矩为顺时针方向时，衔铁连同挡板一起绕弹簧管中的支点顺时针方向偏转。图中左喷嘴 8 的间隙减小，右喷嘴 7 的间隙增大，即压力 $p_1$ 增大，$p_2$ 减小，主滑阀阀芯在两端压差作用下向右运动，开启阀口，$p_s$ 与 B 相通，A 与 T 相通。在主滑阀阀芯向右运动的同时，通过挡板下端的弹簧杆 11 反馈作用使挡板逆时针方向偏转，使左喷嘴 8 的间隙增大，右喷嘴 7 的间隙减小，于是压力 $p_1$ 减小，$p_2$ 增大。当主滑阀阀芯向右移到某一位置，由两端压差（$p_1$-$p_2$）形成的液压力通过反馈弹簧杆作用在挡板上的力矩、喷嘴液流压力作用在挡板上的力矩以及弹簧管的反力矩之和与力矩马达产生的电磁力矩相等时，主滑阀阀芯受力平衡，稳定在一定的开口下工作。

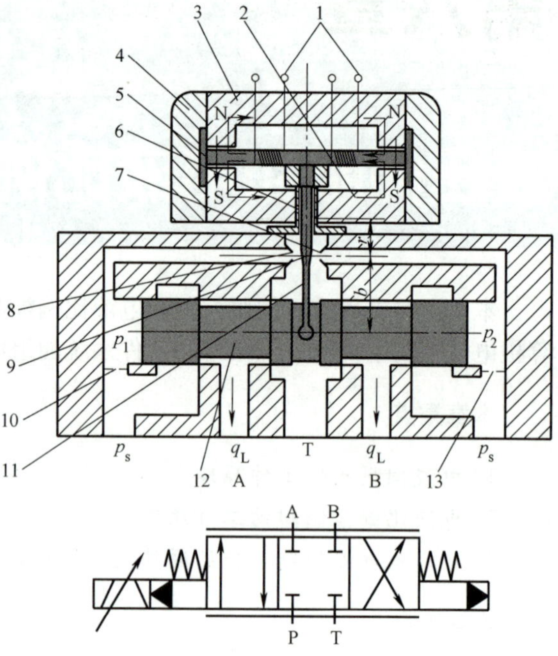


图 8-1　喷嘴挡板式电液伺服阀工作原理

1—线圈　2、3—导磁体　4—永久磁铁　5—衔铁　6—弹簧管　7、8—喷嘴　9—挡板　10、13—固定节流孔　11—反馈弹簧杆　12—主滑阀

显然，改变输入电流大小，可成比例地调节电磁力矩，从而得到不同的主阀开口大小。若改变输入电流的方向，主滑阀阀芯反向位移，可实现液流的反向控制。图 8-1 所示电液伺服阀的主滑阀阀芯的最终工作位置是通过挡板弹性反力反馈作用达到平衡的，因此称为力反馈式。除力反馈式以外，伺服阀还有位置反馈、负载流量反馈、负载压力反馈等。

3. 液压放大器的结构形式

电液伺服阀的液压放大器常用的形式有滑阀、射流管和喷嘴挡板三种。这里仅介绍滑阀式液压放大器的结构形式。

根据滑阀的控制边数，滑阀的控制形式有单边、双边和四边三种，如图 8-2 所示。其中单边和双边的控制式只用于控制单出杆液压缸；四边控制式既可控制单出杆液压缸，也可控制双出杆液压缸，四边控制式因控制性能好，用于精度和稳定性要求较高的系统。

根据滑阀阀芯在中位时阀口的预开口量不同，滑阀又分为负开口（正遮盖）、零开口（零遮盖）和正开口（负遮盖）三种形式，如图 8-3 所示。负开口在阀芯开启时存在一个死区，且流量特性为非线性，因此很少采用；正开口在阀芯处于中位时存在泄漏，且泄漏较大，所以一般不用于大功率控制场合，另外，它的流量特性也是非线性的。比较而言，应用最广，性能最好的是零开口结构，但完全的零开口在工艺上是难以达到的，因此实际的零开口允许有±0.025mm 以内的微小开口量误差。

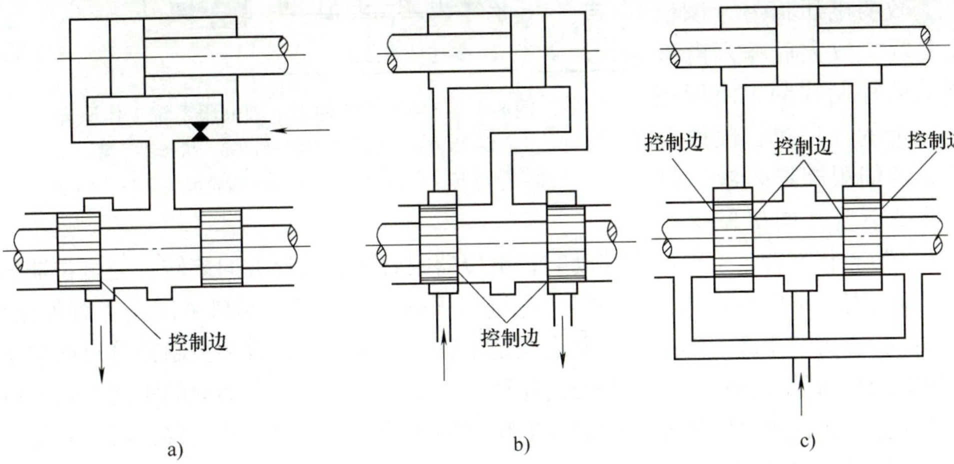


图 8-2　滑阀的结构形式

a）单边　b）双边　c）四边

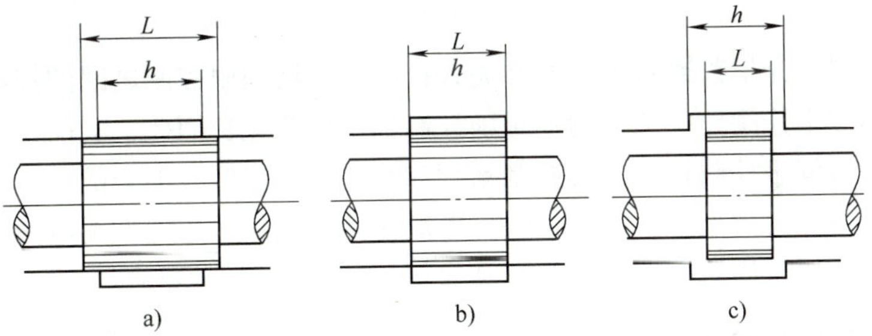


图 8-3　滑阀的开口形式

a）负开口（$L>h$）　b）零开口（$L=h$）　c）正开口（$L<h$）

## 二、电液伺服系统应用举例

电液伺服系统通过电气传动方式，将电气信号输入系统来操纵有关的液压控制元件动作、控制液压执行元件使其跟随输入信号而动作。这类伺服系统中电液两部分之间都采用电液伺服阀作为转换元件。

电液伺服系统根据被控物理量的不同分为位置控制、速度控制、压力控制电液伺服系统等。本节以机械手电液伺服系统为例，介绍常用的位置控制电液伺服系统。一般机械手包括四个电液伺服系统，分别控制机械手的伸缩、回转、升降及手腕（正爪、反爪）的动作。由于四个系统的工作原理均相似，故以机械手伸缩电液伺服系统为例，介绍其工作原理。

图 8-4 所示为机械手手臂伸缩电液伺服系统原理图。它由电液伺服阀 1、液压缸 2、活塞杆带动的机械手手臂 3、电位器 4、步进电动机 5、齿轮齿条 6 和放大器 7 等元件组成。当

数字控制部分发出一定数量的脉冲信号时，步进电动机带动电位器 4 的动触点转过一定的角度，使动触点偏移电位器中位，产生微弱电压信号，该信号经放大器 7 放大后输入电液伺服阀 1 的控制线圈，使伺服阀产生一定的开口量，假设此时液压油经伺服阀进入液压缸左腔，推动活塞连同机械手手臂上的齿条齿轮相啮合，手臂向右移动时，电位器跟着做顺时针方向旋转。当电位器的中位和动触点重合时，动触点输出电压为零，电液伺服阀失去信号，阀口关闭，手臂停止移动。手臂移动的行程决定于脉冲的数量，速度决定于脉冲的频率。当数字控制部分反向发出脉冲时，步进电动机向反方向转动，手臂便向左移动。由于机械手手臂移动的距离与输入电位器的转角成比例，机械手手臂完全跟随输入电位器的转动而产生相应的位移，所以它是一个带有反馈的位置控制电液伺服系统。

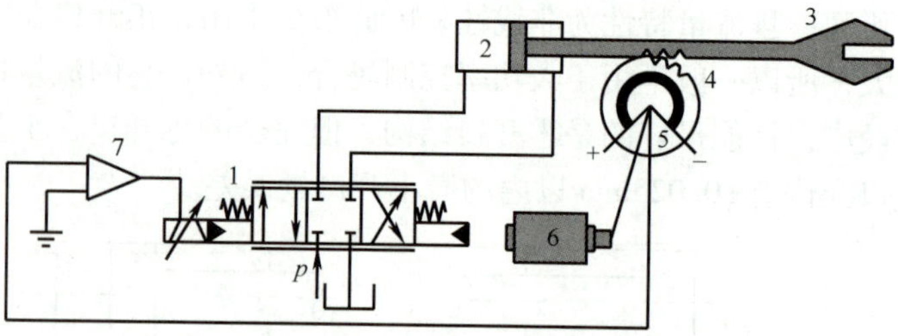

图 8-4　机械手手臂伸缩电液伺服系统工作原理

1—电液伺服阀　2—液压缸　3—机械手手臂

4—电位器　5—步进电动机　6—齿轮齿条　7—放大器

## 第二节　电液比例控制

电液比例控制是介于普通液压阀的开关式控制和电液伺服控制之间的控制方式。它能实现对液流压力和流量连续地、按比例地跟随控制信号而变化，因此，它的控制性能优于开关式控制。它与电液伺服控制相比，其控制精度和响应速度较低，但它的成本低，抗污染能力强，近年来在国内外得到重视，发展较快。电液比例控制的核心元件是电液比例阀，简称比例阀，本节主要介绍常用的电液比例阀及其应用。

### 一、电液比例控制阀

电液比例控制阀由常用的人工调节或开关控制的液压阀加上电-机械比例转换装置构成。常用的电-机械比例转换装置是有一定性能要求的电磁铁，它能把电信号按比例地转换成力或位移，对液压阀进行控制。在使用过程中，电液比例阀可以按输入的电气信号连续地、按比例地对油液的压力、流量和方向进行远距离控制，比例阀一般都具有压力补偿性能，所以它的输出压力和流量可以不受负载变化的影响，它广泛应用于对液压参数进行连续、远距离控制或程序控制、但对控制精度和动态特性要求不太高的液压系统中。

根据用途和工作特点的不同，比例阀可以分为比例压力阀（如比例溢流阀、比例减压阀等）、比例流量阀（如比例调速阀）和比例方向阀（如比例换向阀）三类。电液比例换向阀不仅能控制方向，还有控制流量的功能，而比例流量阀仅仅是用比例电磁铁来调节节流阀的开口，没有需要特殊说明的地方，在此不作介绍。

1. 电液比例压力阀

图 8-5 所示为一种电液比例压力阀的结构示意图，它由压力阀 1 和移动式力马达 2 两部分组成，当力马达的线圈中通入电流 $I$ 时，推杆 3 通过钢球 4、弹簧 5 把电磁推力传给锥阀

6。推力的大小与电流 $I$ 成比例，当阀进油口 P 处的液压油作用在锥阀上的力超过弹簧力时，锥阀打开，油液通过阀口由出油口 T 排出；这个阀的阀口开度是不影响电磁推力的，但当通过阀口的流量变化时，由于阀座上小孔 $d$ 处压差的改变以及稳态液动力的变化等，被控制的油液压力依然会有一些改变。

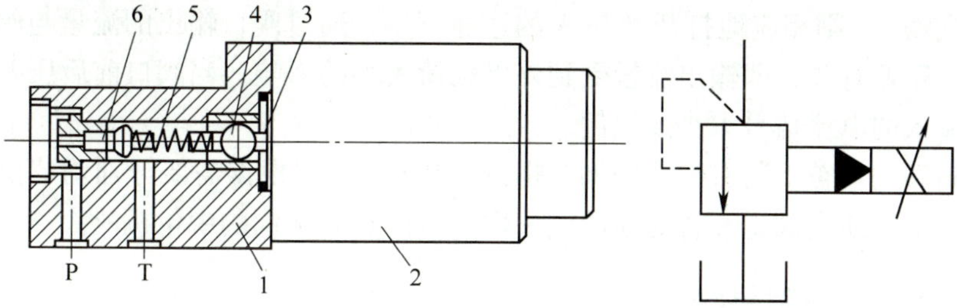


图 8-5　电液比例压力阀

1—压力阀　2—力马达　3—推杆　4—钢球　5—弹簧　6—锥阀

图 8-5 所示为直动式压力阀，它可以直接使用，也可以用来作为先导阀以组成先导型的比例溢流阀、比例减压阀和比例顺序阀等元件。

2. 电液比例换向阀

电液比例换向阀一般由电液比例减压阀和液动换向阀组合而成，前者作为先导级以其出口压力来控制液动换向阀的正反向开口量的大小，从而控制液流的方向和流量的大小，电液比例换向阀的工作原理如图 8-6 所示。先导级电液比例减压阀由两个比例电磁铁 2、4 和阀

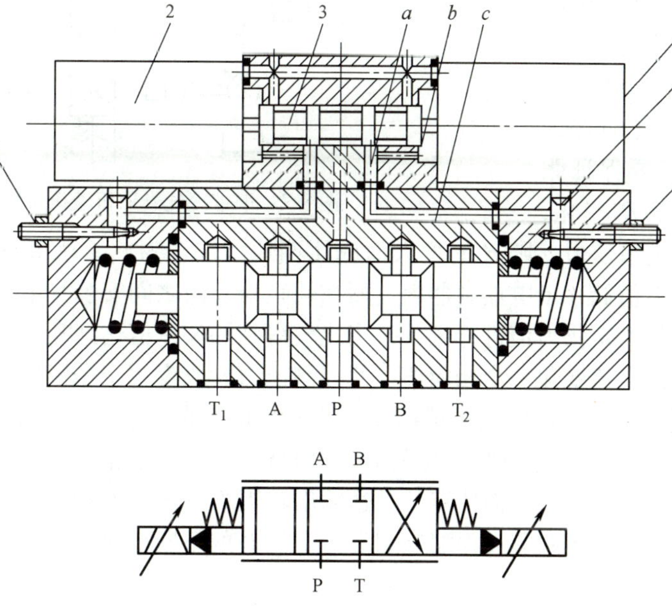


图 8-6　电液比例换向阀

1、6—调节螺钉　2、4—电磁铁　3、5—阀芯

芯 3 等组成。当输入电流信号给电磁铁 2 时，阀芯 3 被推向右移，供油压力 $p$ 经右边阀口减压后，经通道 $a$、$b$ 反馈至阀芯 3 的右端，与电磁铁 2 的电磁力相平衡。因而减压后的压力与供油压力大小无关，而只与输入电流信号的大小成比例。减压后的油液经通道 $a$、$c$ 作用在换向阀阀芯 5 的右端，使阀芯左移，打开 P 与 B 的连通阀口并压缩左端的弹簧，阀芯 5 的移动量与控制油压的大小成正比，即阀口的开口大小与输入电流信号成正比。如输入电流信号给比例电磁铁 4，则相应地打开 P 与 A 的连通阀口，通过阀口输出的流量与阀口开口大小以及阀口前后压差有关，即输出流量受到外界载荷大小的影响，当阀口前后压差不变时，则输出流量与输入的电流信号大小成比例。

液动换向阀的端盖上装有节流阀调节螺钉 1 和 6，可以根据需要分别调节换向阀的换向时间，此外，这种换向阀也和普通换向阀一样，可以具有不同的中位机能。

## 二、电液比例控制系统

电液比例控制系统由电子放大及校正单元、电液比例控制元件、执行元件及液压源、工作负载及信号检测处理装置等组成。按有无执行元件输出参数的反馈闭环分为闭环控制系统和开环控制系统。最简单的电液比例控制系统是采用比例压力阀、比例流量阀来替代普通液压系统中的多级调压回路或多级调速回路。这样不仅简化了系统，而且可实现复杂的程序控制及远距离信号传输，便于计算机控制。

图 8-7 所示为电液比例压力阀用于钢带冷轧卷取机的液压系统。轧机对卷取机构的要求是：当钢带不断从轧辊下轧制出来时，卷取机应以恒定的张力将其卷起来，为了实现这一要求，就必须在钢带卷半径 $R$ 变化时保证张力 $F$ 恒定不变；要保证张力不随钢带卷半径 $R$ 变化，必须使液压马达的进口压力 $p$ 随 $R$ 的增大而成比例地增加。为此，在该系统进行轧制互作时，先给定一个张力值储存于电控制器内，而在轧辊与卷筒之间安装一张力检测计，将检测的实际张力值反馈与给定张力值进行比较，当比较得到的偏差值达到某一限定值时，电控制器输入比例压力阀的电流变化一个相应值，使控制压力 $p$ 改变，于是液压马达的输出转矩 $T$ 及张力 $F$ 做相应的改变，使偏差消失或减小。在轧机的实际工作中，随着钢带卷半径 $R$ 的增大，实际张力 $F$ 减小，出现的偏差为负值，这时输入电流增加一个相应值，液压马达的进口压力 $p$ 增加一个相应值，从而使液压马达输出转矩 $T$ 及张力 $F$ 相应增加，力图保持张力 $F$ 等于给定值。显然，上述调节过程随着钢带卷半径 $R$ 的不断变化而不断重复。

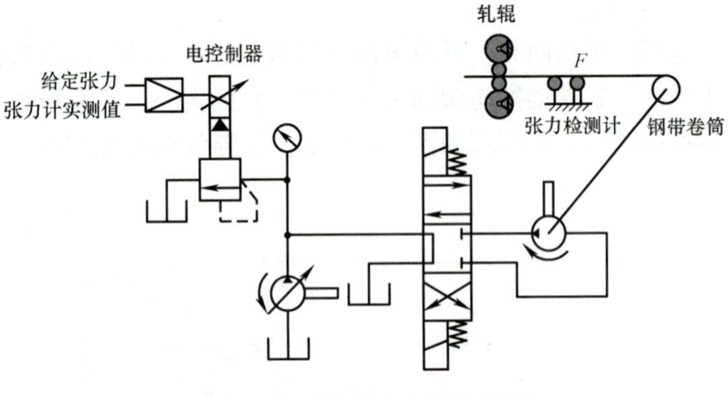


图 8-7　钢带冷轧卷取机液压系统

# 第三节　计算机电液控制技术

随着电子技术和计算机控制技术的日益发展，液压技术也日益朝着智能化方向迈进，计算机电液控制技术是计算机控制技术与液压传动技术相结合的产物。这种控制系统除常规的液压传动系统以外，通常还有数据传感和采集装置、信号隔离和功率放大电路、驱动电路、电-机械转换器、主控制器（微型计算机或单片微机）及相关的键盘及显示器等。这种系统一般是以稳定输出（力、转矩、转速、速度）为目的，构成了从输出到输入的闭环控制系统，是一个涉及传感技术、计算机控制技术、信号处理技术、机械传动技术等的机电一体化系统。这种控制系统操作简单，人机对话方便，系统功能强，可以实现多功能控制（通过软件编制可以实现不同的控制），且较易实现实时控制和在线检测。本节主要以泵控容积调速系统的计算机控制为例，讲述计算机电液控制系统的组成及工作原理。

## 一、泵控容积调速计算机控制系统的组成

泵控液压马达容积调速系统由于具有功率大、效率高等优点而得到广泛的应用，但由于液压系统的工作参数（如流量、温度等）的严重时变，而又使其输出的参数（转速、转矩等）不稳定，系统的静态性能和动态品质较差，如图 8-8 所示的泵控容积调速计算机控制系统，以单片微机 MCS—51 作为主控单元，对其输出量进行检测、控制。输入接口电路，经 A-D 转换后馈入主控单元，主控单元按一定的控制策略对其进行运算后经输出接口和接口电路，送到步进电动机，由步进电动机驱动机械传动装置，从而控制伺服变量液压泵的斜盘位置，调整液压泵的输出参数，从而保证液压马达的输出稳定在一定的数值上。

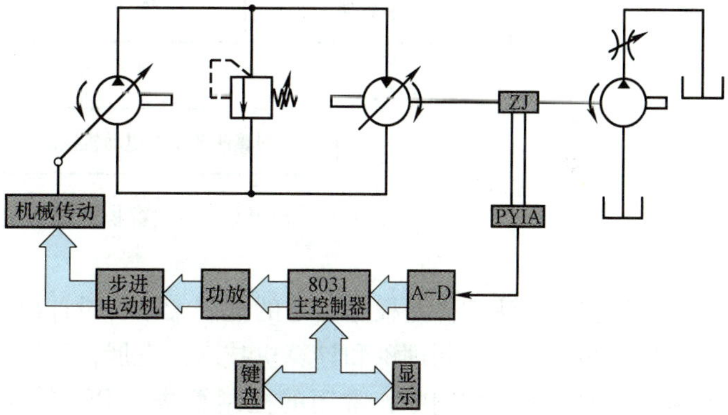


图 8-8 泵控容积调速计算机控制系统结构图

## 二、控制系统的硬件及软件设计

1. 控制系统的硬件设计

控制系统的硬件包括输入通道的硬件配置、输出通道的硬件配置以及主控单元的硬件配置。输入通道主要将转矩传感器得到的相位差信号放大，再经过转速转矩测量仪转变成模拟量输出，然后转速信号和转矩信号分成两路经高共模抑制比电路进行放大。根据转速信号和转矩信号的电压量程不同，选取合适的放大倍数，将其电压转变成统一的量程为 200mV～5V 的标准电压信号，再经硬件滤波，滤去高次谐波，分别将转矩和转速信号接入 A-D 的通道，经 A-D 转换后送入 8031 主控单元。

输出通道包括输出电路、步进电动机和机械传动机构，后两者对系统的精度影响较大。在设计过程中，要根据系统泵控制方式选择机械传动的具体形式，在此基础上确定负载力的大小，选择步进电动机。然后根据步进电动机的参数指标确定控制电路的形式，以满足系统的需要。同时，根据系统的精度要求，决定步进电动机与机械传动结构之间的精度分配，以保证系统的精度满足设计要求。

2. 控制系统的软件设计

一个完整的控制系统，其输入、输出接口要完成所具有的功能，必须要使软件和硬件恰当配合。泵控液压马达容积调速系统的软件构成如图 8-9 所示，它包括输入信号采样、A-D 转换及滤波软件、系统自动复位软件、键盘及显示软件。控制显示软件进行显示，并完成调用其输入控制值；采样信号、A-D 转换及滤波软件比较并由此调用控制算法软件，使系统朝着减少误差的方向运动。

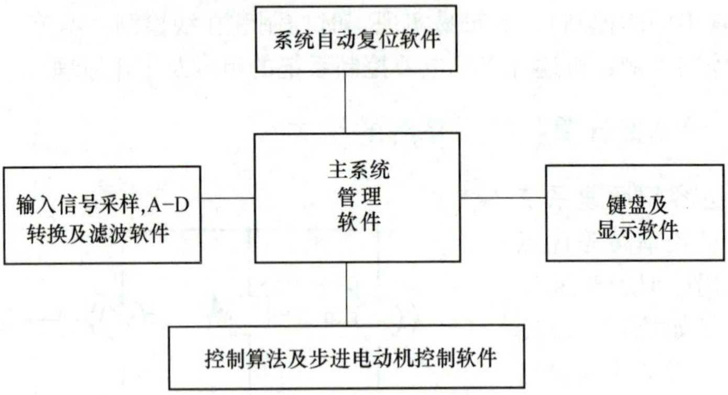


图 8-9 泵控液压马达容积调速系统的软件构成

系统控制算法软件是根据一定的控制策略，设计出相应的控制算法，并由此编写的计算机应用程序。随着控制理论和计算机技术的发展，控制策略也日渐增多，泵控液压马达容积调速系统的计算机控制中，常用的控制算法有 PID 算法、砰—砰（Bang—Bang）控制算法以及 PID 和砰—砰相结合的控制算法。近年来，为了解决液压系统的非线性、参数时变的问题，人们提出了用人工智能的方法来实现控制目的，这种控制方法的主要特点在于研究的目标不再是研究对象，而是控制器本身。控制器也不再是单一的数学解析模型，而是包括解析和推理的知识模型，其控制规则归根到底是模拟人脑的思维方式，这种控制方式不需要控制对象的准确模型，而能较好地解决控制系统中稳定性与准确性的矛盾，又能增强对不确定因素的适应性。常用的智能控制方法有模糊控制算法、参数自适应模糊控制算法以及规则可调整的模糊控制算法等。图 8-10 为一般模糊控制系统的原理图，模糊控制方法的关键是模糊控制器的设计，模糊控制器由模糊化、模糊控制算法和模糊判决三部分构成。即对输入量

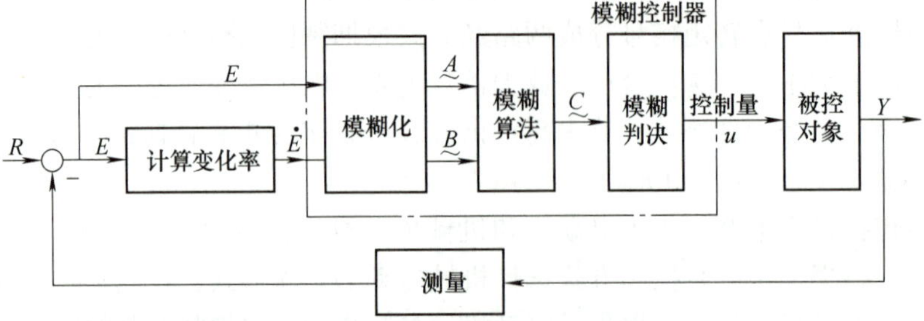


图 8-10 模糊控制系统原理图

(偏差 $E$ 和 $\mathrm{d}E/\mathrm{d}t$) 进行模糊化，再进行模糊运算，最后进行模糊判决，得到确切的控制量，并加到被控对象上，由上述过程即可算出总控制表，将其存入计算机。在实际控制时，只要测得偏差量 $E$，然后计算出偏差变化率 $\mathrm{d}E/\mathrm{d}t$，就可查内存中的总控制表，找出相应的控制量。表 8-1 所示为某泵控液压马达容积调速系统的计算机模糊控制总表。

总之，微型计算机的发展给电液控制技术增加了新的活力，它有极快的运算速度、强大的记忆能力和灵活的逻辑判断功能，使许多过去难以解决的电液控制问题，都可以通过计算机得以实现，大大提高了液压系统的控制精度和运行可靠性，因而具有广泛的应用和发展前景。

**表 8-1　模糊控制总表**

| $E$ | 偏差变化率 $\mathrm{d}E/\mathrm{d}t$ | | | | | | | | | | | | |
|---|---|---|---|---|---|---|---|---|---|---|---|---|---|
| | −6 | −5 | −4 | −3 | −2 | −1 | 0 | +1 | +2 | +3 | +4 | +5 | +6 |
| −6 | 6 | 6 | 6 | 6 | 6 | 6 | 6 | 3 | 3 | 1 | 0 | 0 | 0 |
| −5 | 6 | 6 | 6 | 6 | 6 | 6 | 6 | 3 | 3 | 1 | 0 | 0 | 0 |
| −4 | 6 | 6 | 6 | 6 | 5 | 5 | 5 | 3 | 3 | 1 | 0 | 0 | 0 |
| −3 | 6 | 5 | 5 | 5 | 5 | 5 | 5 | 2 | 1 | 0 | −1 | −1 | −1 |
| −2 | 3 | 3 | 3 | 3 | 3 | 3 | 3 | 1 | 0 | 0 | −1 | −1 | −1 |
| −1 | 3 | 3 | 3 | 3 | 3 | 3 | 1 | 0 | 0 | 0 | −2 | −1 | −1 |
| 0 | 3 | 3 | 3 | 3 | 1 | 1 | 0 | −1 | −1 | −1 | −3 | −3 | −3 |
| +1 | 1 | 1 | 1 | 1 | 0 | 0 | −1 | −3 | −3 | −3 | −3 | −3 | −3 |
| +2 | 1 | 1 | 1 | 1 | 0 | −2 | −3 | −3 | −3 | −3 | −3 | −3 | −3 |
| +3 | 0 | 0 | 0 | 0 | −2 | −2 | −5 | −5 | −5 | −5 | −5 | −5 | −5 |
| +4 | −6 | 0 | 0 | −1 | −3 | −3 | −6 | −6 | −6 | −6 | −6 | −6 | −6 |
| +5 | 0 | 0 | 0 | −1 | −3 | −3 | −5 | −5 | −5 | −5 | −5 | −5 | −5 |
| +6 | 0 | 0 | 0 | −1 | −3 | −3 | −6 | −6 | −6 | −6 | −5 | −5 | −5 |

## 习　题

8-1　液压伺服系统与液压传动系统有什么区别？使用场合有何不同？

8-2　电液伺服阀的组成和特点是什么？它在电液伺服系统中起什么作用？

8-3　电液比例阀由哪两大部分组成？它具有什么特点？

8-4　微机电液控制系统的主要组成是什么？有何特点？

# 第九章

# 液压系统的安装和使用

本章主要讲述液压传动系统的安装、调试和使用、维护应注意的问题。

## 第一节　液压系统的安装和调试

液压系统的安装是液压系统能否正常可靠运行的一个重要环节。液压系统安装工艺不合理，甚至出现安装错误，将会造成液压系统无法运行，甚至造成重大事故，因此，必须重视液压系统安装这一重要环节。

在安装前首先要审查液压系统设计能否达到预期的设计目标，能否实现相关装备的动作和达到各项性能指标，安装工艺是否可行，同时要全面地了解设计总体各部分的组成，深入地了解各部分所起的作用。

### 一、审查液压系统的设计

液压系统设计质量如何，是直接关系到液压系统能否正常运行的首要环节。液压系统的设计不仅要能完成装备对液压系统基本要求，还要体现最优、体现创新。

要审查液压系统设计是否满足装备工作过程的要求，是否满足互锁、顺序、防干扰等相关动作要求，审查液压系统各零部件的质量和净化（清洗）情况，对外购件进行质量检查等。

### 二、安装前的技术准备工作

液压系统在安装前，应按照有关技术资料做好各项准备工作，这是安装工作顺利进行的基本保证。

1. 技术资料的准备与熟悉

液压系统原理图、电气原理图、管道布置图、液压元件、辅件、管件清单和有关元件样本等，这些必要的图样和资料都应准备齐全，以便工程技术人员对具体内容和技术要求逐项地熟悉与研究。

2. 物资准备

按照液压系统图和液压件清单，核对液压件的数量，确认所有液压元件的质量状况。检测液压系统工作压力大小的仪器是压力表，查明压力表校验日期，对校验时间过长的压力表要重新进行校验，确保准确可靠。

3. 质量检查

液压元件的技术性能是否符合要求，管件质量是否合格，将关系到液压系统工作可靠性和运行的稳定性。要使液压系统运行时少出故障，不漏油，液压系统的安装人员一定要把好质量关。

液压元件在运输和库存过程中极易被污染和锈蚀。库存时间过长会使液压元件中的密封件老化而丧失密封性，有些液压元件由于加工及装配质量不良使性能不可靠，所以，对液压元件必须进行严格的质量检查。

4. 液压元件的拆洗与测试

液压元件在运输或库存期间易侵入污染物和锈蚀，新的液压元件内部也有可能存在未清除尽的污物。对这些元件必须拆洗、清除污物，确认未被污染的液压元件可不拆洗，但需进行性能检测、质量检验。具备技术条件的单位，可以自行拆洗检查，然后重新组装测试，以确保液压元件使用可靠。

液压元件的测试是对拆洗、装配完的元件或领用的新元件进行技术指标测定和试验。各类液压元件均应用系统同牌号的油进行循环运转式清洗，然后换清洁的系统用油，才能进行测试。测试程序是先进行低频、空载、低压、小流量跑合，然后进入正式测试。测试应按出厂标准、专业标准或国家标准规定的方法、设备、项目进行。其主要项目简述如下：

1）液压泵、液压马达要测试运转状况、容积效率、额定流量、额定转速、额定压力、压力摆差、噪声等。

2）液压缸要测试运动状态、内外泄漏、缓冲效果、起动压力、行程、速度、输出力等是否在要求范围内。同时，要观察有无爬行和振动。

3）方向控制阀要测试换向状况、换向是否平稳、通油能力、换向时间、内外泄漏等。电磁换向阀要测电磁铁的有关参数。

4）压力控制阀要测试调压状况、工作运行状况、内外泄漏等。

5）流量控制阀要测试调节状况、工作运行状况、内外泄漏等。

6）蓄能器要按设计数据进行充气试压、测试其性能，校验合格后将气放净，放气应缓慢进行。

7）冷却器首先要通水或通油检查，若有泄漏应立即排除，然后进行性能试验，测其冷却效果是否达到规定指标。

8）压力表开关虽是一个简单的元件，但是多路压力表开关，由于质量问题易使系统产生较大的故障，因此，要测试各测压点是否正确，压力损失是否过大，控制是否灵敏等。

所有被测试的元件都要达到产品样本上所规定的主要技术指标，未达到主要技术指标的元件，不准装在设备上。已测试达到要求的元件用塑料塞子将油口堵住，并用塑料布包好，以防被污染。

测试液压元件要有试验台和平台以及仪表和管件等，所以，应根据本单位的液压设备上所用的液压元件种类，配备一台综合试验台。图 9-1 所示为一个简易液压试验台的液压原理图，利用此试验台可测试液压泵、液压阀等液压元件。

## 三、液压系统的安装与清洗

1. 液压系统的安装

所有上述工序完成后，按照安装要求和相关技术资料对液压系统进行安装，安装过程中要尽量使用专用工具确保连接可靠、确保管道等辅件安装的质量要求。

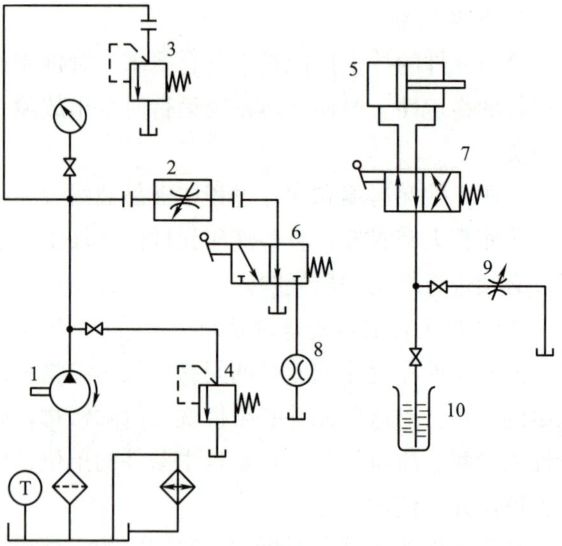


图 9-1 简易试验台液压系统

1—被试液压泵 2—被试流量阀 3—被试压力阀 4—溢流阀 5—液压缸 6、7—换向阀 8—流量计 9—节流阀 10—量杯

2. 液压系统清洗

液压系统安装完毕后，在试车前必须对液压元件、管道等进行循环清洗，清洗是减少液压系统故障的重要措施。新安装的设备要进行清洗，使用运行一定阶段的液压设备也必须进行定期清洗。因为液压装置经过长期工作后，油液劣化、橡胶落渣、金属磨耗物等污染物将会影响系统正常工作。液压系统清洗，单机或自动线均可利用本设备上的液压泵作为供油泵，临时增加一些必要的元件和管件，就可进行清洗，清洗的方法要点简述如下：

1）首先应将环境和场地清扫干净。

2）清洗的第一阶段，清洗液要选用低黏度的专用清洗油，或本系统同牌号的液压油。

3）清洗工作以主管道系统为主。清洗前将溢流阀压力调节到 0.3~0.5MPa，对其他液压阀的排油回路要在阀的入口处临时切断，将主回路连接临时管路，并使换向阀换向到某一阀位，使油路循环，清洗油路如图 9-2 所示。

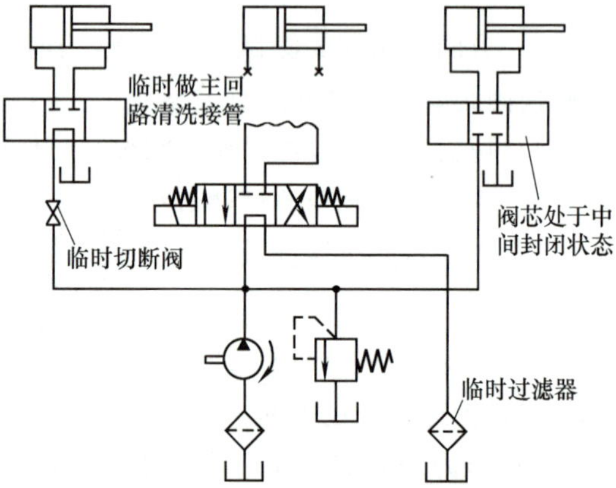


图 9-2 清洗油路

4）在主回路的回油管处临时接一个回油过滤器。一般液压系统的不同清洗循环阶段，分别使用 30μm、20μm、10μm 的滤芯，伺服系统用 20μm、10μm、5μm 滤芯，分阶段分次清洗。清洗后，液压系统必须达到净化标准，不达净化标准的液压系统不准运行使用。

5）清洗过程中要轻轻地敲击管子，这样可收到除去水锈和尘埃的效果。清洗过程中要不断观察过滤器堵塞状况显示的信号，过滤器发出信号后要及时更换滤芯。更换下来的纸滤芯、化纤滤芯和粉末冶金滤芯不得清洗再用，其他材质的滤芯，视具体情况而定。例如，金属表面型（非深度型）滤芯反冲后仍可再用。

6）复杂的液压系统或自动线液压系统，可以按工作区域分别对各个区域进行清洗。

7）清洗后，将清洗油排尽，确认清洗油排尽后，才算清洗完毕。

8）确认液压系统净化达到标准后，将临时增设的管路拆掉，并把管路恢复到原设计系统。在拆卸后要确保清洁，安装时有关元件、管道的安装要牢固可靠。

9）按液压设备说明书上规定的油品加油，加油过程必须有过滤环节，严防系统再被污染。

## 四、液压系统调试

1. 调试目的

不管是新制造的液压设备，还是经过大修后的液压设备，在安装完毕后，都要经认真地调试，才能投入生产运行。

液压元件组成液压回路，液压回路组成液压系统，液压系统组成液压生产线。在安装前各个技术环节都是准确无误的前提下，液压系统和液压生产线能否按设计要求进行正常的生产运行，调试是具有决定性作用的一个环节。一些液压系统由于调试不当或有误，使液压设备长期在非理想工况下运行，使得液压设备故障接连发生，这种状况必须在正确合理地调试中予以避免。

具体地说，调试应达到以下一些目的：

1）检查、发现、修正在设计、制造、安装中的不足与缺陷。如某些局部设计时考虑不周到，温升过高，噪声过大，冲击振动等；制造安装中液压元件选用不当或有质量问题等。

2）调试液压元件、液压回路在液压系统或液压自动生产线中的各种参数和职能，以及其相互间匹配、联锁和顺序动作等性能。

3）调试各种液压信号、电信号以及仪表的灵敏度、准确度和可靠性。

4）评价液压系统运行水平、质量状况、生产能力、起动操作特点等。

5）确定液压系统投产运行的条件及投产运行时间。

6）通过专家带队调试，培训工程技术人员和操作、维护技术工人。

7）记录调试中第一手资料，纳入设备档案，作为日后诊断排除液压系统故障时的参考资料，这也是液压系统维护保养的技术依据。

2. 调试准备工作

1）由液压技术专家牵头，由液压技术人员与液压技术工人组成调试队伍。

2）认真熟悉液压系统工作原理、设计意图和设计要求；要了解液压系统中各个元件的技术性能，特别是要了解各个元件的生产厂家，以便确认每个元件的可靠性和在调试中可能出现的问题。

3）各种检测仪器和有关设备要准备齐全，各种备用的元器件以及必要的检测手段和方案都要准备好。

4）要研究液压设备的工作对象。对机床类液压设备要研究加工对象的性能、精度要求，对冶金、矿山等类液压设备要研究工况条件和负载特性等。

5）要制订出详细调试方案、工作步骤、操作规程以及有关技术责任等。

3. 调试方法与步骤

1）确认液压系统净化符合标准后，向油箱加入规定的介质。加入介质时一定要过滤，滤芯的精度要符合要求，并要经过检测确认。

2）检查液压系统各部分，确认安装合理无误。

3）向油箱灌油，当油充满液压泵后，用手转动联轴器，直至液压泵的出油口出油并不见气泡时为止。有泄油口的液压泵，要向液压泵壳体中灌满油。

4）放松并调整调压阀的调节螺钉，使调节压力值能维持空转即可。调整好执行机构的极限位置，并维护在无负载状态。如有必要，液压伺服阀、液压比例阀、蓄能器、压力传感器等重要元件应临时与循环回路脱离，节流阀、调速阀、减压阀等应调到最大开度。

5）接通电源，点动液压泵电动机，检查电源接线是否正确；延长起动时间，观察空运转有无异常；按说明书规定的空运转时间进行试运转，此时要随时了解过滤器的滤芯堵塞情况，并注意随时更换堵塞的滤芯。

6）在空运转正常的前题下，进行加载调试，即压力调试。加载可以利用执行机构移到终点或挡铁位置，也可用节流阀加载，使系统建立起压力。压力升高要逐级进行，每一级为1MPa，并稳压5min左右为宜。最高试验调整压力应按设计要求的系统额定压力或按实际工作对象所需的压力进行调节，不能超过设计规定的工作压力进行调节。最高试验调整压力按最高工作压力的1.25~1.5倍进行调试的说法是不妥的，对液压设备的用户来讲，不能按制造厂样机试验的试压调压程序进行。

7）压力试验过程中出现故障应及时排除，排除故障必须在卸压后进行。若管道焊缝需要重焊，必须将该件拆下，除净油污后方可焊接。

8）调试过程应详细记录，经整理由主管工程师签字后，纳入设备档案。

4. 调试注意事项

1）不准在执行元件运动状态下调节系统的工作压力。

2）调压前应先检查压力表有无异常现象，若有异常现象，待压力表更换后再调节压力。

3）无压力表的系统，不准调压。

4）调压大小应按说明书规定的压力值或按实际使用要求的压力值调节，压力调节后应将调节螺钉锁住，防止松动。

## 第二节　液压系统的使用维护

液压设备正确使用与精心保养，可以防止机件过早磨损和遭受不应有的损坏，从而减少故障发生，并能有效地延长使用寿命。对液压设备进行主动保养预防性维护，进行有计划地检修，可以使液压设备经常处于良好的技术状态，并发挥应有效能。

### 一、液压系统的使用保养要求

1. 使用维护要求

为了保证液压设备能达到预计的生产能力和稳定可靠的技术性能，对液压设备必须做到：熟练操作、合理调整、精心保养和计划检修。液压设备使用时应符合下列要求：

1）按设计规定和工作要求，合理调节液压系统的工作压力和工作速度。压力阀、调速阀调节到所要求的数值时，应将调节螺钉紧固牢靠，防止松动。没有锁紧件的元件，调节后应把调节手柄锁住。

2）液压系统生产运行过程中，要注意油质的变化状况，要定期进行取样化验，若发现油质不符合使用要求，要进行净化处理或更换新油液。

3）液压系统油液的工作温度不得过高，机床类液压系统，油液的工作温度不应超过60℃，一般控制在35~55℃范围内。其他行业的液压系统油液温度按使用说明书要求的范围进行控制，超过允许的温度使用范围，应检查原因并采取相应对策。

4）为保证电磁阀工作正常，应保持电压稳定，其波动值不应超过额定电压的±15%。

5）不准使用有缺陷的压力表，不允许在无压力表的情况下工作或调压。

6）电气柜、电气盒、操作台和指令控制箱等应有盖子或门，不得敞开使用，以免积污。

7）当液压系统某部位产生异常时（例如压力不稳定、压力太低、振动等）要及时分析原因进行处理，不要勉强运转。

8）定期检查冷却器和加热器工作性能。

9）经常观察蓄能器工作性能，若发现气压不足或油气混合时，应及时充气和修理。

10）经常检查管件接头、法兰盘等的固定状况，发现松动及时紧固。

11）高压软管、密封件的使用期限，应根据具体的液压设备而定。大型重要流水线液压设备，要定期更换，一般为两年左右。对于工程机械类单机作业的液压设备，一般不漏油、不损坏就不必更换。

12）主要液压元件定期进行性能测定，并实行定期更换维修制。

13）定期检查润滑管路是否完好，润滑元件是否可靠，润滑油质量是否达到规定标准要求，油量是否充足，若有异常应及时排除。

2. 操作保养规程

液压设备的操作保养，除应满足对一般机械设备的保养要求外，还有它的特殊要求，其主要内容如下：

1）操作者必须熟悉本设备所用的主要液压元件的作用，熟悉液压系统工作原理，掌握系统动作程序。

2）操作者要经常监视液压系统工作状况，特别是工作压力和执行机构的运行速度，确保液压系统工作稳定可靠。

3）液压系统起动前，应检查电磁阀和所有运动机构是否处于原始状态，油液位是否正常。若有异常，不准起动，应找维修人员进行处理。

4）冬季当油箱内油温未达到25℃时，各执行机构不准开始按顺序工作，而只能起动液压泵电动机使液压泵空运转，或起动电加热设备，使系统油液温度升高，达到允许运转条件才能进行正常运行。夏季工作过程中，当油箱内油温高于60℃时，要注意检查温度控制状况，发现异常要通知维修人员进行处理，使油温降到允许的范围。

5）液压设备停机4h以上，在开始工作前应先起动液压泵电动机5~10min，使泵进行空运转，然后才能带压力正常工作。

6）操作者不准损坏电气系统的互锁装置，不准用手推动电控阀，不准损坏或随便移动各操纵挡块的位置。

7）未经技术主管部门同意，操作者不准对各液压元件私自调节或更换。

8）当液压系统出现故障时，操作者不准私自乱动，应立即报告维修部门。维修部门有关人员应速到现场，对故障原因进行分析，并尽快予以排除。

9）液压设备应经常保持清洁，防止各种污染物进入油箱。

10）操作者要按设备点检卡上规定的部位和项目，进行认真点检。

3. 点检与定检

点检是设备管理技术的基础之一。液压传动装置的点检是按规定的点检项目，检查液压装置是否完好，工作是否正常。点检可从外观进行检查，听运转声音，或用简单工具、仪器进行测试。点检必须严格认真进行，因为点检可防止突发故障发生。点检第一手资料对确定修理项目，编制维修计划，故障产生的规律，以及液压元件的使用寿命都有很重要作用。

点检一般分两种，一是日常点检，由操作者进行。二是定期检查（也称定检），指的是时间间隔在一个月以上的点检，由维修工进行。点检卡要认真记录，并要纳入设备管理档案。

液压系统点检的内容：

1）所有液压阀、液压缸、管件是否有渗漏。

2）液压泵或液压马达运转时，是否有异常噪声。

3）液压缸运动全行程中是否正常平稳。

4）液压系统中各测压点压力是否在规定的范围内，压力是否稳定。

5）液压系统中油液温度是否在允许范围内。

6）液压系统各部位有无高频振动。

7）油箱内油量是否在油标到线范围内。

8）电气控制或撞块（凸轮）控制的换向阀工作是否灵敏可靠。

9）行程开关或限位挡块的位置是否有变动，固定螺钉是否松动。

10）液压系统手动或自动循环时是否有异常现象。

11）定期对油箱内的油液进行取样化验，检查油液的污染状况。

12）定期检查蓄能器工作性能。

13）定期检查冷却器和加热器工作状况。

14）定期检查和紧固重要部位的螺钉、螺母、接头和法兰螺钉。

## 二、定期维护内容与要求

定期维护是保证液压系统正常工作的重要措施，定期维护的主要内容有以下几方面。

1. 定期紧固

液压系统在工作过程中由于外载变化、换向冲击、管道振动等原因，容易使管接头、紧固螺钉松动。因此，要对受冲击影响较大的螺钉、螺母和接头等进行定期紧固。具体做法是对中高液压设备，其管接头、法兰盘螺钉、液压缸紧固螺钉和压盖螺钉、活塞杆止推或工作台的止推调节螺钉、蓄能器连接管路、行程开关和挡块固定螺钉等，应当每个月紧固一次。低压液压系统可以三个月紧固一次。紧固时，拧紧力要均匀，并应达到规定的拧紧力矩。

2. 定期检查或更换密封件

目前弹性密封件材料，一般为耐油丁腈橡胶和聚氨酯橡胶，这类密封件长期使用，不仅会自然老化而且因长期处于受压状态下工作，会使密封件永久变形，丧失密封性，因此一般说来应定期更换。但在具体作法上，应讲究科学性，防止盲目性，为此，应考虑以下几点因素：

1）对重大流水线液压设备，在正常运行的周期内（一般为两年），不允许发生停机故障，否则给生产带来重大损失。这样的液压设备应严格执行定期更换密封件制度。也就是说在停机大修时，所有密封件都应更换新件。

2）对单机作业、非连续运行的液压设备（如工程机械类液压设备）可对检查有问题的密封件进行更换，无异常现象的一般不予以更换。

3）对所使用的密封件材料性能、寿命、使用环境条件，要有深入了解，再确定更换密封件的周期。

3. 定期清洗或更换液压件

液压元件在工作过程中，由各件之间互相摩擦产生的金属磨耗物、密封件磨耗物，以及液压件在装配时带入的各种污染物等随液流一起流动，它们之中有一部分被过滤掉了，但仍会有一部分积聚在液压元件的流道内，这将会损坏液压元件，因此要定期清洗液压元件。清洗周期也要视具体使用条件，特别是液压装置的环境条件而定。例如，铸造设备上的液压阀应每隔三个月清洗一次，液压缸应每年清洗一次。其他液压设备应据实际情况确定清洗周期。定检时，若发现磨损严重的液压件影响液压系统正常运行，经调整修理无效者应更换新件；若发现某些零件（如弹簧）疲劳到一定限度，丧失原有性能时也应更换新件。

4. 定期清洗油箱与管道

液压系统工作时，油液中的污染物存留在油箱内，若不定期清除，存留量会越来越多，有时又被液压泵吸入系统中，使液压系统产生故障，油箱一般应半年清洗一次。

液压系统中的污染物，常常会积聚在管子的弯曲部位和油路板的流通腔内，使用年限越久，管子内壁积聚的胶质也会越多，这样不仅增加油流的阻力，还容易积结污染物。由于油液流动，污染物又可能被冲走，堵塞液压元件的阻尼孔，使液压元件无法正常工作。

对油路板、软管、可拆的管道应拆下来清洗。清洗周期应根据液压设备工作环境和污染情况而定。

5. 定期更换滤芯

目前净化液压系统中的机械污染物的主要手段是在系统中的不同部位设置过滤器，不同档次的液压系统，过滤精度也不一样。但不管什么档次的液压系统，过滤器的滤芯必须及时更换。更换周期视滤芯堵塞状况而定，不管时间长短，只要堵塞了就应及时更换。特别重要的液压系统，定检时，滤芯虽未到报废程度，但已有足够的污垢，过油能力有所下降，也应更换，如军品系统。

## 三、液压系统的主动保养预防维护

维护是防止机器发生故障和过早失效、保证机器可靠运行的一系列措施。

随着工业技术的发展，维护的经济效益越被人们所重视。因此，维护的策略在日益完善和发展。这里提出的主动保养预防维护，就是维修技术工程近年来兴起的新策略。

1. 主动保养预防维护新策略

当前，维护的方法主要有以下几种：

（1）定期检测维修　根据经验、机器故障档案资料、失效趋势分析，按工作小时（或年）、行程（公里数）或循环次数而进行定期修理与维护。

定期检修对于防止机器严重故障发生、避免停产有决定性作用，特别是大型连动流水线设备，一定周期内分别进行小修与大修是非常必要的。但这种定期检修有时由于情况变化，或未估计到的因素，故障有可能突然发生在按计划安排的维修之前。有时按计划进行维修时，机器被拆开的某些部位没有出现任何磨损或损坏迹象，因而形成人力和物力的浪费。据统计分析，定期检修有三分之一的费用被浪费了。

（2）智能检测维修　通过仪器和传感器监测机器失效征兆及其发展，经过专家系统分析与决策，在机器发生故障之前进行维修。

智能检测维修是以对系统工况进行监测为依据的，所监测的内容是反映材料磨损和性能下降的早期失效征兆，如油液中的磨粒含量和特性、系统的振动、噪声、温升等，根据检测的失效征兆可以诊断失效程度和故障部位。虽然检测维修不能准确预报故障发展的确切时间，但可以预先警告维护人员需要及时采取维修措施，避免发生严重的停机故障。但应认识到，由于失效征兆只有在材料发生磨损和性能出现下降以后才能检测出来，因此，检测维修不能彻底达到延长元件寿命和降低故障出现频率的目的，但可减轻故障的严重性。随着信息传感、传输和分析技术的发展，这种智能检测维修技术是今后维护保养的重要手段。也是主机供应商寻求产品质量提升的有效方法。

（3）主动保养预防维护　主动保养预防维护是根据统计数据和经验在机器开始发生失效（材料磨损和性能下降）之前采取的维护活动。它通过监测可得到导致系统失效的根源性参数，并及时纠正根源性异常工况，以保持机器健康的工作状态。如油液污染度、物体的物理和化学性能，以及温度等，通过维护措施保持基本参数在允许范围内，以达到防止故障发生和延长元件寿命的目的。

主动保养预防性维护与检测维修的区别，可以从图9-3所示的失效曲线看出。主动保养预防性维护的目的是保持失效发生前的曲线水平段，并尽可能右延伸，以延长机器的寿命。

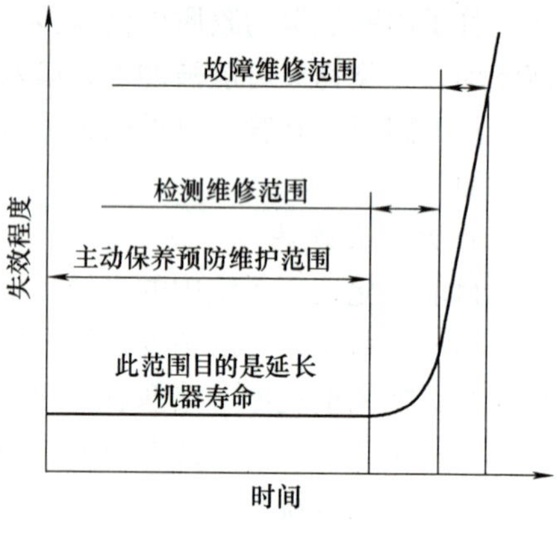

图9-3　机器失效曲线

2. 液压系统失效根源

智能检测维修和主动保养预防维护是对机器失效根源进行监测和纠正，使机器正常工作的基本参数保持在允许的范围内。智能检测维修是通过对设备运行主要参数的监控来判断故障的过程。主动保养预防维护实际上是一种提前维护技术。因此，液压系统的预防维护实施的首要环节是弄清楚其失效根源。一般机器的最终失效是指机器的材料、结构或系统不能在安全和正常状态下达到预期的性能。任何导致机器材料磨损和性能下降的不正常工况，称为“失效根源”。当系统的任一根源性参数出现异常（指超出允许范围）时，如不及时采取纠正措施，则将引起材料的磨损，进而引起工作性能下降，最后导致机器的完全失效，失效的发展过程如图9-4所示。

液压系统失效根源主要有以下几个方面：液体污染；液体泄漏；液体化学性能变化；液体物理性能变化；液体气蚀；液体系统过热。

为了防止液压系统失效的发生和发展，必须通过对以上失效的根源性参数进行监测和纠正，使其保持在允许的范围内。也就说，必须保持失效根源性工况的稳定性。

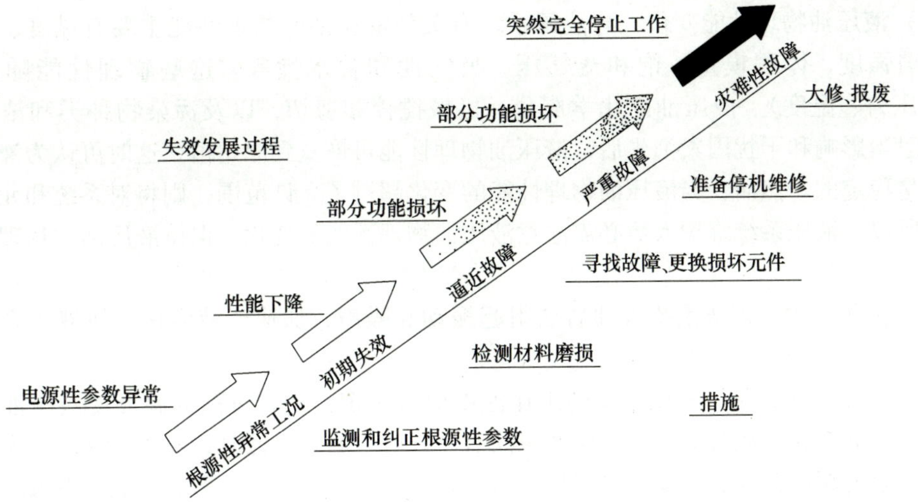


图 9-4　机器失效发展过程

（1）液压油污染　液压油污染是液压系统最主要的失效根源，据统计液压系统故障大约有 75%是由于液压油污染引起的。液压油污染引起元件失效的形式主要有污染磨损、污染卡紧和污染堵塞等。

影响液压元件材料磨损和性能下降的主要因素是液压油污染度、元件污染敏感度以及工作条件。为了防止液压油引起的失效和故障，必须通过污染控制措施使系统内液压油的污染度保持在关键元件污染耐受度范区内，也就是使液压油污染的程度稳定。

（2）泄漏　泄漏是当前液压系统普遍存在的问题。外泄漏发生在液压元件外部结合面、管接头以及直线、旋转运动界面。内泄漏发生在液压元件内部运动副间隙处，如液压泵的配流副，液压缸和活塞的密封间隙等。过量的内泄漏使泵容积效率降低、液压爬行、液压马达转速损失等，对液压系统有较大的危害。

泄漏是液压系统失效和故障的信号，必须及时采取对策。影响液压系统泄漏的主要因素是密封的磨损或损坏、管件受振而引起松动，以及软管加工或安装不良等。合理的密封结构、优良的密封材料、必需的密封力是液压油泄漏稳定性的重要因素。控制液压系统升温，控制油液污染，控制过大的振动，就可以控制液压系统的内外泄漏。

（3）液压油化学性能的变化　液压油化学性能与液压油基础成分以及添加剂的化学成分有关。为了改进液压油的性能以满足液压系统的工作要求，在工作液体中加有各种化学添加剂，如抗氧化、除锈、增黏、抗磨、低凝等添加剂，因此，保持化学稳定性是保证液压系统工作可靠和元件寿命的重要条件。

由于在系统中液压油受到高压、不良环境的影响，液压油在工作和储存过程中其化学成分和性能将逐渐发生变化，这主要是由于液压油的氧化以及添加剂的消耗而引起的。这种氧化反应的结果引起液压油劣化，并产生可溶和不可溶的化合物，如树脂、酸性物质及沉淀物等，进一步增加了液压油的污染。液压油的劣化速度与工作温度、压力、污染物种类和含量等因素有关。当水和起催化剂作用的金属颗粒同时存在时，油液的氧化速度急剧增快。铁使油液氧化速度增快 10 倍，铜使油液氧化速度增快 30 倍，因此，有效地控制油液污染，选用添加剂稳定的油液，有助于保持油液的化学稳定性。

（4）液压油物理性能变化　与液压系统有关的液压油的物理性能主要有黏度、黏度指数、抗剪强度、体积模量、饱和蒸气压、吸气性和含水性等。这些物理性能随系统状态（如压力、温度）、液压油的化学成分、机械搅拌和剪切，以及污染物种类和浓度而变化。一般当影响和干扰因素消失后，液压油物理性能可恢复到原始值，这时可认为液压油物理性能是稳定的。然而，当液压油物理性能的变化超过了允许范围，则将对系统和元件带来危害。所以，液压系统维护人员必需注意液压油物理性能的变化，保持液压油的物理性能的稳定性。

（5）液体气蚀　液压系统气蚀后会引起振动和噪声，加速油液劣化，使液压系统性能变坏。

（6）液压系统过热　液压系统的工作温度应有一定范围，过高的温度使液压油黏度变低，润滑性能变坏，泄漏增大，并使液压油氧化分解。温度过低时，液压油黏度增大，流动性变差。温度超出允许的范围，对密封材料和元件的性能也有较大影响。低温下橡胶弹性柔性变差；高温下材料强度减弱，同时，由于热膨胀易引起元件运动受阻或卡紧，所以，控制液压系统工作温度过大的变化是很重要的。

3. 主动保养预防维护的实施

实践表明，液压系统最主要的失效根源是液压油污染。液压油污染磨损引起液压系统泄漏和过热，引起液压油物理和化学性能劣化，因此，油液的污染监测与控制是液压系统主动保养预防维护的主要技术措施。此外，对油液物理化学性能的变化进行定期检测，保持其稳定性，也是很重要的。

实施以污染控制为主要内容的主动保养预防维护应采取以下步骤：

1）确定为达到预期寿命和工作可靠性所需的液压系统清洁度等级（即目标清洁度）。

2）选择改善过滤装置，确认滤芯的过滤精度。

3）定期检测液压系统油液的污染度，若超过允许范围，及时采取措施，使其达到目标清洁度。

为了有效地进行主动保养预防维护，也应利用检测维修中监测所得的结果，如磨屑分析噪声、振动、泵和马达的转速以及系统的过热等。在实际维护工作中，主动保养预防维护与预测维护相结合，通过对失效根源和故障征兆的监测，就可以延长液压系统的寿命和防止故障发生。

## 习　题

9-1　液压系统安装前的准备工作包括哪几方面的内容？

9-2　液压系统调试步骤有哪些？主要应该注意什么问题？

9-3　液压系统为什么要进行定期主动维护和保养？

9-4　液压系统失效的主要根源有哪些？如何防止？

# 第十章

# 液压系统的故障诊断与排除

本章主要讲述液压系统故障诊断的基本方法与步骤、常见故障诊断与排除，列举了两个典型故障实例分析。

## 第一节　液压系统故障诊断的基本方法与步骤

液压设备是由机械、液压、电器及其仪表等装置有机地组成的统一体，系统的故障分析是受各方面因素影响的复杂问题。因此，分析故障必须弄清楚整个液压系统的工作原理、结构特点，然后根据故障现象进行判断，逐步深入，有目的、有方向地逐步缩小范围，确定区域、部位、以至某个元件。

液压系统故障不像电气系统那样检测方便，液压管路内油液的流动状态、液压件内部的零件动作，以及密封件的损坏等情况，一般是看不见摸不着的，这就给观察分析带来了很多困难。近年来，在设备维修行业开始采用智能状态监测技术，可以在液压系统运行中，在基本不拆卸零部件的情况下检测出失效根源参数，由计算机根据专家系统分析预报故障。

### 一、液压系统故障特征

（1）试制液压设备调试阶段的故障　试制的液压设备在调试阶段故障率最高，设计、制造、安装等质量问题交织在一起。经常出现的故障是：

1）外泄漏严重，主要发生在接头和有关元件的端盖处。

2）执行元件运动速度不稳定。

3）液压阀阀芯卡死、运动不灵活和运动不到位，导致执行元件动作失灵。

4）压力控制阀的阻尼孔堵塞，造成压力不稳定。

5）阀类元件漏装弹簧、密封件等机件，造成控制失灵。

6）液压系统设计不完善，液压元件选用不当，造成系统发热、噪声、振动、执行机构运动精度差等故障现象。

（2）液压系统运行初期的故障　液压系统经过调试阶段后，便进入正常生产运行阶段，此阶段故障特征是：

1）管接头因振动而松脱。

2）密封件质量差，或由于装配不当而破损，造成泄漏。

3）管道或液压元件流道内的型砂、毛刺、切屑等污染物在油流的冲击下脱落，堵塞阻尼孔和过滤器，造成压力和速度不稳定。

4）由于负载大或外界散热条件差，油液温度过高，引起内外泄漏，导致压力和速度的变化。

(3) 液压系统运行中期的故障　液压系统运行中期，故障率最低，这是液压系统运行的最佳阶段。此阶段控制油液污染是极其重要的。

(4) 液压系统运行后期的故障　液压系统运行到后期，液压元件因工作频率和负荷的差异，易损件开始正常的超差磨损。此阶段故障率较高，泄漏明显增加，效率下降。针对这一情况，要对元件进行全面检测，对已失效的液压元件应进行修理或更换。液压系统运行中要加强维护，注意观察各部位工作状况，发现有异常现象，及时分析原因，采取有效对策，以防发生重大故障。液压系统何时应该大修，寿命还有多长，何时进行局部或全部更新改造，要进行全面地科学地综合分析，制定合理的维修、改造计划，使液压系统尽可能最大限度地发挥其潜在作用。

(5) 突发性故障　这类故障多发生在液压设备运行初期和后期。由于对这两个时期故障特征认识不足，认为新设备运行不会有什么大问题、老设备过去一直很好用，忽略了监测维护，因此易发生突发性故障。故障发生的区域及产生原因较为明显，如发生碰撞，元件内弹簧突然折断，管道破裂，异物堵塞管道，密封损坏，控制信号失真，动作错乱，内外泄漏失控等故障现象。

突发性故障往往与液压设备安装不当、维护不及时有关系。有时由于操作错误而发生破坏性故障。防止这类故障的主要措施是认识故障特征，加强管理维护，严格执行岗位责任制，以及加强人员岗位培训。不懂专业知识，未经过液压基本知识、液压故障诊断与维修技术培训的人员不得上岗。

## 二、液压系统故障诊断步骤

液压系统的故障往往是系统中某个元件产生故障所造成的，因此，需要把出了故障的元件找出来。根据图10-1列出的步骤进行检查，就能找出液压系统中产生故障的元件。

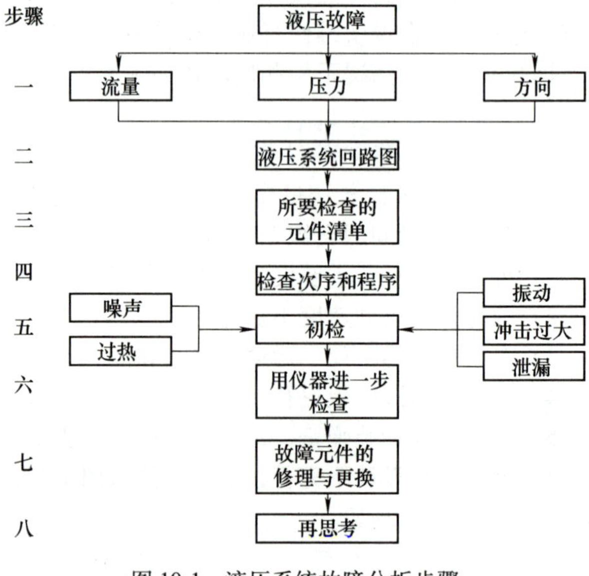


图 10-1　液压系统故障分析步骤

第一步，液压设备运转不正常，例如，没有运动，运动不稳定，运动方向不正确，运动速度不符合要求，动作顺序错乱，力输出不稳定，严重泄漏、爬行，温升等。无论是什么原因，都可以归纳为流量、压力和方向三大问题。

第二步，审核液压回路图，并检查每个元件，确认其性能和作用，初步评定其质量状况。

第三步，列出与故障有关的元件清单，进行逐个分析。进行这一步时，一是充分利用判断力，二是注意绝不可遗漏对故障有重大影响的元件。

第四步，对清单中所列元件按以往的经验和元件检查难易排列次序。必要时，列出重点检查的元件和元件重点检查部位，同时安排检测仪器等。

第五步，对清单中列出的重点检查元件进行初检。初检应判断以下一些问题：元件的使用和安装是否合适；元件的测量装置、仪器和测试方法是否合适；元件的外部信号是否合适；对外部信号是否响应等。特别要注意某些元件的故障先兆，如过高的温度和噪声，振动和泄漏等。

第六步，如果初检未查出故障，要用仪器反复检查。

第七步，识别出发生故障的元件，对不合格的元件进行修理或更换。

第八步，在重新起动主机前，必须先认真考虑一下这次故障的原因和后果。如果故障是由于污染或油液温度过高引起的，则应预料到另外元件也有出现故障的可能性，并应针对隐患采取相应的补救措施。例如，由于铁屑进入液压泵内引起泵的故障，在换新液压泵之前要对系统进行彻底地清洗净化。

## 三、重新起动的步骤

排除液压系统故障之后，不能操之过急而盲目起动。起动必须遵照一定的要求和程序。否则，旧的故障排除了，新的故障会相继产生，其主要原因是缺乏周密思考。如前所述，液压泵故障是因铁屑进入而引起的，那么，铁屑是怎样进入的呢？油箱、管道中是否还有铁屑等污染物存在？

重新起动程序框图如图 10-2 所示。

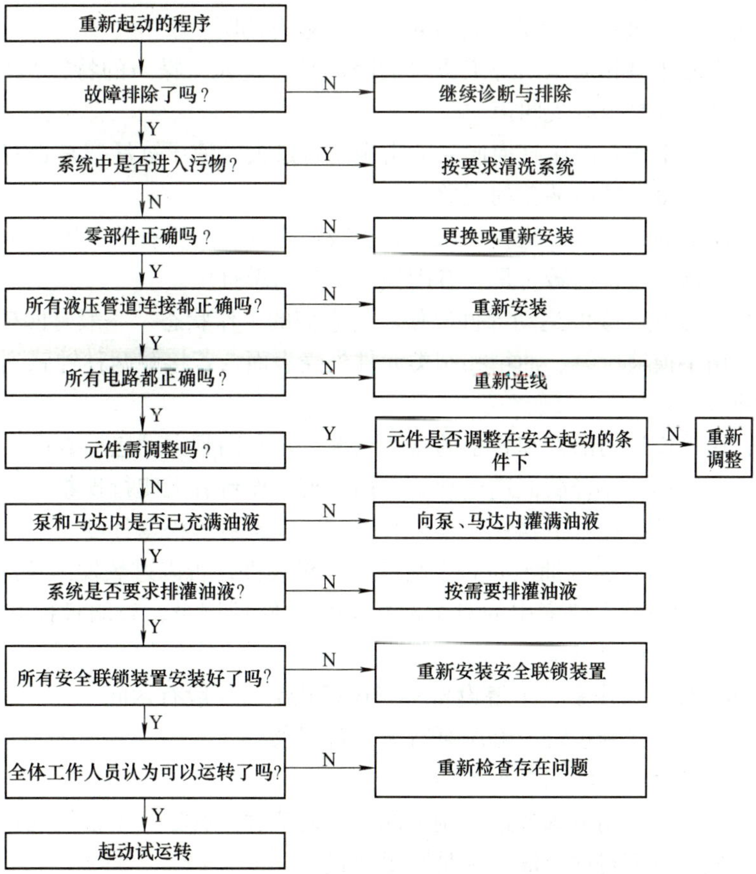


图 10-2　重新起动程序框图

## 四、故障诊断技术

液压设备故障诊断和医生诊断病情的程序是一样的。医生凭借自己的医学理论和临床实践对病人进行初步诊断。初步诊断有困难，就要利用已有仪器设备对病人进行专项检查，根据检查结果再对病人进行综合分析与确诊。

液压设备出现故障也是采取初步诊断，仪器检测，综合分析与确诊等基本程序。

1. 初步诊断

(1) 看　看液压系统工作的实际情况。一般有六看：

一看速度：指执行机构运动速度有无变化和异常现象。

二看压力：指液压系统中各测压点的压力值大小，压力值有无波动现象。

三看油液：观察油液是否清洁，是否变质，油液表面是否有泡沫，油量是否在规定的油标线范围内，油液的黏度是否符合要求等。

四看泄漏：指液压管道各接头、阀板结合处、液压缸端盖、液压泵轴端等处是否有渗漏滴漏等现象。

五看振动：指液压缸活塞杆、工作台等运动部件工作时有无因振动而跳动的现象。

六看产品：根据液压设备加工出来的产品质量，判断运动机构的工作状态、系统的工作压力和流量的稳定性。

(2) 听　听觉判断液压系统工作是否正常。一般有四听：

一听噪声：听液压泵和液压系统工作时的噪声是否过大，噪声的特征是什么。溢流阀、顺序间等压力控制元件是否有尖叫声。

二听冲击声：指工作台液压缸换向时冲击声是否过大，液压缸活塞是否有撞击缸底的声音，换向阀换向时是否有撞击端盖的现象。

三听气蚀和困油的异常声：检查液压泵是否吸进空气，是否有严重困油现象。

四听敲打声：指液压泵运转时是否有因损坏引起的敲打声。

(3) 摸　用手摸允许摸的运动部件以便了解它们的工作状态。一般有四摸：

一摸温升：用手摸液压泵、油箱和阀类元件外壳表面，若接触两秒钟感到烫手，就应检查温升过高的原因。

二摸振动：用手摸运动部件和管子的振动情况，若有高频振动应检查产生的原因。

三摸爬行：当工作台在轻载低速运动时，用手摸工作台有无爬行现象。

四摸松紧程度：用手拧一下挡铁、运行开关和紧固螺钉等松紧程度。

(4) 闻　用嗅觉器官辨别油液是否发臭变质，橡胶件是否因过热发出特殊气味等。

(5) 阅　查阅设备技术档案中的有关故障分析和修理记录，查阅日检和定检卡，查阅交接班记录和维修保养情况记录。

(6) 问　访问设备操作者，了解设备平时运行状况。一般有六问：

一问液压系统工作是否正常，液压泵有无异常现象。

二问液压油更换时间，滤网是否清洁。

三问发生事故前压力调节阀或速度调节阀是否调节过，有哪些不正常现象。

四问发生事故前对密封件或液压件是否更换过。

五问发生事故前后液压系统出现过哪些不正常现象。

六问过去经常出现过哪些故障，是怎样排除的，哪位维修人员对故障原因与排除方法比较清楚。

总之，对各种情况必须了解得尽可能清楚。但由于每个人的感觉、判断能力和实践经验的差异，判断结果会有差别。这种差别不会永远存在，是暂时的，经过反复实践，故障原因是特定的，终究会被确认并予以排除。

2. 仪器专项检测

初步诊断只能定性地分析出故障的基本原因，排除一般常见故障。一些重大液压设备必须进行定量的专项检侧，即检测故障发生的根源性参数，为故障确诊提供可靠依据。

（1）压力检测　检测液压系统各部位的压力值，分析其是否在允许的范围内。

（2）测流量　检测液压系统各位置的液压油流量是否在正常值范围内。

（3）测温升　检测液压泵、执行机构、油箱的温度值，分析是否正常。

（4）测噪声　检测异常噪声值，进行分析。

（5）检测液压元件　经初步诊断，有故障嫌疑的液压件要在试验台检测。检测要求按出厂试验标准进行。通过检测就能确定被测元件有无故障，工作性能是否良好。元件检测也与故障原因分析一样，要遵循先易后难的原则。不能轻易把重要元件从系统中拆下，甚至盲目解体检查。

（6）在线检测　随着液压技术的发展，很多液压设备本身就配有重要参数的检测仪表，以及系统中已预留了测量传感接口，不用拆下元件就能观察出或从接口检测出元件的性能参数，为初步诊断提供了定量分析条件。如在液压系统的有关部位和各执行机构中装设压力、流量、位置、速度、油位、温度等各种监测传感器，在系统自动运行过程中，某个部位产生异常现象时，监测仪器均可及时测出技术参数状况，并可在控制屏幕上自动显示出来，这时可组织有关人员分析研究，调整参数，诊断故障并予以排除。

在线检测主要对液压系统的“内部器官”运行状态进行智能检测监控，所以也称为状态监测。状态监测用的仪器很多，通常有压力传感器、流量传感器、速度传感器、位移传感器、油温监测仪、压力增减仪等。用监测仪器把测量到的数据输入计算机系统，计算机根据输入的信号提供各种信息和各项技术参数，由此可判断出某个执行机构的工作状况，并可在显示器上自动显示出来。在出现危险性故障之前，可自动报警、自动停机或不能继续完成下一个动作。所以，状态监测技术可解决人的感觉器官无法感受的疑难故障，为液压系统故障准确诊断与排除提供了可靠的数据，也是主机厂远程监控的主要方法。

3. 综合确诊

经过初步诊断、仪器专项检测，就进入综合确诊阶段了。综合确诊是在人的感官观察到的定性材料和仪器检测的定量数据的基础上进行的。因此，综合确诊必须得出准确、可靠的结论。为此应注意以下几点：

1）综合诊断的主持人必须是液压技术专家以及设备的主管领导。

2）综合确诊的主持人，是液压设备故障排除的责任者。所以在确诊过程中要认真组织工程技术人员，技术工人进行充分研讨，最后由综合确诊的主持人确定排除故障方案，并从技术角度组织实施。

## 五、诊断故障原因的方法

液压系统出现故障，原因是多方面的，但其中必定有一个主要原因，寻找主要原因的方法有：框图分析法、鱼刺图分析法、逻辑流程图分析法、液压系统图分析法等。

1. 框图分析法

用实例来说明方框图的使用方法。在铸造流水线中，“型砂压实机”液压缸防尘圈因老化失效更换新防尘圈后，起动时柱塞向上冲击一下便停止不动，再起动一次仍出现同样的状况。

故障产生的原因可以根据图 10-3 所示框图进行分析。横向按 A、B、C、D 顺序，纵向按箭头指向查找。经查找与测试发现，压力不足是产生故障的主要原因。因此时工作压力值与更换防尘目前工作压力值相同，虽然外载荷未增加，但由于新防尘圈的唇口与柱塞表面压缩量过大，造成阻力增加。将溢流阀压力调节值由 6MPa 调高到 6. 3MPa 时，“压实柱塞缸”运动恢复正常。

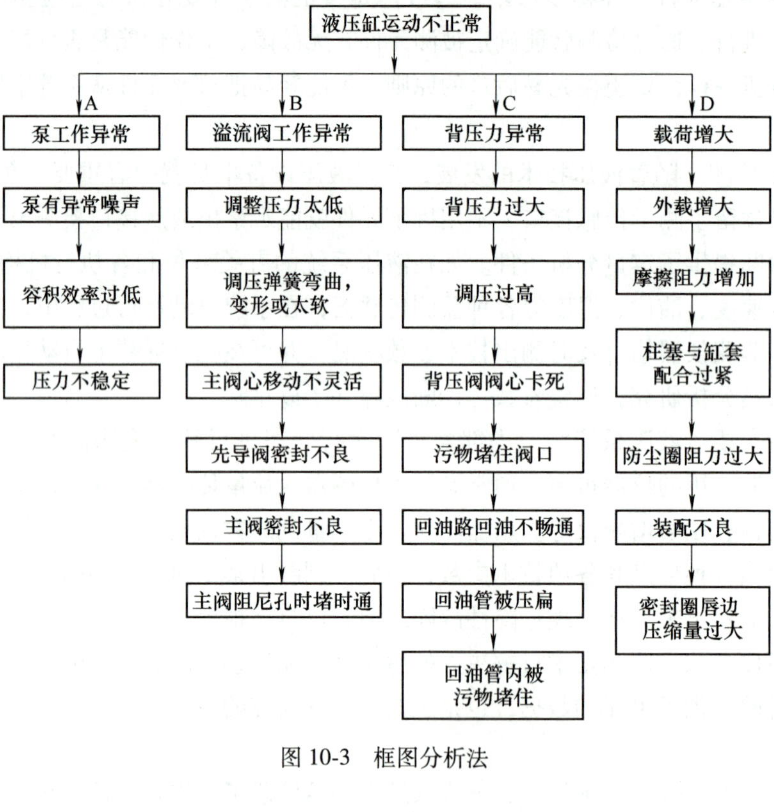


图 10-3　框图分析法

2. 鱼刺图分析法

鱼刺图用因果关系分析方法对液压设备出现的故障进行分析，找出故障的主要原因。这种方法既能较快地找出故障的主次原因，又能积累排除故障的经验。

图 10-4 所示鱼刺图是分析磨床工作台爬行故障的实例，以此说明鱼刺图的使用方法。

把磨床工作台产生爬行的各种原因，依次标写在鱼刺图上，然后经过分析与检测，确认主要原因。

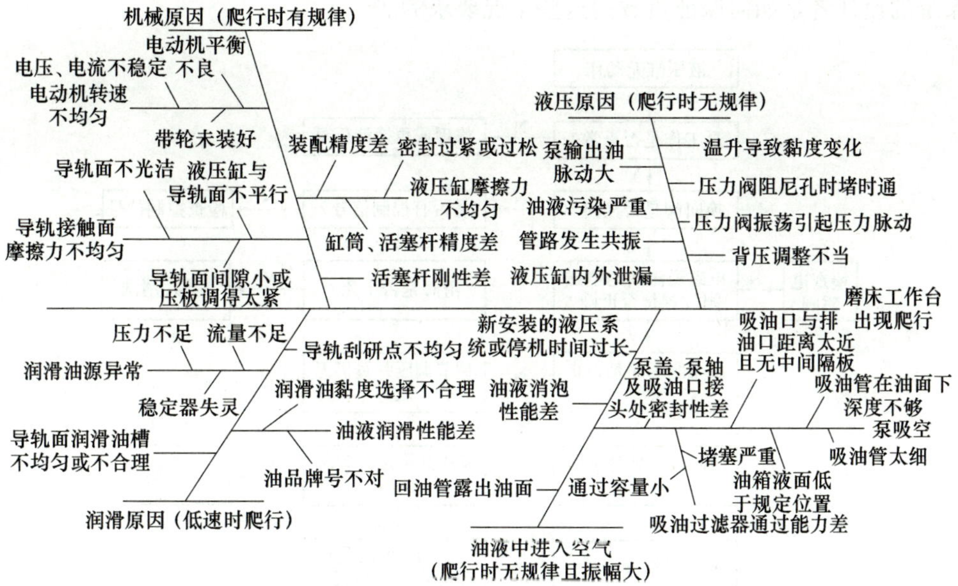


图 10-4　鱼刺图故障分析

从图 10-4 中可以初步确定产生爬行故障的几方面主要因素是：液压泵吸空、油温过高、油液黏度过低、润滑性能差、液压缸装配精度差、液压缸轴线与导轨不平行、摩擦阻力不均匀等。这些因素是磨床工作台产生爬行常见的主要原因，经过逐步检测分析，确认出最终原因，采取相应对策予以排除。

鱼刺图分析法，可以将设备维护管理与故障诊断密切结合起来，因此被广泛采用。

3. 逻辑流程图分析法

逻辑流程图是根据液压系统的基本原理进行逻辑分析，减少怀疑对象，逐步逼近，最终找出故障发生的部位，检测分析故障的原因。

随着计算机技术的发展，计算机用于查找液压设备故障部位和产生原因，也已开始广泛地应用了。这就是由故障诊断专家设计出逻辑流程图，对产生故障的原因进行逻辑判断，一步一步地查找产生故障的原因。逻辑流程图经过程序设计输入到计算机，当某个部位出现不正常的技术状态时，计算机可帮助人们及时地找到产生故障的部位和原因，从而及时地排除故障。

下面以液压系统中液压缸无动作为例，来说明逻辑诊断流程图的使用方法，如图 10-5 所示。

4. 液压系统图分析法

应用液压系统图分析故障原因是目前工程技术人员采用的基本方法，这个方法是故障诊断的基础，其他方法都必须依此为基础。所以，认真掌握液压系统原理图，是故障诊断与排除的基本条件。

（1）理解液压系统　真正理解液压系统也不是很容易的事，读一台液压设备的液压系统，就像读一篇文章一样，必须反复琢磨、推敲、理解作者的思路和设计意图。

1）了解工况。就是要分析负载对力、速度、行程、位置及工作循环周期的要求，分析液压系统的设计者是如何保证负载的这些工况要求的。

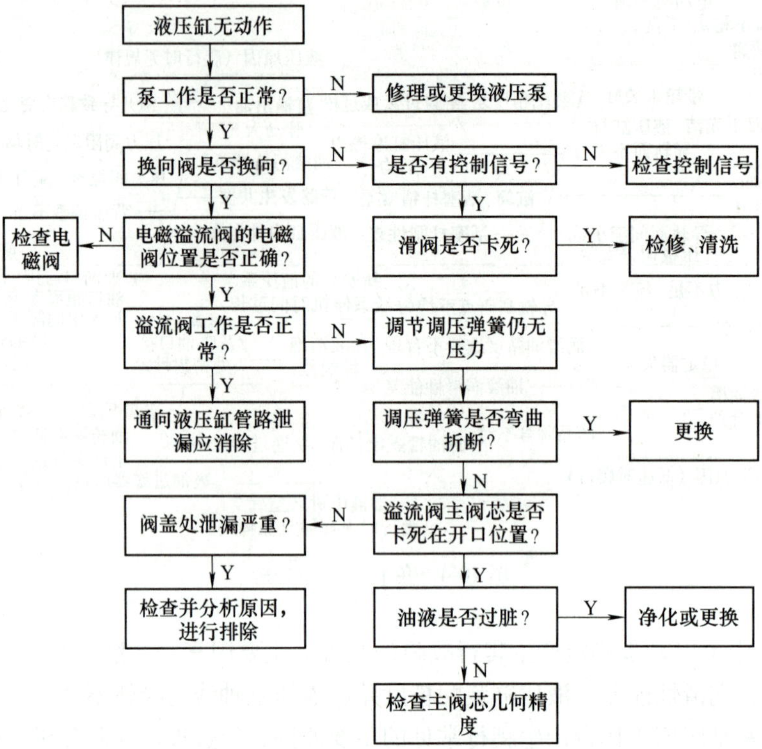


图 10-5 液压缸无动作逻辑诊断流程图

2）认识液压系统的结构。液压系统是由哪些回路组成的，每个回路的特性是什么，回路之间如何汇合成一体等。所有这些都要弄清楚，一个地方理解错误，就不可能有效地排除液压系统的故障。

3）认识每个液压元件。这里有两个含意，一是要确认每个元件的功能和对液压系统的适应性，即每个元件必须满足液压系统的要求。二是要认识液压元件本身的结构、原理及其质量指标。此外，还应了解油液的品质、清洁度以及过滤净化水平等。

（2）了解安装调试过程，评价其质量与水平　特别要了解、分析安装调试是否有不满足液压系统设计要求的地方，是否有擅自变动的地方。要分析其后果及对液压系统的适应性，以及低水平的安装调试对液压系统稳定工作的影响等。

（3）评价液压系统　所谓评价液压系统，一是要看出液压系设计的特点、合理性及先进性，二是要看出液压系统设计的缺陷，甚至错误的地方。例如温升、噪声、冲击等问题，往往是设计时就没有充分考虑，也未采取相应的措施。

对液压系统有了以上的分析与了解，液压系统产生故障的原因就不会难找了。

## 第二节　液压系统常见故障诊断与排除

液压执行机构不能正常工作，例如没有运动、运动不稳定、运动方向不正确、运动速度不符合要求、动作顺序错乱、力输出不稳定、爬行等许多故障现象，无论具体是什么缘故，往往可根据压力和流量这两个基本的工作参数查到故障原因并加以排除。一般来说，若系统工作压力不正常，则可能液压泵、压力控制阀等有故障；若系统中流量不正常，则可能液压泵、流量控制阀等有故障。

## 一、压力不正常

液压系统中，工作压力不正常主要表现在工作压力建立不起来，或工作压力升不到调定值，致使液压系统不能正常工作，甚至运动件处于原始位置不动。

图 10-6 所示为液压系统工作压力不足的基本逻辑诊断框图。图 10-7 所示为液压系统工作压力不正常的原因诊断与排除方法框图。

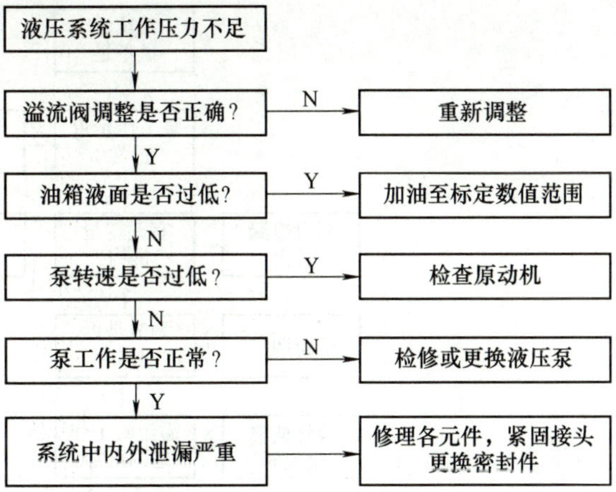


图 10-6　压力不足逻辑诊断框图

## 二、流量不正常

在液压系统中，执行机构的运动速度应满足负载所要求的速度范围；低速时不出现爬行现象；高速时不产生液压冲击现象；调速呈线性规律变化；变负载下速度变化小；速度转换时平稳；往复速度差小等要求。在实际

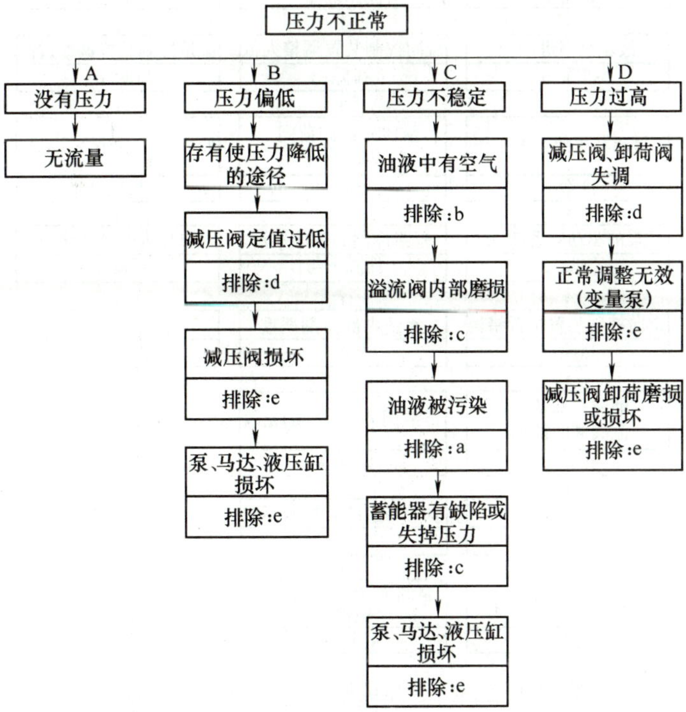


图 10-7　压力不正常的原因诊断与排除方法框图

a—更换过滤器，换油　b—拧紧漏油的连接件，加油至规定位置，排气

c—检查漏油情况，将压力增至设定要求，排障　d—调整　e—修理或更换

工作中，如果执行机构出现不符合上述速度要求时，往往可从“流量不正常”去进行故障诊断。图 10-8 所示为液压系统工作流量不足的基本逻辑诊断框图。图 10-9 所示为液压系统流量不正常的原因诊断与排除方法框图。

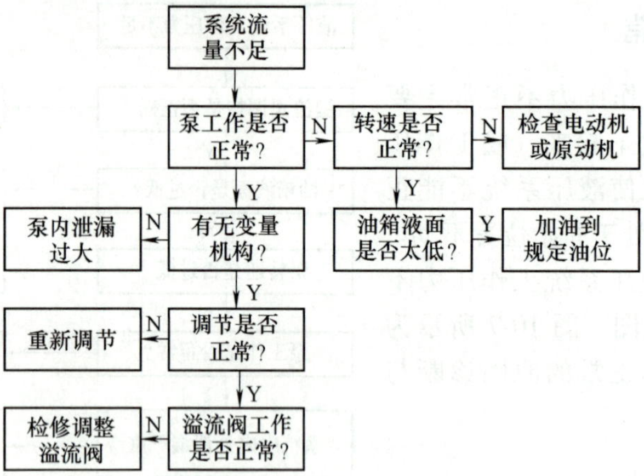


图 10-8　流量不足逻辑诊断框图

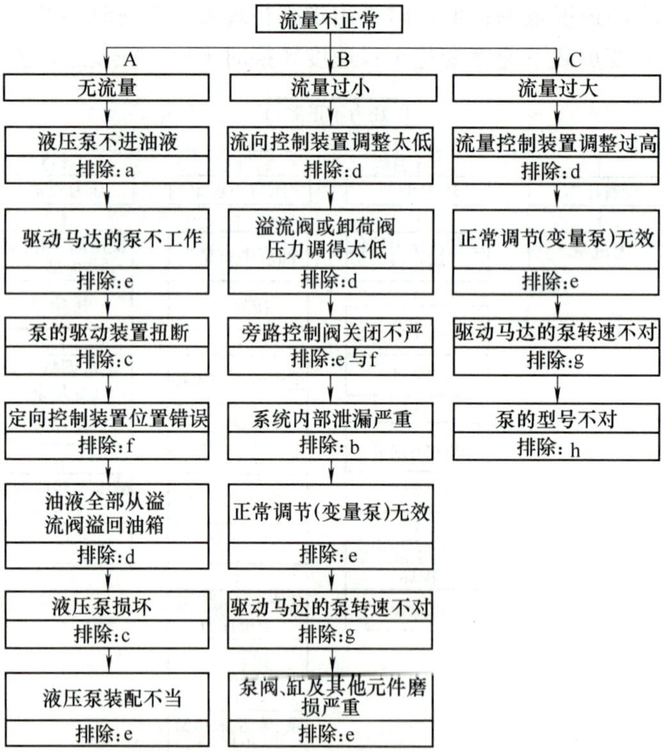


图 10-9　流量不正常的原因诊断与排除方法框图

a—采取以下一种或全部措施：①更换过滤器、清洗堵塞的入口，②清洗油箱通气孔，③加油至规定液位，④修理或更换液压泵　b—拧紧漏油连接件　c—检查损坏的泵或泵的驱动装置，更换或调整联轴器　d—调整　e—修理或更换　f—检查手动操作控制装置，检查滑阀控制线路，修理或更换　g—反向旋转　h—更换合适的装置

## 三、液压冲击

在液压系统中，液体流动方向的迅速改变或停止流动，如换向阀迅速换向、液压缸或液压马达迅速停止运动或改变运动速度，使得液流速度迅速改变，这样流动液体的惯性便引起系统内压力某一瞬间急剧上升，形成一个油压峰值，这种现象称为液压冲击。

液压冲击不仅影响液压系统的稳定性和工作可靠性，还会引起剧烈的振动和噪声，造成连接件松动，管路破裂，液压元件和测量仪表损坏。在高压大流量液压系统中，液压冲击造成的不良后果更为严重。因此，研究消除或减轻液压冲击，对提高液压系统的性能有着非常重要的意义。图 10-10 所示为液压系统中产生液压冲击的逻辑诊断框图。

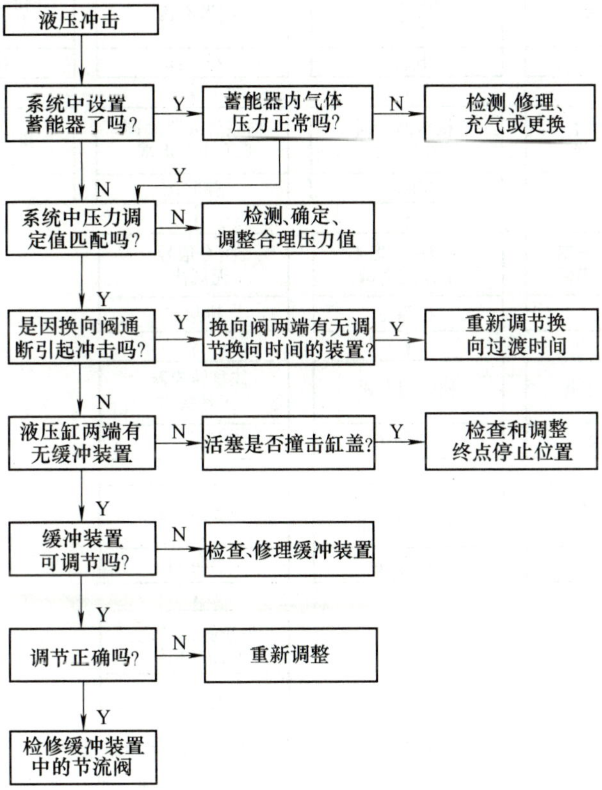


图 10-10　液压冲击故障逻辑诊断框图

## 四、运动不正常

前面已分析了流量不正常对液压系统执行机构运动的影响，而引起运动不正常不仅仅是流量因素，很多其他原因都容易导致运动不正常。因此，运动不正常是液压系统综合性故障，必须综合起来研究其产生的原因与排除方法。图 10-11 所示为液压系统工作机构运动不正常的原因诊断与排除方法框图。

图 10-11　运动不正常的综合原因与排除方法框图

a—油液温度可能过低，或油液太脏应更换成洁净的液压油，使油液的黏度合适

b—找出卡死部位，针对卡死原因进行修理的排除　c—调整，修理或更换

d—清洗，调节或更换，检查系统中油液或过滤器状况　e—修理或更换

f—修理控制台或检查内部线路　g—加润滑油　h—调整、修理或更换补偿阀

## 五、噪声过大

过大噪声的逻辑诊断流程图见图 10-12；引起噪声的原因之一是系统中含有空气，其原因和排除方法见图 10-13；过大噪声的原因诊断与排除方法见图10-14；液压泵的气穴原因诊断与排除方法框图见图 10-15。

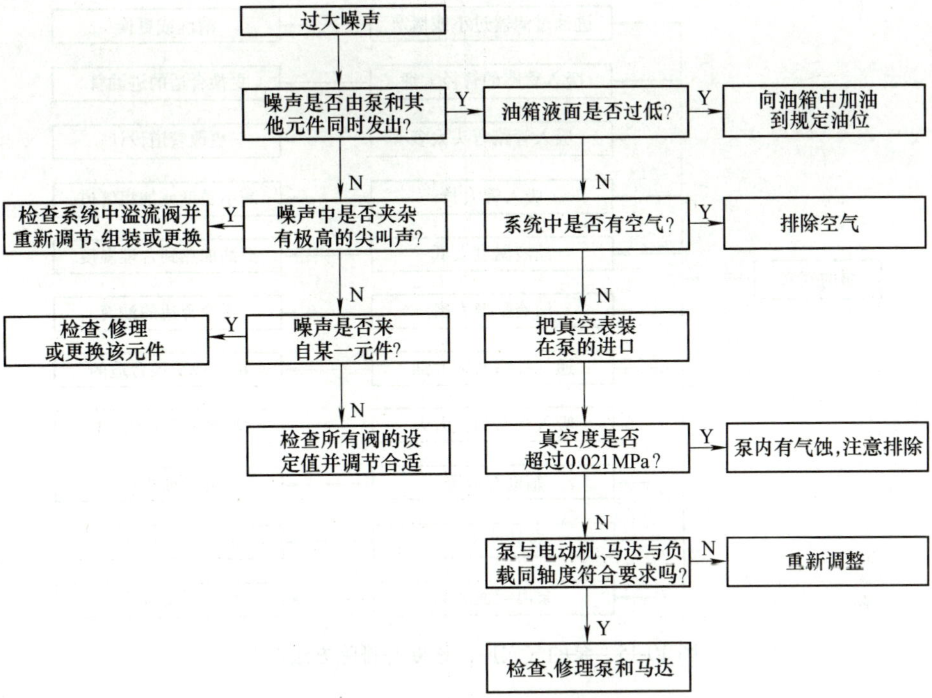


图 10-12　过大噪声的逻辑诊断流程图

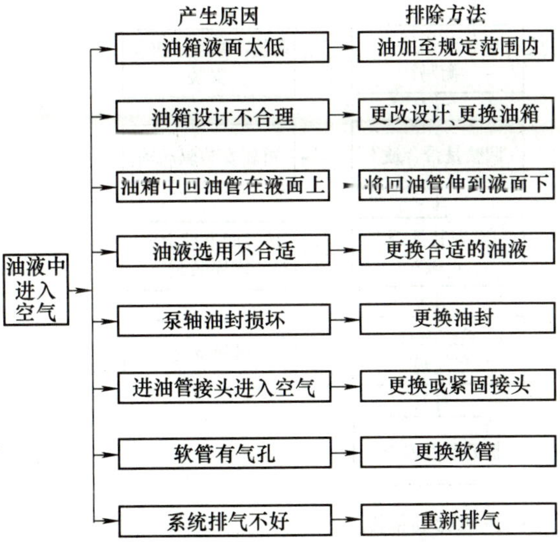


图 10-13　油液中进入空气的原因与排除方法

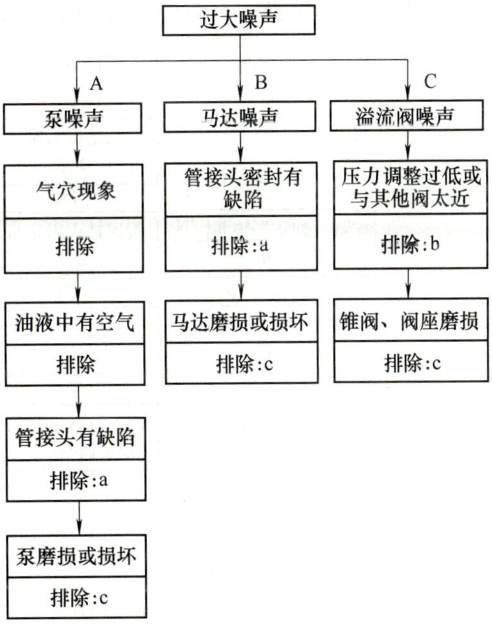


图 10-14　过大噪声的原因诊断与排除方法框图

a—检查、修理或更换　b—安装压力表、调整到合理压力或调整安装位置　c—修理或更换

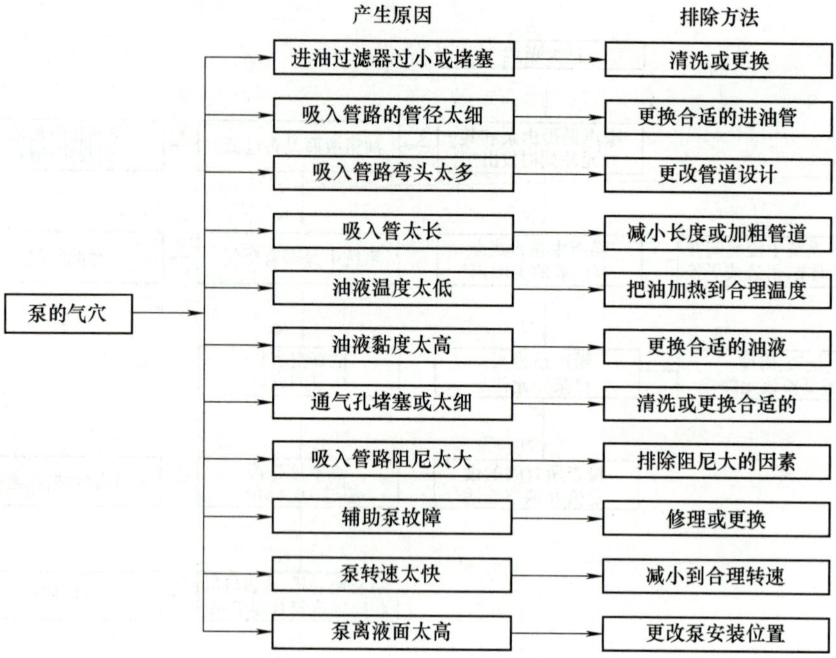


图 10-15 泵的气穴原因诊断与排除方法框图

## 六、过大振动

振动的产生原因是多方面的。一个液压系统出现剧烈振动，往往是故障的先兆，最终导致系统不能正常运动，甚至完全停机。图 10-16 所示为振动的逻辑诊断框图。

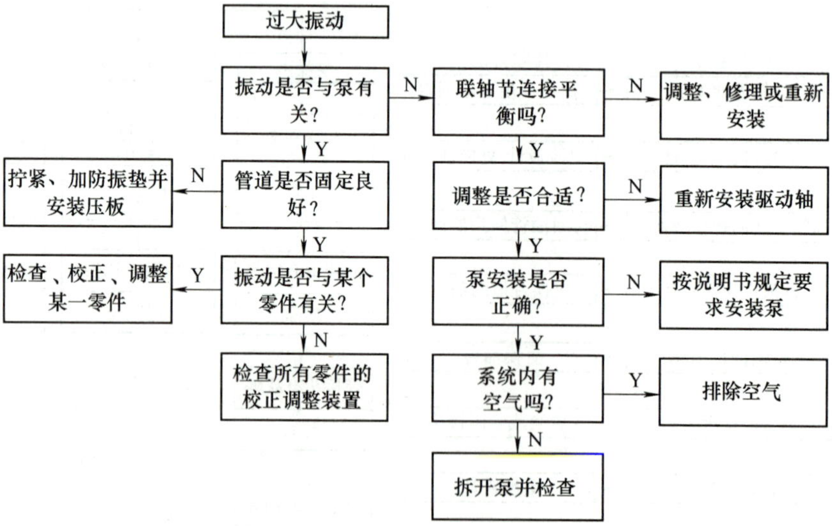


图 10-16 过大振动的逻辑诊断框图

## 七、过高温度

液压系统温度过高，油液黏度显著下降，泄漏加剧，液压泵及整个液压系统效率显著降低。

另外，由于黏度下降，滑移部位油膜被破坏，摩擦阻力增加，磨损加剧，于是又引起发热。同时，低黏度液压油流过节流元件时，元件特性要发生变化，造成压力、速度调节不稳定。

液压系统油液温度过高，将引起膨胀系数不同的运动副间隙变化。间隙增大造成泄漏增加；间隙减小将引起运动件动作不灵，甚至卡死。

油液温度过高，油液氧化加剧，导致油液使用寿命降低。石油基油液将会形成胶状物质，在过热的元件表面上形成沉淀物，并易堵塞各种阀的控制小孔，使之不能正常工作。水剂乳化液过热时，将会分解而失去工作能力。

温度过高的油液使橡胶密封件、软管等早期老化失效而降低使用寿命。

所以温度过高是液压系统的重要故障先兆，其逻辑推理诊断如图 10-17 所示。其产生原因与排除方法，如图 10-18 所示。

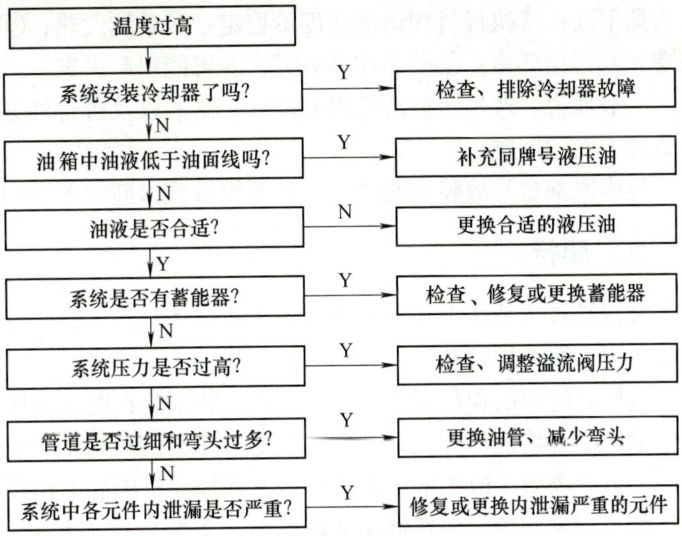


图 10-17　温度过高逻辑诊断框图

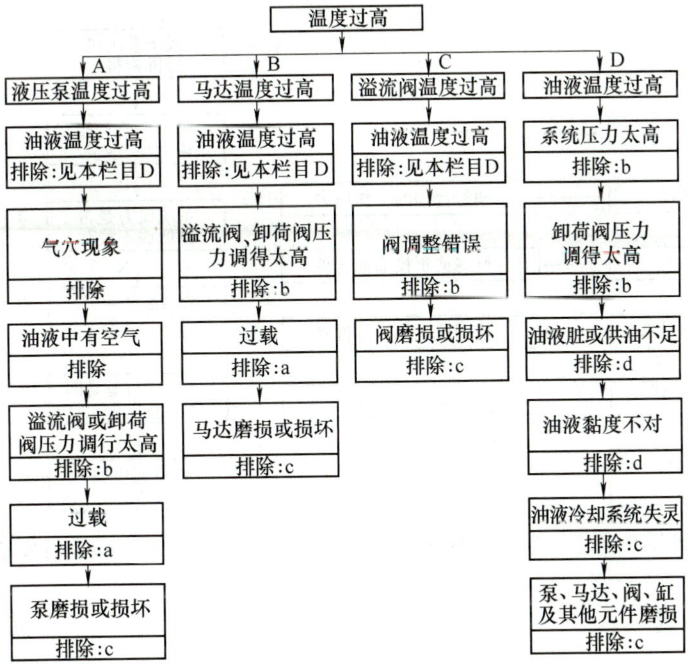


图 10-18　温度过高故障排除框图

a—检查支承与密封状况，检查超出设计要求的负荷　b—安装上压力表，调至正确压力　c—修理或更换
d—清洗或更换过滤器，更换合适黏度的油液，加油至规定油位

## 八、泄漏

在液压系统中，油液泄漏是一个不可忽视的问题。如果过多的泄漏得不到解决，将会影响液压设备的正常应用和液压技术的发展。具体地说，泄漏引起的问题有以下几种：①系统压力调不高；②执行机构运动速度不稳定；③系统发热；④元件容积效率低；⑤能量、油液浪费；⑥污染环境；⑦引起控制失灵；⑧可能引起火灾。

一般地说，产生泄漏的原因有设计、制造以及密封件方面的问题，也有设备维护、保养等管理方面的问题。

过多泄漏也是故障先兆之一，其逻辑推理诊断如图 10-19 所示。

## 九、爬行

爬行是液压系统中经常出现的不正常运动状态。轻微时出现目力不易觉察的振动，严重时将出现大距离的跳动。

液压系统中的爬行现象是很有害的，特别是在磨床液压系统中，执行机构出现爬行，就无法磨削出合格的工件。对工作位置要求很高的机床产生爬行，很难实现精确定位。因此，消除爬行现象对于改善液压系统稳定性和提高机床加工精度是非常重要的。

爬行现象一般发生在低速运动工况，多半与载荷大小、滑动表面的面压、运动件卡滞，以及供油状况等有关。爬行现象除应查明油液本身问题外，还应对外部条件进行检查，进行综合分析。图 10-20 所示为爬行故障逻辑诊断框图，利用此图可以从总体上知道爬行产生的主要原因和控制的主要途径。爬行也可以用图 10-4 所示鱼刺图进行分析。

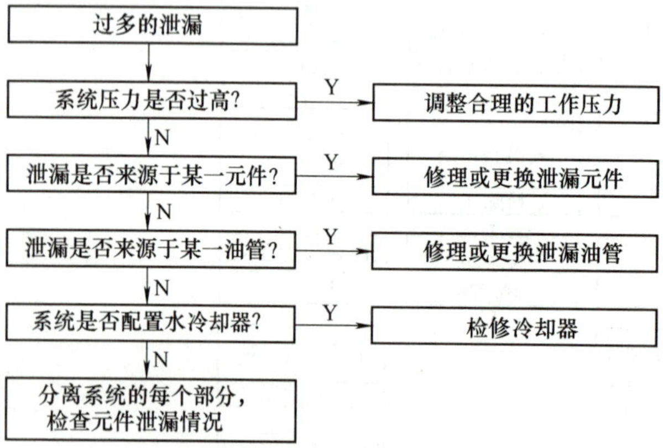


图 10-19　液压系统过多泄漏逻辑诊断框图

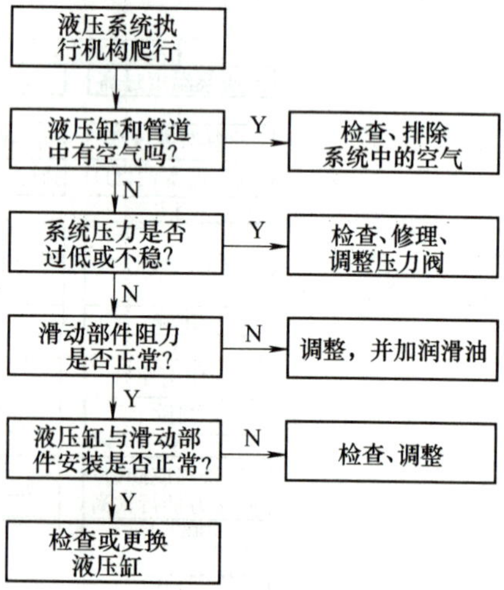


图 10-20　爬行故障逻辑诊断框图

## 十、液压卡紧

液压元件一般都是采用圆柱滑阀结构，阀芯和阀体从理论上讲应该完全同心，因此，不管在多大压力下工作，移动阀芯所需的力只须克服黏性摩擦力就行，数值上应该是很小的（0.5~5N）。但实际情况并非如此，特别在中高压系统中，当阀停止运动一段时间后（一般约为5min），有时这个阻力可以大到几百牛顿，使阀芯移动十分费劲，甚至完全卡死，使阀动作失灵，这就是所谓液压卡紧现象。液压卡紧产生的主要原因有：

1）径向力不平衡引起的液压卡紧。这是滑阀副几何形状的误差和同轴度变化引起的径向不平衡液压力造成的液压卡紧。

2）油液中极性分子的吸附作用。不平行径向力使阀芯向阀孔一边靠近，产生阻碍阀芯运动的摩擦力。间隔一段时间后，轴向卡紧力突然增加，甚至在卸压后仍然紧密地黏附在孔壁上，这是由于油液中的极性分子阻塞所致。

3）油液中杂质楔入配合间隙。油液中的污垢颗粒和缝隙阻塞现象也是引起液压卡紧的重要原因。如果使用过滤精度为10μm左右的过滤器就能有效地防止卡死现象。

4）滑阀移动时的附加阻力。与径向力产生的同时，有时阀芯与阀套在工作压力下产生弹性变形的附加阻力，以及在阀芯和阀套间隙中液体边界层产生的附加阻力，这些阻力使阀芯运动产生轴向卡紧。

5）干式电磁阀上的电磁推杆偏斜。干式电磁换向阀上的电磁铁推杆采用动密封，摩擦阻力较大，且阀芯两端中心孔大而推杆尺寸小，推杆插入阀芯中心孔后倾斜，使阀运动不灵活，甚至不能换向而卡死。

6）阀芯、阀孔加工质量较差。液压卡紧的首要原因是滑阀副几何形状误差和同轴度变化引起的径向力不平衡，而这些误差都与加工质量有密切关系。

减小液压卡紧力的主要措施：

1）在阀芯台肩上开均压槽。

2）使阀芯环面略带顺锥度。

3）提高机械加工和装配质量。

4）在高灵敏度的重要液压系统中，采用电磁或机械手段使阀芯高频振动。

## 十一、气穴现象

一般矿物油中能溶解6%~12%的空气（按体积计算）。油液中溶解的空气量与油液的绝对压力成正比。油液在液压系统中流动时，流速高的区域压力很低，当低于工作温度下的空气分离压时，溶解于液体中的空气将大量分离出来，形成气泡。这些气泡以原有的气泡为核心逐渐生成扩大。同时，当油液中某一点的压力低于当时温度下油液的空气分离压时，油液将沸腾汽化，也在油液中形成气泡。这两种情况都将气泡混杂在液体中，形成气穴，使充满管道或元件中油液成为不连续状态，这种现象称为气穴现象。

由于气穴现象产生的气泡随着液体运动到高压区时，气泡在周围液压油的冲击下，其体积迅速缩小直至溃灭。在溃灭中心可产生极高压力和高温，同时产生振动和噪声。液压元件表面长期受高压、高温作用，又由于从液体中游离出氧气，具有较强的氧化作用，零件表面逐渐被腐蚀，严重时剥落成小坑，呈蜂窝状，使液压元件寿命降低。这种因气穴现象而产生的零件腐蚀称为气蚀。

气穴和气蚀是液压系统中常出现的故障现象，危害很大。除产生噪声和振动外，还由于破坏了液体的连续性，降低了流道的通油能力，容积效率降低，使压力和流量波动，最终造成液压系统工作不稳定。

液压泵是容易产生气穴现象的主要元件，其原因与排除方法如图10-21所示。溢流阀在溢流口、节流阀在节流口都易产生气穴现象。

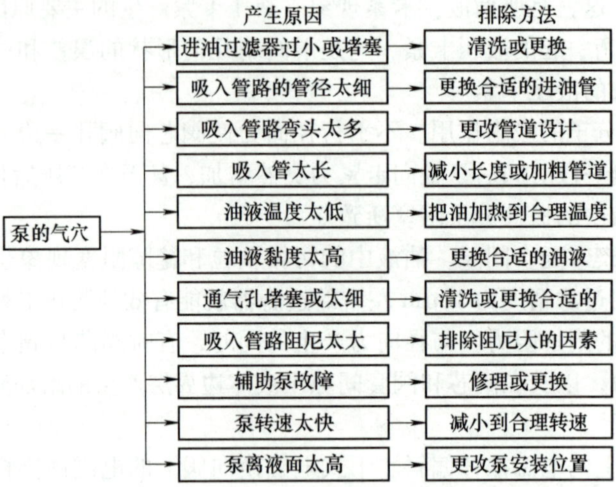


图 10-21　泵的气穴原因诊断与排除方法框图

通常防止气穴产生的主要原则是：

1）防止局部压力过低。为此目的，应通过合理的结构设计和系统的安装维护，把液体中的最低压力限制在空气分离压以上，这样既防止混入空气形成气穴，也能防止液体汽化形成气穴。

2）降低液体中气体的含量也是防止气穴现象产生的措施之一。管接头及液压元件的密封处密封要良好，以防止空气侵入；吸油管口应防止吸入气泡。另外，减少油液中的机械杂质也是降低空气含量的措施之一，因机械杂质的表面上通常附有一薄层的空气。

## 第三节　液压系统典型故障实例分析

**例 10-1**　在图 10-22 所示二级调压回路中，液压系统循环运行，当二位二通电磁换向阀 4 通电右位工作时，液压系统突然产生较大的液压冲击。

故障分析　这个二级调压回路中，当二位二通阀 4 断电关闭，系统压力决定于溢流阀 2 的调整压力 $p_1$，阀 4 通电切换后，系统压力就由远程调压阀 3 的调整压力 $p_2$ 决定了。由于阀 4 与阀 3 之间的油路内没有压力（压力为零），阀 4 右位工作时，溢流阀 2 的远程控制口处的压力由 $p_1$ 几乎下降到零后才又回升到 $p_2$，这样系统必然产生较大的压力冲击。

不难看出，故障原因是由于系统中二级调压回路设计不周造成的。若将此二级调压回路改设成如图 10-23 所示的组合形式，即把二位二通阀 4 接到远程调压阀 3 的出油口，并与油箱接通，这样从阀 2 远程控制口到阀 4 的油路中充满接近 $p_1$ 压力的油液，阀 4 通电切换后，系统压力从 $p_1$ 直接降到 $p_2$，不会产生较大的压力冲击。

**例 10-2**　图 10-24 所示为采用液控单向阀的平衡回路、回路中泵 1 为定量泵，三位四通电磁换向阀中位机能为 H 型。故障现象是，当液压缸向下运行时，活塞断续地向下跳动，并因此而引起激烈地振动，致使系统无法正常工作。

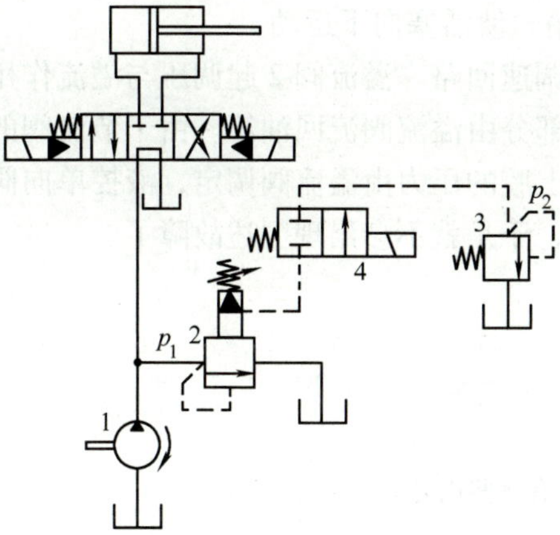


图 10-22　易产生液压冲击的二级调压回路

1—液压泵　2—溢流阀　3—远程调压阀

4—二位二通阀

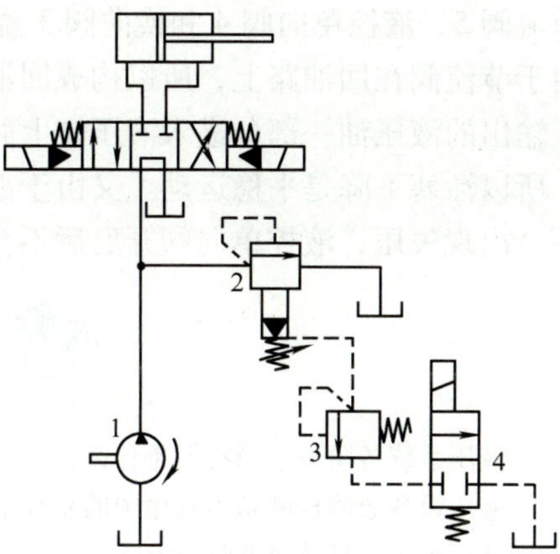


图 10-23　改进后的二级调压回路

1—液压泵　2—溢流阀

3—远程调压阀　4—二位二通阀

故障分析　由于活塞向下运动时回路中没有背压，液控单向阀 4 打开后，活塞将会因自重向下跌落（加速下降），使液压缸上腔失压，于是液控单向阀也因失压而关闭，使活塞运行停止。随后进油路上又建立起压力，液控单向阀又打开，不断重复上述过程，即活塞断续下降，并引起强烈地振动。

如图 10-25 所示，在液压缸下腔的出口油路上加设节流阀 5 和液控单向阀 4，当换向阀 3 左位接入回路时，液压油进入液压缸的上腔，并将液控单向阀打开，液压缸下腔的油液便

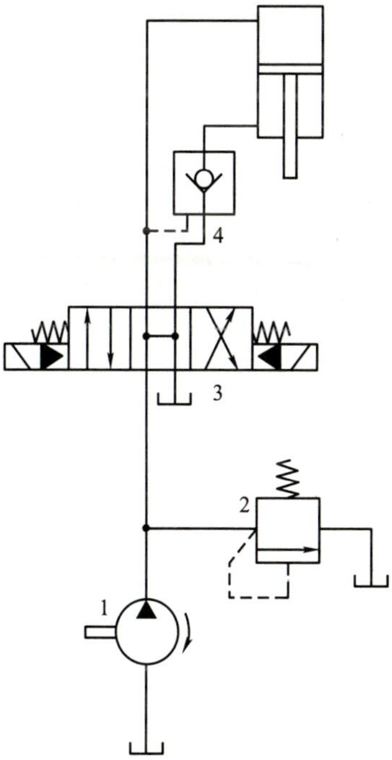


图 10-24　液控单向阀控制的平衡回路

1—定量泵　2—溢流阀

3—换向阀　4—液控单向阀

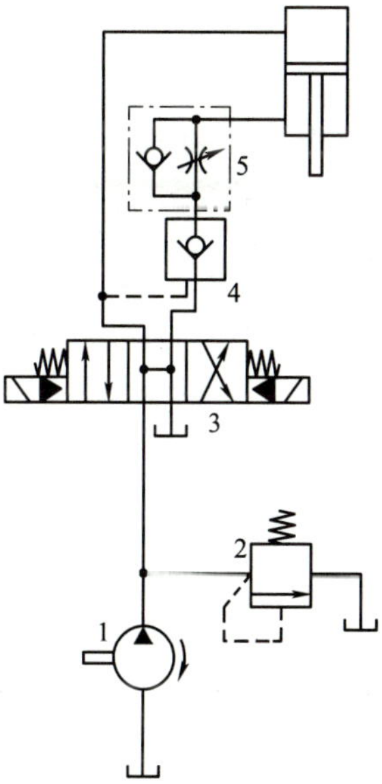


图 10-25　改进后的平衡回路

1—定量泵　2—溢流阀　3—换向阀

4—液控单向阀　5—节流阀

可经节流阀 5、液控单向阀 4 和换向阀 3 流回油箱，使活塞向下运动。

由于节流阀在回油路上，所以构成回油节流调速回路。溢流阀 2 起调压与溢流作用，液压泵 1 输出的液压油一部分进入液压缸上腔，一部分由溢流阀流回油箱。由于节流阀的节流作用，所以活塞下降是平稳运动。又由于液压缸上腔的压力由溢流阀调定，液控单向阀打开后也不会出现失压，液控单向阀开启后不会关闭，于是就不会出现上述故障了。

## 习　题

10-1　液压系统各阶段故障特征是什么？

10-2　液压设备故障诊断基本程序中的初步诊断主要有哪些内容？

10-3　液压系统常见故障有哪些？

10-4　查找资料（书、网、报纸杂志），例举相关典型故障实例 3 个，并作简要分析。

# 第十一章

# 气源装置及气动辅助元件

气源装置是气压传动系统的动力部分，这部分元件性能的好坏直接关系到气压传动系统能否正常工作；气压辅助元件更是气压传动系统正常工作必不可少的组成部分。

**本章重点**

1. 压缩空气站的组成及空气压缩机工作原理。
2. 油雾器的工作原理。
3. 供气系统的管道设计。

**本章难点**

油雾器的结构及工作原理。

## 第一节　气　源　装　置

### 一、压缩空气站概述

压缩空气站是气压系统的动力源装置，一般规定：排气量大于或等于 $6m^3/min$ 时，就应独立设置压缩空气站；若排气量低于 $6m^3/min$ 时，可将压缩机或气泵直接安装在主机旁。

气压传动系统所使用的压缩空气必须经过干燥和净化处理后才能使用，因为压缩空气中的水分、油污和灰尘等杂质会混合而成胶体渣质，若不经处理而直接进入管路系统时，可能会造成以下不良后果：

1）油液挥发的油蒸气聚集在气罐中形成易燃易爆物质，可能会造成事故。

2）油液被高温汽化后形成有机酸，对金属器件起腐蚀作用。

3）油、水和灰尘的混合物沉积在管道内将减小管道内径，使气阻增大或管路堵塞。

4）在气温比较低时，水汽凝结后会使管道及附件因冻结而损坏，或造成气流不畅通以及产生误动作。

5）较大的杂质颗粒会引起气缸、气马达、气控阀等元件的相对运动，而造成表面磨损，从而降低设备的使用寿命；或者堵塞控制元件的通道，直接影响元件的性能，甚至使控制失灵。

因此，必须对压缩空气进行干燥和净化处理。对于一般的压缩空气站除空气压缩机外，还必须设置过滤器、后冷却器、油水分离器和气罐等净化装置，一般压缩空气站的净化流程装置如图 11-1 所示，空气首先经过空气过滤器过滤去部分灰尘、杂质后进入压缩机 1，压缩机输出的空气先进入后冷却器 2 进行冷却，当温度下降到 40~50℃时使油气与水气凝结成油滴和水滴，然后进入油水分离器 3，使大部分油、水和杂质从气体中分离出来，将得到的初步净化的压缩空气送入气罐中（一般称为一次净化系统）。对于要求不高的气压系统即可从气罐 4 直接供气。但对仪表用气和质量要求高的工业用气，则必须进行二次和多次净化处理。即将经过一次净化处理的压缩空气再送进干燥器 5 进一步除去气体中的残留水分和油。在净化系统中干燥器Ⅰ和Ⅱ交换使用，其中闲置的一个利用加热器 8 吹入的热空气进行再生，以备接替使用。四通阀 9 用于转换两个干燥器的工作状态，过滤器 6 的作用是进一步清除压缩空气中的杂质和油气。经过处理的气体进入气罐 7，可供给气动设备和仪表使用。

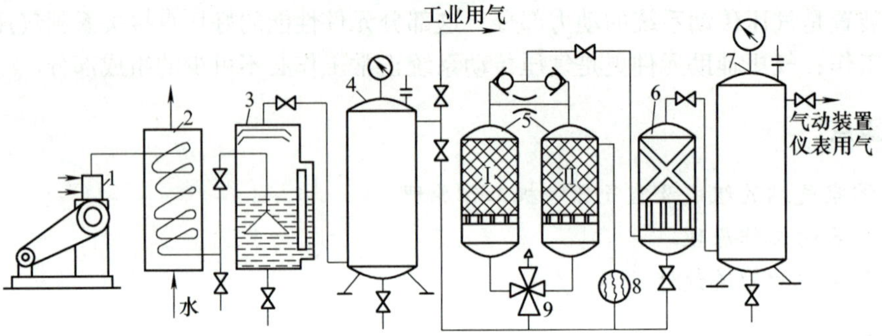


图 11-1　压缩空气站净化流程示意图

1—压缩机　2—后冷却器　3—分离器　4、7—气罐　5—干燥器　6—过滤器　8—加热器　9—四通阀

## 二、空气压缩机

空气压缩机是气动系统的动力源，它把电动机输出的机械能转换成气压能输送给气动系统。

空气压缩机的种类很多，但按工作原理主要可分为容积式和速度式（叶片式）两类。在容积式压缩机中，气体压力的提高是由于压缩机内部的工作容积被缩小，使单位体积内气体的分子密度增加而形成的；而在速度式压缩机中，气体压力的提高是由于气体分子在高速流动时突然受阻而停滞下来，使动能转化为压力能而达到的。容积式压缩机按结构不同又可分为活塞式、膜片式和螺杆式等；速度式按结构不同可分为离心式和轴流式等；目前，使用最广泛的是活塞式压缩机。下面介绍活塞式压缩机的工作原理。

活塞式压缩机是通过曲柄连杆机构使活塞做往复运动而实现吸、压气，并达到提高气体压力的目的。图 11-2 为一单级单作用压缩机工作原理图。它主要由缸体 1、活塞 2、活塞杆 3、曲柄连杆机构 4、吸气阀 5 和排气阀 6 等组成。

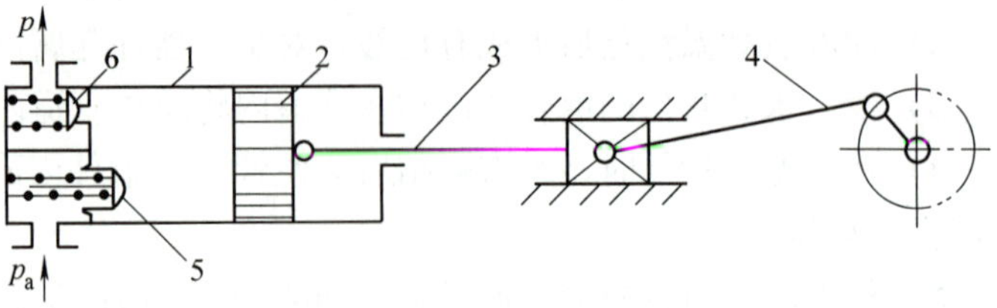


图 11-2　单级单作用活塞式压缩机工作原理图

1—缸体　2—活塞　3—活塞杆

4—曲柄连杆机构　5—吸气阀　6—排气阀

曲柄由原动机（电动机）带动旋转，从而驱动活塞在缸体内往复运动。当活塞向右运

动时，气缸内容积增大而形成部分真空，外界空气在大气压力下推开吸气阀 5 而进入气缸中；当活塞反向运动时、吸气阀关闭，随着活塞的左移，缸内空气受到压缩前使压力升高，当压力增至足够高（即达到排气管路中的压力）时排气阀 6 打开，气体被排出，并经排气管输送到储气罐中。曲柄旋转一周，活塞往复行程一次，即完成一个工作循环。但压缩机的实际工作循环是由吸气、压缩、排气和膨胀四个过程组成，这可从如图 11-3 所示的压容图上看出，图中线段 $ab$ 表示吸气过程，其高度 $p_1$，即为空气被吸入气缸时的起始压力；曲线 $bc$ 表示活塞向左运动时气缸内发生的压缩过程；$cd$ 表示气缸内压缩气体压力达到出口处压力 $p_2$，排气阀被打开时的排气过程；当活塞回到 $d$ 时运动终止，排气过程结束，排气阀关闭。这时余隙（活塞与气缸之间余留的空隙）中还留有一些压缩空气将膨胀而达到吸气压力 $p_1$，曲线 $da'$ 即表示余隙内空气的膨胀过程。所以气缸重新吸气的过程并不是从零点开始，而是从 $a'$ 点开始，显然这将减少压缩机的输气量。图 11-2 中只表示一个缸一个活塞的空气压缩机，大多数空气压缩机是多缸和多活塞的组合。

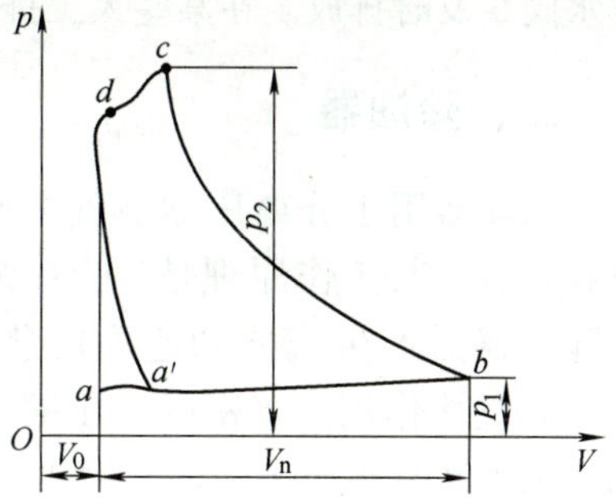

图 11-3　压缩机实际循环 $p$-$V$ 图

## 第二节　气源净化装置

### 一、空气过滤器

空气中所含的杂质和灰尘，若进入机体和系统中，将加剧相对滑动件的磨损，加速润滑油的老化，降低密封性能，使排气温度升高，功率损耗增加，从而使压缩空气的质量大为降低。所以在空气进入压缩机之前，必须经过空气过滤器，以滤去其中所含的灰尘和杂质。过滤的原理是根据固体物质和空气分子的大小和质量不同，利用惯性、阻隔和吸附的方法将灰尘和杂质与空气分离。

一般空气过滤器基本上是由壳体和滤芯所组成的，按滤芯所采用的材料不同又可分为纸质、织物（麻布、绒布、毛毡）、陶瓷、泡沫塑料和金属（金属网、金属屑）等过滤器。空气压缩机中普遍采用纸质过滤器和金属过滤器。这种过滤器通常又称为一次过滤器，其滤灰效率为 50%～70%；在空气压缩机的输出端（即气源装置）使用的为二次过滤器（滤灰效率为 70%～90%）和高效过滤器（滤灰效率大于 99%）。图 11-4 所示为普通空气过滤器（二次过滤器）的结构图。其工作原理是：压缩空气从输入口进入后，被引入旋风叶子 1，旋风叶子上有许多成一定角度的缺口，迫使空气沿切线方向产生强烈旋

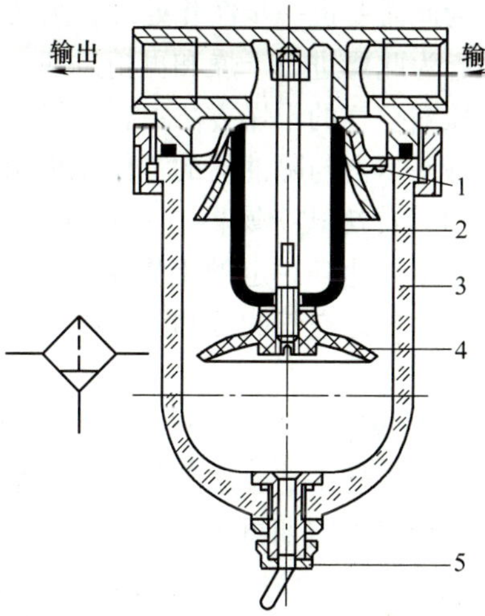

图 11-4　空气过滤器

1—旋风叶子　2—滤芯　3—存水杯　4—挡水板　5—排水阀

转。这样夹杂在空气中的较大水滴、油滴和灰尖等便依靠自身的惯性与存水杯3的内壁碰撞，并从空气中分离出来沉到杯底，而微粒灰尘和雾状水汽则由滤芯2滤除。为防止气体旋转将存水杯中积存的污水卷起，在滤芯下部设有挡水板4。此外存水杯中的污水应通过手动排水阀5及时排放。在某些人工排水不方便的场合，可采用自动排水式空气过滤器。

## 二、除油器

除油器用于分离压缩空气中所含的油分和水分。其工作原理是：当压缩空气进入除油器后产生流向和速度的急剧变化，再依靠惯性作用，将密度比压缩空气大的油滴和水滴分离出来，图11-5所示为其结构示意图。压缩空气进入除油器后，气流转折下降，然后上升，依靠转折时的离心力的作用析出油滴和水滴。空气转折上升的速度在压力小于1.0MPa时不超过1m/s。若除油器进出口管径为$d$，进出口空气流速为$v$，气流上升速度为1m/s，则除油器的直径$D=\sqrt{v}d$，其高度$H$一般为其直径$D$的3.5~4倍。

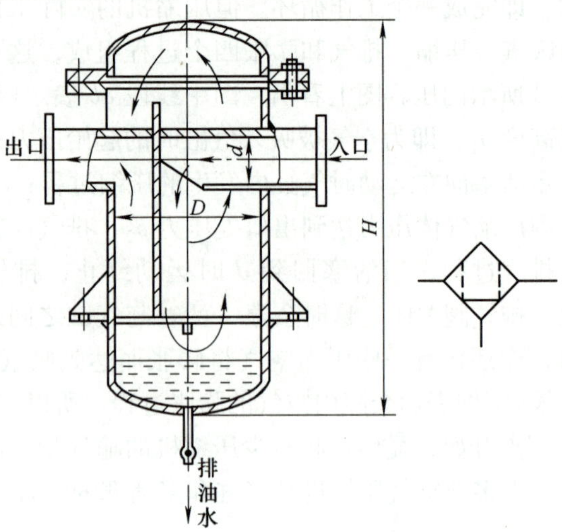


图11-5　除油器

## 三、空气干燥器

空气干燥器是吸收和排除压缩空气中的水分和部分油分与杂质，使湿空气变成干空气的装置。由图11-1可知，从压缩机输出的压缩空气经过冷却器、除油器和气罐的初步净化处理后，已能满足一般气动系统的使用要求。但对一些精密机械、仪表等装置还不能满足要求，为此需要进一步净化处理；为防止初步净化后的气体中的含湿量对精密机械、仪表产生锈蚀，为此要进行干燥和再精过滤。

压缩空气的干燥方法主要有机械法、离心法、冷冻法和吸附法等，机械法和离心法除水的原理基本上与除油器的工作原理相同。目前在工业上常用的是冷冻法和吸附法。

（1）冷冻式干燥器　它是使压缩空气冷却到一定的露点温度，然后析出相应的水分，使压缩空气达到一定的干燥度，此方法适用于处理低压大流量，并对干燥度要求不高的压缩空气。压缩空气的冷却除用冷冻设备外也可采用制冷剂直接蒸发，或用冷却液间接冷却的方法。

（2）吸附式十燥器　它主要是利用硅胶，活性氧化铝、焦炭、分子筛等物质表面能吸附水分的特性来清除水分的。由于水分和这些干燥剂之间没有化学反应，所以不需要更换干燥剂，但必须定期再生干燥。

图11-6所示为一种不加热再生式干燥器，它有两个填满干燥剂的相同容器。空气从一个容器的下部流到上部，水分被干燥剂吸收而得到干燥，一部分干燥后的空气又从另一个容器的上部流到下部，从饱和的干燥剂中把水分带走并放入大气。即实现了不须外加热源而使吸附剂再生，Ⅰ、Ⅱ两容器定期的交换工作（5~10min）使吸附剂产生吸附和再生，这样可

得到连续输出的干燥压缩空气。

## 四、后冷却器

后冷却器用于将空气压缩机排出的气体冷却并除去水分。一般采用蛇管式或套管式冷却器，蛇管式冷却器的结构主要由一只蛇状空心盘管和一只盛装此盘管的圆筒组成。蛇状盘管可用铜管或钢管弯制而成，蛇管的表面积也就是该冷却器的散热面积。由空气压缩机排出的热空气由蛇管上部进入（图 11-1），通过管外壁与管外的冷却水进行热交换，冷却后，由蛇管下部输出。这种冷却器结构简单，使用和维修方便，因而被广泛用于流量较小的场合。

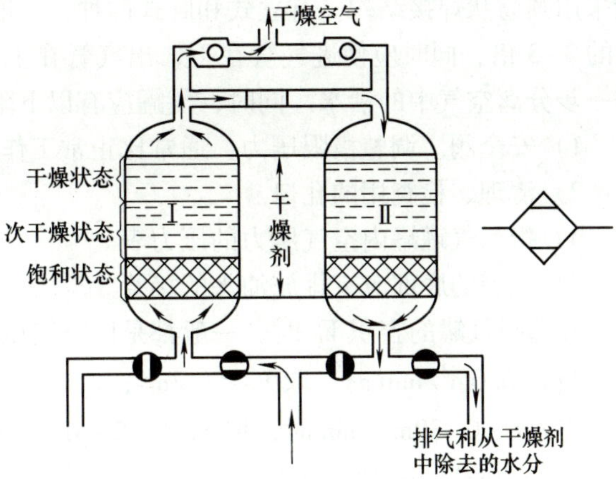


图 11-6　不加热再生式干燥器

套管式冷却器的结构如图 11-7 所示，压缩空气在外管与内管之间流动，内、外管之间由支承架来支承。这种冷却器流通截面小，易达到高速流动，有利于散热冷却。管间清理也较方便。但其结构笨重，消耗金属量大，主要用在流量不太大，散热面积较小的场合。

另外一种常用的后冷却器是列管式冷却器，如图 11-8 所示；它主要由外壳 3、封头 1、隔板 6、活动板 4、冷却水管 5、固定板 2 所组成。冷却水管与隔板、封头焊在一起。冷却水在管内流动，空气在管间流动，活动板为月牙形。这种冷却器可用于较大流量的场合，具体参数可查阅有关资料，这里不再列出。

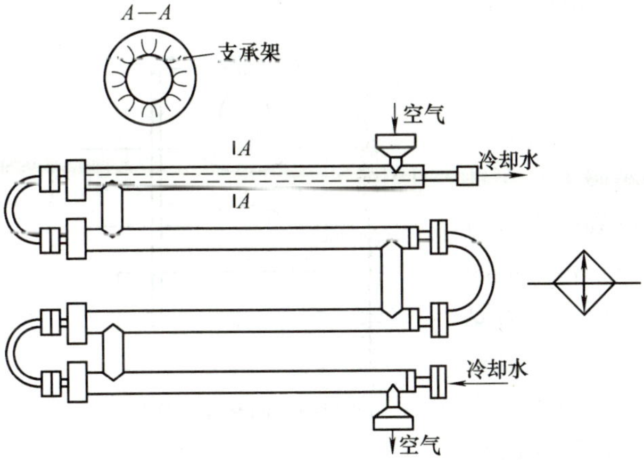


图 11-7　套管式冷却器

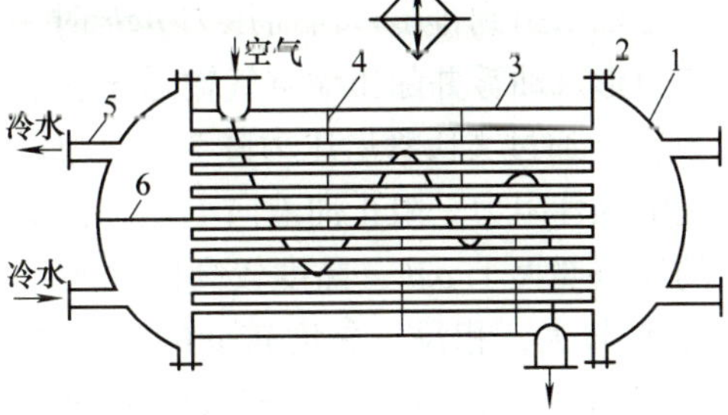


图 11-8　列管式冷却器

1—封头　2—固定板　3—外壳

4—活动板　5—冷却水管　6—隔板

## 五、气罐

气罐的作用是消除压力波动、保证输出气流的连续性、储存一定数量的压缩空气、调节用气量或以备发生故障和临时需要应急使用、进一步分离压缩空气中的水分和油分。气罐一般采用圆筒状焊接结构，有立式和卧式两种，一般以立式居多。立式气罐的高度 $p$ 为其直径 $D$ 的 2~3 倍，同时应使进气管在下，出气管在上，并尽可能加大两管之间的距离，以利于进一步分离空气中的油水。同时，气罐应有以下附件：

1）安全阀。调整极限压力，通常比正常工作压力高 10%。

2）清理、检查用的孔口。

3）指示气罐罐内空气压力的压力表。

4）气罐的底部应有排放油水的接管。

在选择气罐的容积 $V_C$ 时，一般都是以空气压缩机每分钟的排气量 $q$ 为依据选择的。即

当 $q<6.0\text{m}^3/\text{min}$ 时，取 $V_C=1.2\text{m}^3$；

当 $q=6.0\sim30\text{m}^3/\text{min}$ 时，取 $V_C=1.2\sim4.5\text{m}^3$；

当 $q>30\text{m}^3/\text{min}$ 时，取 $V_C=4.5\text{m}^3$。

后冷却器、除油器和气罐都属于压力容器，制造完毕后，应进行水压试验。目前，在气压传动中，冷却器、除油器和气罐三者一体的结构形式已被采用，这使压缩空气站的辅助设备大为简化。

## 第三节　其他辅助元件

### 一、油雾器

油雾器是以压缩空气为动力，将润滑油喷射成雾状并混合于压缩空气中，使该压缩空气具有润滑气动元件的能力。目前，气动控制阀，气缸和气马达主要是靠这种带有油雾的压缩空气来实现润滑的，其优点是方便、干净、润滑质量高。

1. 油雾器的工作原理

油雾器的工作原理如图 11-9 所示，假设气流通过文氏管后压力降为 $p_2$，当输入压力 $p_1$ 和 $p_2$ 的压差 $\Delta p$ 大于把油吸引到排出口所需压力 $\rho gh$ 时，油被吸上，在排出口形成油雾并随压缩空气输送出去。若已知输入压力为 $p_1$，通过文氏管后压力降为 $p_2$，而 $\Delta p=p_1-p_2$，但因油的黏性阻力是阻止油液向上运动的力，因此实际需要的压差要大于 $\rho gh$，黏度较高的油吸上时所需的压力差 $\Delta p$ 就较大，相反。黏度较低的油吸上时所需的压力差 $\Delta p$ 就小一些，但是黏度较低的油即使雾化也容易沉积在管道上，很难到达所期望的润滑地点。因此在气动装置中要正确选择润滑油的牌号［一般选用 HU20~HU30 汽轮机（透平）油］。

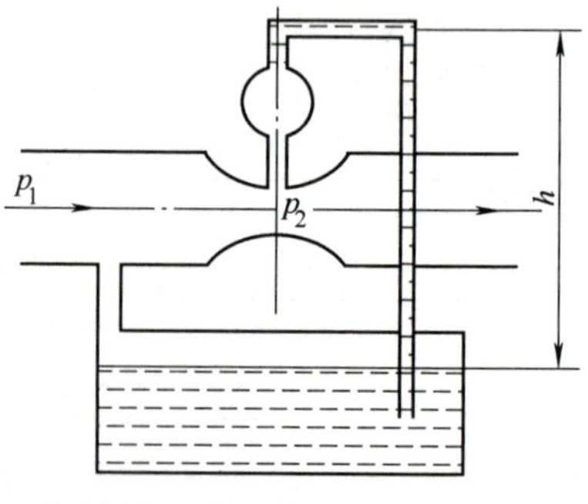

图 11-9　油雾器工作原理

2. 普通型油雾器结构简介

图 11-10 所示为普通型油雾器的结构图。压缩空气从输入口进入后，通过立杆 1 上的小孔 $a$ 进入截止阀座 4 的腔内，在截止阀的阀芯 2 上下表面形成压差，此压差被弹簧 3 的部分弹簧力所平衡，而使阀芯处于中间位置，因而压缩空气就进入储油杯 5 的上腔 $c$，油面受压，液压油经吸油管 6 将单向阀 7 的阀芯托起，阀芯上部管道有一个边长小于阀芯（钢球）直

径的四方孔，使阀芯不能将上部管道封死，液压油能不断地流入视油器 9 内，再滴入立杆 1 中，被通道中的气流从小孔 $b$ 中引射出来，雾化后从输出口输出。视油器上部的节流阀 8 用以调节滴油量，可在 0~200 滴/min 范围内调节。

普通型油雾器能在进气状态下加油，这时只要拧松油塞 10 后，储油杯上腔 $c$ 便通大气，同时输入进来的压缩空气将阀芯 2 压在截止阀座 4 上，切断压缩空气进入 $c$ 腔的通道。又由于吸油管 6 中单向阀 7 的作用，压缩空气也不会从吸油管倒灌到储油杯中，所以就可以在不停气状态下向油塞口加油，加油完毕，拧上油塞。由于截止阀稍有泄漏，储油杯上腔的压力又逐渐上升到将截止阀打开，油雾器又重新开始工作，油塞上开有半截小孔，当油塞向外拧出时，并不等油塞全打开，小孔已经与外界相通，油杯中的压缩空气逐渐向外排空，以免在油塞打开的瞬间产生压缩空气突然排放现象。

储油杯一般用透明的聚碳酸酯制成，能清楚地看到杯中的储油量和清洁程度，以便及时补充与更换。视油器用透明的有机玻璃制成，能清楚地看到油雾器的滴油情况。

3. 油雾器的主要性能指标

（1）流量特性　指油雾器中通过其额定流量时，输入压力与输出压力之差，一般不超过 0.15MPa。

（2）起雾空气流量　当油位处于最高位置，节流阀 8 全开（图 11-10），气流压力为 0.5MPa 时，起雾时的最小空气流量规定为额定空气流量的 40%。

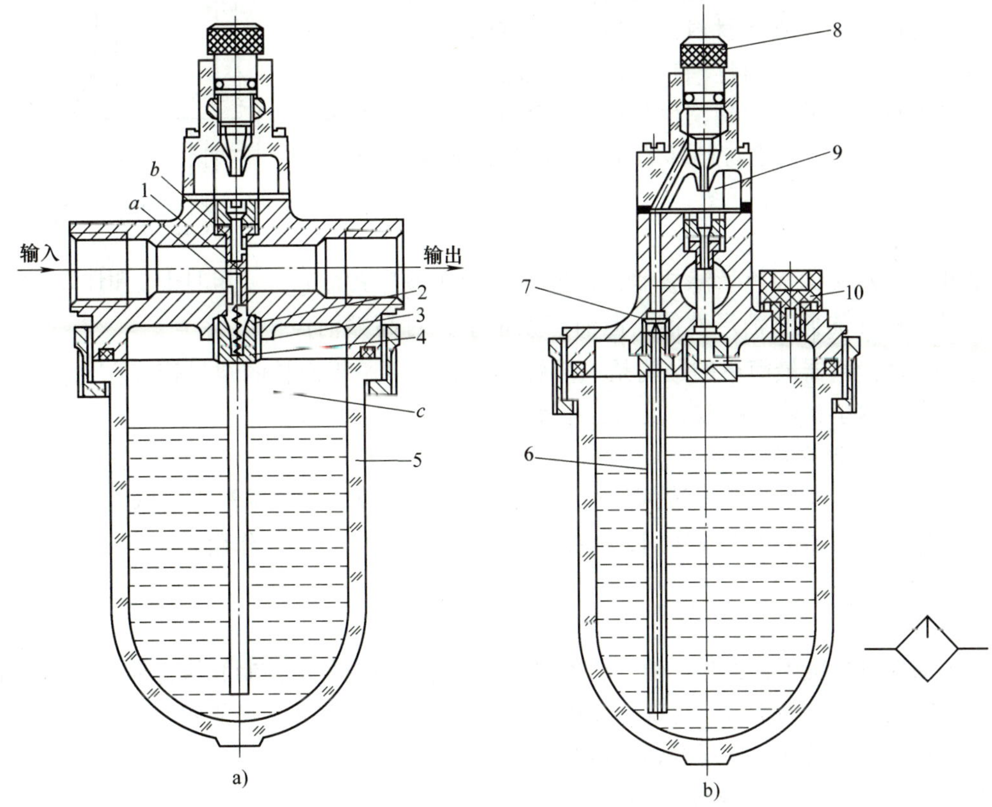


图 11-10　普通型油雾器

1—立杆　2—阀芯　3—弹簧　4—阀座　5—储油杯　6—吸油管　7—单向阀　8—节流阀　9—视油器　10—油塞

（3）油雾粒径　在规定的试验压力 0.5MPa 下，输油量为 30 滴/min，其粒径不大于 50μm。

（4）加油后恢复滴油时间　加油完毕后，油雾器不能马上滴油，要经过一定的时间，在额定工作状态下，一般为 20~30s。

油雾器在使用中一定要垂直安装，它可以单独使用，也可以以空气过滤器、减压阀和油雾器三件联合使用，组成气源处理装置，使之具有过滤、减压和油雾的功能。联合使用时，其顺序应为空气过滤器—减压阀—油雾器，不能颠倒，安装中气源调节装置应尽量靠近气动设备附近，距离不应大于 5m。

## 二、消声器

气压传动装置的噪声一般都比较大，尤其当压缩气体直接从气缸或阀中排向大气，较高的压差使气体体积急剧膨胀，产生涡流，引起气体的振动，发出强烈的噪声，为消除这种噪声应安装消声器。消声器是指能阻止声音传播而允许气流通过的一种气动元件，气动装置中的消声器主要有阻性消声器、抗性消声器及阻抗复合消声器三大类。

1. 阻性消声器

阻性消声器主要利用吸声材料（玻璃纤维、毛毡、泡沫塑料、烧结金属、烧结陶瓷以及烧结塑料等）来降低噪声。在气体流动的管道内固定吸声材料，或使吸声材料按一定方式在管道中排列，这就构成了阻性消声器。当气流流入时，一部分声音能被吸收材料吸收，起到消声作用。这种消声器能在较宽的中高频范围内消声，特别对刺耳的高频声波消声效果更为显著。图 11-11 所示为其结构示意图。

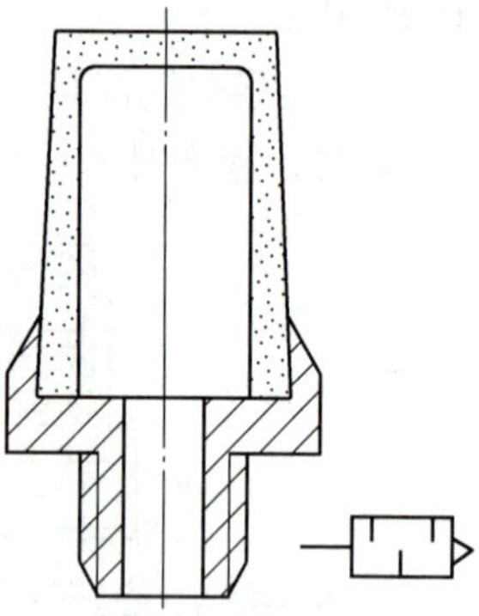

图 11-11　阻性消声器

2. 抗性消声器

抗性消声器又称为声学滤波器，是根据声学滤波原理制造的，它具有良好的低频消声性能，但消声频带窄，对高频消声效果差。抗性消声器最简单的结构是一段管件，如将一段粗而长的塑料管接在元件的排气口，气流在管道里膨胀、扩散、反射、相互干涉而消声。

3. 阻抗复合消声器

阻抗复合消声器是综合上述两种消声器的特点而构成的，这种消声器既有阻性吸声材料，又有抗性消声器的干涉等作用，能在很宽的频率范围内起消声作用。

## 三、转换器

在气动控制系统中，也与其他自动控制装置一样，有发信、控制和执行部分，其控制部分工作介质为气体，而信号传感部分和执行部分不一定全用气体，可能用电或液体传输，这就要通过转换器来转换。常用的转换器有气-电、电-气、气-液等。

1. 气电转换器及电气转换器

气电转换器是将压缩空气的气信号转变成电信号的装置，即用气信号（气体压力）接通或断开电路的装置，也称为压力继电器。

压力继电器按信号压力的大小可分为低压型、中压型和高压型三种。图 11-12 所示为高中压型压力继电器的原理图，气压 $p$ 进入 $A$ 室后，膜片 6 受压产生推力 $F=\pi D^2p/4$，该力推动圆盘 5 和顶杆 7 克服弹簧 2 的弹簧力向上移动，同时带动爪枢 4，使两个微动开关 3 发出电信号。旋转定压螺母 1，可以调节控制压力范围，调压范围分别是0.025~0.5MPa、0.065~1.2MPa 和 0.6~3.0MPa 三种。这种压力继电器结构简单，调压方便。

在安装气电转换器时应避免安装在振动较大的地方，且不应倾斜和倒置，以免使控制失灵，产生误动作，造成事故。

电气转换器的作用正好与气电转换器的作用相反，它是将电信号转换成气信号的装置。实际上各种电磁换向阀都可作为电气转换器。

2. 气液转换器

气动系统中常常用到气-液阻尼缸、或使用液压缸作执行元件，以求获得较平稳的速度，因而就需要一种把气信号转换成液压信号的装置，这就是气液转换器。其种类主要有两种：一种是直接作用式，即在一筒式容器内，压缩空气直接作用在液面上，或通过活塞、隔膜等作用在液面上，推压液体以同样的压力向外输出。图 11-13 所示为气液直接接触式转换器，当压缩空气由上部输入管输入后，经过管道末端的缓冲装置使压缩空气作用在液压油面上，因而液压油即以压缩空气相同的压力，由转换器主体下部的排油孔输出到液压缸，使其动作，气液转换器的储油量应不小于液压缸最大有效容积的 1.5 倍；另一种气液转换器是换向阀式，它是一个气控液压换向阀。采用气控液压换向阀，需要另外备有液压源。

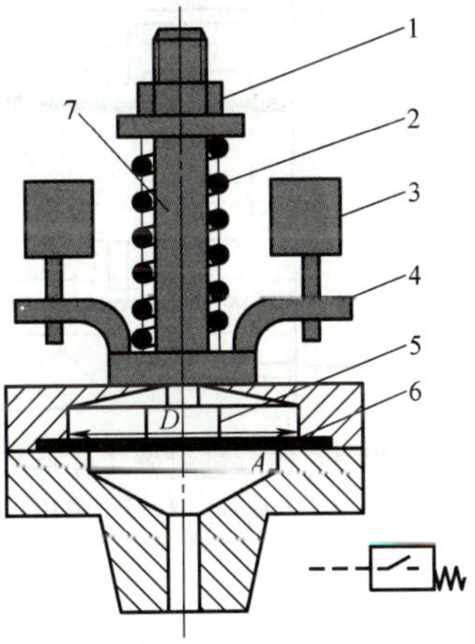


图 11-12　高中压型压力继电器

1—螺母　2—弹簧　3—微动开关

4—爪枢　5—圆盘　6—膜片　7—顶杆

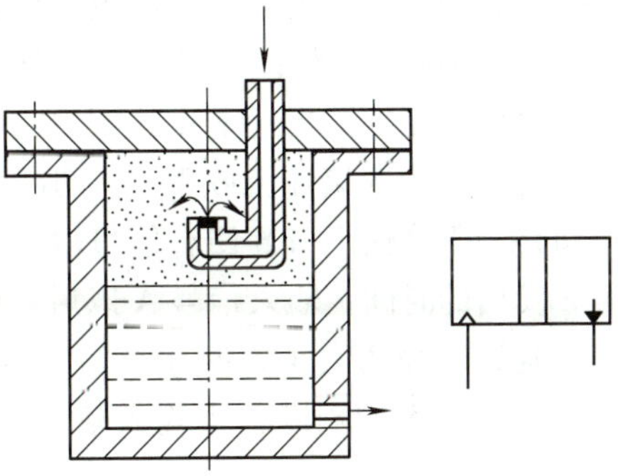

图 11-13　气液转换器

## 四、程序器

程序器是一种控制装置，其作用是储存各种预定的工作程序，按预先制定的特定顺序发出信号，使其他控制装置或执行机构以需要的次序自动动作。程序器一般有时间程序器和行程程序器两种。

时间程序器是依据动作时间的先后安排工作程序，按预定的时间间隔顺序发出信号的程序器。其结构形式有码盘式、凸轮式、棘轮式、穿孔带式、穿孔卡式等。常见的是码盘式和凸轮式。图 11-14 所示为一码盘式程序器的工作原理图。把一个开有槽或孔的圆盘固定在一根旋转轴上，盘轴随同减速机构或同步电动机按一定的速度转动，在圆盘两侧面装有发信管和接收管。由发信管发出的气信号在网盘无孔、槽的地方被挡住，接收管无信号输出；在圆盘上有孔或槽的地方，发信管的信号由接收管接收信号输出，并送入相应的控制线路，完成相应的程序控制，此带孔或槽的圆盘一般称为码盘。

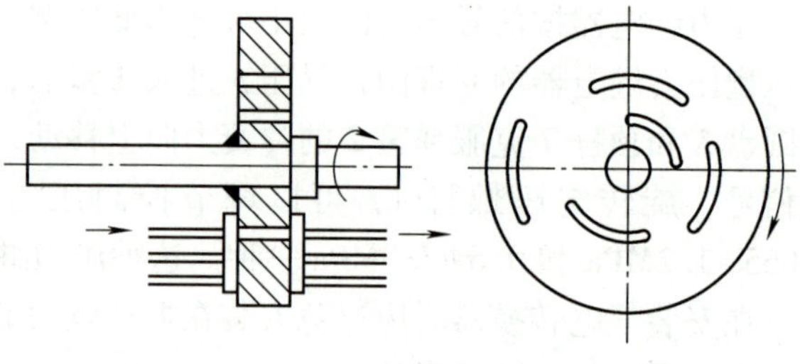

图 11-14　码盘式时间程序器

行程程序器是依据执行元件的动作先后顺序安排工作程序，并利用每个动作完成以后发回的反馈信号控制程序器向下一步程序的转换，发出下一步程序相应的控制信号。无反馈信号发回时，程序器就不能转换，也不会发出下一步的控制信号。这样就使程序信号指令的输出和执行机构的每一步动作有机地联系起来，只有执行机构的每一步都达到预定位置，发回反馈信号，整个系统才能一步一步地按预先选定的程序工作。行程程序器也有多种结构形式，此处不作详细介绍。

### 五、延时器

气动延时器的工作原理如图 11-15 所示，当输入气体分两路进入延时器时，由于节流口 1 的作用，膜片 2 下腔的气压首先升高，使膜片堵住喷嘴 3，切断气室 4 的排气通路；同时，输入气体经节流口 1 向气室缓慢充气。当气室 4 的压力逐渐上升到一定压力时，膜片 5 堵住上喷嘴 6，切断低压气源的排空通路，于是输出口 S 便有信号输出，这个输出信号 S 发出的时间在输入信号 A 以后，延迟了一段时间，延迟时间的大小取决于节流口的大小、气室的大小及膜片 5 的刚度。当输入信号消失后，膜片 1 复位，气室内的气体经下喷嘴排空；膜片 5 复位，气源经上喷嘴排空，输出端无输出、节流口 1 可调时，该延时器称为可调式，反之称为固定式。

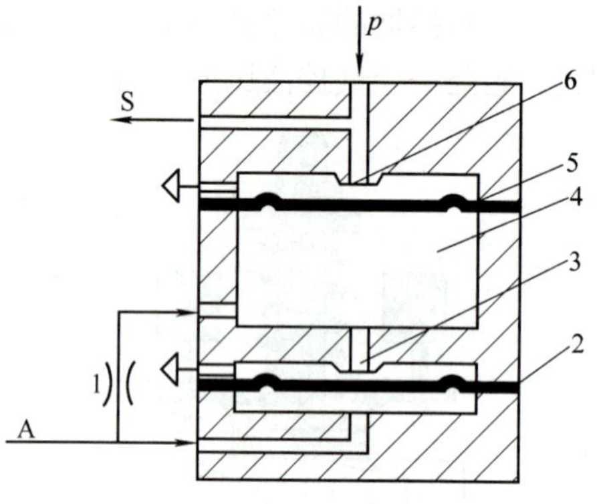


图 11-15　延时器工作原理
1—节流口　2、5—膜片
3、6—喷嘴　4—气室

## 第四节　供气系统的管道设计

### 一、供气系统管道

（1）压缩空气站内气源管道　包括压缩机的排气口至冷却器、油水分离器、气罐、干燥器等设备的压缩空气管道。

（2）厂区压缩空气管道　包括从压缩空气站至各用气车间的压缩空气输送管道。

（3）用气车间压缩空气管道　包括从车间入口到气动装置和气动设备的压缩空气输送

管道。

## 二、供气系统管道设计的原则

1. 从供气的压力和流量要求考虑

若工厂中的各气动设备或气动装置对压缩空气源压力有多种要求，则气源系统管道必须以满足最高压力要求来设计。若仅采用同一个管道系统供气，对供气压力要求较低者可通过减压阀减压来实现。

从供气的最大流量和允许压缩空气在管道内流动的最大压力损失决定气源供气系统管道的管径大小。为避免在管道内流动时有较大的压力损失，压缩空气在管道中的流速一般应小于25m/s。当管道内气体的体积流量为 $q_v$，管道中允许流速为［$v$］时，管道的内径为

$$d=\sqrt{\frac{4q_v}{3600\pi[v]}} \tag{11-1}$$

式中，$q_v$ 为流量（$m^3/h$）；［$v$］为流速（m/s）。

由式（11-1）计算求得的管道内径 $d$，结合流量（或流速），再验算空气通过某段管道的压力损失是否在允许范围内。一般对较大型的空气压缩站，在厂区范围内，从管道的起点到终点，压缩空气的压降不能超过气源初始压力的8%；在车间范围内，不能超过供气压力的5%，若超过了，可采用增大管道的直径的办法来解决。

2. 从供气的质量要求考虑

若气动装置对气源供气质量（含水、含油、干燥程度等）有不同的要求时，若用一个气源管道供气，则必须考虑其中对气源供气质量要求较高的气动装置，采取就地设置小型干燥过滤装置或空气过滤器来解决。也可通过技术、经济全面比较，设置两套气源管道供气系统。

3. 从供气的可靠性、经济性考虑

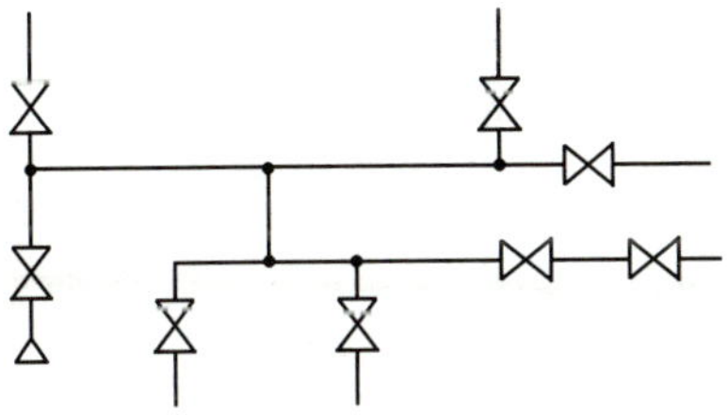
图 11-16　单树枝状管网供气系统

（1）单树枝状管网供气系统　如图11-16所示，这种供气系统简单，经济性好，适合于间断供气的工厂或车间采用。但该系统中的阀门等附件容易损坏，尤其开关频繁的阀门更易损坏。解决的方法是开关频繁的阀门，用两个串联起来，其中一个用于经常动作，一个一般情况下总开启，当经常动作的阀门需要更换检修时，另一阀门才关闭，使之与系统切断，不致影响整个系统工作。

（2）环状管网供气系统　如图11-17所示，这种系统供气可靠性比单树枝状管网供气系统高，而且压力较稳定，末端压力损失较小，当支管上有一个阀门损坏需要检修时，可将环形管道上两侧的阀门关闭，以保证更换。维修支管上的阀门时，整个系统能正常工作，但此系统成本较高。

（3）双树枝状管网供气系统　如图11-18所示，这种供气系统能保证对所有的用户不间断供气，正常状态，两套管网同时工作。当其中任何一个管道附件损坏时，可关闭其所在的那套系统进行检修，而另一套系统照常工作。这种双树枝状管网供气系统实际上是有一套备用系统，相当于两套单树枝状管网供气系统，适用于有不允许停止供气等特殊要求的用户。

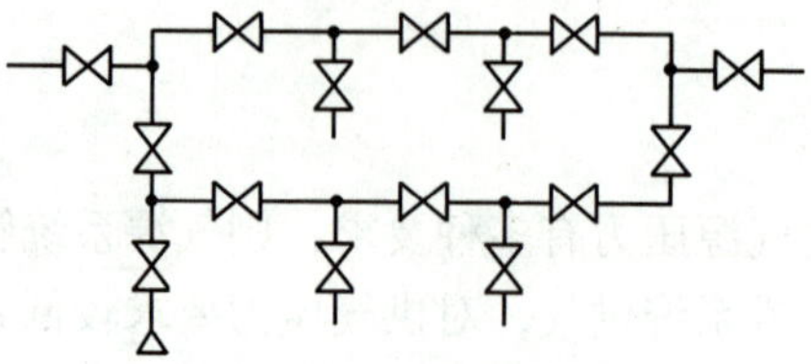

图 11-17　环状管网供气系统

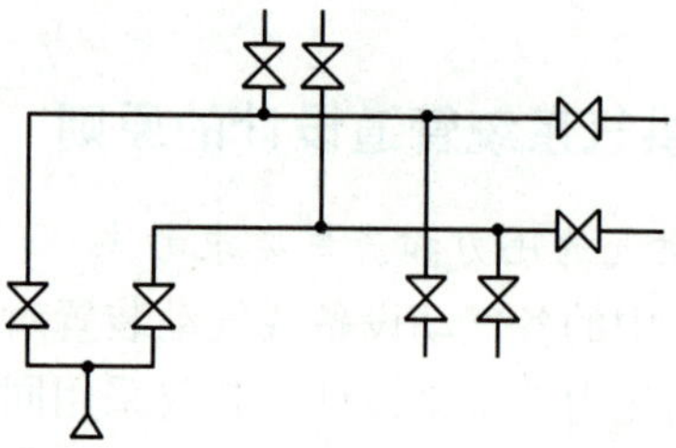

图 11-18　双树枝状管网供气系统

## 习　题

11-1　简述活塞式空气压缩机的工作原理。

11-2　简述油雾器的工作原理及分类。

11-3　气电转换器和电气转换器在气动系统中各有何作用?

11-4　气源装置中为什么要设置气罐，其容积和尺寸应如何确定?

# 第十二章

# 气动执行元件

本章主要讲述气缸和气动马达的工作原理，作为气动系统的气压能转化为机械能的能量转化装置，它们工作原理与液压缸和液压马达相类似。

**本章重点**

1. 气缸的工作原理及其组成。
2. 气动马达的工作原理及其组成。

**本章难点**

气缸的压力特性曲线。

## 第一节　气　　缸

### 一、气缸的分类

气缸是气动系统中使用最多的一种执行元件，根据使用条件不同，其结构、形状也有多种形式。常用的分类方法有以下几种：

1. 按压缩空气对活塞端面作用力的方向分

（1）单作用气缸　气缸只有一个方向运动的气压传动，活塞的复位靠弹簧力或自重和其他外力。

（2）双作用气缸　双作用气缸的往返运动都靠压缩空气来完成。

2. 按气缸的结构特征分

1）活塞式气缸。

2）薄膜式气缸。

3）伸缩式气缸。

3. 按气缸的安装形式分

（1）固定式气缸　气缸安装在机体上固定不动，有耳座式、凸缘式和法兰式。

（2）轴销式气缸　缸体围绕一固定轴可做一定角度的摆动。

（3）回转式气缸　缸体固定在机床主轴上，可随机床主轴做高速旋转运动。这种气缸常用于机床的气动卡盘中，以实现工件的自动装夹。

（4）嵌入式气缸　气缸做在夹具本体内。

4. 按气缸的功能分

（1）普通气缸　包括单作用式和双作用式气缸，常用于无特殊要求的场合。

（2）缓冲气缸　气缸的一端或两端带有缓冲装置，以防止和减轻活塞运动到端点时对气缸缸盖的撞击。

（3）气-液阻尼缸　气缸与液压缸串联，可控制气缸活塞的运动速度，并使其速度相对稳定。

（4）摆动气缸　用于要求气缸叶片轴在一定角度内绕轴线回转的场合，如夹具转位、阀门的启闭等。

（5）冲击气缸　是一种以活塞杆高速运动形成冲击力的高能缸，可用于冲压、切断等。

（6）步进气缸　是一种根据不同的控制信号，使活塞杆伸出不同的相应位置的气缸。

## 二、气缸的工作特性

气缸的工作特性是指气缸的输出力、气缸内压力的变化以及气缸的运动速度等静态和动态特性，由于它们的影响因素很多，有很多问题尚在研究之中，因而在此仅作一些简单的介绍。

1. 气缸的输出力

单作用式气缸（图 12-1a）的输出推力为

$$F = A_1 p_1 - (f + ma + L_0 K_s) \tag{12-1}$$

式中，$A_1$ 为活塞的工作面积；$p_1$ 为作用于活塞上的压力；$f$ 为摩擦阻力（包括活塞与气缸以及活塞杆和气缸密封圈等）；$m$ 为运动构件质量；$a$ 为运动构件加速度；$L_0$ 为活塞位移 $L$ 和弹簧预压缩量的总和；$K_s$ 为弹簧刚度。

双作用式气缸（图 12-1b）输出的推力为

$$F = p_1 A_1 - p_2 A_2 - (f + ma) \tag{12-2}$$

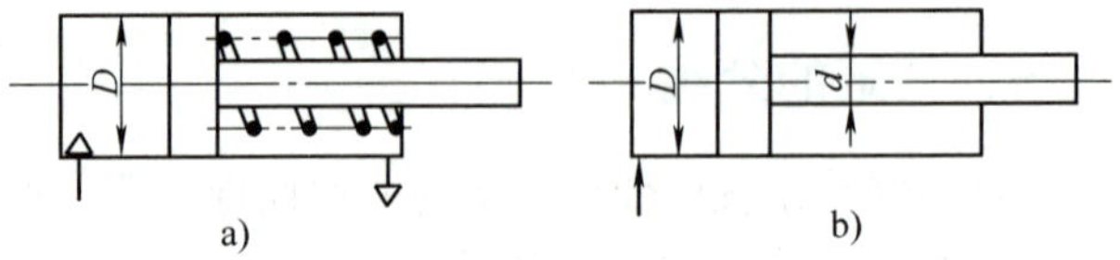


图 12-1　气缸工作原理简图

式中，$p_1$、$p_2$ 为输入侧和排气侧的气压；$A_1$、$A_2$ 为输入侧和排气侧的面积；其余符号意义同上。

一般在计算过程中，用下式求双作用缸活塞上输出的推力，即

$$F = (p_1 A_1 - p_2 A_2)\eta \tag{12-3}$$

式中，$\eta$ 为气缸的效率，一般取 $\eta$=0.8~0.9。

2. 气缸的压力特性

气缸的压力特性是指气缸内压力变化的情形。

气缸通常被活塞分为进气腔和排气腔，当向进气腔输入压缩空气时，排气腔处于排气状态。当两腔的压力差所形成的力刚好克服各种阻力负载时，活塞就开始运动。当无负载时，这个开始运动所需要的压力仅需 0.02~0.05MPa。在气缸运动过程中，进气腔压力逐步升高至气源压力，排气腔则逐渐降低压力。进排气腔中的气体压力是随时间变化的，其变化曲线，通常称为气缸的压力特性曲线，如图 12-2 所示。

由于气缸的压力特性曲线变化过程比较复杂，现只能作定性说明。在换向阀切换以前，进气腔中的气体压力为大气压力。当方向阀切换后，进气腔与气源接通，因进气腔容积小，

气体将很快充满并升至气源压力；排气腔则不同，起动前其腔中压力为气源压力，因为排气腔的容积大，腔中气体压力的下降速度要比进气腔中压力上升的速度缓慢得多。当两腔的压力差超过起动压差后，就开始起动，也就是说，从方向阀换向到气缸起动，是需要一定时间的。

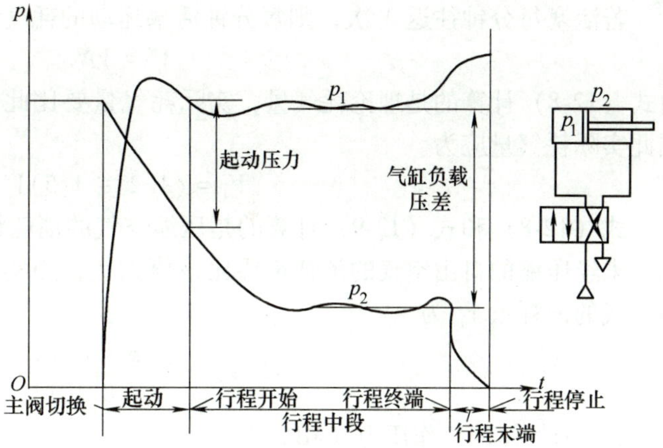

图 12-2　气缸的压力特性曲线

起动以后，活塞所受的摩擦阻力从静摩擦力转为动摩擦力而变小，使活塞加速运动。由于活塞的运动，进气腔容积相对增大，只要补充气量充分，活塞就继续运动。另一方面，排气腔容积在不断减少，而且其容积的相对减少量越来越大，因此在不断的排气过程中，腔中压力继续下降，并总是小于进气腔压力。活塞在两腔压力差作用下继续前进。

当气缸行程较长，且活塞杆上有负载时，会产生进排气速度与活塞速度相平衡的情况，这时压力特性曲线将趋于水平，活塞在两腔不变压力差的推动下匀速前进。

当气缸行到末端时，排气腔压力急剧下降，直至大气压力；进气腔压力再次急剧上升，直至气源压力。这种较大的压差，很容易形成气缸的冲击。因而在气缸的设计中要考虑设置缓冲装置。

3. 气缸的速度

由于活塞两侧压力 $p_1$、$p_2$ 的变化比较复杂，因而推动活塞的力的变化也比较复杂，再加上气体的可压缩性，要使气缸保持准确的运动速度是比较困难的。通常，气缸的平均运动速度可按进气量的大小求出，即

$$v = \frac{q}{A} \tag{12-4}$$

式中，$q$ 为压缩空气的体积流量；$A$ 为活塞的有效面积。

气缸在一般工作条件下，其平均速度约为 0.5m/s。

4. 气缸的耗气量

气缸的耗气量与气缸的活塞直径 $D$、活塞杆直径 $d$、活塞的行程 $L$ 以及单位时间往复次数 $N$ 有关。以图 12-1b 所示的单出杆双作用式气缸为例，活塞杆伸出和退回行程的耗气量分别为

$$V_1 = \frac{\pi}{4}D^2L \tag{12-5}$$

$$V_2 = \frac{\pi(D^2 - d^2)}{4}L \tag{12-6}$$

所以，活塞往复一次所耗压缩空气量为

$$V = V_1 + V_2 = \frac{\pi}{4}L(2D^2 - d^2) \tag{12-7}$$

若活塞每分钟往返 $N$ 次，则每分钟活塞运动的耗气量为

$$V' = VN \tag{12-8}$$

由式（12-8）计算的是理论耗气量，实际耗气量要比此值大，这是由于泄漏等因素造成的。因此实际耗气量应为

$$V_s = (1.2 \sim 1.5)V' \tag{12-9}$$

式（12-8）和式（12-9）计算的是压缩空气的消耗量，这是选择气源的供气量的重要依据。未经压缩的自由空气的消耗量要比该值大些，当实际消耗的压缩空气量为 $V_s$ 时，其自由空气的消耗量 $V_{sz}$ 为

$$V_{sz} = V_s \frac{p + 0.1013}{0.1013} \tag{12-10}$$

式中，$p$ 为气体的工作压力（MPa）。

## 三、气缸的主要尺寸及结构设计

### （一）气缸的主要尺寸设计

设计气缸时，只有保证气缸的下述几个主要尺寸，才能实现气缸的功能。

1. 气缸直径 $D$

气缸的直径也就是气缸的内径，可根据外负载 $F$ 的大小来确定，当气源供气压力为 $p$ 时，气缸的内径 $D$ 为

$$D \geqslant \sqrt{\frac{4F}{\pi p}} \tag{12-11}$$

所求得的 $D$ 值，一般要提高 20%再圆整到系列标准值。气缸的内径系列见表 12-1。

**表 12-1　标准气缸的缸径和活塞杆直径**

| 气缸内径 $D$/mm | 32 | 40 | 50 | 63 | 80 | (90) | 100 | (110) | 125 | (140) | 160 | (180) | 200 | (220) | 250 | 320 | 400 | 500 | 630 |
|---|---|---|---|---|---|---|---|---|---|---|---|---|---|---|---|---|---|---|---|
| 活塞杆直径 $d$/mm | 12 | 14 | 16 | 18 | 20 | 22 | 25 | 28 | 32 | 36 | 40 | 45 | 50 | 56 | 63 | 70 | 80 | 90 | 100 |

2. 活塞行程 $L$

活塞的行程 $L$ 一般根据实际需要来确定，通常 $L$ 值取（0.5~5）$D$。

3. 气缸进、排气口直径 $d_0$

气缸进、排气口直径 $d_0$ 的大小，直接决定了气缸进气速度，即决定了活塞的运行速度。设计中，应予以充分的重视，直径 $d_0$ 的确定可根据空气流经排气口的速度［$v$］来计算，一般取［$v$］=10~25m/s，因而 $d_0$ 为

$$d_0 = \sqrt{\frac{4q}{\pi[v]}} \tag{12-12}$$

式中，$q$ 为工作压力下输入气缸的空气流量。

一般情况下进排气口直径 $d_0$ 的大小可根据气缸内径 $D$ 的大小来选取，见表 12-2。

**表 12-2　气缸进、排气口直径**

| 气缸内径 $D$/mm | 进、排气口直径 $d$/mm | 气缸内径 $D$/mm | 进、排气口直径 $d$/mm |
|---|---|---|---|
| 40 | 8 | 80，100，125 | 15 |
| 50，63 | 10 | 140，160，180 | 20 |

### （二）气缸的主要结构设计

在设计气缸各部分机械结构时，主要要确定各部分的结构形式及主要尺寸。

1. 气缸筒的结构尺寸设计

气缸筒的主要作用是提供压缩空气的储存与膨胀空间及对活塞实现导向，从而通过活塞将压力能转化为机械能。气缸筒均为圆筒形状，主要要确定的尺寸为：

1）气缸筒直径（即为气缸内径）$D$ 可由式（12-11）求出。

2）气缸筒的长度 $l$。长度 $l$ 应为活塞的行程 $L$ 和活塞宽度 $H$ 之和，即

$$l \geqslant L + H \tag{12-13}$$

3）气缸筒的壁厚 $\delta$。壁厚 $\delta$ 可利用薄壁圆筒的强度计算公式来确定

$$\delta = \frac{pD}{2[\sigma]} + C \tag{12-14}$$

式中，$p$ 为气缸工作压力（MPa）；$D$ 为气缸内径（mm）；$[\sigma]$ 为气缸材料的许用拉应力（MPa）；$[\sigma]=\sigma_b/n$，$\sigma_b$ 为缸体材料的抗拉强度（MPa）；$n$ 为安全系数，一般取 6~8；$C$ 为考虑到刚度、加工制造、腐蚀等要求所加的裕量。

气缸材料的许用拉应力通常取下列数据：铸铁 HT150 和 HT200，$[\sigma]$=30MPa；Q235 钢管，$[\sigma]$=60MPa；45 钢管，$[\sigma]$=120MPa；铝合金 ZL203，$[\sigma]$=30MPa。气缸筒的壁厚系列见表 12-3。

**表 12-3 气缸筒的壁厚**

| 材　　料 | 气缸直径 $D$/mm | | | | | | | |
|---|---|---|---|---|---|---|---|---|
| | 50 | 80 | 100 | 125 | 160 | 200 | 250 | 320 |
| | 壁厚 $\delta$/mm | | | | | | | |
| 铸铁 HT150 | 7 | 8 | 10 | 10 | 12 | 14 | 16 | 16 |
| 45 钢，Q235 | 5 | 7 | 8 | 8 | 9 | 9 | 11 | 12 |
| 铝合金 ZL203 | 8~12 | | 12~14 | | | 14~17 | | |

2. 活塞的结构设计

活塞的功用是将压缩空气的压力能转变为机械能，因此，它要提供足够的换能面积。由于活塞要频繁往复运动，又要间隔两腔空气，因而就必须保证其耐磨和密封，目前多采用铸铁活塞及 O 形或 Y 形密封圈实现密封。

活塞的外径即是气缸的内径，二者的配合精度，取决于采用何种形式的密封圈，一般多采用 H8/f9 配合，活塞表面粗糙度为 $Ra0.8\mu m$。活塞的宽度取决于密封圈的排数，一般采用两排密封圈。活塞上沟槽的深度和宽度根据所选用的密封圈来确定。

3. 活塞杆及其强度校核

活塞杆的作用是将活塞转换出的机械能以机械力的形式推动负载运动，对活塞杆，不仅要进行结构设计（与活塞和外接负载的连接方式等），还要进行强度校核。

活塞杆在工作中，既要受到轴向拉伸，也往往要受到轴向压缩，因此要作强度校核和稳定性校核。

当活塞杆的长度 $L \leqslant 10d$ 时，要进行强度校核，即活塞杆的直径

$$d \geqslant \sqrt{\frac{4F}{\pi[\sigma]}} \tag{12-15}$$

式中，$F$ 为活塞杆所受的外力；$[\sigma]$ 为活塞杆材料的许用应力。

当活塞杆的计算长度 $L>10d$ 时，要进行压杆稳定性校核，以保证活塞杆不产生弯曲。其校核方法可参阅有关手册和资料。

经计算出的活塞杆直径可按表 12-1 的系列选取标准值。

4. 气缸的缓冲机构

为防止活塞运行到行程末端时，以很大的速度（一般为 1m/s 左右）撞击端盖，引起气缸振动和损坏，常采用带有缓冲装置的缓冲气缸。

缓冲气缸的缓冲装置结构如图 12-3 所示，通常由缓冲柱塞 1、柱塞孔 2、节流阀 3 和单向阀 4 构成。当活塞运动到缓冲柱塞刚进入缓冲柱塞孔时，主排气道即被堵死，活塞进入到缓冲行程，这时活塞至端盖的距离称为缓冲长度 $x$。在缓冲行程中，环形空间空气被活塞绝热压缩使压力升高形成气垫，以吸收活塞运动部件的能量，使活塞等运动部件达到减速的目的，即把运动部件的动能变成气体的压力能。为此，缓冲装置的设计，就是要保证运动部件的动能被缓冲腔内的压缩空气所吸收，所以缓冲柱塞要有足够的行程长度 $x$ 和直径 $d$。

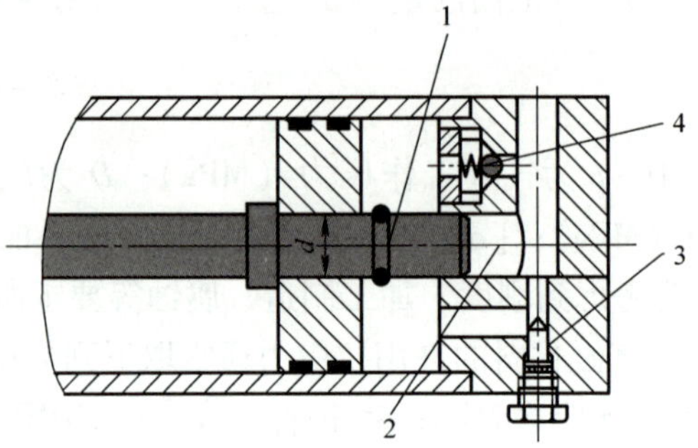

图 12-3　缓冲气缸的缓冲装置

1—柱塞　2—柱塞孔　3—节流阀　4—单向阀

活塞以及运动部件的动能 $E_1$ 为

$$E_1 = \frac{1}{2}mv^2 \tag{12-16}$$

式中，$m$ 为运动部件的总质量；$v$ 为活塞运动速度。

压缩缓冲腔内空气所需要的压缩功 $E$ 与缓冲腔的容积 $V$、压力的变化等因素有关，而缓冲容积为

$$V=\frac{\pi}{4}(D^2-d^2)x \tag{12-17}$$

因活塞运动速度很快，因而将体积 $V$ 内的空气从压力 $p_1$ 绝热压缩至 $p_2$，所需要的能量为

$$E=\frac{\kappa}{\kappa-1}Vp_1\left[\left(\frac{p_2}{p_1}\right)^{\frac{\kappa-1}{\kappa}}-1\right]=\frac{\kappa}{\kappa-1}\ \frac{\pi}{4}(D^2-d^2)xp_1\left[\left(\frac{p_2}{p_1}\right)^{\frac{\kappa-1}{\kappa}}-1\right] \tag{12-18}$$

显然，只要 $E>E_1$，就可以吸收运动部件的动能，起到缓冲作用，所以缓冲腔的缓冲条件为

$$\frac{\kappa}{\kappa-1}\ \frac{\pi}{4}(D^2-d^2)xp_1\left[\left(\frac{p_2}{p_1}\right)^{\frac{\kappa-1}{\kappa}}-1\right]>\frac{1}{2}mv^2 \tag{12-19}$$

式中，$p_1$ 为压缩过程开始时，排气腔中绝对压力；$p_2$ 为压缩终了时，缓冲腔中的绝对压力；$D$ 为气缸直径；$\kappa$ 为等熵指数，$\kappa=1.4$。

为使缓冲时活塞冲击不致过分强烈，一般限定 $p_2 \leqslant 5p_1$，则上式可以简化为

$$3.19p_1(D^2-d^2)x \geqslant mv^2 \tag{12-20}$$

式（12-20）即为常用的确定缓冲柱塞直径 $d$ 和长度 $x$ 的计算公式。

利用图 12-3 所示的缸内设置缓冲腔实现缓冲的方法是一种较常用的方法，除此以外，还有缸内行程终端打孔和在缸外设置缓冲回路等方法。

5. 气缸的其他结构设计

在气缸的设计中，除了上述几个问题外，还有缸体与缸盖、活塞与活塞杆之间的连接、缸盖本身的结构等方面的问题在设计中需充分考虑。尤其要注意气缸内的几处密封结构的设计，不仅要保证其密封可靠，还要考虑到使用寿命及起动力等，图 12-4 所示为一常用普通气缸的结构图。

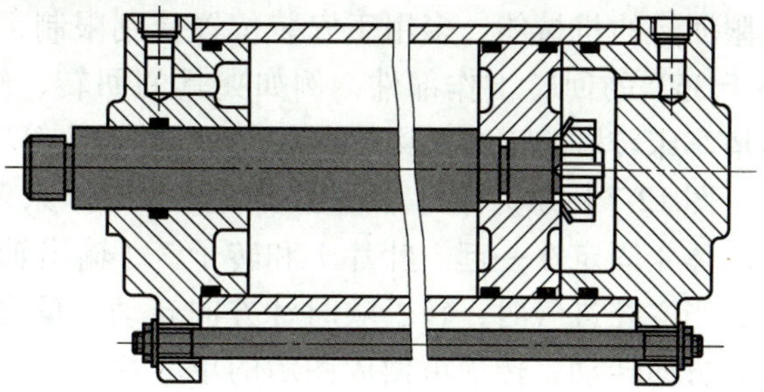

图 12-4 普通气缸

## 四、其他常用气缸

1. 气-液阻尼缸

气-液阻尼缸是由气缸和液压缸组合而成，它以压缩空气为能源，利用油液的不可压缩性和控制流量来获得活塞的平稳运动和调节活塞的运动速度。与气缸相比，它传动平稳，停位精确，噪声小；与液压缸相比，它不需要液压源，经济性好，同时具有气动和液压的优点，因此得到了越来越广泛的应用。

图 12-5 所示为串联式气-液阻尼缸的工作原理图，若压缩空气自 A 口进入气缸左侧，必推动活塞向右运动，因液压缸活塞与气缸活塞是同一个活塞杆，故液压缸也将向右运动，此时液压缸右腔排油，油液由 A′口经节流阀而对活塞的运行产生阻尼作用，调节节流阀，即可改变阻尼缸的运动速度；反之，压缩空气自 B 口进入气缸右侧，活塞向左移动，液压缸左侧排油，此时单向阀开启，无阻尼作用，活塞快速向左运动。

2. 薄膜气缸

图 12-6 所示为薄膜气缸，它主要由膜片和中间硬芯相连来代替普通气缸中的活塞，依靠膜片在气压作用下的变形来使活塞杆前进。活塞的位移较小，一般小于 40mm；平膜片的行程则为其有效直径的 1/10，有效直径的定义为

$$D_m = \frac{1}{3}(D^2+Dd+d^2) \tag{12-21}$$

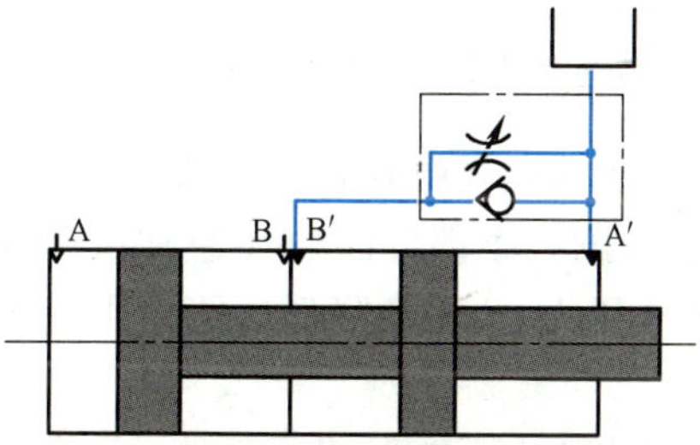


图 12-5 串联式气-液阻尼缸

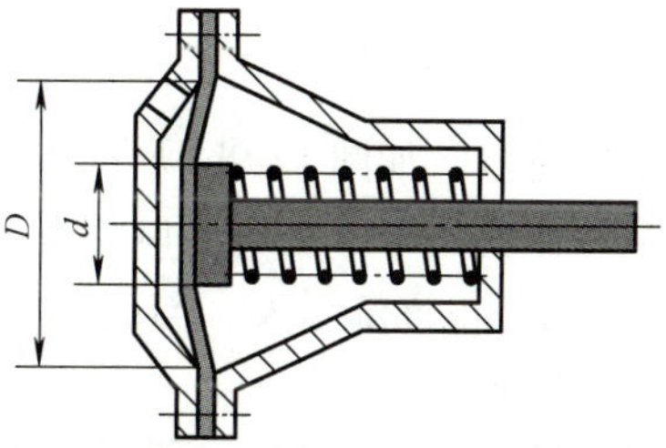


图 12-6 薄膜气缸

这种气缸的特点是结构紧凑，重量轻，维修方便，密封性能好，制造成本低，广泛应用于化工生产过程的调节器上。

3. 摆动式气缸（摆动马达）

摆动式气缸是将压缩空气的压力能转变成气缸输出轴的有限回转的机械能，多用于安装位置受到限制，或转动角度小于360°的回转工作部件，例如夹具的回转、阀门的开启、转塔车床转塔的转位以及自动线上物料的转位等场合。

图12-7所示为单叶片式摆动气缸的工作原理图，定子3与缸体4固定在一起，叶片1和转子2（输出轴）连接在一起，当左腔进气时，转子顺时针方向转动；反之，转子则逆时针方向转动，转子可做成图示的单叶片式，也可做成双叶片式。这种气缸的耗气量一般都较大，这种气缸的输出转矩和角速度与摆动式液压缸相同，故不再重复。

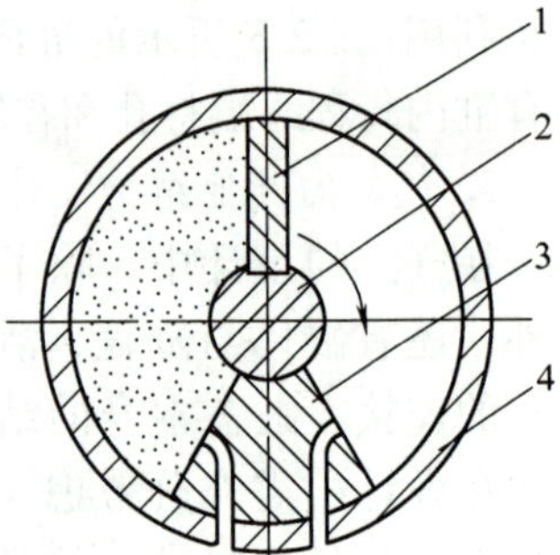

图12-7 单叶片式摆动气缸

1—叶片 2—转子

3—定子 4—缸体

4. 冲击气缸

图12-8所示为普通型冲击气缸的结构示意图。它与普通气缸相比增加了储能腔以及带有喷嘴和具有排气小孔的中盖，它的工作原理及工作过程可简述为如下三个阶段，如图12-9所示。

（1）第一阶段 如图12-9a所示，气缸控制阀处于原始位置，压缩空气由A孔进入冲击气孔头腔，储能腔与尾腔通大气，活塞上移，处于上限位置，封住中盖上的喷嘴口，中盖与活塞间的环形空间（即尾腔）经小孔口与大气相通。

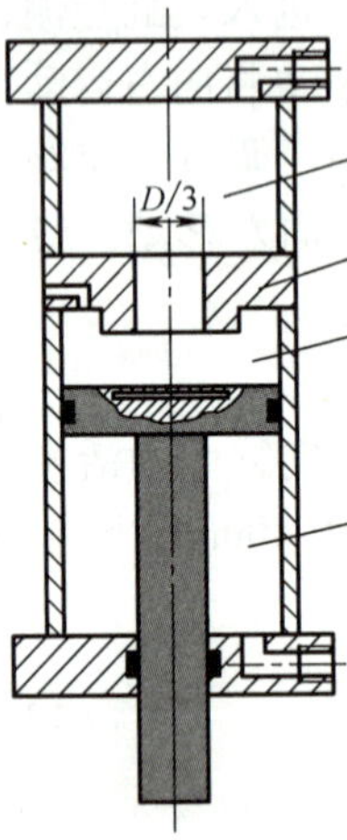

图12-8 普通型冲击气缸

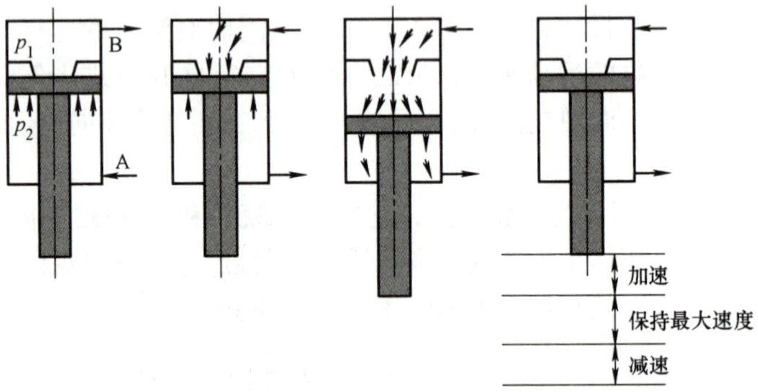

图12-9 普通型冲击气缸的工作过程

（2）第二阶段 如图12-9b所示，控制阀切换，压缩空气由B孔进入储能腔进气，压力$p_1$逐渐上升，作用在与中盖喷嘴口相密封接触的活塞侧一小部分面积（通常设计为活塞面积的1/9）上的力也逐渐增大，与此同时，头腔排气压力$p_2$逐渐降低，使作用在头腔侧活塞面上的力逐渐减小。

（3）第三阶段 如图12-9c所示，当活塞上下两边的力不能保持平衡时，活塞即离开喷嘴口向下运动，在喷嘴打开的瞬间，储能腔的气压突然加到尾腔的整个活塞面上，于是活塞在很大的压差作用下加速向下运动，使活塞、活塞杆等运动部件在瞬间达到很高的速度（为同样条件下普通气缸速度的 10~15 倍），以很高的动能冲击工件。图 12-9d 所示为冲击气缸活塞向下自由冲击运动的三个阶段。经过上述三个阶段后，控制阀复位，冲击气缸开始另一个循环。

## 第二节　气 动 马 达

气动马达是将压缩空气的压力能转换成旋转的机械能的装置，在气压传动中使用最广泛的是叶片式和活塞式气动马达，本节以叶片式气动马达为例简单介绍气动马达的工作原理和它的主要技术性能。

图 12-10 所示为双向旋转叶片式气动马达的工作原理图。当压缩空气从进气口 A 进入气室后立即喷向叶片 1，作用在叶片的外伸部分，产生转矩带动转子 2 做逆时针方向转动，输出旋转的机械能，废气从排气口 C 排出，残余气体则经 B 排出（二次排气）；若进、排气口互换，则转子反转，输出相反方向的机械能。转子转动的离心力和叶片底部的气压力、弹簧力（图中未画出）使得叶片紧密地抵在定子 3 的内壁上，以保证密封，提高容积效率。

图 12-11 所示为在一定工作压力下作出的叶片式气动马达的特性曲线。由图可知，气动马达具有软特性的特点。当外加转矩 $T$ 等于零时，即为空转，此时速度达到最大值 $n_{max}$，气动马达输出的功率等于零；当外加转矩等于气动马达的最大转矩 $T_{max}$ 时，气动马达停止转动，此时功率也等于零；当外加转矩等于最大转矩的一半时，气动马达的转速也为最大转速的1/2，此时气动马达的输出功率 $P$ 最大，以 $P_{max}$ 表示。

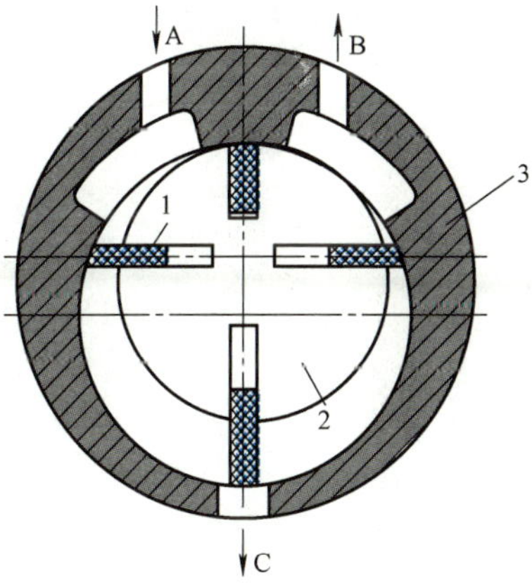


图 12-10　双向旋转的叶片式马达

1- 叶片　2—转子　3—定子

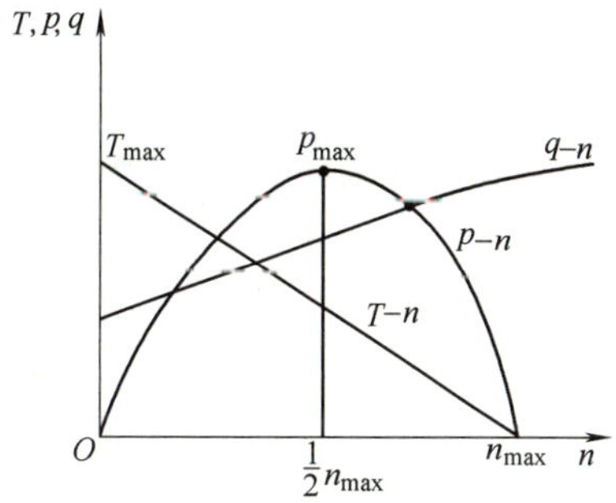


图 12-11　气动马达特性曲线

叶片式气动马达主要用于风动工具、高速旋转机械及矿山机械等。

由于气动马达具有一些比较突出的特点，在某些特殊的、出力要求不大的场合，它比电动机和液压马达更适用，这些特点是：

1）具有防爆性能。由于对气动马达的工作介质空气本身的特性和结构设计上的考虑，能够在工作中不产生火花，故适合于易爆、高温、多尘的场合，并能用于空气极潮湿的环境，而无漏电的危险。

2）气动马达本身的软特性使之能长期满载工作，温升较小，且有过载保护的性能。

3）有较高的起动转矩，能带载起动。

4）换向容易，操作简单，可以实现无级调速。

5）与电动机相比，单位功率尺寸小，重量轻，适用于安装在位置狭小的场合及手工工具上。

但气动马达也具有输出功率小、耗气量大、效率低、噪声大和易产生振动等缺点。

## 习　题

12-1　单作用气缸内径 $D=63\text{mm}$，复位弹簧最大反力 $F=150\text{N}$，工作压力 $p=0.5\text{MPa}$，负载效率为0.4，求该气缸的推力为多少？

12-2　单杆双作用气缸内径 $D=125\text{mm}$，活塞杆直径 $d=36\text{mm}$，工作压力 $p=0.5\text{MPa}$，气缸负载效率为0.5，求该气缸的拉力和推力各为多少？

12-3　单杆双作用气缸内径 $D=100\text{mm}$，活塞杆直径 $d=40\text{mm}$，行程 $l=450\text{mm}$，进退压力均为 $p=0.5\text{MPa}$，在运动周期 $T=5\text{s}$ 下连续运转，$\eta_v=0.9$，求一个往返行程所消耗的自由空气量为多少？

12-4　单叶片摆动式气动马达的内半径 $r=50\text{mm}$，外半径 $R=300\text{mm}$，进排气口的压力分别为0.6MPa和0.15MPa，叶片轴向宽度 $B=320\text{mm}$，效率 $\eta=0.5$，输入流量为 $0.4\text{m}^3/\text{min}$，$\eta_v=0.6$，求其输出转矩 $T$ 和角速度 $\omega$ 为多少？

# 第十三章

# 气动控制元件

气压传动系统中的控制元件是控制和调节压缩空气的压力、流量、方向和发送信号的重要元件，利用它们可以组成各种气动控制回路，使气动执行元件按设计的程序正常地进行工作，本章主要叙述气动控制元件的工作原理及其结构特点。

**本章重点**

1. 气动压力、流量和方向阀的工作原理。
2. 气动逻辑元件的工作原理。
3. 气动比例阀及气动伺服阀的组成和工作原理。

**本章难点**

双稳元件的工作原理。

## 第一节　方向控制阀

### 一、方向控制阀的分类

气动换向阀和液压换向阀相似，分类方法也大致相同。气动换向阀按阀芯结构不同可分为滑柱式（又称柱塞式，也称滑阀）、截止式（又称提动式）、平面式（又称滑块式）、旋塞式和膜片式，其中以截止式换向阀和滑柱式换向阀应用较多；按其控制方式不同可以分为电磁换向阀、气动换向阀、机动换向阀和手动换向阀，其中后三类换向阀的工作原理和结构与液压换向阀中相应的阀类基本相同；按其作用特点可以分为单向型控制阀和换向型控制阀。

### 二、单向型控制阀

1. 单向阀

单向阀是指气流只能向一个方向流动而不能反向流动的阀。单向阀的工作原理、结构和图形符号与液压阀中的单向阀基本相同，只不过在气动单向阀中，阀芯和阀座之间有一层胶垫（密封垫），如图 13-1 所示。

2. 或门型梭阀

在气压传动系统中，当两个通路 $P_1$ 和 $P_2$ 均与通路 A 相通，而不允许 $P_1$ 与 $P_2$ 相通时、就要采用或门型梭阀。由于阀芯像织布梭子一样来回运动，因而也称为梭阀。该阀的结构相当于两个单向阀的组合。在气动逻辑回路中，该阀起到“或”门的作用，是构成逻辑回路的重要元件。

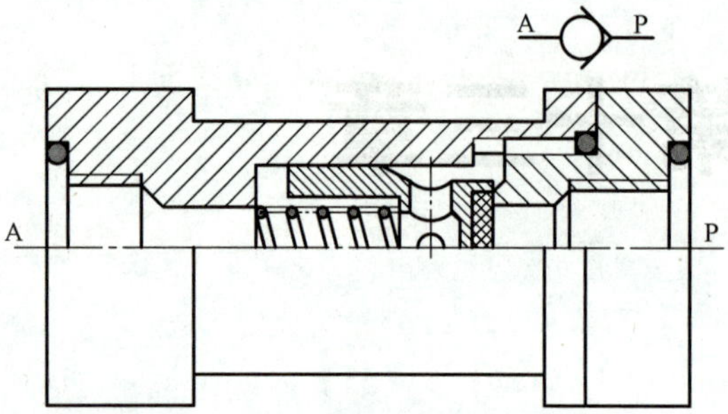

图 13-1 单向阀

图 13-2 所示为或门型梭阀的工作原理图。当通路 $P_1$ 进气时，将阀芯推向右边，通路 $P_2$ 被关闭，于是气流从 $P_1$ 进入通路 A，如图 13-2a 所示；反之，气流则从 $P_2$ 进入 A，如图 13-2b 所示；当 $P_1$、$P_2$ 同时进气时，哪端压力高，A 就与哪端相通，另一端就自动关闭。图 13-2c 所示为该阀的图形符号。

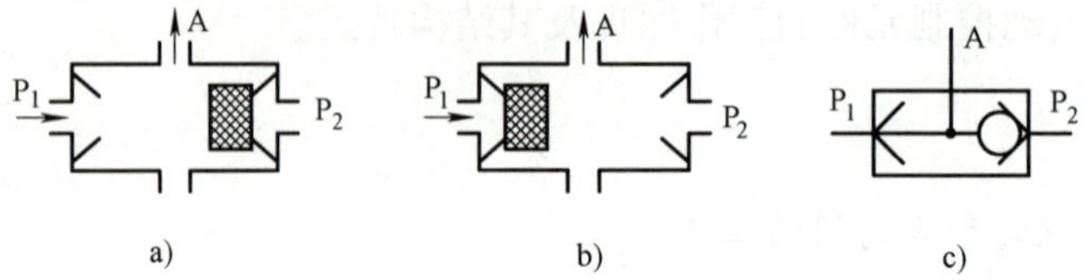

图 13-2 或门型梭阀

或门型梭阀在逻辑回路和程序控制回路中被广泛采用，图 13-3 所示为在手动-自动回路的转换上应用的或门型梭阀。

3. 与门型梭阀（双压阀）

与门型梭阀又称为双压阀，该阀只有两个输入口 $P_1$、$P_2$ 同时进气时，A 口才有输出，这种阀也是相当于两个单向阀的组合。图 13-4 所示为与门型梭阀（双压阀）的工作原理图，当 $P_1$ 或 $P_2$ 单独有输入时，阀芯被推向右端或左端（图 13-4a、b），此时 A 口无输出；只有当 $P_1$ 和 $P_2$ 同时有输入时，A 口才有输出（图 13-4c）。当 $P_1$ 和 $P_2$ 气体压力不等时，则气压低的通过 A 口输出。图 13-4d 所示为该阀的图形符号。

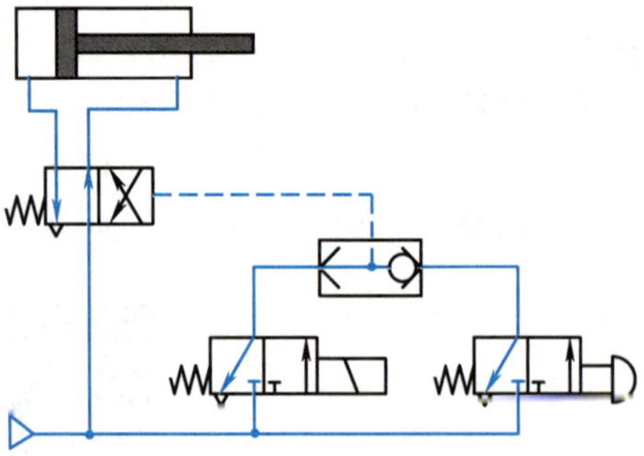
图 13-3 或门型梭阀在手动-自动换向回路中的应用

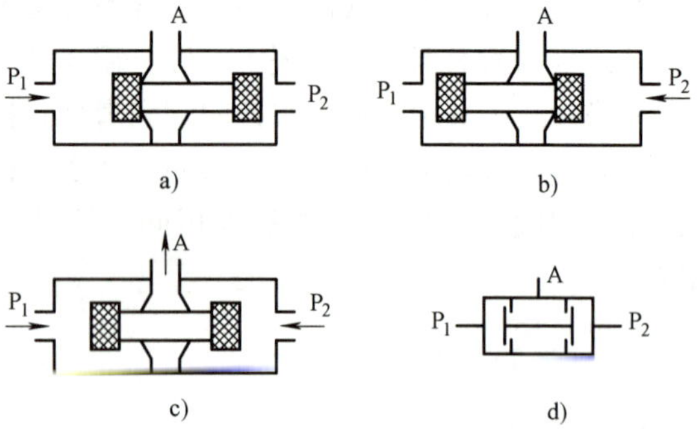

图 13-4 与门型梭阀

与门型梭阀的应用很广泛，图 13-5 所示为该阀在钻床控制回路中的应用。行程阀 1 为工件定位信号，行程阀 2 是夹紧工件信号。当两个信号同时存在时，与门型梭阀（双压阀）3 才有输出，使换向阀 4 切换，钻孔缸 5 进给，钻孔开始。

4. 快速排气阀

快速排气阀简称快排阀。它是为加快气缸运动速度作快速排气用的。通常气缸排气时，气体是从气缸经过管路由换向阀的排气口排出的。如果从气缸到换向阀的距离较长，而换向阀的排气口又小时，排气时间就较长，气缸动作速度较慢。此时，若采用快速排气阀，则气缸内的气体就能直接由快排阀排往大气中，加速气缸的运动速度。实验证明，安装快排阀后，气缸的运动速度可提高 4~5 倍。

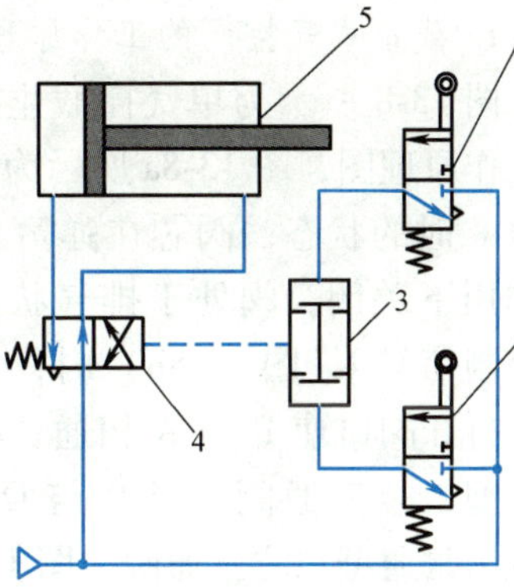


图 13-5　与门型梭阀应用回路

快速排气阀的工作原理如图 13-6 所示。当进气腔 P 进入压缩空气时，将密封活塞迅速上推，开启阀口 2，同时关闭排气口 1，使进气腔 P 与工作腔 A 相通（图 13-6a）；当 P 腔没有压缩空气进入时，在 A 腔和 P 腔压差作用下，密封活塞迅速下降，关闭 P 腔，使 A 腔通过阀口 1 经 O 腔快速排气，如图 13-6b 所示，图 13-6c 所示为该阀的图形符号。

快速排气阀的应用回路如图 13-7 所示。在实际使用中，快速排气阀应配置在需要快速排气的气动执行元件附近，否则会影响快排效果。

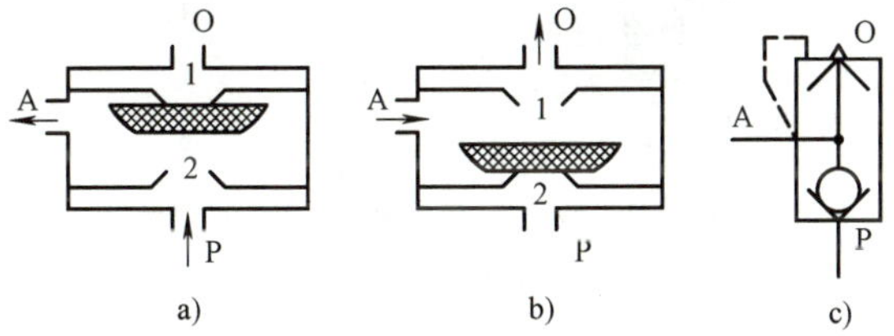


图 13-6　快速排气阀

1—排气口　2—阀口

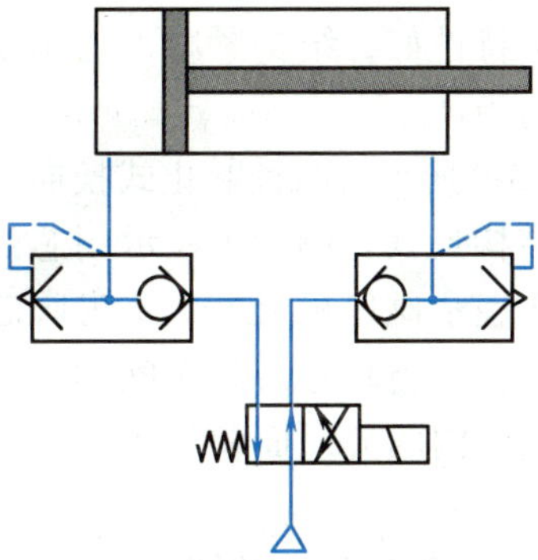

图 13-7　快速排气阀应用回路

## 三、换向型控制阀

换向型方向控制阀（简称换向阀）的功用是改变气体通道使气体流动方向发生变化从而改变气动执行元件的运动方向。换向型控制阀包括气压控制阀、电磁控制阀、机械控制阀、人力控制阀和时间控制阀。

### （一）气压控制换向阀

气压控制换向阀是利用气体压力来使主阀芯运动而使气体改变流向的，按控制方式不同可分为加压控制、卸压控制和差压控制三种。

加压控制是指所加的气控信号压力是逐渐上升的，当气压增加到阀芯的动作压力时，主阀便换向；卸压控制指所加的气控信号压力是减小的，当减小到某一压力值时，主阀换向；差压控制是使主阀芯在两端压差的作用下换向。

气控换向阀按主阀结构不同，又可分为截止式和滑阀式两种主要形式，滑阀式气控阀的结构和工作原理与液动换向阀基本相同，在此仅介绍截止式换向阀的工作原理。

1. 截止式气控阀的工作原理

图 13-8 所示为单气控截止式换向阀的工作原理图，图 13-8a 所示为没有控制信号 K 时的状态，阀芯在弹簧及 P 腔压力作用下关闭，阀处于排气状态；当输入控制信号 K(图 13-8b) 时，主阀芯下移，打开阀口使 P 与 A 相通。故该阀属常闭型二位三通阀，当 P 与 O 换接时；即成为常通型二位三通阀，图 13-8c 所示为其图形符号。

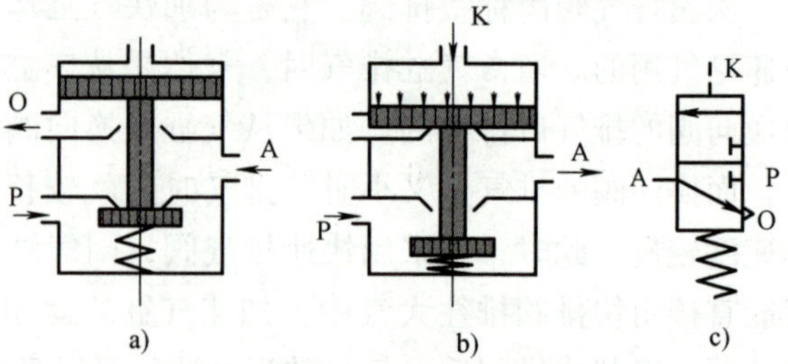


图 13-8　单气控截止式换向阀

2. 截止式换向阀的特点

截止式换向阀和滑阀式换向阀一样，可组成二位三通、二位四通、二位五通或三位四通、三位五通等多种形式，与滑阀相比，它的特点是：

1）阀芯的行程短。只要移动很小的距离就能使阀完全开启（图 13-9)，故阀开启时间短，通流能力强，流量特性好，结构紧凑，适用于大流量的场合。

图 13-9 所示为两种截止式换向阀阀芯的结构形式，图中 $l$ 表示阀芯的位移，$D$ 表示阀座的孔径，$d$ 为阀芯阀杆的直径。当阀芯与阀座间的通流面积与阀座内的流通面积相等时阀就完全打开。

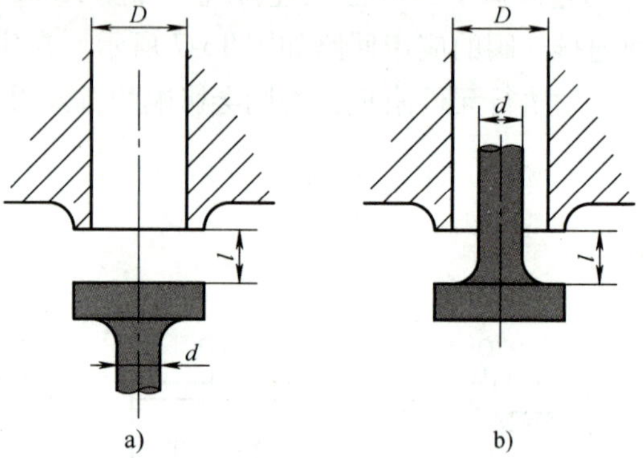


图 13-9　截止式换向阀阀芯的结构形式

对于图 13-9a 所示的情况有 $\pi D^2/4=\pi Dl$，即

$$l=\frac{D}{4} \tag{13-1}$$

对于图 13-9b 所示的情况有 $\pi(D_2-d_2)/4=\pi Dl$,即

$$l=\frac{D^2-d^2}{4D}<\frac{D}{4} \tag{13-2}$$

由式（13-1）、式（13-2）可知，阀芯的位移只要达到阀座孔径的 1/4 就可使阀完全打开。

2）截止式阀一般采用软质材料（如橡胶）密封，且阀芯始终存在背压，所以关闭时密封性好，泄漏量小，但换向力较大，换向时冲击力也较大，所以不宜用在灵敏度要求较高的场合。

3）抗粉尘及污染能力强，对过滤精度要求不高。

**（二）电磁控制换向阀**

气压传动中的电磁控制换向阀和液压传动中的电磁控制换向阀一样，也由电磁铁控制部分和主阀两部分组成，按控制方式不同分为电磁铁直接控制（直动）型电磁阀和先导型电磁阀两种。它们的工作原理分别与液压阀中的电磁阀和电液动阀相类似，只是二者的工作介质不同而已。

1. 直动型电磁阀

由电磁铁的衔铁直接推动换向阀阀芯换向的阀称为直动型电磁阀，直动型电磁阀分为单电磁铁和双电磁铁两种，单电磁铁换向阀的工作原理如图 13-10 所示，图 13-10a 为原始状态、图 13-10b 为通电时的状态，图 13-10c 为该阀的图形符号。从图中可知，这种阀阀芯的移动靠电磁铁，而复位靠弹簧，因而换向冲击较大，故一般只制成小型的阀。若将阀中的复位弹簧改成电磁铁，就成为双电磁铁直动型电磁阀，如图 13-11 所示。图13-11a为 1 通电、2 断电时的状态，图 13-11b 为 2 通电、1 断电时的状态，图 13-11c 为其图形符号。由此可见，这种阀的两个电磁铁只能交替得电工作，不能同时得电，否则会产生误动作，因而这种阀具有记忆的功能。

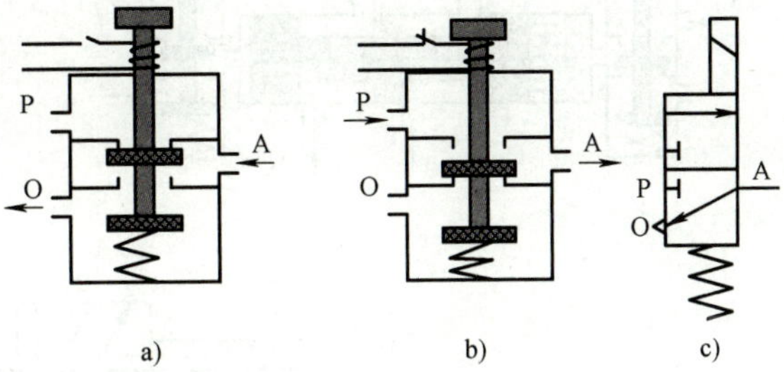


图 13-10　单电磁铁换向阀工作原理

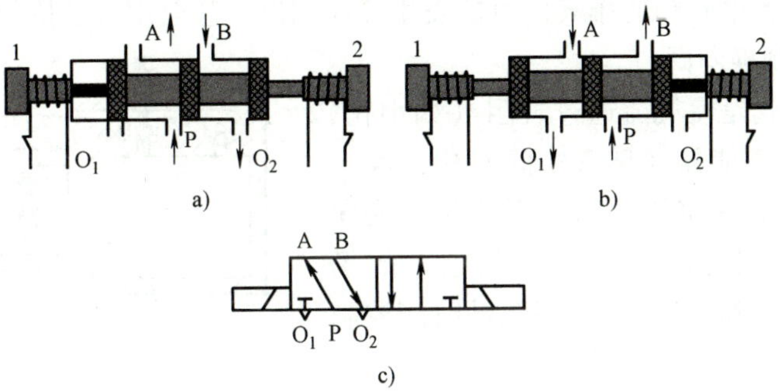


图 13-11　双电磁铁直动型换向阀工作原理

这种直动型双电磁铁换向阀也可构成三位阀，即电磁铁 1 得电（2 失电）、电磁铁 1、2 同时失电和电磁铁 2 得电（1 失电）三个切换位置。在两个电磁铁均失电的中间位置，可形成三种气体流动状态（类似于液压阀的中位机能），即中间封闭（O 形），中间加压（P 形）和中间泄压（Y 形）。

2. 先导型电磁阀

由电磁铁首先控制从主阀气源节流出来的一部分气体，产生先导压力，去推动主阀阀芯换向的阀类，称之为先导型电磁阀。该电磁控制部分实际上是一个电磁阀，称为电磁先导阀，由它所控制用以改变气流方向的阀，称为主阀。由此可见，先导型电磁阀由电磁先导阀和主阀两部分组成。一般电磁先导阀都单独制成通用件，既可用于先导控制，也可用于气流量较小的直接控制。先导型电磁阀也分单电磁铁控制和双电磁铁控制两种，图 13-12 所示为双电磁铁控制的先导式换向阀的工作原理图，图中控制的主阀为二位阀，同样，主阀也可为三位阀。

此外还有多联式电磁阀，它是在一个底座上安装很多电磁阀的结构，这将使电磁阀控制非常方便，因此近来被许多气动装置采用，但在安装时应注意，由一个供气口向各个电磁阀供给压缩空气并同时操纵许多电磁阀时，可能会出现气体供应不足，所以需要确定在一个底

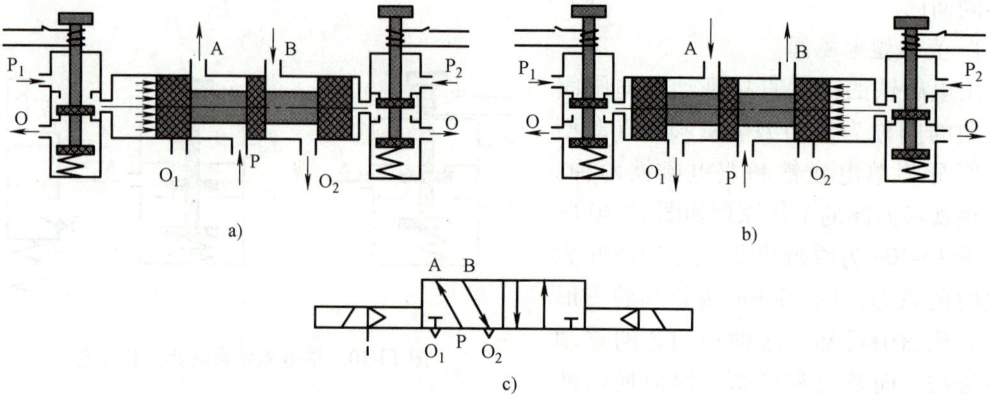


图 13-12　双电磁铁先导型换向阀工作原理

座上能够同时安装多少个阀。各电磁阀的排气管有时也合成一个，在排气管设置消声器的情况下，应注意不使消声器产生排气阻力过大，长时间使用后，会引起消声器堵塞，增大阻力。对于这种情况各电磁阀的排气口可能发生气体倒流，甚至使气动执行元件产生误动作。

**（三）时间控制换向阀**

时间控制换向阀是使气流通过气阻（如小孔、缝隙等）节流后到蓄能器（储气空间）中，经一定时间气容内建立起一定压力后，再使阀芯换向的阀。在不允许使用时间继电器（电控）的场合（如易燃、易爆、粉尘大等），用气动时间控制就显示出其优越性。

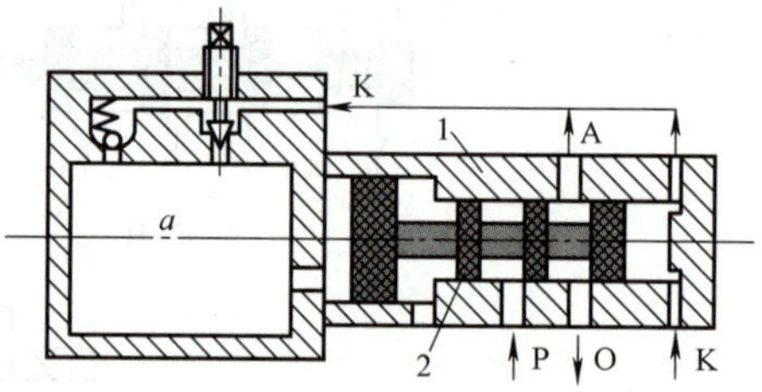


图 13-13　延时换向阀

1—阀体　2—阀芯

1. 延时阀

图 13-13 所示为二位三通延时换向阀，它是由延时部分和换向部分组成的。当无气控信号时，P 与 A 断开，A 腔排气；当有气控信号时，气体从 K 腔输入经可调节流阀节流后到气容 $a$ 内，使气容不断充气，直到蓄能器内的气压上升到某一值时，使阀芯 2 由左向右移动，使 P 与 A 接通，A 有输出。当气控信号消失后，蓄能器内气压经单向阀到 K 腔排空。这种阀的延时时间可在 0~20s 间调整。

2. 脉冲阀

图 13-14 所示为脉冲阀的工作原理图，它与延时阀一样也是靠气流经气阻、气容的延时作用，使压力输入长信号变为短暂的脉冲信号输出的阀类。当有气压从 P 口输入时，阀芯在气压作用下向上移动，A 端有输出。同时，气流从阻尼小孔向蓄能器充气，在充气压力达到动作压力时，阀芯下移，输出消失，这种脉冲阀的工作气压范围为 0.15~0.8MPa，脉冲时间小于 2s。

机械控制和人力控制换向阀是靠机动（行程挡块等）和人力（手动或脚踏等）来使阀产生切换动作的，其工作原理与液压阀中相类似的阀基本相同，在此不再重复。

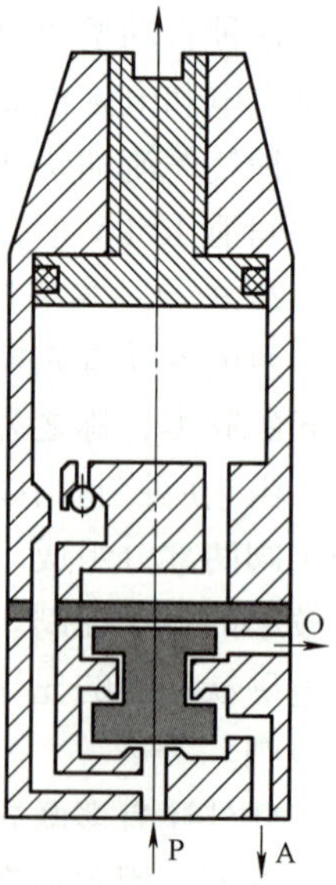


图 13-14　脉冲阀

## 第二节 压力控制阀

压力控制阀主要用来控制系统中气体的压力，满足各种压力要求或用以节能。

气压传动系统与液压传动系统不同的一个特点是，液压传动系统的液压油是由安装在每台设备上的液压源直接提供；而气压传动则是将比使用压力高的压缩空气储于气罐中，然后减压到适用于系统的压力。因此每台气动装置的供气压力都需要用减压阀（在气动系统中又称调压阀）来减压，并保持供气压力值稳定。对于低压控制系统（如气动测量），除用减压阀降低压力外，还需要用精密减压阀（或定值器）以获得更稳定的供气压力。这类压力控制阀当输入压力在一定范围内改变时，能保持输出压力不变；当管路中压力超过允许压力时，为了保证系统的工作安全，往往用安全阀实现自动排气，以使系统的压力下降；有时，气动装置中不便安装行程阀而要依据气压的大小来控制两个以上的气动执行机构的顺序动作，能实现这种功能的压力控制阀称为顺序阀。因此，压力控制可分为三类：一类是起降压稳压作用的减压阀、定值器；一类是起限压安全保护作用的安全阀、限压切断阀；一类是根据气路压力不同进行某种控制的顺序阀、平衡阀等。所有的压力控制阀，都是利用空气压力和弹簧力相平衡的原理来工作的。由于安全阀、顺序阀的工作原理与液压控制阀中溢流阀（安全阀）和顺序阀基本相同，因而本节主要讨论气动减压阀（调压阀）的工作原理和主要性能。

1. 气动调压阀的工作原理

图 13-15 所示为直动型调压阀的工作原理图及符号。当顺时针方向调整手柄 1 时，调压弹簧 2（实际上有两个弹簧）推动下弹簧座 3、膜片 4 和阀芯 5 向下移动，使阀口开启，气流通过阀口后压力降低，从右侧输出二次压力气。与此同时，有一部分气流由阻尼孔 7 进入膜片室，在膜片下产生一个向上的推力与弹簧力平衡，调压阀便有稳定的压力输出。当输入压力 $p_1$ 增高时，输出压力 $p_2$ 也随之增高，使膜片下的压力也增高，将膜片向上推，阀芯 5 在复位弹簧 9 的作用下上移，从而使阀口 8 的开度减小，节流作用增强，使输出压力降低到调定值为止；反之，若输入压力下降，则输出压力也随之下降，膜片下移，阀口开度增大，节流作用降低，使输出压力回升到调定压力，以维持压力稳定。

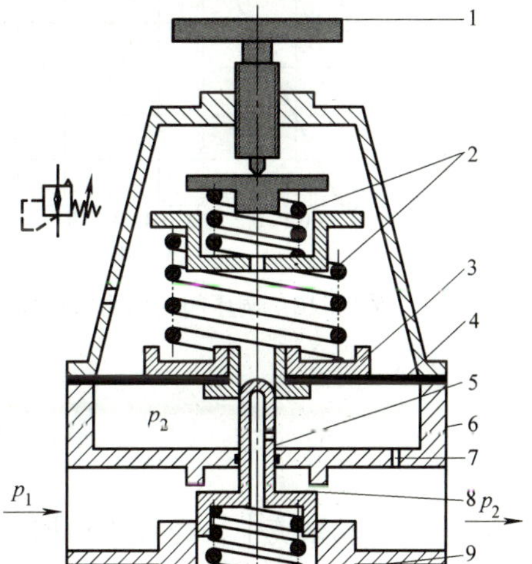


图 13-15 直动型调压阀的工作原理及其图形符号

1—手柄 2—调压弹簧 3—下弹簧座 4—膜片 5—阀芯 6—阀套 7—阻尼孔 8—阀口 9—复位弹簧

调节手柄 1 以控制阀口开度的大小，即可控制输出压力的大小。目前常用的 QTY 型调压阀的最大输入压力为 1.0MPa，其输出流量随阀的通径大小而改变。

2. 气动调压阀的基本性能

（1）调压阀的调压范围 气动调压阀的调压范围是指它的输出压力 $p_2$ 的可调范围，在此范围内要求达到规定的精度。调压范围主要与调压弹簧的刚度有关，为使输出压力在高低潮定值下都能得到较好的流量特性，常采用两个并联或串联的调压弹簧。一般调压阀最大输出压力是0.6MPa，调压范围是0.1~0.6MPa。

（2）调压阀的压力特性　调压阀的压力特性是指流量 $q$ 一定时，输入压力 $p_1$ 波动而引起输出压力 $p_2$ 波动的特性，当然，输出压力波动越小，减压阀的特性越好。

输出压力 $p_2$ 必须低于输入压力 $p_1$ 一定值后，才基本上不随输入压力变化而变化，如图13-16所示。

（3）调压阀的流量特性　调压阀的流量特性是指调压阀的输入压力 $p_1$ 一定时，输出压力 $p_2$ 随输出流量 $q$ 而变化的特性。很明显，当流量 $q$ 发生变化时，输出压力 $p_2$ 的变化越小越好。图13-17所示为调压阀的流量特性，由图可见，输出压力越低，它输出流量的变化波动就越小。

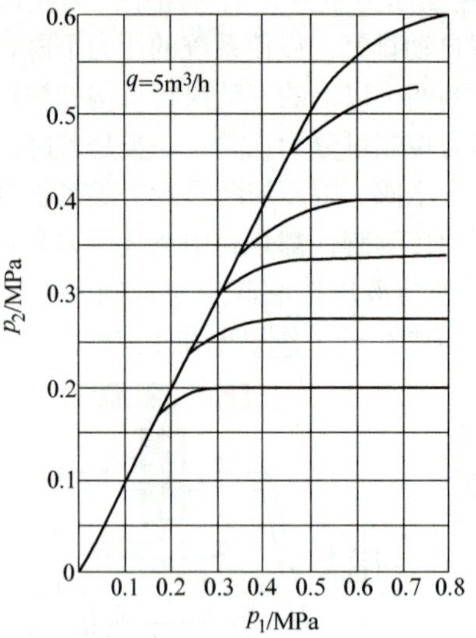


图13-16　调压阀的压力特性曲线

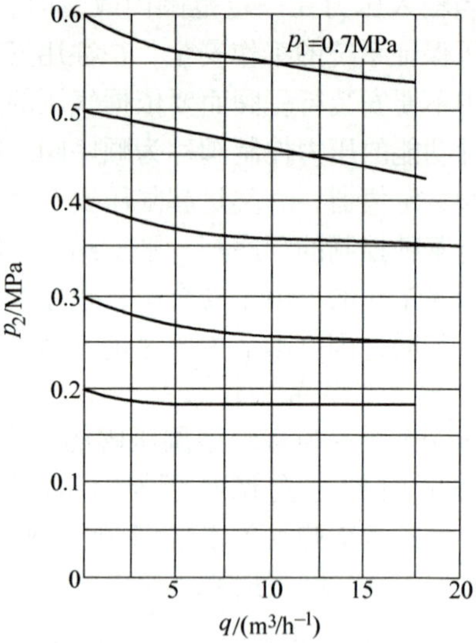


图13-17　调压阀的流量特性曲线

## 第三节　流量控制阀

在气压传动系统中，经常要求控制气动执行元件的运动速度，这要靠调节压缩空气的流量来实现。凡用来控制气体流量的阀，称为流量控制阀。流量控制阀就是通过改变阀的通流截面积来实现流量控制的元件，它包括节流阀、单向节流阀、排气节流阀和柔性节流阀等。由于节流阀和单向节流阀的工作原理与液压阀中同类型阀相似，在此不再重复。本节仅对排气节流阀和柔性节流阀作一简要介绍。

### 一、排气节流阀

排气节流阀的节流原理和节流阀一样，也是靠调节通流面积来调节阀的流量的。它们的区别是，节流阀通常是安装在系统中调节气流的流量，而排气节流阀只能安装在排气口处，调节排入大气的流量，以此来调节执行机构的运动速度。图13-18所示为排气节流阀的工作原理图，气流从A口进入阀内，由节流口1节流后经消声套2排出，因而它不仅能调节执行元件的运动速度，还能起到降低排气噪声的作用。

排气节流阀通常安装在换向阀的排气口处与换向阀联用，起单向节流阀的作用。它实际上只不过是节流阀的一种特殊形式，由于其结构简单，安装方便，能简化回路，故应用日益广泛。

## 二、柔性节流阀

图 13-19 所示为柔性节流阀的原理图，依靠阀杆夹紧柔韧的橡胶管而产生节流作用，也可以利用气体压力来代替阀杆压缩橡胶管。柔性节流阀结构简单，压力小，动作可靠性高，对污染不敏感，通常工作压力范围为 0.3~0.63MPa。

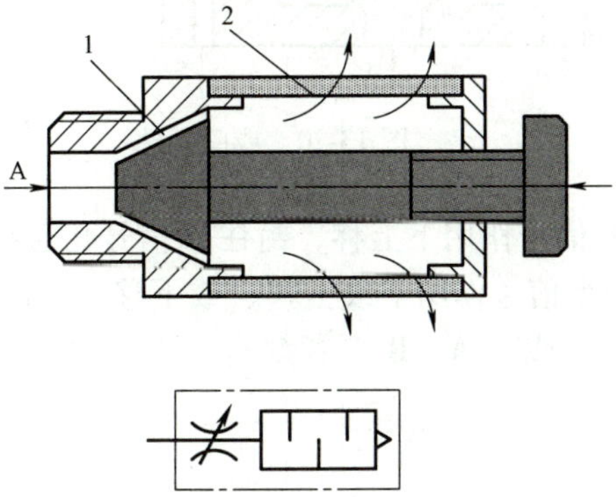


图 13-18　排气节流阀

1—节流口　2—消声套

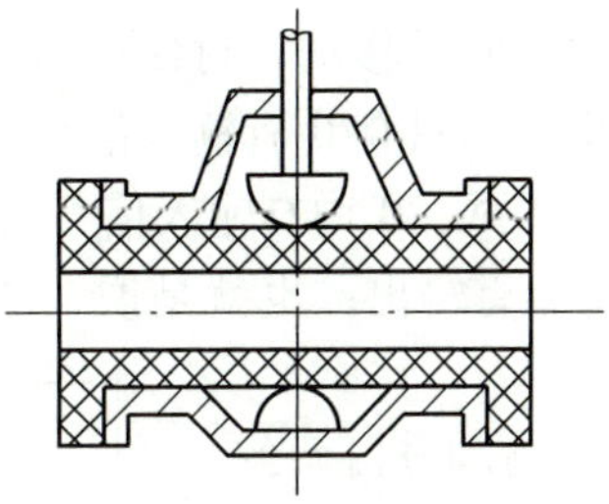

图 13-19　柔性节流阀

应当指出，用流量控制阀控制气动执行元件的运动速度，其精度远不如液压控制高，特别是在超低速控制中，要按照预定行程变化来控制速度，只用气动是很难实现的。在外部负载变化较大时，仅用气动流量阀也不会得到满意的调速效果。为提高其运动平稳性，建议采用气液联动的方式。

# 第四节　气动逻辑元件

气动逻辑元件是用压缩空气为介质，通过元件的可动部件在气控信号作用下动作，改变气流方向以实现一定逻辑功能的气体控制元件。实际上气动方向控制阀也具有逻辑元件的各种功能，所不同的是它的输出功率较大，尺寸大。而气动逻辑元件的尺寸较小，因此在气动控制系统中广泛采用各种形式的气动逻辑元件（逻辑阀）。

## 一、气动逻辑元件的分类

气动逻辑元件的种类很多，一般可按下列方式来分类：

（1）按工作压力来分　可分为高压元件（工作压力为 0.2~0.8MPa）、低压元件（工作压力 0.02~0.2MPa）及微压元件（工作压力 0.02MPa 以下）三种。

（2）按逻辑功能分　可分为“是门”（S=A）元件、“或门”（S=A+B）元件、“与门”（S=AB）元件、“非门”（S=A）元件和双稳元件等。

（3）按结构形式分　可分为截止式逻辑元件、膜片式逻辑元件和滑阀式逻辑元件等。

## 二、高压截止式逻辑元件

高压截止式逻辑元件是依靠控制气压信号推动阀芯或通过膜片的变形推动阀芯动作，改变气流的流动方向，以实现一定逻辑功能的逻辑元件。这类元件的特点是行程小、流量大、工作压力高、对气源净化要求低，便于实现集成安装和实现集中控制，其拆卸也很方便。

1. 或门

截止式逻辑元件中的或门，大多由硬心膜片及阀体所构成，膜片可水平安装，也可垂直安装。图 13-20 所示为或门元件的工作原理图，图中 A、B 为信号输入孔，S 为输出孔。当只 A 有信号输入时，阀芯 *a* 在信号气压作用下向下移动，封住信号孔 B，气流经 S 输出；当只有 B 有输入信号时，阀芯 *a* 在此信号作用下上移，封住 A 信号孔通道，S 也有输出；当 A、B 均有输入信号时，阀芯 *a* 在两个信号作用下或上移、或下移、或保持在中位，S 均会有输出。也就是说，或有 A、或有 B、或者 A、B 二者都有，均有输出 S，亦即 S=A+B。

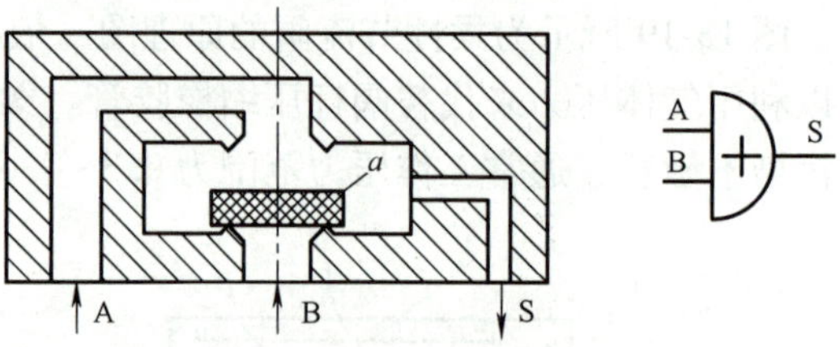


图 13-20　或门元件

2. 是门和与门元件

图 13-21 为是门和与门元件的工作原理图，图中 A 为信号输入孔，S 为信号输出孔，中间孔接气源 P 时为是门元件。也就是说，在 A 输入孔无信号时，阀芯 2 在弹簧及气源压力 $p$ 作用下处于图示位置，封住 P、S 间的通道，使输出孔 S 与排气孔相通，S 无输出；反之，当 A 有输入信号时，膜片 1 在输入信号作用下将阀芯 2 推动下移，封住输出孔 S 与排气孔间通道，P 与 S 相通，S 有输出。也就是说，无输入信号时无输出，有输入信号时就有输出，元件的输入和输出信号之间始终保持相同的状态，即 S=A。

若将中间孔不接气源而换接另一输入信号 B，则成与门元件，也就是只有当 A、B 同时有输入信号时，S 才有输出，即 S=AB。

3. 非门和禁门元件

图 13-22 所示为非门和禁门元件的工作原理图。当元件的输入端 A 没有信号输入时，阀芯 3 在气源压力 $p$ 作用下紧压在上阀座上，输出端 S 有输出信号；反之，当元件的输入端 A

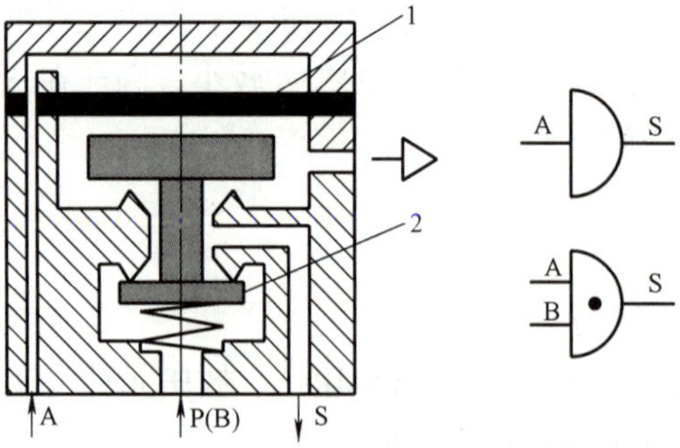


图 13-21　是门和与门元件

1—膜片　2—阀芯

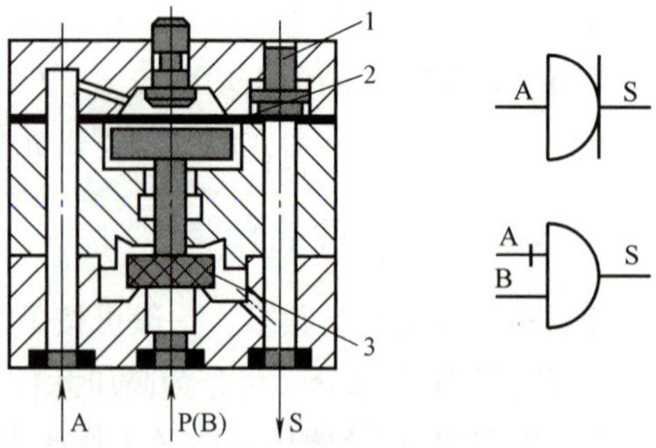


图 13-22　非门和禁门元件

1—活塞　2—膜片　3—阀芯

有输入信号时，作用在膜片 2 上的气压力经阀杆使阀芯 3 向下移动，关断气源通路，没有输出。也就是说，当有信号 A 输入时，就没有输出 S；当没有信号 A 输入时，就有输出 S，即 S=A，活塞 1 用以显示输出的有无。

若把中间孔不作气源孔 P，而改作另一输入信号孔 B，该元件即为“禁门”元件。也就是说，当 A、B 均有输入信号时，阀杆及阀芯 3 在 A 输入信号作用下封住 B 孔，S 无输出；在 A 无输入信号而 B 有输入信号时，S 就有输出。A 的输入信号对 B 的输入信号起“禁止”作用，即 $S=\overline{A}B$。

4. 或非元件

图 13-23 所示为或非元件的工作原理图，它是在非门元件的基础上增加两个信号输入端，即具有 A、B、C 三个输入信号。很明显，当所有的输入端都没有输入信号时，元件有输出 S，只要三个输入端中有一个有输入信号，元件就没有输出 S，即 $S=\overline{A+B+C}$。

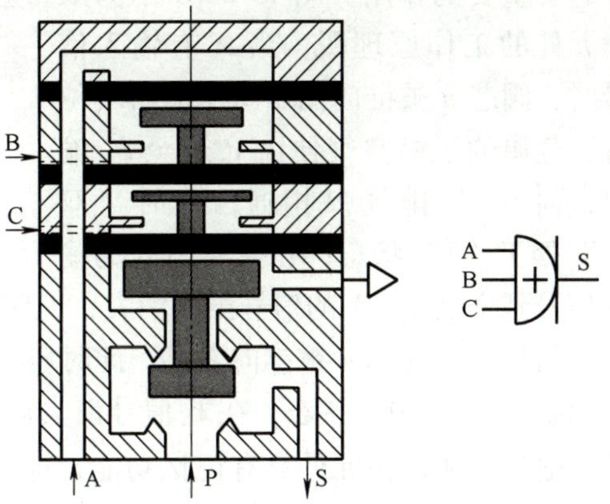

图 13-23　或非元件

或非元件是一种多功能逻辑元件，用这种元件可以实现是门、或门、与门、非门及记忆等各种逻辑功能，见表 13-1。

**表 13-1　或非元件实现的逻辑功能**

| | | |
|---|---|---|
| 是　门 | 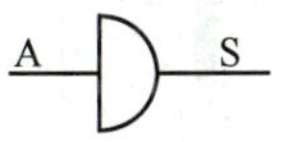 | 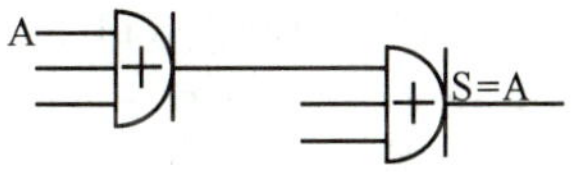 |
| 或　门 | 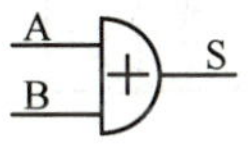 | 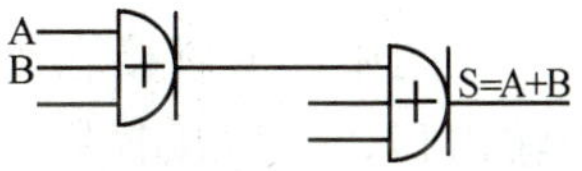 |
| 与　门 | 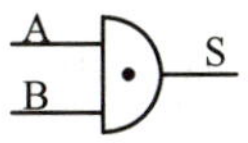 | 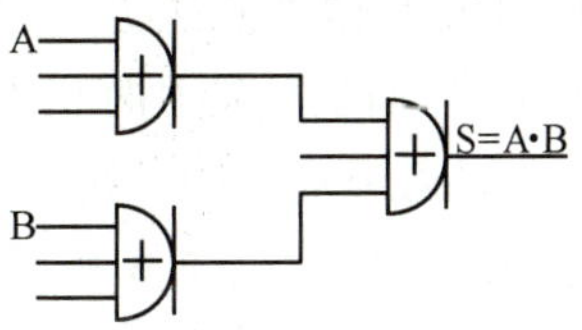 |
| 非　门 | 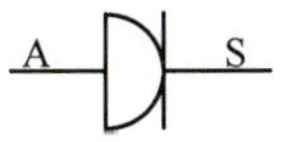 |  |
| 双　稳 | 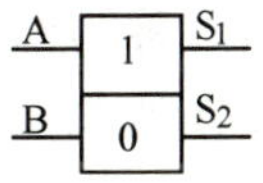 | 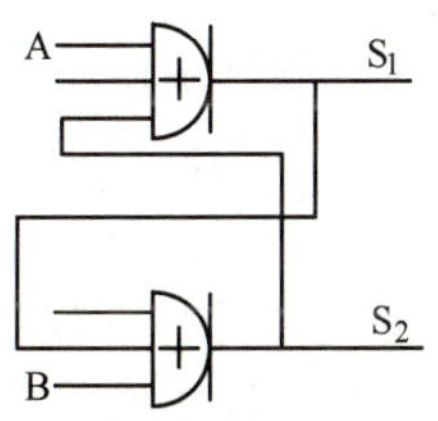 |

5. 双稳元件

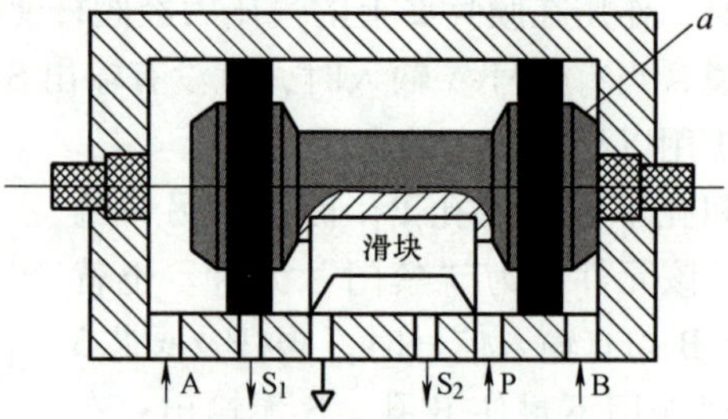

图 13-24　双稳元件

双稳元件属记忆元件，在逻辑回路中起着重要的作用。图 13-24 所示为双稳元件的工作原理图，当 A 有输入信号时，阀芯 *a* 被推向图中所示的右端位置，气源的压缩空气便由 P 通至 $S_1$ 输出，而 $S_2$ 与排气口相通，此时“双稳”处于“1”状态；在控制端 B 的输入信号到来之前，A 的信号虽然消失，但阀芯 *a* 仍保持在右端位置，$S_1$ 总是有输出；当 B 有输入信号时，阀芯 *a* 被推向左端，此时压缩空气由 P 至 $S_2$ 输出，而 $S_1$ 与排气孔相通，于是“双稳”处于“0”状态，在 B 信号消失后，*a* 信号输入之前，阀芯口仍处于左端位置，$S_2$ 总有输出，所以该元件具有记忆功能，即 $S_1 = K_B^A$，$S_2 = K_A^B$。但是，在使用中不能在双稳元件的两个输入端同时加输入信号，那样元件将处于不定工作状态。

## 三、高压膜片式逻辑元件

高压膜片元件是利用膜片式阀芯的变形来实现各种逻辑功能的，它的最基本的单元是三门元件和四门元件。

1. 三门元件

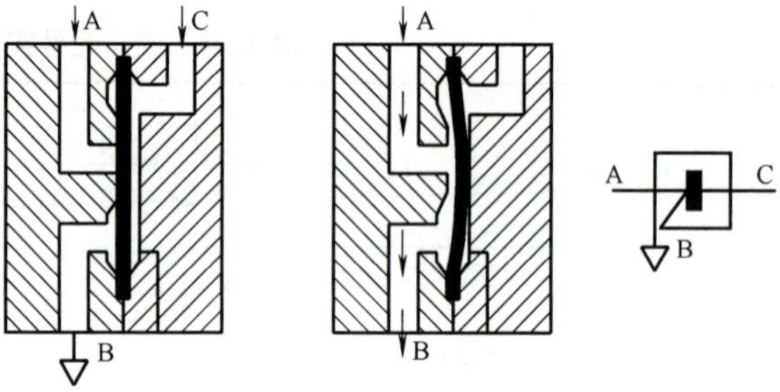

图 13-25　三门元件

三门元件的工作原理如图 13-25 所示，它是由左、右气室及膜片组成，左气室有输入口 A 和输出口 B，右气室有一个输入口 C，膜片将左右两个气室隔开。因为元件共有三个口，所以称为三门元件。在图中，A 口接气源（输入），B 口为输出口，C 口接控制信号，若 A 口和 C 口输入相等的压力，因 B 口通大气，由于膜片两边作用面积不同，受力不等，A 口通道被封闭，所以从 A 到 B 的气路不通。当 C 口的信号消失后，膜片在 A 口气源压力作用下变形，使 A 到 B 的气路接通；但在 B 口接负载时，三门的关断是有条件的，即 B 口降压或 C 口升压才能保证可靠地关断。利用这个压差作用的原理，关闭或开启元件的通道，可组成各种逻辑元件。

2. 四门元件

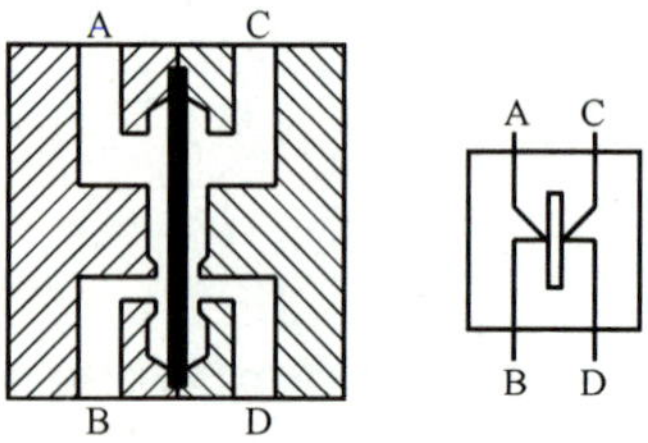

图 13-26　四门元件

四门元件的工作原理如图 13-26 所示，膜片将元件分成左右两个对称的气室，左气室有输入口 A 和输出口 B，右气室有输入口 C 和输出口 D，因为共有四个口，所以称为四门元件。四门元件是一个压力比较元件，若输入口 A 的气压比输入口 C 的气压低，则膜片封闭 B 的通道，使 A 和 B 气路断开，C 和 D 气路接通。反之，C 到 D 通路断开，A 到 B 气路接通。也就是说膜片两侧都有压力且压力不相等时，压力小的一侧通道被断开，压力高的一侧通道被导通；若膜片两侧气压相等，则要看哪一通道的气流先到达气室，先到者通过，迟到者不能通过。

根据上述三门和四门这两个基本元件，就可构成逻辑回路中常用的或门、与门、非门、记忆元件等。

### 四、逻辑元件的选用

气动逻辑控制系统所用气源的压力变化必须保障逻辑元件正常工作需要的气压范围和输出端切换时所需的切换压力，逻辑元件的输出流量和响应时间等在设计系统时可根据系统要求参照有关资料选取。

无论采用截止式或膜片式高压逻辑元件，都要尽量将元件集中布置，以便于集中管理。

由于信号的传输有一定的延时，信号的发出点（例如行程开关）与接收点（例如元件）之间，不能相距太远。一般说来，最好不要超过几十米。

当逻辑元件要相互串联时，一定要有足够的流量，否则可能无力推动下一级元件。

另外，尽管高压逻辑元件对气源过滤要求不高，但最好使用过滤后的气源，一定不要使加入油雾的气源进入逻辑元件。

## 第五节　气动比例阀及气动伺服阀

工业自动化的发展，一方面对气动控制系统的精度和调节性能都提出了更高的要求，如在高技术领域中的气动机械手、柔性自动生产线等部分，都需要对气动执行机构的输出速度、压力和位置等按比例进行伺服调节；另一方面气动系统各组成元件在性能及功能上都得到了极大的改进；同时，气动元件与电子元件的结合使控制回路的电子化得到迅速发展，利用微型计算机使新型的控制思想得以实现，传统的点位控制已不能满足更高要求，并逐步被一些新型系统所取代。现已实用化的气动系统，大多为断续控制，与电子技术结合之后，可连续控制位置、速度及力等的电-气伺服控制系统将得到大的发展。在工业较为发达的国家里，电-气比例伺服技术、气动位置伺服控制系统、气动力伺服控制系统等已从实验室走向工业应用。本节主要介绍气动比例阀及气动伺服阀的工作原理。

### 一、气动比例阀

气动比例阀是一种输出量与输入信号成比例的气动控制阀，它可以按给定的输入信号连续地、按比例地控制气流的压力、流量和方向等。由于比例阀具有压力补偿的性能，所以其输出压力、流量等可不受负载变化的影响。

按控制信号的类型，可将气动比例阀分为气控比例阀和电控比例阀。气控比例阀以气流作为控制信号，控制阀的输出参量，可以实现流量放大，在实际系统中应用时，一般应与电-气转换器相结合，才能对各种气动执行机构进行压力控制。电控比例阀则以电信号作为控制信号。

1. 气控比例压力阀

气控比例压力阀是一种比例元件，阀的输出压力 $p_2$ 与信号压力 $p_1$ 成比例。图 13-27 所示为比例压力阀的结构原理图，当有输入信号压力 $p_1$ 时，膜片 1 变形，推动硬芯使主阀芯 3 向下运动，打开主阀口，气源压力经过主阀芯节流后形成输出压力 $p_2$，膜片 2 起反馈作用，并使输出压力信号与信号压力之间保持比例；当输出压力 $p_2$ 小于信号压力 $p_1$ 时，膜片组向下运动，使主阀口开大，输出压力 $p_2$ 增大；当 $p_2$ 大于 $p_1$ 时，膜片 2 向上运动，溢流阀芯 5 开启，多余的气体排至大气。调节针阀 4 的作用是使输出压力的一部分加到信号压力腔，形成正反馈，增加阀的工作稳定性。

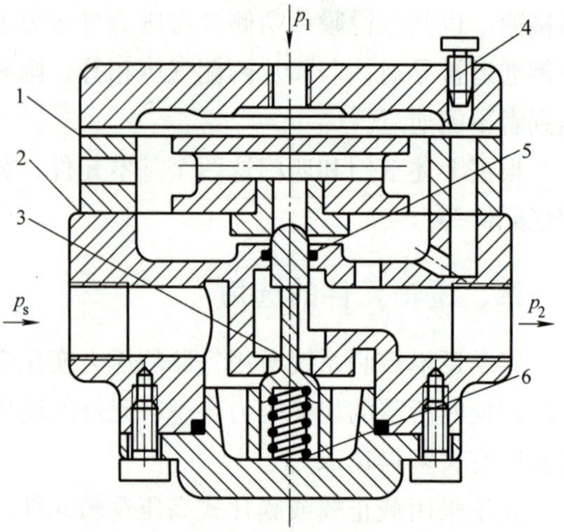


图 13-27 气控比例压力阀工作原理

1—信号压力膜片 2—输出压力膜片 3—主阀芯 4—调节针阀 5—溢流阀芯 6—弹簧

2. 电控比例压力阀

图 13-28 所示为喷嘴挡板式电控比例压力阀。它由动圈式比例电磁铁、喷嘴挡板放大器、气控比例压力阀三部分组成。比例电磁铁由永久磁铁1、线圈 2 和片簧 7 构成。当电流输入时，线圈 2 带动挡板 3 产生微量位移，改变其与喷嘴 4 之间的距离，使喷嘴 4 的背压 $p_1$ 改变。膜片组 10 为比例压力阀的信号膜片及输出压力反馈膜片，背压 $p_1$ 的变化通过膜片 10 控制阀芯 11 的位置，从而控制输出压力 $p_2$，喷嘴 4 的压缩空气由气源 $p_s$ 经节流阀 5 供给。

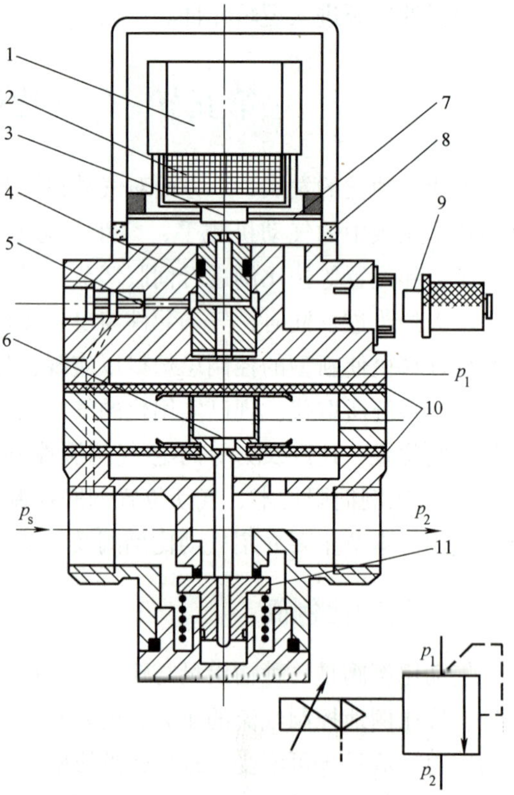


图 13-28 电控比例压力阀工作原理

1—永久磁铁 2—线圈 3—挡板 4—喷嘴 5—节流阀 6—溢流口 7—片簧 8—过滤片 9—插头 10—膜片组 11—阀芯

## 二、气动伺服阀

气动伺服阀的工作原理类似于气动比例阀，它也是通过改变输入信号来对输出的参数进行连续地、成比例地控制。与比例阀相比，除了在结构上有差异外，主要在于伺服阀具有很高的动态响应和静态性能。但其价格也较贵，使用维护较为困难。

气动伺服阀的控制信号均为电信号，故又称电-气伺服阀。这是一种将电信号转换成气压信号的电气转换装置。是电-气伺服系统中的核心部件。图 13-29 所示为力反馈式电-

气伺服阀结构原理图，其中第一级气压放大器为喷嘴挡板阀，由力矩马达控制，第二级气压放大器为滑阀，阀芯位移通过反馈杆转换成机械力矩反馈到力矩马达上，其工作原理为：当有一电流输入力矩马达控制线圈时，力矩马达产生电磁力矩，使挡板偏离中位（假设其向左偏转），反馈杆变形，这时两个喷嘴挡板阀的喷嘴前腔产生压力差（左腔高于右腔），在此压差的作用下，滑阀向右移动，反馈杆端点随着一起移动，反馈杆进一步变形，反馈杆变形产生的力矩与力矩马达的电磁力矩相平衡，使挡板停留在某个与控制电流相对应的偏转角上。反馈杆的进一步变形使挡板被部分拉回中位，反馈杆端点对阀芯的反作用力与阀芯两端的气动力相平衡，使阀芯停留在与控制电流相对应的位移上，这样伺服阀就输出一个对应的流量，达到了用电流控制流量的目的。

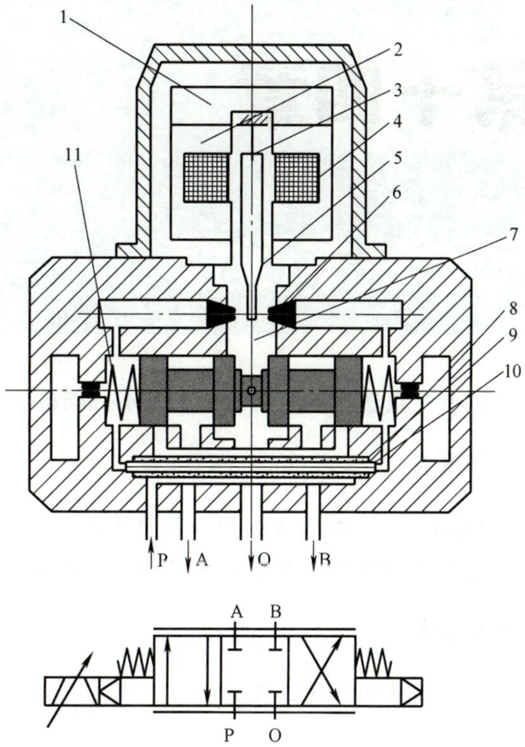


图 13-29　电-气伺服阀工作原理

1—永久磁铁　2—导磁体　3—支承弹簧　4—线圈
5—挡板　6—喷嘴　7—反馈杆　8—阻尼气室
9—过滤器　10—固定节流孔　11—补偿弹簧

## 习　题

13-1　调压阀的调压弹簧为什么要采用双弹簧结构，这两根弹簧串联时和并联时有什么不同？

13-2　有一气缸，当信号 A、B、C 中任一信号存在时都可使其活塞返回，试设计其控制回路。

13-3　化简式 $S=\overline{(AB+\bar{A}\bar{B}+C)}\,\bar{A}B$，并画出用高压截止式逻辑元件组成的控制回路。

13-4　图 13-30 所示为由高压膜片式四门元件和三门元件组成的高压膜片式双稳元件的符号图，参考图 13-25 和图 13-26 说明该双稳元件的工作原理。

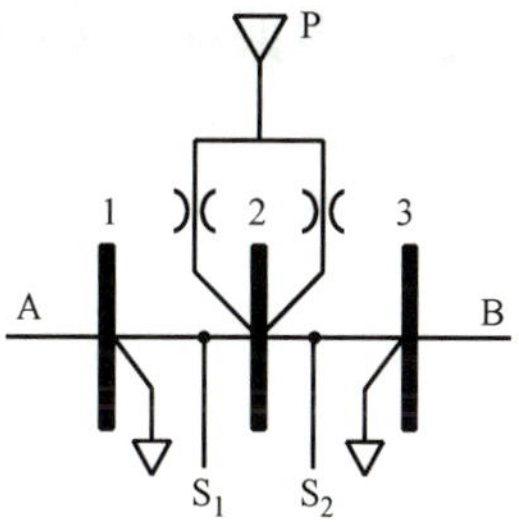


图 13-30　题 13-4 图

# 第十四章

# 气动基本回路

本章主要叙述气压传动系统的基本回路的工作原理及其应用特点。

**本章重点**

1. 换向、速度和压力控制回路的组成及工作原理。
2. 安全保护和操作回路的工作原理及组成。

**本章难点**

计数回路的组成及工作原理。

## 第一节　换 向 回 路

### 一、单作用气缸换向回路

图 14-1 所示为单作用气缸换向回路，图 14-1a 所示为用二位三通电磁阀控制的单作用气缸上、下回路，该回路中，当电磁铁得电时，气缸向上伸出，失电时气缸在弹簧作用下返回。图 14-1b 所示为三位四通电磁阀控制的单作用气缸上、下和停止的回路，该阀在两电磁铁均失电时能自动对中，使气缸停于任何位置，但定位精度不高，且定位时间不长。

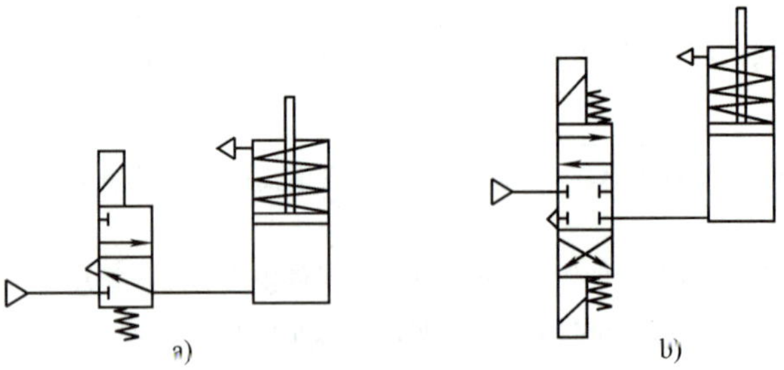


图 14-1　单作用气缸换向回路

### 二、双作用气缸换向回路

图 14-2 所示为各种双作用气缸的换向回路，图 14-2a 是比较简单的换向回路，图 14-2f 还有中停位置，但中停定位精度不高，图 14-2d、e、f 的两端控制电磁铁线圈或按钮不能同

时操作，否则将出现误动作，其回路相当于双稳的逻辑功能。图 14-2b 所示的回路中，当 A 有压缩空气时，气缸推出；反之，气缸退回。

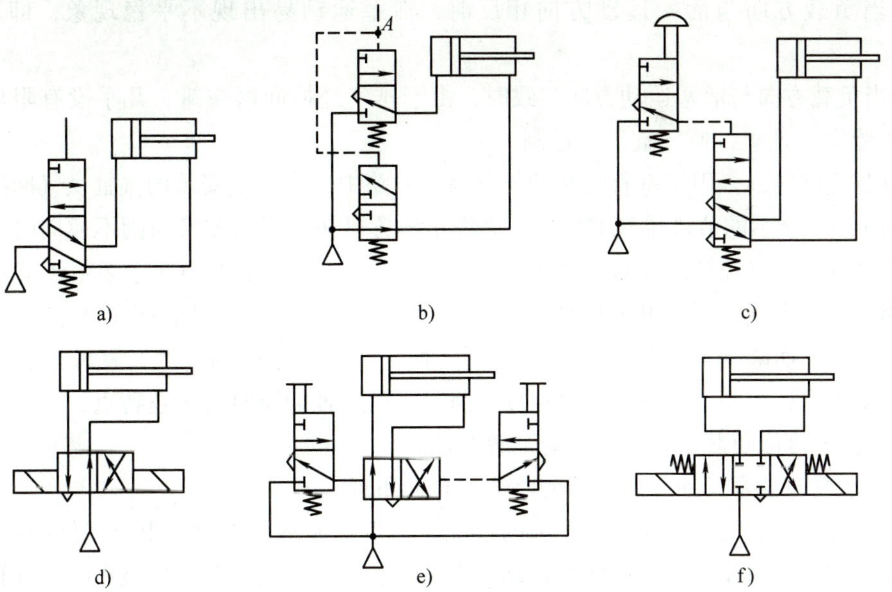


图 14-2　双作用气缸换向回路

## 第二节　速度控制回路

### 一、单作用气缸速度控制回路

图 14-3 所示为单作用气缸速度控制回路，在图14-3a中，升、降均通过节流阀调速，两个相反安装的单向节流阀，可分别控制活塞杆的伸出及缩回速度。在图 14-3b 所示的回路中，气缸上升时可调速，下降时则通过快排气阀排气，使气缸快速返回。

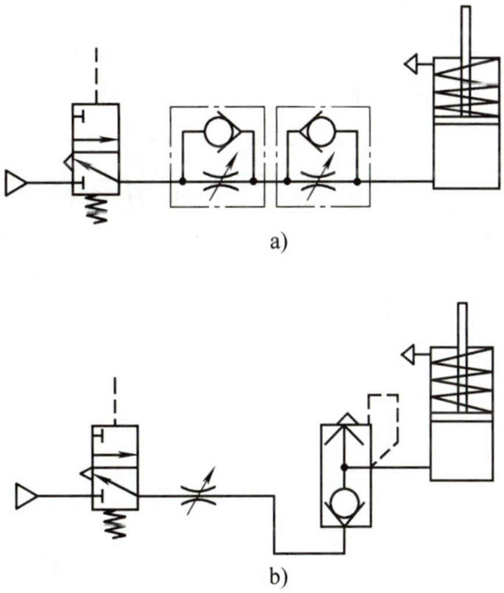


图 14-3　单作用气缸速度控制回路

### 二、双作用气缸速度控制回路

1. 单向调速回路

双作用气缸有节流供气和节流排气两种调速方式。图 14-4a 所示为节流供气调速回路，在图示位置，当气控换向阀不换向时，进入气缸 A 腔的气流流经节流阀，B 腔排出的气体直接经换向阀快排。当节流阀开度较小时，由于进入 A 腔的流量较小，压力上升缓慢，当气压达到能克服负载时，活塞前进，此时 A 腔容积增大，结果使压缩空气膨胀，压力下降，使作用在活塞上的力小于负载，因而活塞就停止前进。待压力再次上升时，活塞才再次前进。这种由于负载及供气的原因使活塞忽走忽停的现象，称为气缸的“爬行”。节流供气的不足之处主要表现为：

1）当负载方向与活塞运动方向相反时，活塞运动易出现不平稳现象，即“爬行”现象。

2）当负载方向与活塞运动方向一致时，由于排气经换向阀快排，几乎没有阻尼，负载易产生“跑空”现象，使气缸失去控制。

所以节流供气，多用于垂直安装的气缸供气回路中，在水平安装的气缸供气回路中一般采用如图 14-4b 所示的节流排气的回路。由图示位置可知，当气控换向阀不换向时，从气源来的压缩空气，经气控换向阀直接进入气缸的 A 腔，而 B 腔排出的气体必须经节流阀到气控换向阀而排入大气，因而 B 腔中的气体就具有一定的压力，此时活塞在 A 腔与 B 腔的压差作用下前进，而减少了“爬行”发生的可能性。调节节流阀的开度，就可控制不同的排气速度，从而也就控制了活塞的运动速度，排气节流调速回路具有下述特点：

1）气缸速度随负载变化较小，运动较平稳。

2）能承受与活塞运动方向相同的负载（反向负载）。

以上的讨论，适用于负载变化不大的情况。当负载突然增大时，由于气体的可压缩性，就将迫使气缸内的气体压缩，使活塞运动速度减慢；反之，当负载突然减小时，气缸内被压缩的空气，必然膨胀，使活塞运动加快，这称为气缸的“自走”现象。因此在要求气缸具有准确而平稳的速度时（尤其在负载变化较大的场合），就要采用气液相结合的调速方式了。

2. 双向调速回路

在气缸的进、排气口装设节流阀，就组成了双向调速回路，在图 14-5 所示的双向节流调速回路中，图 14-5a 所示为采用单向节流阀式的双向节流调速回路，图 14-5b 所示为采用排气节流阀的双向节流调速回路。

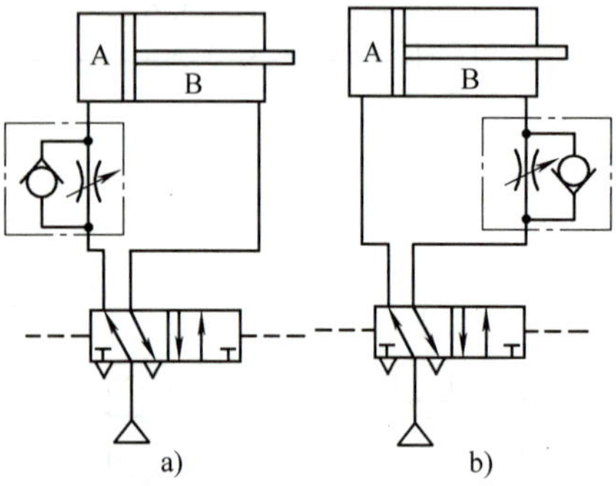


图 14-4　双作用气缸单向调速回路

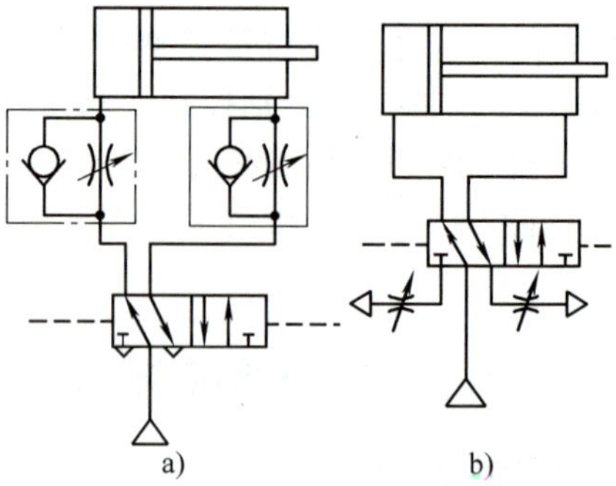


图 14-5　双作用气缸双向调速回路

## 三、快速往复运动回路

若将图 14-5a 中两只单向节流阀换成快速排气阀就构成了快速往复回路，若欲实现气缸单向快速运动，可只采用一只快速排气阀。

## 四、速度换接回路

如图 14-6 所示的速度换接回路是利用两个二位二通阀与单向节流阀并联，当撞块压下行程开关时，发出电信号，使二位二通阀换向，改变排气通路，从而使气缸速度改变。行程开关的位置，可根据需要选定，图中二位二通阀也可改用行程阀。

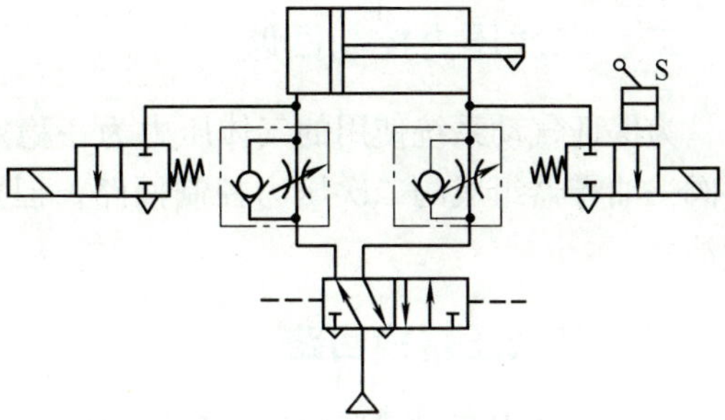


图 14-6　速度换接回路

## 五、缓冲回路

要获得气缸行程末端的缓冲，除采用带缓冲的气缸外，特别在行程长、速度快、惯性大的情况下，往往需要采用缓冲回路来满足气缸运动速度的要求，常用的方法如图 14-7 所示。图 14-7a 所示回路能实现快进—慢进缓冲—停止快退的循环，行程阀可根据需要来调整缓冲开始位置，这种回路常用于惯性力大的场合。图 14-7b 所示回路的特点是，当活塞返回到行程末端时，其左腔压力已降至打不开顺序阀 2 的程度，余气只能经节流阀 1 排出，因此活塞得到缓冲，这种回路常用于行程长、速度快的场合。

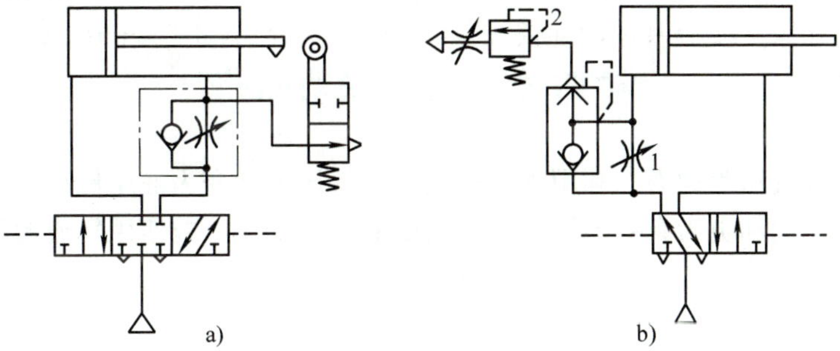


图 14-7　缓冲回路

1—节流阀　2—顺序阀

图 14-7 所示的回路，都只能实现一个运动方向上的缓冲，若两侧均安装此回路，可达到双向缓冲的目的。

# 第三节　压力控制回路

压力控制回路的功用是使系统保持在某一规定的压力范围内。常用的有一次压力控制回路、二次压力控制回路和高低压转换回路。

## 一、一次压力控制回路

这种回路，用于使气罐送出的气体压力不超过规定压力。为此，通常在气罐上安装一只安全阀，用来实现一旦罐内压力超过规定压力值就向大气放气，也常在气罐上装一电接点压力表，一旦罐内压力超过规定压力值时，即控制空气压缩机断电，不再供气。

## 二、二次压力控制回路

为保证气动系统使用的气体压力为一稳定值，多用如图 14-8 所示的由空气过滤器—减压阀—油雾器组成的二次压力控制回路，但要注意，供给逻辑元件的压缩空气不要加入润滑油。

## 三、高低压转换回路

该回路利用两只减压阀和一只换向阀输出低压或高压气源，如图 14-9 所示，若去掉换向阀，就可同时输出高低压两种压缩空气。

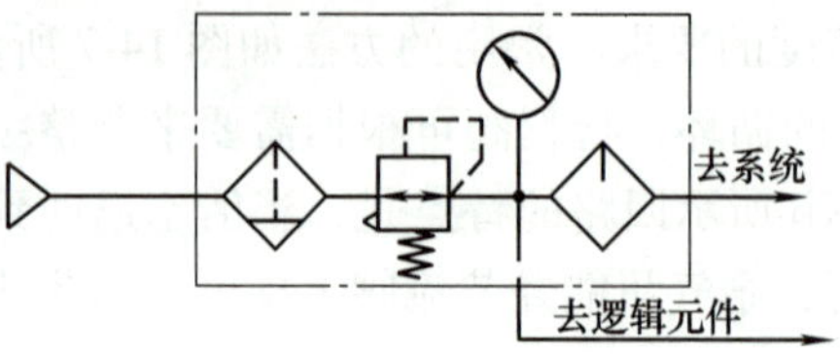


图 14-8　二次压力控制回路

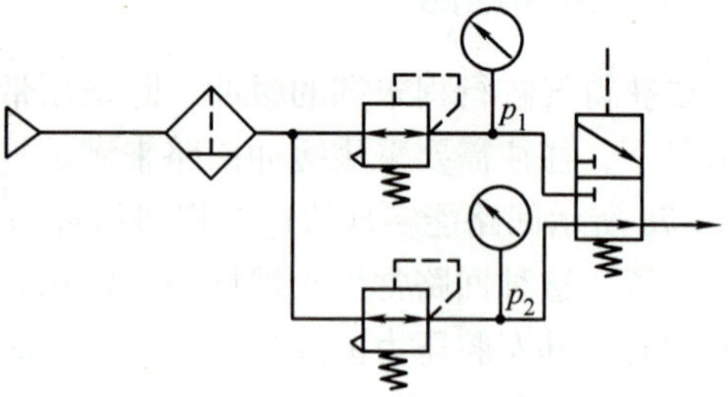


图 14-9　高低压转换回路

# 第四节　气液联动回路

气液联动是以气压为动力，利用气液转换器把气压传动变为液压传动，或采用气液阻尼缸来获得更为平稳的和更为有效地控制运动速度的气压传动，或使用气液增压器来使传动力增大等。气液联动回路装置简单，经济可靠。

## 一、气液转换速度控制回路

图 14-10 所示为气液转换速度控制回路，它利用气液转换器 1、2 将气压变成液压，利用液压油驱动液压缸 3，从而得到平稳易控制的活塞运动速度，调节节流阀的开度，就可改变活塞的运动速度。这种回路充分发挥了气动供气方便和液压速度容易控制的特点。

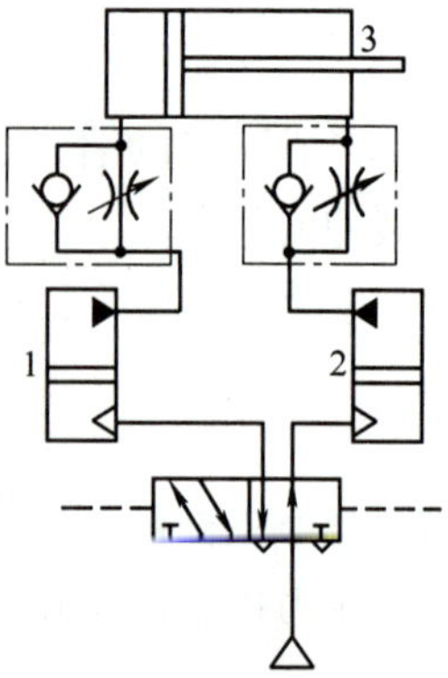


图 14-10　气液转换速度控制回路
1、2—气液转换器　3—液压缸

## 二、气液阻尼缸速度控制回路

图 14-11 所示为气液阻尼缸速度控制回路。图 14-11a 所示为慢进快退回路，改变单向节流阀的开度，即可控制活塞的前进速度；活塞返回时，气液阻尼缸中液压缸的无杆腔的油液通过单向阀快速流入有杆腔，故返回速度较快，高位油箱起补充泄漏油液的作用。图14-11b所示为能实现机床工作循环中常用的快进—工进—快退的动作。当有 $K_2$ 信号时，五通阀换向，活塞向左运动，液压缸无杆腔中的油液通过 *a* 口进入有杆腔，气缸快速向左前进；当活塞将 *a* 口关闭时，液压

缸无杆腔中的油液被迫从 $b$ 口经节流阀进入有杆腔，活塞工作进给；当 $K_2$ 消失，有 $K_1$ 输入信号时，五通阀换向，活塞向右快速返回。

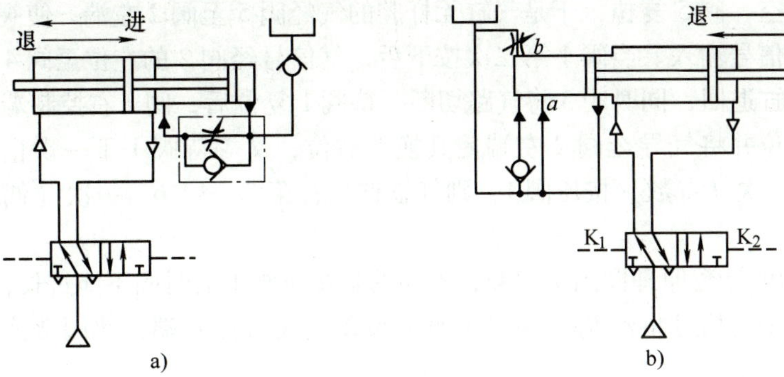


图 14-11　气液阻尼缸速度控制回路

## 三、气液增压缸增力回路

图 14-12 所示为利用气液增压缸 1 把较低的气压变为较高的液压力，以提高气液缸 2 的输出力的回路。

## 四、气液缸同步回路

图 14-13 所示为气液缸同步回路，该回路的特点是将油液密封在回路之中，油路和气路串接，同时驱动 1、2 两个缸，使二者运动速度相同，但这种回路要求缸 1 无杆腔的有效面积必须和缸 2 的有杆腔面积相等。在设计和制造中，要保证活塞与缸体之间的密封，回路中的截止阀 3 与放气口相接，用以放掉混入油液中的空气。

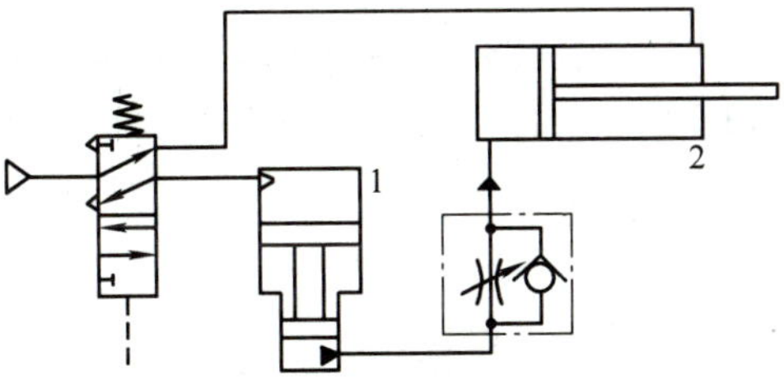


图 14-12　气液增压缸增力回路

1—气液增压缸　2—气液缸

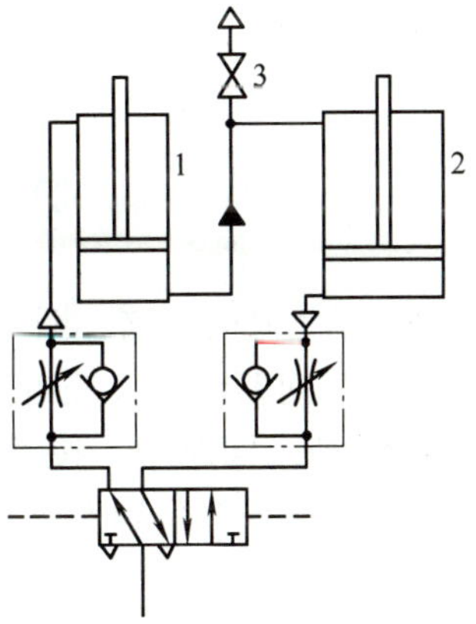


图 14-13　气液缸同步回路

1、2—气液缸　3—截止阀

# 第五节　计 数 回 路

计数回路可以组成二进制计数器。在图 14-14a 所示回路中，按下阀 1 按钮，则气信号经阀 2 至阀 4 的左或右控制端使气缸推出或退回。阀 4 换向位置，取决于阀 2 的位置，而阀

2 的换位又取决于阀 3 和阀 5。如图所示，设按下阀 1 时，气信号经阀 2 至阀 4 的左端使阀 4 换至左位，同时使阀 5 切断气路，此时气缸向外伸出；当阀 1 复位后，原通入阀 4 左控制端的气信号经阀 1 排空，阀 5 复位，于是气缸无杆腔的气经阀 5 至阀 2 左端，使阀 2 换至左位等待阀 1 的下一次信号输入。当阀 1 第二次按下后，气信号经阀 2 的左位至阀 4 右控制端使阀 4 换至右位，气缸退回，同时阀 3 将气路切断。待阀 1 复位后，阀 4 右控制端信号经阀 2、阀 1 排空，阀 3 复位并将气导至阀 2 左端使其换至右位，又等待阀 1 下一次信号输入。这样，第 1、3、5、…次（奇数）按压阀 1，则气缸伸出；第 2、4、6、…次（偶数）按压阀 1，则使气缸退回。

图 14-14b 所示的计数原理同图 14-14a，不同的是按压阀 1 的时间不能过长，只要使阀 4 切换后就放开，否则气信号将经阀 5 或阀 3 通至阀 2 左或右控制端，使阀 2 换位，气缸反行，从而使气缸来回振荡。

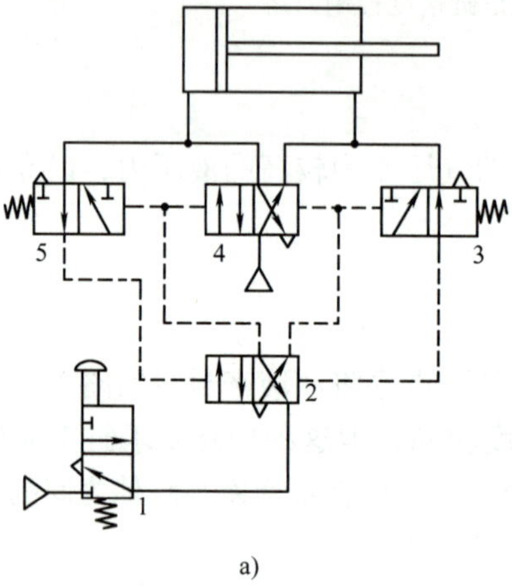


图 14-14 计数回路

## 第六节 延 时 回 路

图 14-15 所示为延时回路，图 14-15a 是延时输出回路，当控制信号切换阀 4 后，压缩空气经单向节流阀 3 向蓄能器 2 充气，当充气压力经延时升高至使阀 1 换位时，阀 1 就有输出。在图 14-15b 所示回路中，按下阀 8，则气缸向外伸出，当气缸在伸出行程中压下阀 5 后，压缩空气经节流阀到气容 6 延时后才将阀 7 切换，气缸退回。

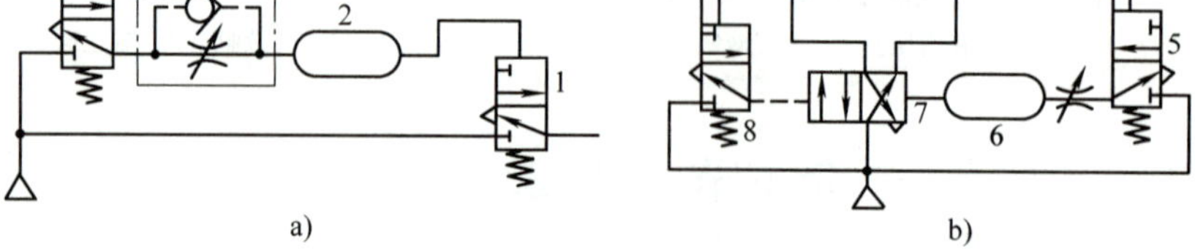


图 14-15 延时回路

1、4、7、8—换向阀 2、6—蓄能器 3—单向节流阀 5—行程阀

# 第七节 安全保护和操作回路

由于气动机构负荷的过载、气压的突然降低以及气动执行机构的快速动作等原因都可能危及操作人员或设备的安全，因此在气动回路中，常常要加入安全回路。需要指出的是，在设计任何气动回路中，特别是安全回路中，都不可缺少过滤装置和油雾器。因为，污脏空气中的杂物，可能堵塞阀中的小孔与通路，使气路发生故障。缺乏润滑油，很可能使阀发生卡死或磨损，以致整个系统的安全都发生问题，下面介绍几种常用的安全保护回路。

## 一、过载保护回路

图 14-16 所示的保护回路，是当活塞杆在伸出途中，若遇到偶然障碍或其他原因使气缸过载时，活塞就立即缩回，实现过载保护。如图 14-16 所示，在活塞伸出的过程中，若遇到障碍 6，无杆腔压力升高，打开顺序阀 3，使阀 2 换向，阀 4 随即复位，活塞立即退回。同样若无障碍 6，气缸向前运动时压下阀 5，活塞即刻返回。

## 二、互锁回路

图 14-17 所示为互锁回路，在该回路中，四通阀的换向受三个串联的机动三通阀控制，只有三个都接通，主控阀才能换向。

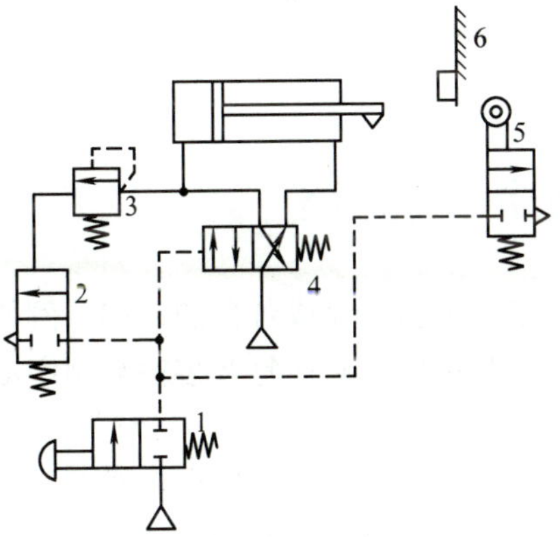


图 14-16 过载保护回路

1、2、4、5—换向阀 3—顺序阀 6—障碍

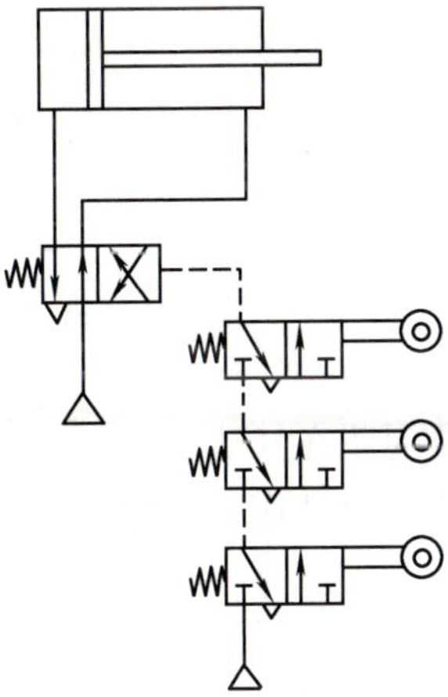

图 14-17 互锁回路

## 三、双手同时操作回路

所谓双手操作回路就是使用两个起动用的手动阀，只有同时按动两个阀才动作的回路。这种回路主要是为了安全，这在需要人工操作的锻造、冲压设备上常用来避免误动作，以保护操作者的安全。

图 14-18a 所示为使用逻辑“与”回路的双手操作回路，为使主控阀换向，必须使压缩

空气信号进入上方侧，为此必须使两只三通手动阀同时换向，另外这两个阀必须安装在单手不能同时操作的距离上，在操作时，如任何一只手离开时则控制信号消失，主控阀复位，则活塞杆后退。图 14-18b 所示为使用三位主控制阀的双手操作回路，把此主控制阀 1 的信号 A 作为手动阀 2 和 3 的逻辑“与”回路，即只有手动阀 2 和 3 同时动作时，主控制阀 1 换向到上位，活塞杆前进；把信号 B 作为手动阀 2、和 3 的逻辑“或非”回路，即当手动阀 2 和 3 同时松开时（图示位置），主控制阀 1 换向到下位，活塞杆返回；若手动阀 2 或 3 任何一个动作，将使主控制阀复位到中位，活塞杆处于停止状态。

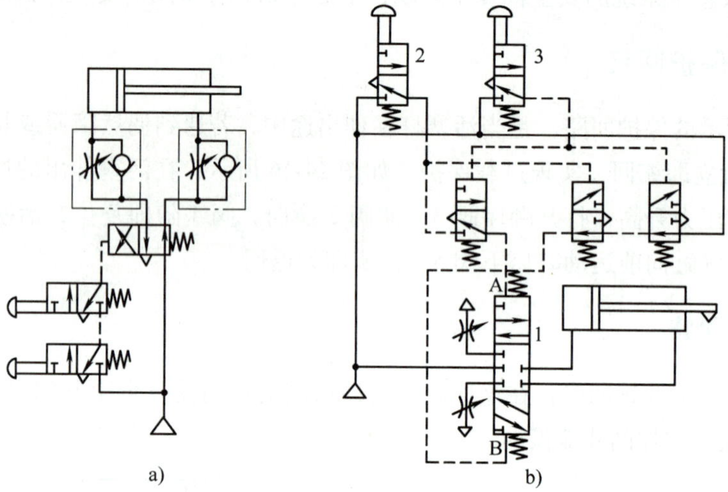


图 14-18　双手操作回路

1—主控制阀　2、3—手动阀

## 第八节　顺序动作回路

顺序动作是指在气动回路中，各个气缸，按一定程序完成各自的动作。例如单缸有单往复动作、二次往复动作、连续往复动作等；双缸及多缸有单往复及多往复顺序动作等。

### 一、单缸往复动作回路

单缸往复动作回路可分为单缸单往复和单缸连续往复动作回路。前者指给入一个信号后，气缸只完成 $A_1A_0$ 一次往复动作（A 表示气缸，下标“1”表示 A 缸活塞伸出，下标“0”表示活塞缩回动作）。而单缸连续往复动作回路指输入一个信号后，气缸可连续进行 $A_1A_0A_1A_0\cdots$动作。

图 14-19 所示为三种单往复回路，其中图 14-19a 为行程阀控制的单往复回路。当按下阀 1 的手动按钮后，压缩空气使阀 3 换向，活塞杆前进，当凸块压下行程阀 2 时，阀 3 复位，活塞杆返回，完成 $A_1A_0$ 循环；图 14-19b 所示为压力控制的单往复回路，按下阀 1 的手动按钮后，阀 3 阀芯右移，气缸无杆腔进气，活塞杆前进，当活塞行程到达终点时，气压升高，打开顺序阀 4，使阀 3 换向，气缸返回，完成 $A_1A_0$ 循环；图 14-19c 是利用阻容回路形成的

时间控制单往复回路，当按下阀 1 的按钮后，阀 3 换向，气缸活塞杆伸出，当压下行程阀 2 后，需经过一定的时间后，阀 3 方才能换向，再使气缸返回完成动作 $A_1A_2$ 的循环。由以上可知，在单往复回路中，每按动一次按钮，气缸可完成一个 $A_1A_0$ 的循环。

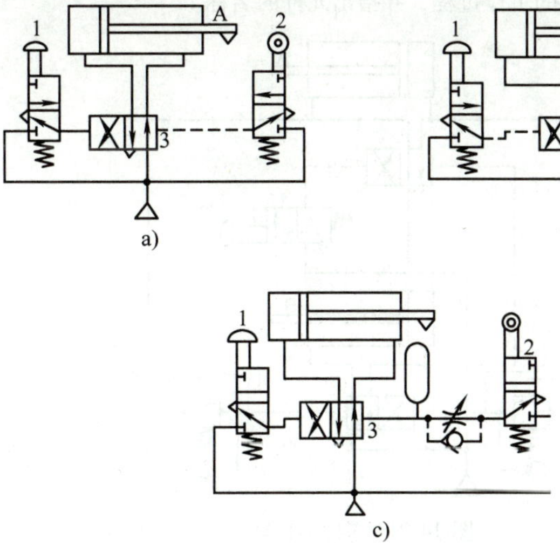


图 14-19　单往复控制回路

1—手动换向阀　2—行程阀　3—换向阀　4—顺序阀

图 14-20 所示的回路是一连续往复动作回路，能完成连续的动作循环。当按下阀 1 的按钮后，阀 4 换向，活塞向前运动，这时由于阀 3 复位将气路封闭，使阀 4 不能复位，活塞继续前进，到行程终点压下行程阀 2，使阀 4 控制气路排气，在弹簧作用下阀 4 复位，气缸返回，在终点压下阀 3，阀 4 换向，活塞再次向前，形成了 $A_1A_0A_1A_0$ …的连续往复动作。待提起阀 1 的按钮后，阀 4 复位，活塞返回而停止运动。

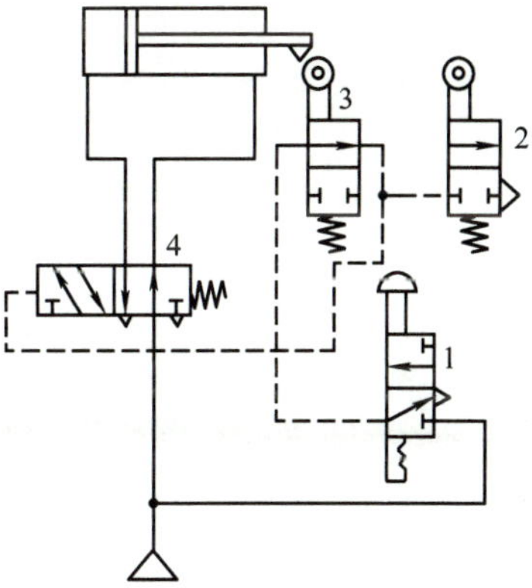


图 14-20　连续往复动作回路

1—手动换向阀　2、3—行程阀

4—换向阀

## 二、多缸顺序动作回路

两只、三只或多只气缸按一定顺序动作的回路，称为多缸顺序动作回路，其应用较广泛。在一个循环顺序里，若气缸只做一次往复，称为单往复顺序，若某些气缸做多次往复，就称为多往复顺序。若用 A、B、C、…表示气缸，仍用下标 1、0 表示活塞的伸出和缩回，则两只气缸的基本顺序动作有 $A_1B_0A_0B_1$、$A_1B_1B_0A_0$ 和 $A_1A_0B_1B_0$ 三种。而若三只气缸的基本动作，就有十五种之多，如 $A_1B_1C_1A_0B_0C_0$、$A_1A_0B_1C_1C_0B_0$、$A_1A_0B_1C_1B_0C_0$、$A_1B_1C_1A_0C_0B_0$、…等。这些顺序动作回路，都属于单往复顺序，即在每一个程序里，气缸只做一次往复，多往复顺序动作回路，其顺序的形成方式，将比单往复顺序多得多。

在程序控制系统中，把这些顺序动作回路都称为程序控制回路。

# 习　题

14-1　分析如图 14-21 所示回路的工作过程，并指出元件的名称。

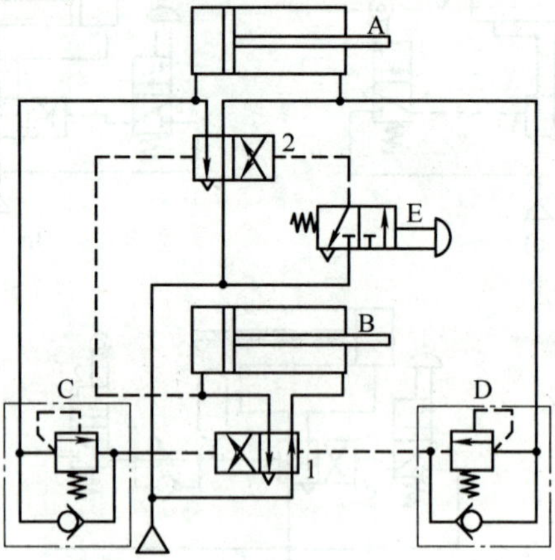


图 14-21　题 14-1 图

14-2　利用两个双作用气缸、一只顺序阀、一个二位四通单电控换向阀设计顺序动作回路。

14-3　试设计一双作用缸动作之后单作用缸才能动作的联锁回路。

# 第十五章

# 气压传动系统实例

气压传动技术是实现工业生产自动化和半自动化的方式之一，其应用遍及国民经济生产的各个部门。本章主要介绍两个其在机械行业的应用实例。

## 第一节　气液动力滑台气压传动系统

气液动力滑台是采用气-液阻尼缸作为执行元件，在机械设备中用来实现进给运动的部件，图 15-1 所示为气液动力滑台气压传动系统的原理图。该气-液动力滑台能完成两种工作循环，下面对其作一简单介绍。

### 一、快进→慢进（工进）→快退→停止

当图 15-1 中手动阀 4 处于图示状态时，就可实现快进→慢进（工进）→快退→停止的动作循环，其动作原理为：

当手动阀 3 切换到右位时，实际上就是给予进刀信号，在气压作用下气缸中活塞开始向下运动，液压缸中活塞下腔的油液经行程阀 6 的左位和单向阀 7 进入液压缸活塞的上腔，实现了快进；当快进到活塞杆上的挡铁 B 切换行程阀 6（使它处于右位）后，油液只能经节流阀 5 进入活塞上腔，调节节流阀的开度，即可调节气-液缸运动速度，所以活塞开始慢进（工作进给）；当慢进到挡铁 C 使行程阀 2 复位时，输出气信号使阀 3 切换到左位，这时气缸活塞开始向上运动，液压缸活塞上腔的油液经阀 8 的左位和手动阀 4 中的单向阀进入液压缸下腔，实现了快退；当快退到挡铁 A 切换阀 8 而使油液通道被切断时，活塞便停止运动。所以改变挡铁 A 的位置，就能改变“停”的位置。

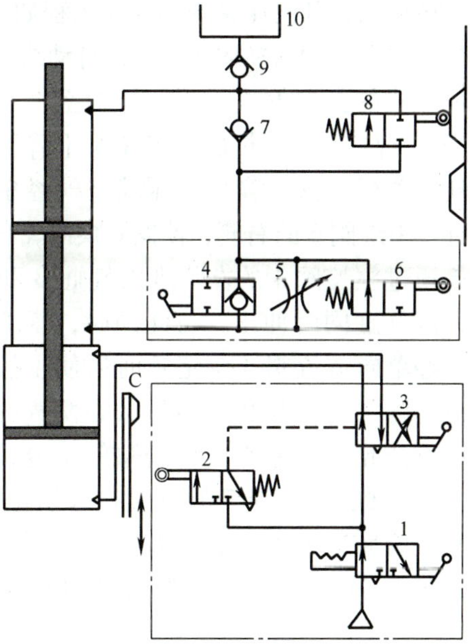


图 15-1　气液动力滑台气压传动系统

1、3、4—手动阀　2、6、8—行程阀

5—节流阀　7、9—单向阀　10—补油箱

## 二、快进→慢进→慢退→快退→停止

把手动阀 4 关闭（处于左侧）时，就可实现快进→慢进→慢退→快退→停止的双向进给程序，其动作循环中的快进—慢进的动作原理与上述相同。当慢进至挡铁 C 切换行程阀 2 至左位时，输出气信号使阀 3 切换到左位，气缸活塞开始向上运动，这时液压缸活塞上腔的油液经行程阀 8 的左位和节流阀 5 进入活塞下腔，即实现了慢退（反向进给）；慢退到挡铁 B 离开阀 6 的顶杆而使其复位（处于左位）后，液压缸活塞上腔的油液就经阀 6 左位而进入活塞下腔，开始了快退；快退到挡铁 A 切换阀 8 而使油液通路被切断时，活塞就停止运动。

图中带定位机构的手动阀 1、行程阀 2 和手动阀 3 组合成一个组合阀块，阀 4、5 和 6 为一组合阀、补油箱 10 是为了补偿系统中的漏油而设置的，一般可用油杯来代替。

# 第二节　工件夹紧气压传动系统

图 15-2 所示为机械加工自动线、组合机床中常用的工件夹紧气压传动系统图。其工作原理是：当工件运行到指定位置后，气缸 A 的活塞杆伸出，将工件定位锁紧后，两侧的气缸 B 和 C 的活塞杆同时伸出，从两侧面压紧工件，实现夹紧，而后进行机械加工，其气压系统的动作过程如下：

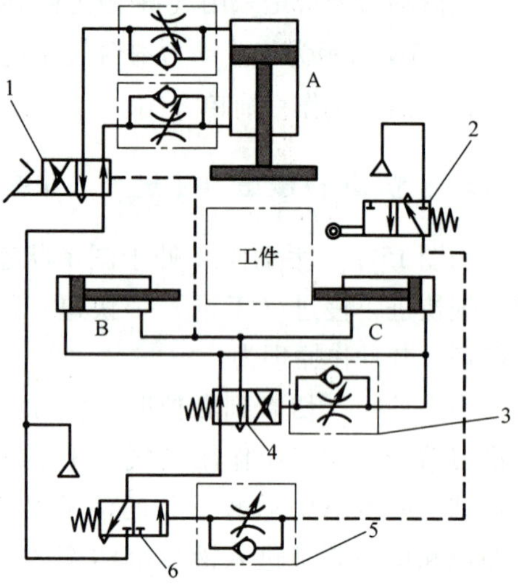


图 15-2　工件夹紧气压传动系统

1—脚踏换向阀　2—机动行程阀

3、5—单向节流阀　4—主控阀　6—中继阀

当用脚踏下脚踏换向阀 1（在自动线中往往采用其他形式的换向方式）后，压缩空气经单向节流阀进入气缸 A 的无杆腔，夹紧头下降至锁紧位置后使机动行程阀 2 换向，压缩空气经单向节流阀 5 进入中继阀 6 的右侧，使阀 6 换向，压缩空气经阀 6 通过主控阀 4 的左位进入气缸 B 和 C 的无杆腔，两气缸同时伸出。与此同时，压缩空气的一部分经单向节流阀 3 调定延时后使主控阀换向到右侧，则两气缸 B 和 C 返回。在两气缸返回的过程中有杆腔的压缩空气使脚踏阀 1 复位，则气缸 A 返回。此时由于行程阀 2 复位（右位），所以中继阀 6 也复位，由于阀 6 复位，气缸 B 和 C 的无杆腔通大气，主控阀 4 自动复位，由此完成了一个缸 A 压下（$A_1$）—夹紧缸 B 和 C 伸出夹紧（$B_1$、$C_1$）—夹紧缸 B 和 C 返回（$B_0$、$C_0$）—缸 A 返回（$A_0$）的动作循环。

## 习　题

15-1　试分析如图 15-3 所示的槽形弯板机的气压传动系统，其动作程序为 $A\begin{Bmatrix}B_1\\C_1\end{Bmatrix}\begin{Bmatrix}D_1\\E_1\end{Bmatrix}\begin{Bmatrix}A_0 & \begin{matrix}B_0D_0\\C_0E_0\end{matrix}\end{Bmatrix}$。

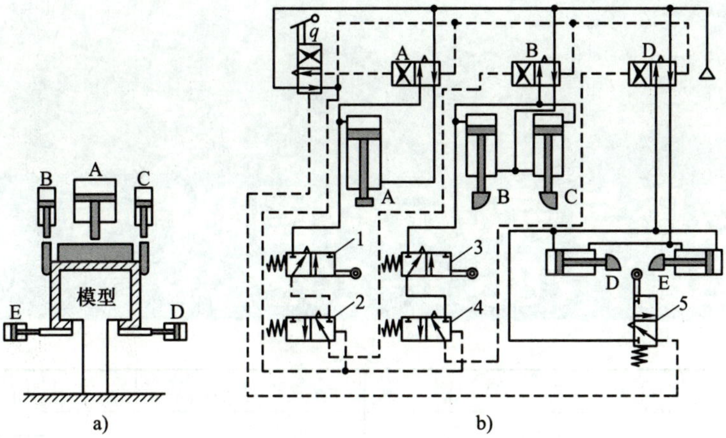


图 15-3　题 15-1 图

# 附录

## 常用液压与气动元件图形符号（摘自GB/T 786.1—2021）

| 名　称 | 符　号 | 名　称 | 符　号 |
|---|---|---|---|
| 单向定量液压泵 | 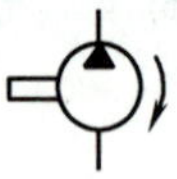 | 双向缓冲缸 | 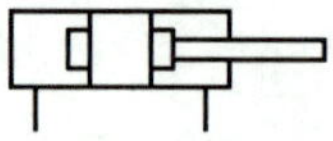 |
| 空气压缩机 | 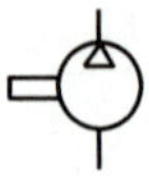 | 直动式溢流阀 | 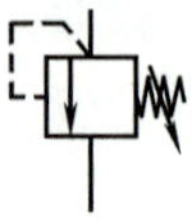 |
| 双向定量液压泵 | 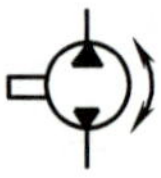 | 先导式溢流阀 | 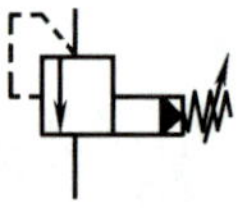 |
| 单向变量液压泵 | 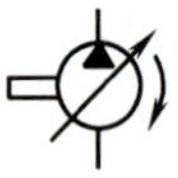 | 先导式比例<br>电磁溢流阀 | 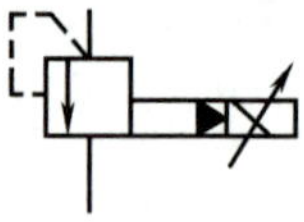 |
| 双向变量液压泵 |  | 定量液压泵-马达 | 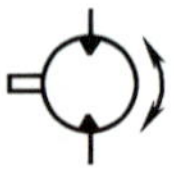 |
| 单向定量马达 | 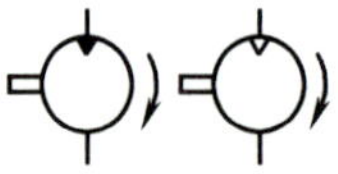 | 变量液压泵-马达 |  |
| 双向定量马达 | 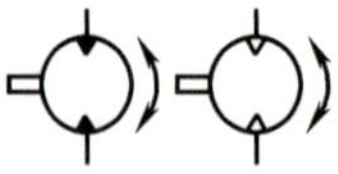 | 液压整体式传动装置 |  |
| 单向变量马达 | 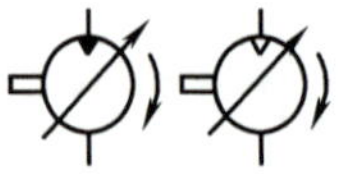 | 摆动马达 | 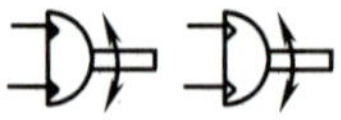 |
| 双向变量马达 | 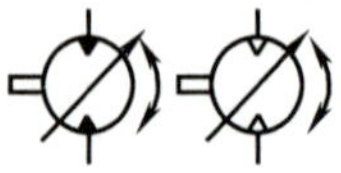 | 真空泵 | 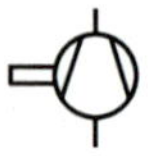 |
| 单向缓冲缸 |  | 单作用单杆缸 | 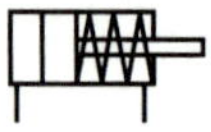 |

（续）

| 名　称 | 符　号 | 名　称 | 符　号 |
|---|---|---|---|
| 单作用伸缩缸 | 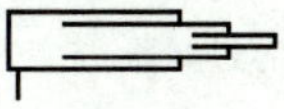 | 制动阀 | 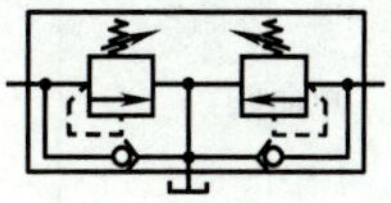 |
| 双作用伸缩缸 | 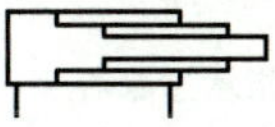 | 不可调节流阀 |  |
| 双作用单杆缸 | 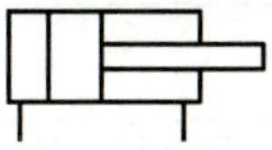 | 可调节流阀 |  |
| 双作用双杆缸 | 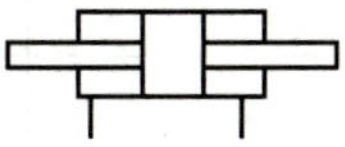 | 可调单向节流阀 | 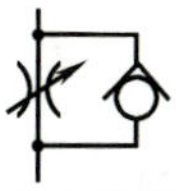 |
| 单作用增压器 | 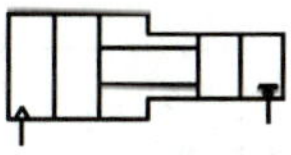 | 减速阀 | 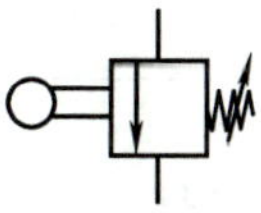 |
| 溢流减压阀 | 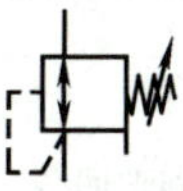 | 带消声器的节流阀 | 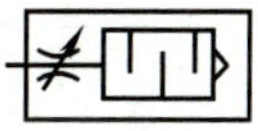 |
| 先导式比例电磁减压阀 | 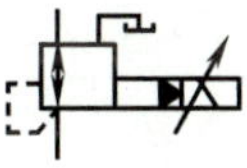 | 调速阀 |  |
| 定比减压阀 | 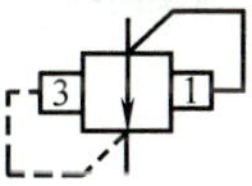 | 定差减压阀 | 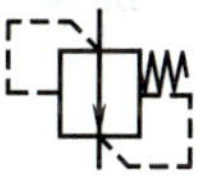 |
| 卸荷溢流阀 | 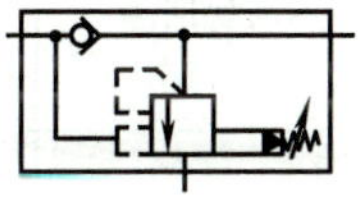 | 直动式顺序阀 | 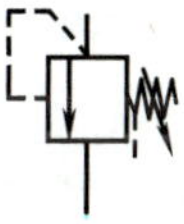 |
| 双向溢流阀 |  | 先导式顺序阀 | 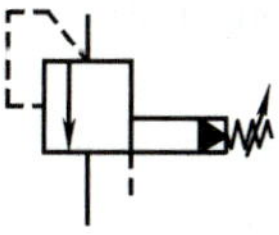 |
| 直动式减压阀 | 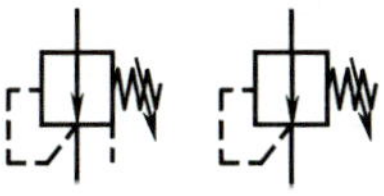 | 单向顺序阀（平衡阀） | 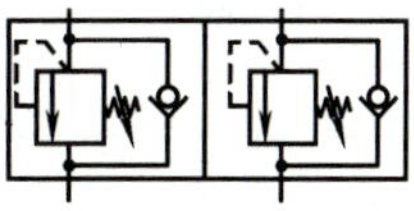 |
| 先导式减压阀 | 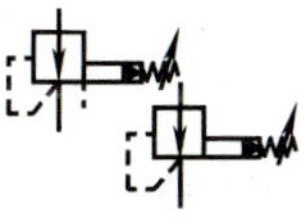 | 集流阀 | 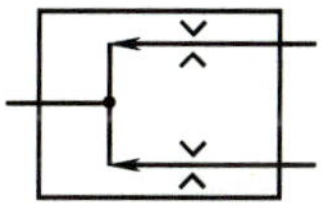 |
| 直动式卸荷阀 | 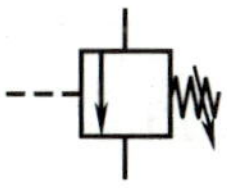 | 分流器 | 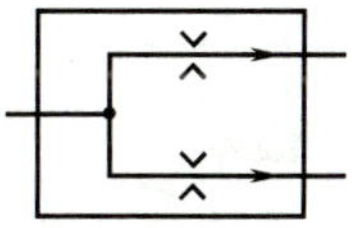 |

（续）

| 名　　称 | 符　　号 | 名　　称 | 符　　号 |
|---|---|---|---|
| 单向阀 |  | 磁芯过滤器 |  |
| 液控单向阀 |  | 污染指示过滤器 | 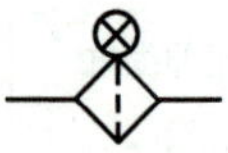 |
| 双液控单向阀（液压锁） | 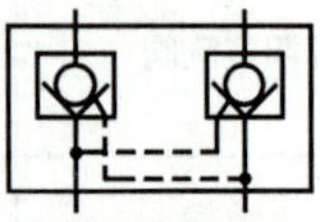 | 分水排水器 | 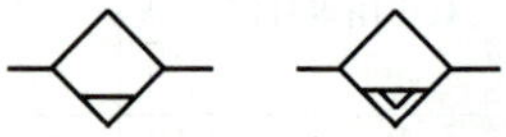 |
| 梭阀 | 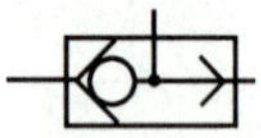 | 空气过滤器 | 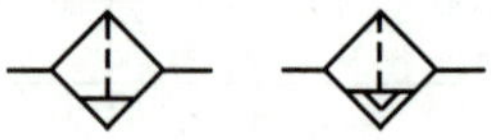 |
| 双压阀 | 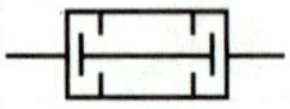 | 除油器 | 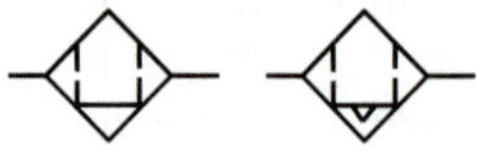 |
| 快速排气阀 | 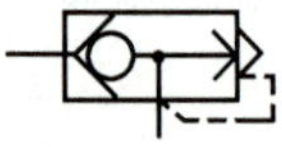 | 二位二通换向阀 | 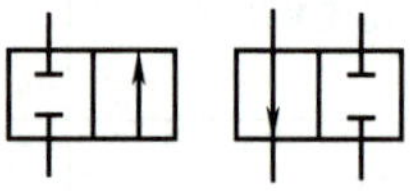 |
| 温度补偿调速阀 | 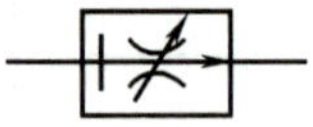 | 二位三通换向阀 | 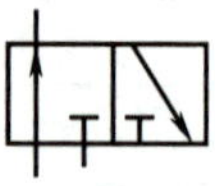 |
| 旁通型调速阀 |  | 二位四通换向阀 | 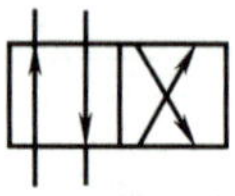 |
| 单向调速阀 | 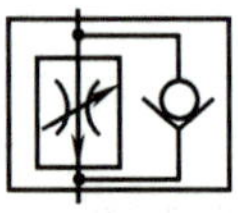 | 二位五通换向阀 | 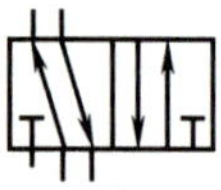 |
| 分流集流阀 | 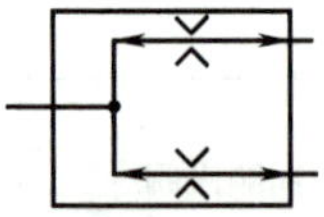 | 四通电液伺服阀 |  |
| 三位四通换向阀 | 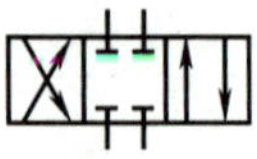 | 管口在液面以下油箱 |  |
| 三位五通换向阀 | 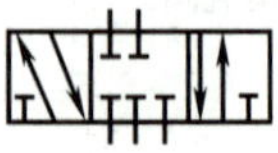 | 管端连接油箱底部 | 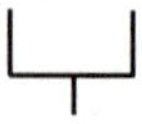 |
| 过滤器 | 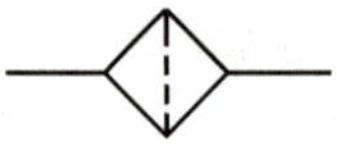 | 压力计 |  |

（续）

| 名　称 | 符　号 | 名　称 | 符　号 |
|---|---|---|---|
| 液面计 |  | 工作管路 |  |
| 温度计 |  | 控制管路 |   |
| 流量计 | 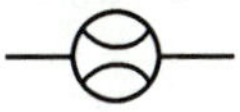 | 消声器 | 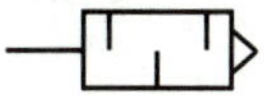 |
| 压力继电器 |  | 液压源 |  |
| 空气干燥器 |  | 气压源 |  |
| 油雾器 | 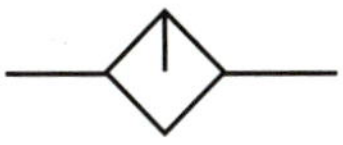 | 电动机 | 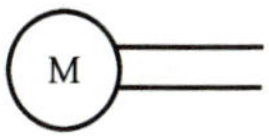  |
| 气源处理装置 |  | 原动机 | 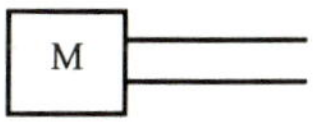  |
| 冷却器 | 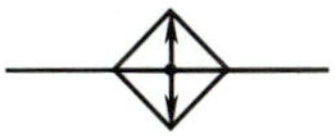 | 气-液转换器 | 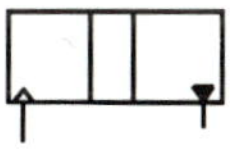 |
| 加热器 |  | 气罐 |  |
| 蓄能器 |  | 软管总成 |  |
| 带单向阀的快换接头（断开状态） | 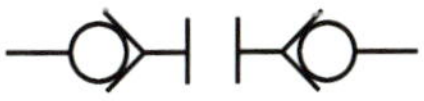 | 交叉管路 | 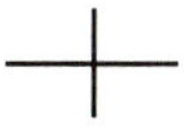 |
| 不带单向阀的快换接头（连接状态） |  | 连接管路 | 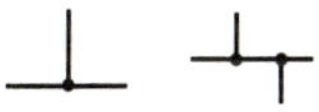 |

# 参 考 文 献


[1] 左健民. 液压与气压传动 [M].5 版. 北京：机械工业出版社，2016.
[2] 鄂大辛. 液压传动与气压传动 [M]. 北京：机械工业出版社，2014.
[3] 左健民. 液压与气压传动学习指导与例题集 [M]. 北京：机械工业出版社，2009.
[4] 吴振顺. 气压传动与控制 [M].2 版. 哈尔滨：哈尔滨工业大学出版社，2009.